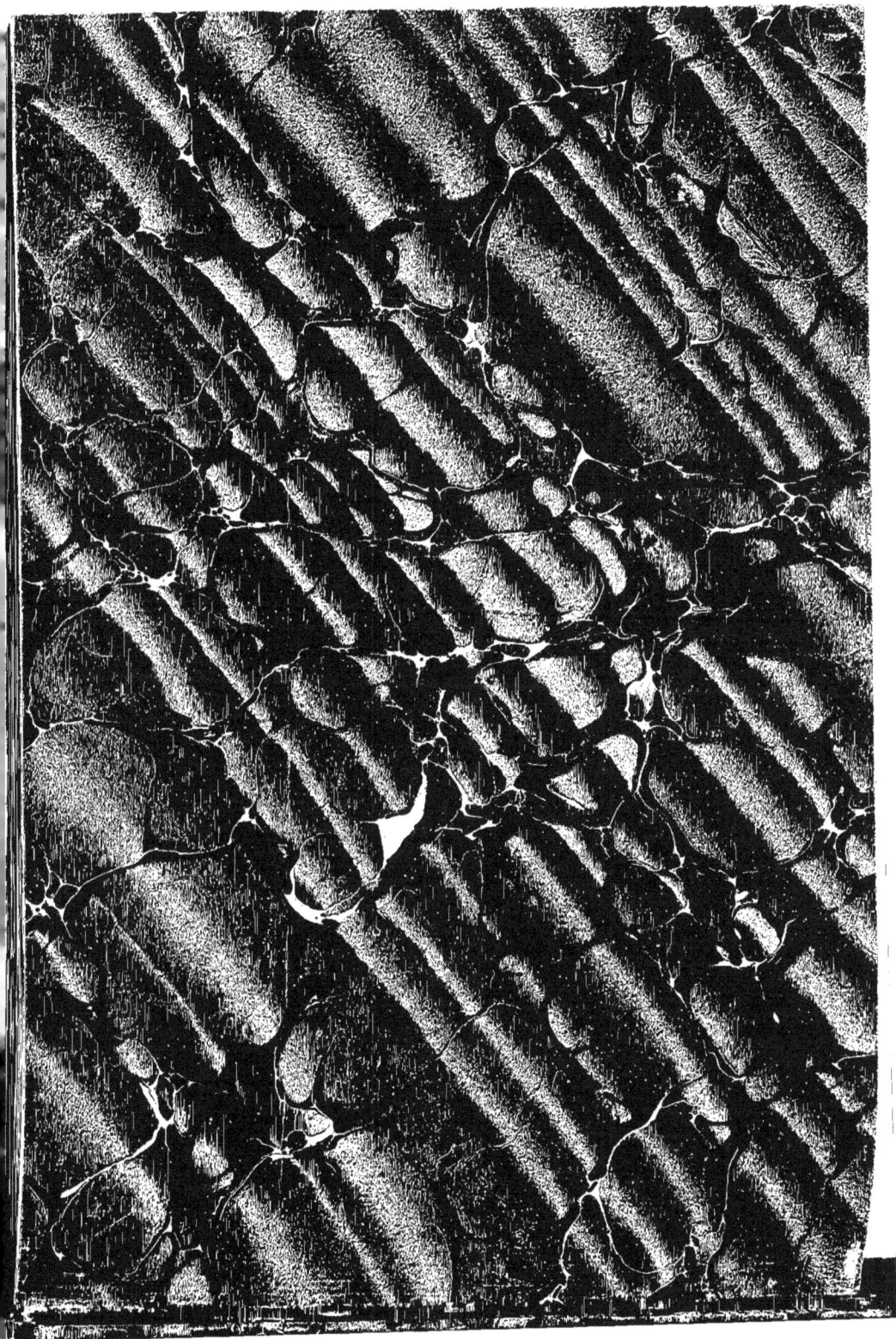

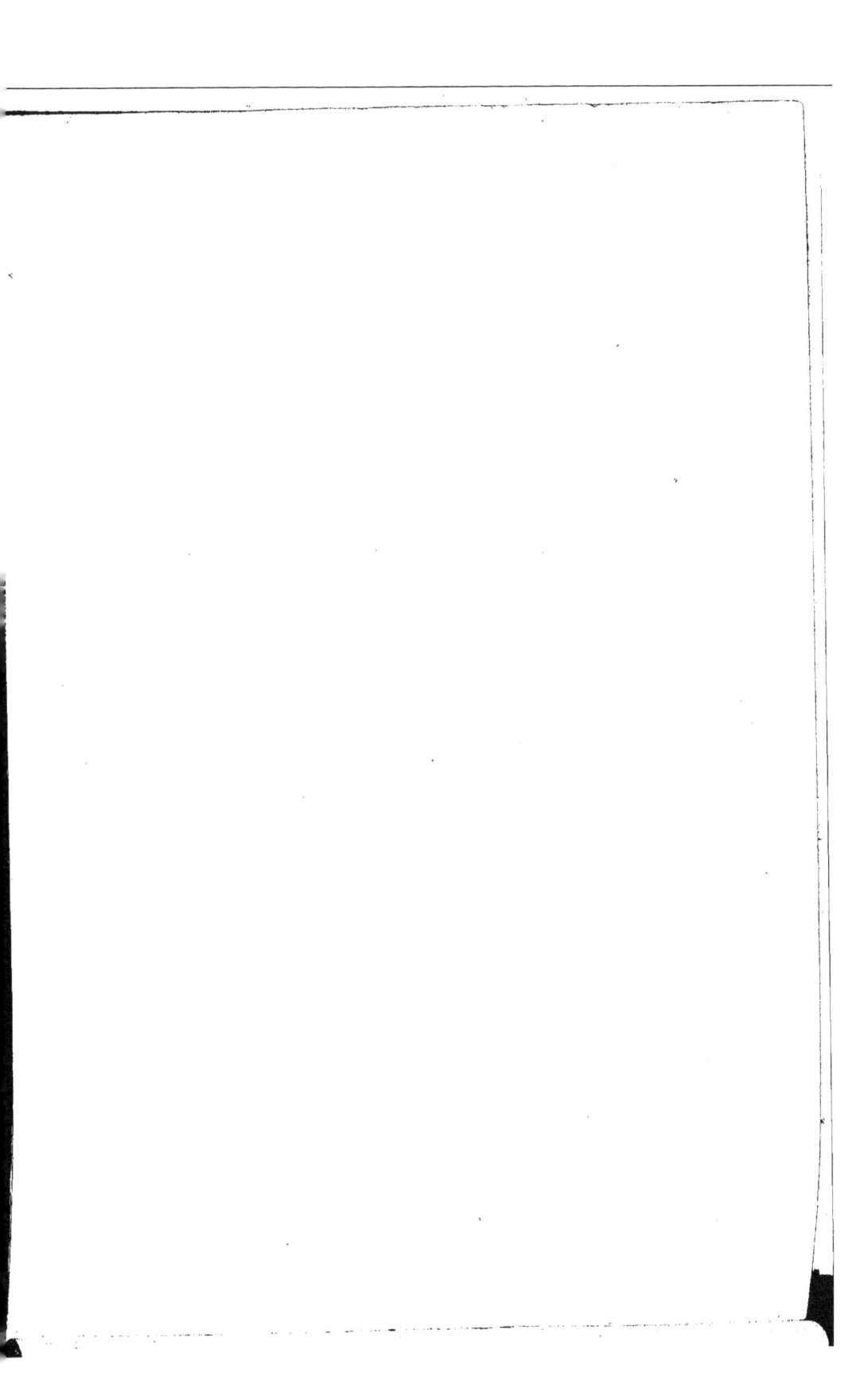

L'ART

DE

COMPOSER ET DÉCORER LES JARDINS.

OUVRAGES QUI SE TROUVENT CHEZ LE MÊME LIBRAIRE.

ANNUAIRE DU BON JARDINIER ET DE L'AGRONOME, renfermant la description et la culture de toutes les plantes utiles ou d'agrément qui ont paru pour la première fois.
Les années 1826, 27, 28, coûtent 1 fr. 50 cent. chaque.
Les années 1829 et 1830, 3 fr. chaque.

— ART DE CULTIVER LES JARDINS, ou ANNUAIRE DU BON JARDINIER ET DE L'AGRONOME, renfermant un calendrier indiquant mois par mois tous les travaux à faire tant en jardinage qu'en agriculture; les principes généraux du jardinag., tels que connaissances et compositions des terres, multiplication des plantes par semis, marcottes, boutures, greffes, etc.; la culture et la description de toutes les espèces et variétés d'arbres fruitiers et de plantes potagères, ainsi que toutes les espèces et variétés de plantes utiles ou d'agrément; par un Jardinier agronome. 1 gros volume in-18. Ouvrage orné de figures.
Les années 1831 et 1832, 1833 et 1834, et suivantes, 3 fr. 50 c. chaque.

MANUEL DE PHYSIOLOGIE VÉGÉTALE, DE PHYSIQUE, DE CHIMIE ET DE MINÉRALOGIE, APPLIQUÉES A LA CULTURE; par M. BOITARD. Un vol. orné de planches.   3 fr.

— DE BOTANIQUE, contenant les principes élémentaires de cette science, la Glossologie, l'Organographie et la Physiologie végétale, la Phytothérosie, l'Analyse de tous les systèmes, tant naturels qu'artificiels, faits sur la distribution des plantes depuis Aristote jusqu'à ce jour; et le développement du système des familles naturelles; par M. BOITARD. Deuxième édition. Un vol. orné de planches.   3 f. 50 c.

— DE BOTANIQUE, deuxième partie, FLORE FRANÇAISE, ou Description synoptique de toutes les plantes phanérogames et cryptogames qui croissent naturellement sur le sol français, avec les caractères des genres des agames et l'indication des principales espèces; par M. BOISDUVAL. 3 gros vol. in-18.   10 fr. 50 c.

ATLAS DE BOTANIQUE, composé de 120 planches, représentant la plupart des planches décrites dans les ouvrages ci-dessus.
Figures noires,   18 fr.   Figures coloriées,   36 fr.

MANUEL DES HABITANS DE LA CAMPAGNE ET DE LA BONNE FERMIÈRE, ou Guide pratique des travaux à faire à la campagne; par mesdames GACON-DUFOUR et CELNART. Deuxième édition. Un vol.   3 fr.

— DE L'HERBORISTE, DE L'ÉPICIER-DROGUISTE ET DU GRAINIER PÉPINIÉRISTE, contenant la description

des végétaux, les lieux de leur naissance, leur analyse chimique et leurs propriétés médicales; par MM. JULIA-FONTENELLE et TOLLARD. Deux gros vol.   7 fr.

HISTOIRE NATURELLE DES VÉGÉTAUX, classés par familles, avec la citation de la classe et de l'ordre de Linnée, et l'indication de l'usage qu'on peut faire des plantes dans les arts, le commerce, l'agriculture, le jardinage, la médecine, etc., des figures dessinées d'après nature, et un Genera complet, selon le système de Linnée, avec des renvois aux familles naturelles de Jussieu; par J.-B. LAMARCK, membre de l'Institut, professeur au Muséum d'Histoire naturelle, et par C.-B.-F. MIRBEL, membre de l'Académie des Sciences, professeur de botanique. Edition ornée de 120 planches représentant plus de 1600 sujets, 30 vol., et 24 livraisons de planches, figures noires. 30 f. 50 c.   46 f. 50 c.
Le même ouvrage, figures coloriées.

MANUEL DU JARDINIER, où l'Art de cultiver et de composer toutes sortes de jardins, ouvrage divisé en deux parties : la première contient la culture des jardins potagers et fruitiers; la seconde, la culture des fleurs et tout ce qui a rapport aux jardins d'agrément; dédié à M. THOUIN, ex-professeur de culture au Muséum d'histoire naturelle, membre de l'Institut, etc.; par M. BAILLY, son élève. Cinquième édition, revue, corrigée et considérablement augmentée. Deux gros volumes ornés de planches.   5 fr.

MANUEL DU JARDINIER DES PRIMEURS, ou l'Art de forcer la nature à donner ses productions en tout temps; par MM. NOISETTE et BOITARD. Un vol. orné de pl.   3 fr.

ART DE CRÉER LES JARDINS, contenant les préceptes généraux de cet art; leur application développée par des exemples choisis dans les jardins les plus célèbres de France et d'Angleterre; par N. VERGNAUD, Architecte, vol. in-folio, orné de 24 planches.   72 f.

MANUEL DU DESTRUCTEUR DES ANIMAUX NUISIBLES, ou l'Art de prendre et de détruire tous les animaux nuisibles à l'agriculture, au jardinage, à l'économie domestique, à la conservation des chasses, des étangs, etc., etc.; par M. VIBARDI. Deuxième édition. Un vol. orné de planches.   3 fr.

— DU CHASSEUR, contenant un Traité sur toutes les chasses; un vocabulaire des termes de vénerie, de fauconnerie, et de chasse; les lois, ordonnances de police, etc., sur le port d'armes, la chasse, la pêche, la louveterie. Quatrième édition. Un vol. avec figures et musique.   3 fr.

— DU PÊCHEUR FRANÇAIS, ou Traité général de toutes sortes de pêches; l'Art de fabriquer les filets; un Traité sur les

étangs; un Précis des lois, ordonnances et réglemens sur la pêche, etc., etc.; par M. PESSON-MAISONNEUVE. Un vol. orné de figures.   3 fr.

— DU CULTIVATEUR-FORESTIER, contenant l'art de cultiver en forêts tous les arbres indigènes et exotiques, propres à l'aménagement des bois, l'explication des termes techniques employés dans le langage forestier et en botanique dendrologique : un extrait des lois concernant les propriétés particulières soumises au régime forestier et les fonctions des gardes; enfin une Flore dendrologique de la France; par M. BOITARD, membre de plusieurs sociétés savantes nationales et étrangères. Deux vol.   5 fr.

— DU CULTIVATEUR FRANÇAIS, ou l'Art de bien cultiver les terres, de soigner les bestiaux et de retirer les unes et des autres le plus de bénéfices possible; par M. TRITEAU et DE BEAUVAIS. Deux vol.   5 fr.

HISTOIRE NATURELLE DES VÉGÉTAUX, in-8°, par MM. DE CANDOLE, SPACH et DE BRISSEAU. Ouvrage entièrement neuf, contenant :

LA PHYSIOLOGIE VÉGÉTALE, INTRODUCTION A LA BOTANIQUE, par M. DE CANDOLE, de Genève.   5 fr.

LES PLANTES PHANÉROGAMES, par M. SPACH, aide naturaliste au Muséum d'histoire naturelle.

LES PLANTES CRYPTOGAMES, par M. DE BRISSEAU.

Ces ouvrages font partie des SUITES A BUFFON, dont le Prospectus se distribue chez M. ROBIT, rue Hautefeuille, n° 10 bis.

CONDITIONS DE LA SOUSCRIPTION.

Les Suites à Buffon formeront 45 volumes in-8° environ, imprimés avec le plus grand soin et sur beau papier; ce nombre paraît suffisant pour donner à cet ensemble toute l'étendue convenable; ainsi qu'il a été dit précédemment, chaque auteur s'occupant depuis long-temps de la partie qui lui est confiée, l'éditeur sera à même de publier en peu de temps la totalité des traités dont se composera cette utile collection.

A partir de janvier 1834, il paraît au moins tous les mois un volume in-8° accompagné de livraison d'environ 10 planches noires ou coloriées.

Prix du texte, chaque volume,	4 fr. 50 c.
Prix de chaque livraison { noire	3
{ coloriée	6

Nota. Les personnes qui souscriront pour des parties séparées paieront chaque volume 6 fr.

L'ART

DE

COMPOSER ET DÉCORER LES JARDINS,

Par M. BOITARD.

OUVRAGE ACCOMPAGNÉ D'UN GRAND NOMBRE DE PLANCHES.

TROISIÈME ÉDITION.

PARIS,

LIBRAIRIE ENCYCLOPÉDIQUE DE RORET, RUE HAUTEFEUILLE, N° 10 BIS.

1847

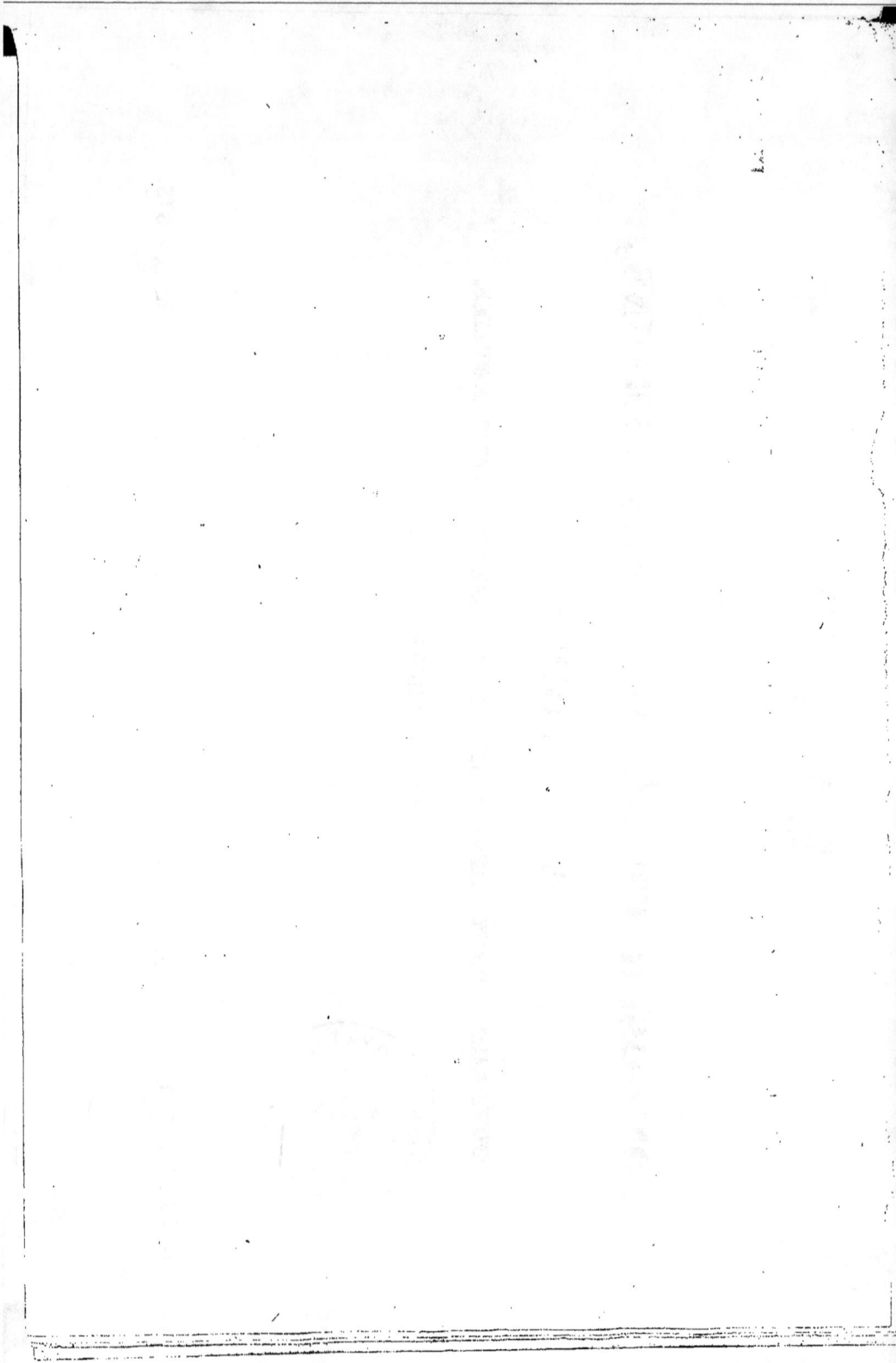

NOTICE

Sur l'importance que les Anglais attachent au point de vue, dans leurs compositions pittoresques.

Nous avons dit que les Anglais ont peu de jardins symétriques et qu'on n'en trouve aucun en Angleterre comparable à ceux des Tuileries et du Luxembourg, à Paris, encore moins à ceux du château de Versailles. Mais ils l'emportent de beaucoup sur les Français pour leurs jardins paysagers. Nous, Français, nous admirons une belle nature; les Anglais la sentent vivement et en sont enthousiastes.

Il en résulte que nous cherchons à l'imiter dans nos petites productions d'horticulture, et que, presque toujours, nous la rapetissons pour la faire entrer dans le cadre mesquin de nos parcs étroits; tandis que les Anglais l'embellissent, la font valoir, là où elle se trouve. En France, un jardin paysager, toujours renfermé entre quatre murailles, n'est ordinairement qu'une très-petite portion d'un domaine. En Angleterre le domaine entier forme le jardin paysager.

Aussi le voyageur qui parcourt ces riches contrées marche-t-il toujours à travers des sites charmans, et qui doivent la plus grande partie de leur beauté à l'art qui a su les faire valoir en se les appropriant. Les lacs, le cours des rivières, les forêts, les montagnes, de même que les plus petits accidens pittoresques, on a tiré parti de tout; tout a été travaillé, paré, si je peux me servir de cette expression, pour figurer avantageusement dans le tableau qui se déroule sans cesse devant les yeux, et tout a été calculé pour en faire partie et en rendre les charmes plus saillans. Ce troupeau que vous apercevez paissant dans la clairière d'un bois, il est là pour animer une scène qui sans cela serait trop solitaire. Cette chaumière habitée par un garde, cette cabane de pêcheur, ce cottage, leur place a été calculée

avec autant de soin que celle même du château ou de l'habitation principale. L'architecte a eu le talent de tirer parti des objets même hors de sa possession. Il a tracé son plan de manière à ce que cette grande route sur laquelle vous marchez, et jusques aux voyageurs même, entrent dans son cadre et fasse valoir sa composition.

Si parfois les Anglais entassent les ornemens dans une localité restreinte, comme nous avons la manie de le faire toujours, c'est seulement autour de l'habitation principale et pour en développer mieux le caractère. Par exemple, vous trouverez des parterres réguliers et parés des plus belles fleurs, des arbustes les plus rares, autour d'une maison élégante et dans le goût moderne; des terrasses, des avenues entoureront le château, en découvriront la vue, sans nuire au pittoresque du jardin paysager, c'est-à-dire de la propriété.

Mais si l'habitation principale consiste en un vieux manoir féodal, ne vous étonnez pas de le voir entouré d'un jardin symétrique tel que nos ayeux les traçaient, et de voir prendre une physionomie gothique à tout ce qui l'environne, même aux arbres que l'on taillait autrefois d'une manière si bizarre. *Le château de Levins* (Pl. H.) (1), dans le comté de Westmorland, en Angleterre, nous en fournit un exemple des plus remarquables.

---

(1) Nous avons numéroté avec des *chiffres romains* les nouvelles planches ajoutées à cette seconde édition, et nous les avons placées au commencement de l'ouvrage pour en rendre la recherche plus facile, ainsi que pour éviter une intercallation qui nuit toujours à la marche analytique d'un livre.

Le château appartenant à M. Fulke-Greville Howard, paraît être extrêmement ancien. Par les ajoutés et les réparations qui y ont été faits à diverses reprises, on peut juger à-peu-près du goût qui régnait en architecture à chacune de ces époques. Aussi ce manoir est-il en grande vénération parmi les antiquaires et les amateurs de l'architecture pittoresque.

On remarque dans les appartemens les plus anciens, une quantité de cisélures faites avec beaucoup de délicatesse et représentant une foule de figures, d'emblèmes et d'ornemens qui rappellent le règne, ou du moins le goût du règne d'Elisabeth. Dans la salle à manger du nord, ces ornemens sont en telle profusion et d'un travail tellement fini, qu'on estime qu'il faudrait aujourd'hui plus de soixante mille francs pour en faire faire autant. Le chambranle de cheminée de cette salle est surtout fort singulier et d'un goût qui passerait pour fort bizarre de notre temps. Il est soutenu par deux grandes cariatides, représentant d'un côté Hercule et l'autre Samson. Certes, le spectateur est aussi surpris de voir ces deux personnages réunis, qu'ils le seraient eux-mêmes s'ils pouvaient se voir coopérant ensemble à soutenir la cheminée d'un Anglais. Ce chambranle porte la date de 1516, et ses compartimens sont ornés des figures emblématiques des cinq sens, des quatre élémens et des quatre saisons. Au-dessous est gravé une inscription en vers donnant aux gens moins exercés que nos amateurs de charades, le mot de l'énigme.

Le vestibule a conservé tout-à-fait sa physionomie féodale. Il est décoré de restes d'armures antiques, de différentes époques, portant encore l'empreinte des chocs sanglans qu'elles ont jadis éprouvé dans les combats. Du reste, la rouille dont elles portent les traces prouve assez l'authenticité de leur origine.

Les chambranles de cheminées du salon et de la bibliothèque présentent aussi quelques morceaux curieux de ciselure ancienne.

On conçoit aisément qu'une telle habitation ne peut pas raisonnablement se trouver enclassée dans un jardin du goût moderne; aussi a-t-on réussi à mettre la composition en harmonie avec elle.

C'est en Allemagne que l'architecte a pris ses inspirations gothiques. Des allées larges, droites, tirées au cordeau, dirigent l'œil sur les principaux points de vue, comme on peut le voir sur la planche gravée. Aucun arbre n'est abandonné à sa propre nature, et il n'en est pas un qui, ainsi que les chambranles que nous avons décrits plus haut, n'offre une ou deux énigmes à deviner même au botaniste le plus exercé. Ici, un arbre à port pyramidal a été forcé par le ciseau du jardinier à se déguiser de manière à n'être plus reconnaissable; ses branches constamment mutilées sont obligées de se courber en voûte, de s'arrondir en gobelet, en boule, en niche, etc. etc. Plus loin, un autre a pris la forme d'un candelabre, d'une girandole, d'un parasol, d'un obélisque, d'une pyramide, quelquefois la figure bizarre d'un sphynx, d'un animal, ou même d'un homme.

Quoiqu'en ait dit Morelle et tous les auteurs qui ont écrit après lui, je pense que ces allées symétriques, ces longues voûtes de verdure régulièrement taillées, et tous les ornemens singuliers dus au ciseau du jardinier, sont parfaitement en convenance avec l'habitation, et que les retrancher serait faire un anachronisme prouvant un total manque de goût. Les Anglais comprennent cela beaucoup mieux que nous, parce qu'ils sont beaucoup moins exclusifs dans leurs opinions et qu'ils se donnent la peine de penser, ce qui n'arrive pas toujours en France.

Quoiqu'il en soit, le propriétaire du château de Levins, a su réunir dans sa romantique propriété, tout l'intérêt des temps passés et tout le piquant du goût moderne. Son parc est admirable par ses sites variés de rochers, de rivières, et de bois peuplés de bêtes fauves.

Mais si l'on veut un exemple du parti pittoresque que l'on peut tirer de la nature seule, il faut aller le chercher au village de *Castle-Eden*, dans le comté de Durham. (Pl. III). Le château appartenant à M. Rowland Burden, écuyer, appartenait autrefois au couvent de Gainsborough. Il est situé sur une colline boisée, et l'on y arrive par une allée percée d'une manière très-pittoresque à travers une antique forêt.

J'ai dit que les Anglais avaient éminemment l'art de lier à leurs compositions les objets extérieurs. L'exemple le plus frappant que nous puissions en citer est le château et le parc de Milnthorp, connus sous le nom de *tour de Dallam* (Pl. IV), dans le comté de Wesmorland, et appartenant à M. George Wilson. Ce château, dans le goût moderne, fut bâti en 1720, et le magnifique parc qui l'entoure fut planté à la même époque. Cette composition pittoresque couvre une immense étendue de terrain et renferme plusieurs collines dont les unes sont cultivées et les autres boisées. Toutes offrent des massifs d'arbres plus ou moins rares, mais tous d'un effet agréable et disposés avec beaucoup de goût.

Derrière le château, qui occupe un site délicieux, s'élève une colline escarpée, couverte de bois épais jusqu'à son sommet, et peuplée d'une grande quantité de bêtes fauves. En face de l'habitation, des prairies superbes s'étendent jusque sur les bords de la rivière de Belo, que l'on traverse sur un pont élégant où passe la grande route. Ces vastes tapis de verdure permettent de découvrir, du château, un horizon magnifique ; on voit les barques des pêcheurs se promener sur la Kent qui traverse la baie de Mortecombe et va se perdre dans la mer d'Irlande ; plus loin une chaîne de montagnes, parmi lesquelles on distingue parfaitement Lyth-Fell et Whit-Barrow-Scar, bornent la vue.

La tour de Dallam est une des propriétés les plus agréables qu'il y ait dans le comté. La petite rivière de Belo qui traverse le parc est extrêmement poissonneuse et l'on y pêche des truites et des saumons. Le paysage des environs est éminemment pittoresque, et les bains de Milnthorp, ainsi que le village du même nom et le port de mer de Kendal, qui en est fort près, le peuplent de curieux et de bonne compagnie.

Parmi les compositions modernes les plus remarquables en Angleterre, nous citerons le *château Wynyard*, (Pl. V), résidence du marquis de Londonderry. Le plan du château, d'une architecture grecque, et des jardins paysagers, a été fourni par M. P. W. Wyatt, écuyer.

Cet artiste a parfaitement senti qu'il ne devait pas jeter un château d'une architecture pleine de grâce et de noblesse, au milieu d'un paysage ne devant rien qu'à la nature. Aussi les allées et les jardins qui avoisinent l'édifice sont-ils en parfaite harmonie avec la pureté de dessins de l'architecture. Néanmoins, il a su trouver les places convenables pour développer les grâces plus simples de la nature : d'un petit ruisseau presque sans intérêt, on a fait un beau canal bordé de bouquets de bois et d'allées ombragées, qui serpente au travers du parc et donne le dernier fini à un délicieux tableau (ce qui est un mérite rare), permettent de faciles communications, et des barques grandes, élégantes, richement décorées, procurent aux dames des promenades sur l'eau d'autant plus agréables qu'il n'y a pas même l'apparence du plus petit danger.

La belle propriété de Wynyard, a depuis fort longtemps appartenu à une famille de haute distinction. La possession en a été apportée en mariage par Lady Frence, fille de Sir Henry-Vane Tempest, au marquis de Londonderry en Irlande, qui, en 1823, fut créé comte Vane, du royaume uni de la Grande-Bretagne.

Si vous voulez connaître le goût éminemment Anglais dans une composition pittoresque, transportez-vous dans le Cumberland et visitez le *château de Corby* (Pl. VI), appartenant à M. Henri Howard, écuyer.

Cette habitation a été bâtie sur les ruines d'une ancienne forteresse, dont il reste encore quelques murailles. Elle est située sur une élévation à l'est de la rivière d'Eden, et elle est éloignée de cinq milles, à peu près, de la ville de Carlisle. Depuis longtemps la beauté des sites des environs, à la fois boisés et hérissés de rochers, jouit d'une grande réputation. Le célèbre historien, David Hume, les visita en 1750, et il écrivit sur la fenêtre d'une auberge quatre vers qui furent depuis recueillis par Walter-Scott, et offert à M. Howard. En voici le sens :

« Ici, l'on vous donne pour déjeûner des œufs qui renferment des petits
» poulets; une troupe d'enfans sans frein, chantent à grands cris les louan-
» ges de Dieu; des têtes écossaises ornent les murailles; mais les prome-
» nades de Corby compensent tout cela. » (1).

Monsieur Howard réjouit à la politesse du célèbre romancier en lui faisant voir et toucher, parmi d'autres curiosités, l'épée du héros de Waverley, Fergus Mac Ivor, c'est-à-dire du major Macdonald, et une chaîne d'or ayant appartenu à la malheureuse reine Marie d'Écosse.

Les beautés des sites de Corby sont beaucoup rehaussées par le goût éclairé qui a présidé à la plantation de cette charmante composition. Un escalier taillé dans le roc et ombragé par des arbres touffus, conduit du château à une promenade qui s'étend sur le bord de la rivière d'Eden, où l'on trouve plusieurs fabriques construites et placées avec beaucoup de goût, et plusieurs grottes très-pittoresques, creusées dans le roc avec assez d'art pour paraître n'appartenir qu'à la nature. Au pied d'un roc perpendiculaire, sous un épais feuillage et dans une localité romantique, on découvre une statue colossale fort remarquable par le travail. Presque vis-à-vis est une pêcherie consistant en des filets placés à demeure pour prendre des saumons, et en une digue qui sert en même temps de communication pour parvenir dans une île boisée qui se trouve au milieu de la rivière.

Le *château de Rydal*, ainsi que le lac de Rydal Water (Pl. VII) ap-

partiennent à la famille Fleming de Rydal Hal. Le lac est placé dans la vallée de Grasmère, à deux milles nord-ouest d'Ambleside, comté de West-morland. Il n'a guère plus d'une lieue de longueur, et les eaux en paraissent peu profondes. La tranquillité qui règne en ce lieu et la richesse des bords forment un contraste agréable avec la stérilité et la sévère grandeur des montagnes qui le dominent. Au milieu de ces eaux paisibles s'élèvent deux petites îles, sur l'une desquelles on a établi, pour fabrique, une héronnière. Quelques ponts rustiques, et de petites embarcations suffisent pour faire de cette propriété une composition charmante, qui doit à la nature seule la plus grande partie de ses beautés. Un des côtés du lac est surtout remarquable par une ceinture de rocs escarpés couverts de mousse et de lichens, dont les larges crevasses nourrissent de vigoureux arbustes; sur l'autre rive on trouve quelques vieux arbres que le temps a rendu très-pittoresques.

Les exemples que nous venons de citer, prouvent assez qu'en Angleterre on n'entend pas du tout l'art des *jardins anglais* comme nous l'entendons en France, ou du moins comme l'entendent ces gens qui prennent le titre d'architecte de jardin, et qui vous tracent à droite et à gauche des allées tortues qu'ils accompagnent de plates-bandes de terre de bruyère.

C'est surtout par la manière dont les architectes anglais savent choisir la place de l'habitation que leur talent m'a frappé autant que j'en ai pu juger par les plans que j'ai étudiés avec la plus grande attention. Ils savent si bien tirer parti des localités, que l'habitation se trouve toujours former la scène principale du tableau et que tous les objets environnans, quelqu'un soit le caractère de grandeur, ne semble se groupper autour que comme des accessoires. Je crois que cette supériorité que les compositions anglaises ont sur les nôtres vient de ce que les architectes attachent au point de vue plus d'importance que nous, et en cela ils ont parfaitement raison. Visitez les châteaux des environs de Paris, et vous ferez une remarque fort aisée : c'est qu'il en est trois sur quatre qui manquent de vue ou qui ont une vue monotone ou bornée, tandis que transportés à quelques centaines de pas, sans sortir de la propriété, ils auraient un horizon charmant.

(1) Here chicks, in eggs for breakfast sprawl:
Here godless hoyt, God's glories squall;
While scotsmen's heads adorn the wall:
But Corby's walks atone for all.

Pourquoi voyons-nous de superbes habitations bâties dans des vallées profondes où elles semblent enterrées, tandis que l'on trouve de très-belles positions dans les parcs ou autres terrains qui leur appartiennent? Me dira-t-on que c'est pour la commodité des eaux? mais la plupart en manquent tout aussi bien que si elles étaient placées à mi-coteau ou même sur la hauteur.

Si je ne craignais de peiner fort inutilement les propriétaires, je pourrais citer vingt exemples de ce que j'avance ici. En Angleterre, il semble qu'au contraire il n'est point de sacrifice qu'on ne fasse pour le point de vue, et il me semble que cela devrait être indiqué par le simple bon sens, nonobstant toute autre considération, car celle-ci doit être la première.

Déjà les architectes anglais du moyen âge connaissaient cette règle imposée par la raison. Nous en citerons pour exemple le *château de Barnard-Castle*, (Pl. VIII), qui n'est plus aujourd'hui qu'une ruine, dans le comté de Durham.

Il est situé sur un rocher qui domine un immense horizon, mais il est surtout remarquable par un point de vue qui enfile, entre deux collines assez élevées, une étendue considérable du cours de la Tees, dont les bords romantiques embellissent les pays qu'elle parcourt, depuis la montagne de Cross-Fall, dans le Cumberland, où elle prend sa source, jusqu'à son embouchure dans la mer d'Allemagne, c'est-à-dire pendant un espace de soixante à soixante et dix milles de cours.

Nous ne pouvons donc pas nous dissimuler que, relativement aux grandes compositions en horticulture, les Anglais ont sur nous la supériorité. Si nous en cherchons les causes nous en trouverons trois bien évidentes : 1° ils ont été libres avant nous; 2° ils sentent plus fortement et raisonnent leurs sensations; 3° ils sont plus riches, et cette dernière raison fait singulièrement valoir les deux premières.

Dans un pays où le peuple est serf, où les seigneurs ont des droits féodaux, il n'y a point de patrie, et les hommes négligent d'embellir le sol auquel ils ne tiennent pas. Ils s'en tiennent aux jouissances physiques que l'on peut se procurer avec de l'or, et l'on ne s'attache qu'aux richesses que l'on peut transporter avec soi en cas de nécessité. La terre n'est cultivée que pour les besoins de la vie, et jamais on ne s'avisera de faire le moindre sacrifice pour l'embellir, dans la crainte de voir un petit *tyranneau* suzérain venir impunément la dévaster ou s'en emparer, selon son bon plaisir. D'une autre part, les seigneurs redoutant les effets du mécontentement des peuples, pensaient plus à fortifier leur manoir qu'à en embellir les entours. Delà pas de jardins d'agrément. Comme on le sait, les Anglais ont secoué long-temps avant nous le joug de la féodalité; aussi l'horticulture, et même l'agriculture, ont commencé chez eux à faire des progrès quand elles étaient encore stationnaires chez nous.

Il résulte donc de ceci que les Anglais ont de plus que nous, en horticulture, quelques centaines d'années d'expérience. Or, les arts, quels qu'ils soient, ont besoin du secours de l'expérience pour faire des progrès. D'ailleurs, pour couper au court, tout le monde sait que le goût des jardins, et des jardins paysagers surtout, nous est venu d'Angleterre, ce qui prouve suffisamment que les Anglais les cultivaient avant nous.

Ils sentent plus fortement que nous et raisonnent leurs sensations. Pour n'être pas d'accord avec moi sur ce point, il ne faudrait avoir aucune teinture ni de leur histoire, ni de leur littérature, ni de leur patriotisme, ni même de leurs ridicules.

Ils sont plus riches. Certes voilà une excellente raison, et qui ne me sera disputé par personne. Cependant nous avons aussi en France des familles riches beaucoup plus que de beaux jardins. Sans doute, si nous restons au-dessous des Anglais dans ce genre de composition, l'instabilité des gouvernemens qui se sont succédé en France depuis plus de quarante ans, les révolutions qui ont eu lieu dans les familles et les fortunes, les craintes que l'on éprouve et que l'on éprouvera encore long-temps après tant de naufrages, en sont les principales causes,

Si nous restons en arrière sous le rapport des jardins paysagers, il est à croire que, pour la culture des plantes exotiques, conservées dans des serres afin d'aider aux progrès des sciences naturelles, nous égalerons bientôt l'Angleterre, et la surpasserons même, car notre climat est beaucoup plus favorable à ce genre de culture que le leur.

Déjà nous voyons s'élever au jardin des plantes à Paris, une serre magnifique, (Pl. I. frontispice), dont les dessins ont été fournis par un jeune architecte plein de mérite, M. Rohaut fils, auquel l'exécution en a été confiée. Je lui dois le dessin qui forme le frontispice de cet ouvrage, et il a eu l'obligeance de me le communiquer long-temps avant que les travaux fussent assez avancés pour pouvoir dessiner le monument sur le terrain.

Cette serre, d'une étendue immense, d'une élégance et d'une richesse d'architecture auxquelles aucune construction de ce genre ne peut être comparée, doit, pour destination, recevoir les végétaux exotiques que l'on cultive dans les serres chaudes et tempérées; c'est-à-dire les plantes et les arbres qui peuplent les contrées les plus chaudes de la terre. Des terrasses superbes sont préparées sur le devant des serres tempérées pour recevoir, pendant la saison la plus chaude de l'année, les plantes qui ne peuvent rester constamment renfermées, et que l'on est dans l'usage de placer à l'air libre pendant trois ou quatre mois.

Des pavillons carrés d'une grande hauteur, et entièrement vitrés, comme tout le reste de la construction, recevront les arbres qui prennent de hautes dimensions, et que jusqu'ici on était obligé de mutiler, faute d'espace, pour les empêcher de s'élever. Ces pavillons me paraissent très-difficiles à chauffer et surtout à maintenir, pendant les fortes gelées, à une température de dix-huit à vingt degrés Réaumur, mais M. Rohaut a sans doute pris les précautions nécessaires pour arriver à ce but, et c'est avec infiniment de plaisir que nous l'avons vu disposer ces serres de manière à être chauffées à la vapeur, selon la méthode anglaise.

Tout le tour du monument, car nous pouvons bien lui donner ce nom, sont deux galeries garnies de balcons, au moyen desquels il sera très-facile aux jardiniers de nettoyer les panneaux vitrés, de les soulever le matin pour donner de l'air, de les fermer le soir, et enfin de les couvrir de paillassons quand la rigueur du froid l'exigera.

Sous le rapport de sa position, cette serre est tout aussi bien combinée. Elle fait face au nouveau cabinet que l'on construit et qui est destiné, je crois, à recevoir des collections minéralogiques. Elle est exposée au plein midi, et adossée au monticule du labyrinthe qui la garantit des funestes influences du nord.

Enfin, nous regardons la nouvelle serre du jardin du roi comme une des plus élégantes qu'il y ait en Europe, et nous espérons qu'elle sera une des meilleures et des plus utiles. Alors nous n'aurons plus rien de ce genre à envier à l'Angleterre.

AVERTISSEMENT.

Il y a quelques années que le libraire, M. Audot, me pria de faire un texte à un faisceau de gravures qu'il vendait, autant que je peux m'en souvenir, sous le titre d'*Essai sur la Composition et l'Ornement des Jardins*. Déjà depuis long-temps j'avais l'intention d'écrire sur cette matière, et je profitai avec empressement de l'occasion qui s'offrait pour établir des règles dont je cherchais la base dans la nature, pour émettre des idées que je croyais utiles au perfectionnement d'un art que j'aimais. J'en profitai encore pour sonder le public sur la manière dont il recevrait mes innovations, je dois l'avouer, afin de juger à coup sûr si plus tard je pourrais donner un plus grand développement à mes idées.

Mais je rencontrai, dans la route que je m'étais tracée, un obstacle insurmontable, malgré ma bonne volonté et celle du libraire-éditeur ; cet obstacle gissait dans le cadre même de l'ouvrage, tracé d'une manière définitive et invariable par les gravures faites sur un plan et dans un ordre dont je ne pouvais pas m'écarter. Il a donc fallu me plier à la circonstance, et, souvent, donner la gêne à mes idées, dénaturer mes opinions, pour ne pas tomber en contradiction avec des gravures qui, loin de servir à l'éclaircissement de mon texte, étaient elles-mêmes une sorte de texte que mon manuscrit devait éclaircir.

Il eût été un moyen de laisser à mes opinions, sur cette intéressante matière, un champ libre et vaste à parcourir. Cet unique moyen eût consisté à faire un choix de nouveaux dessins plus en harmonie avec les principes que je voulais établir, à les faire graver et à briser les planches faites ; mais cela était-il praticable? Non, et en voici la raison fort

1

aisée à concevoir. Il aurait fallu ajouter à la somme considérable des dépenses à faire, la somme déjà très-forte des dépenses faites, ce qui eût exorbitamment fait monter le prix de l'ouvrage et l'eût mis hors de la portée de beaucoup de lecteurs. Outre cela, une nouvelle collection de dessins aurait retardé la publication du livre peut-être de plusieurs années. La chose n'étant pas faisable, je renvoyai à une époque plus favorable la publication complette des règles et des principes que j'avais intention de développer; je suivis de point en point les intentions de l'éditeur, chose quelquefois malheureuse pour les auteurs, mais à laquelle ils sont trop souvent forcés de s'assujettir.

J'étais alors rédacteur du *Bon Jardinier*; et, ainsi que l'éditeur, je ne regardais le traité de la *Composition et de l'Ornement des Jardins* que comme une sorte d'appendice à cet ouvrage. Je pensais naturellement que plus tard je trouverais l'occasion de publier un ouvrage comme je l'entendais sur cette matière, et je me mis dès-lors à collec-tionner dans les champs, dans les jardins et partout où je pouvais le faire, des points de vue, des monumens, des plans, des fabriques de tous genres, et en un mot tout ce qui entrait dans mes projets.

Déjà mon album se remplissait lorsque des circonstances particulières rompirent mes relations avec M. Audot.

Devenu dès-lors étranger à la rédaction du Bon Jardinier; ayant par conséquent beaucoup plus de temps à consa-crer à mes goûts, je le mis à profit pour augmenter mon album et l'enrichir de tous les objets qui me paraissaient dignes de figurer dans un grand ouvrage sur les jardins.

Je visais à un but, ordinairement fort difficile à atteindre; je voulais faire un ouvrage aussi complet que possible, et qui, cependant, ne fût pas d'un prix trop élevé, afin d'être à la portée de tous les amateurs. Une découverte récente, la gravure sur acier, fournissant le moyen de tirer un nombre considérable d'exemplaires, vint, par un heureux hasard, favoriser mon projet.

Mais il restait encore un écueil à surmonter, celui de trouver un graveur qui voulût bien s'identifier avec mes pensées, au point de renoncer à *son faire* pour rendre l'esprit de mes dessins tel que je l'y avais mis et sans interpréta-tion. Les gens versés dans les arts comprendront aisément cette difficulté et l'importance que je devais attacher à la voir vaincue. Il m'importait que telle planche fût entièrement terminée, telle autre à demi, et que telle autre encore n'offrît que de simples traits, etc., etc., afin que tout fût en harmonie avec mon texte, dans lequel devaient aussi se trouver des tableaux finis à côté de légères esquisses.

J'ai eu la hardiesse, pour atteindre ce but qui me paraissait important, d'entreprendre moi seul la gravure de mes 320 planches, et le courage de la terminer après deux ans d'un travail opiniâtre.

L'ouvrage que j'offre aujourd'hui au public est donc le fruit de longs efforts et le résultat de tous mes moyens. Je souhaite que les amateurs l'accueillent avec la même indulgence que mes autres ouvrages, et je me croirais suffisam-ment récompensé des peines que je me suis données pour le rendre le plus complet qu'il soit possible.

B.

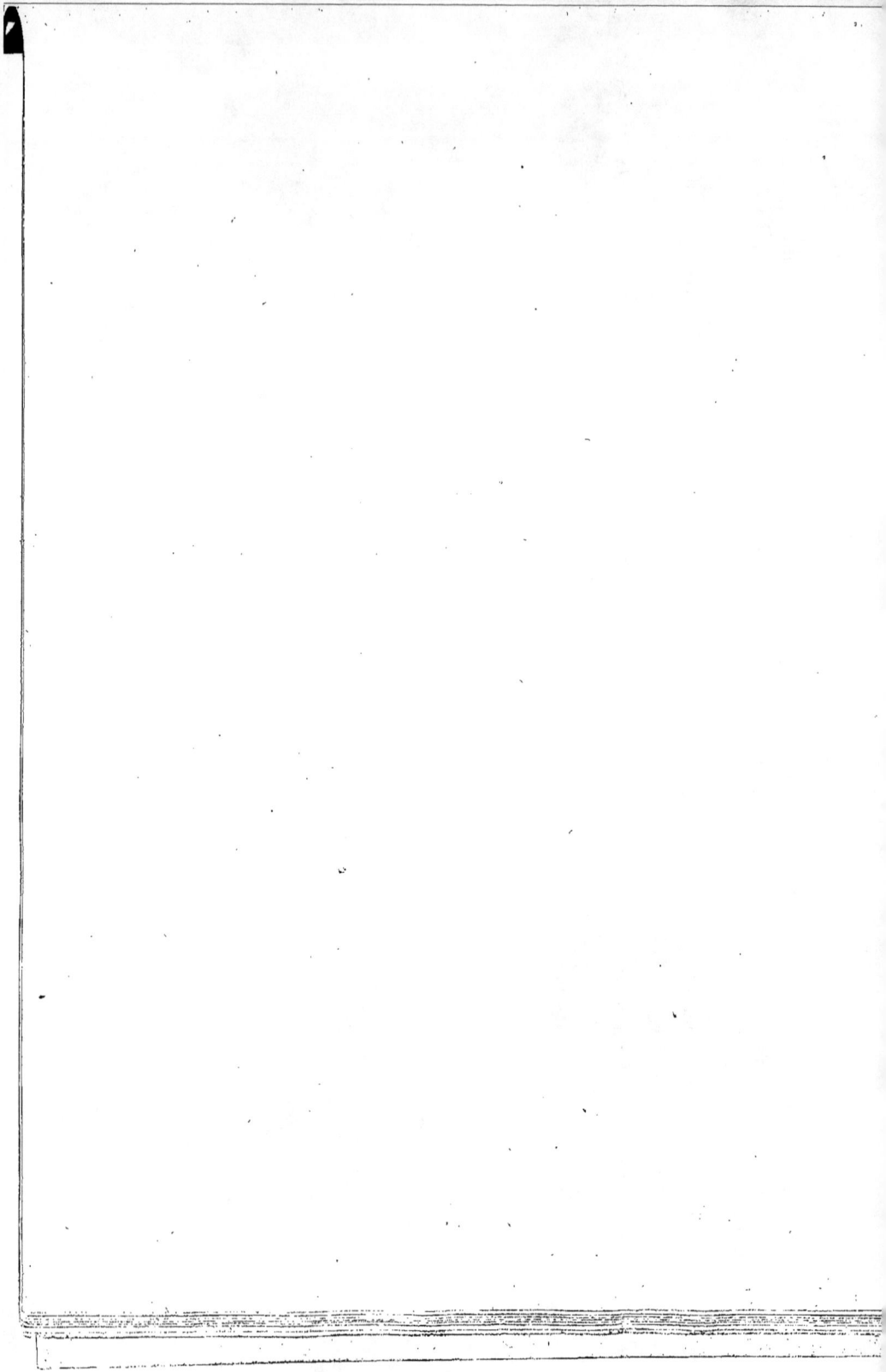

L'ART

DE

COMPOSER ET DÉCORER LES JARDINS.

CHAPITRE PREMIER.

HISTOIRE DES JARDINS.

Par le mot *jardin*, nos ancêtres entendaient un petit espace de terrain cultivé en légumes, en arbres fruitiers, parmi lesquels quelques fleurs et quelques arbrisseaux recevaient à peine le surplus des soins du jardinier. Il en fut ainsi jusqu'au temps de François I⁣er. Les seigneurs féodaux, renfermés dans des châteaux défendus par des murailles crénelées, entourés de fossés et autres fortifications, ne se souciaient guère d'embellir les entours de leurs manoirs, parce que, dans ces temps malheureux, le premier soin à prendre était celui de la sûreté de sa personne.

Les bourgeois seuls pouvaient avoir et avaient en effet du goût pour ce que nous appelons aujourd'hui l'horticulture, mais comme leur fortune était bornée, et qu'il ne possédaient pas de grandes terres, l'art des jardins ne faisait aucun progrès.

Cependant, dès l'ancien temps de la monarchie française, il paraît que la culture des fleurs était assez généralement répandue, comme on le voit par un capitulaire de Charlemagne, qui recommande particulièrement la culture des roses, des œillets, des giroflées, et de quelques autres espèces très-communes.

Mais lorsque Louis XI eut porté le coup mortel à la féodalité, lorsque les châteaux se montrèrent avec une architecture élégante, lorsque les créneaux, les donjons, les ponts-levis, et les hautes murailles percées de meurtrières eurent cessé d'affliger la vue des voyageurs, on pensa, pour la première fois, à embellir les environs de sa demeure, et à créer des promenades agréables.

Dès-lors les jardins commencèrent à être regardés comme des cultures pouvant fournir à la fois à l'utile et à l'agréable. Une partie resta consacrée à la production des légumes pour l'entretien de la cuisine, une autre partie, servant à la promenade, fut consacrée à la culture des fleurs, et à celle du très-petit nombre d'arbres et d'arbustes d'ornement que l'on connaissait alors.

François 1er fit tracer quelques grands jardins, particulièrement ceux de Fontainebleau, et il fut le premier qui les orna d'orangers qu'il fit venir d'Italie. Ce sont encore les mêmes que l'on voit aujourd'hui à Paris, dans le jardin des Tuileries.

C'est à cette époque seulement que commença en France la culture des végétaux étrangers qui ne peuvent passer l'hiver à Paris que dans une orangerie.

Les jardins, jusqu'au règne de Louis XIV, ne furent assujétis dans leur création à aucune règle sévèrement raisonnée. Mais, sous ce monarque, ceux de Versailles, tracés par l'architecte Le Nostre, montrèrent l'art devenu presque un géant dès son enfance. Bientôt le jardin des Tuileries et plus tard celui du Luxembourg, prouvèrent qu'en France, l'art des jardins symétriques, des jardins de palais, si je pouvais me servir de cette expression, avait atteint toute la perfection dont il était susceptible.

Lorsque l'agriculture dans son enfance laissait encore à chaque pas des parties vierges et incultes dans nos campagnes; avant que le ministre Colbert eût fait tracer au cordeau ces larges grandes routes plantées d'arbres, qui forment autant d'immenses promenades par lesquelles on communique si aisément d'un bout de la France à l'autre, on ne pouvait guère sortir d'une ville sans rencontrer des sites sauvages et pittoresques, d'un aspect plus ou moins romantique, devant toute leur beauté à la nature; de ces sites, en un mot, que nous cherchons à reproduire à grands frais dans nos jardins paysagers. Alors les yeux accoutumés aux chemins tortueux, aux massifs jetés çà et là par le hasard, aux rochers montrant leurs têtes grisâtres au-dessus des taillis, aux ruisseaux serpentant librement dans les prairies, ou se précipitant en cascades, et à mille autres accidens que la charrue, la bêche et

l'industrie ont fait disparaître; les yeux, dis-je, accoutumés à ces accidens naturels et multipliés, y attachaient peu de prix.

Tant que la France ne fut pour ainsi dire qu'un grand jardin paysager où la nature se montrait partout, on voulut ne trouver que de l'art dans les jardins, afin de faire diversion, et la symétrie fut la principale règle de ce genre de composition. Cela devait être, parce que cela était raisonnable. C'est à tort que Morelle reproche à Le Nostre « que son art est fastidieux; « que cet art, usurpateur insigne, après avoir chassé la nature, a eu l'audace « de se mettre à sa place. » C'est à tort que les auteurs d'aujourd'hui reprochent aux architectes d'autre fois d'avoir placé dans leurs jardins des statues, des vases, des bronzes, des marbres, des jets d'eau et des cascades artificielles. Il en est même qui vont jusqu'à critiquer un poète, notre immortel Delille, pour avoir admis les urnes, les tombeaux, les temples, etc. Il lui font presque un crime de proposer une ruine, une cabane de pêcheur, et même une serre chaude.

Ceux-là veulent la nature telle qu'elle est, et ont déclaré une guerre à mort à tout ce qui est ordre et symétrie. Ils ne peuvent supporter la vue d'un quinconce, d'une avenue, d'un parterre géométriquement tracé, et de tout ce qui ressemble à l'art ou un arrangement calculé. Peut-être ont-ils raison dans les environs de Paris, où la monotonie se rencontre partout; mais qu'on les place dans une contrée où tous les sites sont pittoresques, comme, par exemple en Suisse, dans les montagnes de quelques départemens de la France, comment feront-ils pour tracer un jardin? S'ils veulent se borner à imiter la nature, ils resteront nécessairement au-dessous des modèles nombreux qui se montreront à leurs yeux de toute part, et ils n'auront fait que de rapetisser d'une manière ignoble, en les réunissant dans un espace borné, les accidens grands et majestueux dont ils seront environnés aussitôt qu'ils sortiront de leurs compositions mesquines.

Ou ils ne feront pas de jardins, ou ils les traceront de manière à faire diversion, et alors il seront bien forcés de tomber dans la symétrie, d'employer les fabriques et autres objets qui feront opposition avec le caractère commun, la physionomie vulgaire de la contrée dans laquelle ils seront placés.

Aujourd'hui, grace au partage des propriétés et aux progrès de l'agriculture, la France entière n'est pour ainsi dire qu'un vaste jardin symétrique, où tous les sites ont perdu leur physionomie naturelle. Ici la cascade ne fait plus jaillir ses eaux écumeuses de roche en roche, mais bien sur la roue peu romanique d'une usine ou d'un moulin; là les yeux ennuyés se promènent avec monotonie sur des plaines immenses d'une terre nue, plate, nivelée, ou sur des moissons uniformes; l'orme, le hêtre, le chêne, et tous les arbres en général, taillés, émondés, ébranchés, ont perdu leurs graces particulières, leurs port spécifique pour prendre, sous la serpe de l'élagueur, la ridicule forme d'un balai porté sur un long manche. Plus de branches mousseues; plus de troncs caverneux, plus de vaste et touffu feuillage, plus de vieillesse blanche de lichen, plus d'accidens bizarres; la serpe et la hache y mettent ordre; l'uniformité se retrouve partout. Sans égard pour la pente des coteaux, les chemins, tracés au cordeau comme les limites des bois, des vignobles, des terres et des prairies, ont cessé de tournoyer pour n'offrir plus que des lignes raides et droites; les rivières ont cessé de serpenter à travers les prairies émaillées pour promener leurs eaux bourbeuses entre deux digues parallèles et alignées; enfin, et surtout aux environs de Paris, deux tristes murs qui remplacent les haies fleuries de gaie aubépine, masquent aux promeneurs, non-seulement la vue de la plaine qu'ils parcourent, mais encore les coteaux presque nus qui bornent l'horizon.

Certes, dans un tel pays les jardins paysagers, offrant l'image de cette belle nature que l'homme retrouve avec d'autant plus de plaisir qu'elle se présente plus rarement à lui, ces jardins, dis-je, doivent plaire et devenir à la mode. C'est aussi ce qui est arrivé. A mesure que l'agriculture, en se perfectionnant, a fait disparaître de nos campagnes les accidens pittoresques qui sont pour ainsi dire le sceau de la nature, nos architectes se sont empressés de les reproduire dans nos jardins, et d'en exclure la symétrie.

Par la même raison qui veut que l'homme cherche la diversité et se plaise dans les oppositions, principe qui forme la règle fondamentale de tous nos arts d'imitation, les peuples qui habitent des contrées peu cultivées, comme les Indiens, par exemple, dont la moitié des terres au moins sont encore abandonnées à la nature, préfèrent les jardins symétriques et réguliers, qui tranchent avec la physionomie ordinaire de leurs campagnes.

Ce qu'il y a de certain, c'est que le goût des jardins paysagers s'est généralement répandu en France depuis quelques années, et peut-être avec trop d'exclusion, comme nous le montrerons plus tard.

Nous venons d'esquisser rapidement l'histoire des jardins en France, l'histoire toute moderne, comme on a pu le voir. Ce que nous en avons dit peut s'appliquer, avec peu de variantes, à l'histoire des jardins de l'Allemagne, de l'Angleterre, et de tous les autres états du nord de l'Europe.

La seule différence que nous remarquons, et cette différence découle des principes que nous avons établis, c'est que les pays où la féodalité a disparu d'abord, et où, par conséquent, les terres se sont le plus divisées, ont été ceux où l'art des jardins est apparu en première date. Ceux où l'agriculture s'est perfectionnée au point de déguiser dans les campagnes les graces pittoresques mais sauvages de la nature, sont aussi les premiers où le goût des jardins paysagers a pris naissance. Nous citerons pour exemple l'Angleterre et la Hollande, et si nous voulions donner à notre opinion une preuve de plus, prise ailleurs qu'en Europe, nous pourrions citer les jardins du Japon et de la Chine. Nous reviendrons sur ce sujet.

Si nous jetons un coup d'œil sur l'histoire des antiques contrées de l'Inde et de l'Égypte, nous verrons que l'art des jardins remonte à l'époque la plus reculée.

En effet, les premiers hommes qui se sont livrés à l'agriculture ont dû commencer par créer des jardins. Avant qu'on eut inventé la charrue, avant que l'on eut pensé à dompter les animaux pour les employer au labourage, on ne pouvait défricher des terrains d'une vaste étendue faute de moyens pour cela. On se borna donc à renfermer, dans un enclos de peu d'espace, les arbres, les racines et les légumes à mesure que l'on apprenait à reconnaître leurs qualités élémentaires, et l'horticulture précéda nécessairement l'agriculture.

Pour préserver ces premières cultures de la dévastation des animaux sauvages et même de l'homme, on les établit à proximité des habitations, et on les entoura d'une clôture. Voilà les premiers jardins.

Comme les végétaux ne croissent pas tous dans la même qualité de terre, aux mêmes expositions, et que leurs habitudes diffèrent, les premiers essais ne durent pas toujours être heureux. Les cultivateurs firent des observations, et en profitèrent pour donner à chaque espèce de plantes les soins particuliers que chacune paraissait exiger. On étudia les terres fortes ou sablonneuses, sèches ou humides, l'époque des semis et des plantations, les différens modes de multiplication, et dès-lors la culture devint un art dont les progrès marchèrent de front avec ceux de la civilisation.

Par opposition à une nature sauvage et en désordre, l'homme divisa symétriquement ses cultures ; les arbres fruitiers, plantés en lignes, formèrent de longues avenues, des quinconces, des étoiles, etc. Les fleurs, transportées des prairies, s'arrangèrent en bordures, en corbeille, et enfin l'ordre et la régularité parurent une agréable diversion.

Lorsque les hommes acquièrent les moyens d'étendre leurs cultures, lorsqu'ils eurent défriché les terres, abattu les forêts, desséché les marais, nivelé leurs champs, la campagne perdit sa physionomie primitive, et ce fut alors que l'on voulut la retrouver dans les jardins. Il est fort remarquable que c'est en Égypte, le pays le mieux et le plus anciennement cultivé, que l'on trouve les premières traces des jardins paysagers; la pierre ou mosaïque de Palestrine en est la preuve.

Cet antique et singulier monument représente, sans ambiguité, ce que nous autres Français appelions encore, il n'y a pas plus de trente ans, un *jardin anglais*. Sur le premier plan on voit une petite rivière, et un homme manœuvrant une nacelle élégante. La rivière, dans une de ses parties, est couverte par un berceau pittoresque, formé par des baguettes artistement entrelacées et servant d'appui à des festons de feuillage. Sous cette espèce de pont sont placés des bancs, et des femmes assises y prennent un repas champêtre au son de quelques instrumens. On y voit quelques autres fabriques; les végétaux alors cultivés; diverses sortes d'animaux qui semblent y avoir été assemblés pour former une sorte de ménagerie. Enfin sur le dernier plan s'élève un rocher au sommet duquel un chasseur s'amuse à tirer de l'arc. On trouve dans les volumes de planches de l'ancienne Encyclopédie, une figure fort bien dessinée de cette pierre de Palestrine, et pour peu que le lecteur y jette les yeux, il reconnaîtra aisément la vérité de mon assertion.

Un des plus grands plaisirs des hommes nés dans les pays chauds, est de se reposer sous le frais ombrage d'un berceau de verdure. Aussi voyons-nous presque tous les peuple méridionaux se représenter leur paradis comme un vaste jardin couvert d'arbres touffus. Ici c'est l'Élisée, ailleurs c'est Eden, là le paradis; mais toujours des arbres, de la verdure et de l'ombre. Chez les peuples du nord, c'est autre chose : de la gloire, des liqueurs fortes que l'on boit dans le crâne de ses ennemis, et de bruyants banquets dans le palais d'Odin, tels sont les plaisirs éternels que se promettaient les Scandinaves après leur mort. Habitant un pays âpre et glacé, vivant presque exclusivement de chasse et de brigandage, il était naturel qu'ils cherchassent le bonheur ailleurs que dans les jardins qui leur étaient inconnus.

Les Chinois, qui rivalisent d'antiquité avec tous les autres peuples, ont chanté les jardins avant que la civilisation eut commencé en Europe. La Chine, prodigieusement peuplée, entièrement cultivée depuis des siècles, doit être de temps immémorial le pays des jardins paysagers comme elle l'est encore aujourd'hui. Il paraît que les Chinois sont aussi les premiers qui aient cultivé des végétaux purement pour l'ornement, tels que les camellia, les chrysanthèmes, les reines-marguerites et autres plantes arborescentes ou herbacées. Comme leur vaste empire, s'étendant à peu près du nord au midi, offre une grande différence de température, ils inventèrent de bonne heure les serres chaudes pour cultiver dans les provinces du nord les végétaux indigènes du midi, ou même de l'Inde, avec laquelle ils durent de tout temps avoir des communications.

Il paraît qu'ils tenaient autant à la culture d'un arbre pittoresque par son feuillage, que brillant par ses fleurs ou utile par ses fruits. Nous en trouvons une preuve frappante dans leurs recueils d'anciennes poésies, où le saule figure dans un grand nombre de stances. Nous en citerons une datant de près de deux mille ans. « A peine la saison du printemps est
« venue, dit le poète, que le saule couvre d'une robe verte, la couleur jaune
« de son bois. Sa beauté fait honte au pêcher qui, de dépit, laisse tomber
« les fleurs qui le parent et les disperse sur la terre. L'éclat des plus vives
« couleurs ne peut se comparer aux graces simples et touchantes de cet ar-
« bre. Il prévient le printemps, et, sans avoir besoin de ver à soie, il revêt ses
« feuilles et ses branches d'un duvet velouté que cet insect n'a pas filé. »

Dans l'Inde, la nature est encore trop abrutie pour qu'on cherche à en reproduire les sauvages accidens autour des habitations; aussi les jardins les plus délicieux ne consistent guère qu'en plantations symétriques de arbres produisant l'ombrage le plus épais et les fruits les plus rafraîchissans.

La Perse, la Turquie et toute cette partie du midi de l'Asie qui touche à l'Europe, a eu jadis, du moins si on s'en rapporte aux anciens auteurs, les plus beaux jardins de l'univers; mais les Turcs, en détruisant l'em- pire d'Orient et s'emparant de ces magnifiques et immenses provinces, en ont si bien effacé les arts et les mœurs, qu'il n'en est pas plus resté de traces que des jardins.

Les Russes, encore barbares lorsque les peuples de l'Europe atteignaient au plus haut degré de la civilisation, lorsque les nations de l'Asie commen- çaient à oublier la leur, ne peuvent figurer dans l'histoire de l'horticulture que depuis un demi-siècle à peu près. Pierre-le-Grand et ses successeurs avaient créé quelques jardins, mais ils y avaient mis peu d'importance, parce que l'âpreté du climat ne leur permettait d'en jouir que trois mois dans l'année. Ne pouvant en tirer un parti agréable, ils s'en tinrent long- temps à l'utile, et les Russes se bornèrent à cultiver des légumes.

Lorsqu'ils commencèrent à ouvrir des communications plus fréquentes avec l'Europe, ils comprirent le parti avantageux qu'ils pouvaient tirer des serres chaudes qu'ils observèrent en France et en Angleterre, et dès-lors le goût des jardins commença à se répandre parmi les personnes riches. Il arriva, il y a une quarantaine d'années, à Saint-Pétersbourg, une aven- ture qui ne laissa pas que de contribuer à généraliser le goût de l'horti- culture.

Lorsque l'on voulait servir des abricots sur la table du tzar ou de ses courtisans, on était obligé de les faire venir de Vienne en Autriche, et ils arrivaient toujours flétris et meurtris, comme on peut croire. L'individu, chargé de les faire venir, s'ingéra de planter des abricotiers dans son jardin, et de les abriter du froid au moyen de châssis vitrés et de couches chaudes qu'il enlevait lorsque la saison le lui permettait. Ses soins industrieux furent récompensés par le plus heureux succès, et il obtint bientôt de très-beaux abricots qu'il vendait au poid de l'or en laissant croire qu'il les faisait venir d'Allemagne. Il n'ébruita son procédé, qu'il avait tenu secret, que lorsqu'il eut fait sa fortune. Des jardiniers et des amateurs d'horticulture imitèrent et perfectionnèrent ses procédés, et l'on cueille aujourd'hui, dans les serres de Saint-Pétersbourg, non-seulement des abricots, mais des ananas dont le parfum le dispute à ceux de l'Inde.

Les jardins symétriques ont conservé en Russie une partie de leur faveur, mais on y trouve beaucoup de parcs ornés, où l'art s'est appliqué à faire ressortir, d'une manière plus ou moins heureuse, les accidens nombreux d'une nature pittoresque.

Les anciens Grecs aimaient les fleurs, ils en offraient des guirlandes aux dieux, ils en paraient les autels, ils en couronnaient les prêtres, les amans, les jeunes époux, mais ils en abandonnaient la culture à des mains mercenaires. Ils connurent les jardins paysagers, et ils les aimèrent avec une sorte d'enthousiasme, comme on le voit par les descriptions de leurs poètes. Ils ne surent rien imaginer de mieux, pour récompenser leurs héros, que de faire éternellement promener leur ombre, après la mort, sous les bocages fleuris de leur délicieux Élysée. Ils avaient aussi leurs jardins publics, symétriques et ornés de statues.

Mais le peuple ancien qui fut le maître du monde, fut aussi le maître dans l'art des jardins. Les Romains avaient des jardins symétriques et des jardins paysagers. Les premiers, qui accompagnaient ordinairement les palais, étaient ornés de marbres, de bronzes et de chefs-d'œuvre de sculpture, parmi lesquels on reconnaissait par fois les dépouilles de la Grèce.

Les seconds embellissaient leurs maisons de campagne. Si nous en croyons les auteurs, ceux de Lucullus avaient plusieurs milles de longueur; on y trouvait des fermes avec tous les animaux domestiques employés à la culture; des ménageries où l'on nourrissait les animaux les plus rares; des volières d'un quart de lieue de longueur, où l'on engraissait toute sorte d'oiseaux sauvages, particulièrement des ortolans et des grives pour la table du maître. Mais ce qui doit à jamais rendre célèbres les jardins de Lucullus, c'est que là fut apporté d'Afrique, par les ordres de ce proconsul, le premier cerisier qui fut cultivé en Europe.

Les jardins de Néron, dont nous nous avons une description assez détaillée, passe tout ce que l'on peut imaginer de plus beau et de plus grand, si ce qu'on en rapporte est vrai.

Dans les derniers siècles, l'Italie était encore le pays du monde où l'on voyait les jardins les plus agréables, et particulièrement les plus riches; tout le monde sait combien on a trouvé de précieux monumens de sculpture dans les jardins Borghèse, de Médicis, etc.

Aujourd'hui on y voit encore des jardins charmans, extrêmement pittoresques, mais ils sont bien loin d'égaler en magnificence ceux des temps anciens et du moyen âge. Si nous en cherchons la cause, nous la trouverons aisément. Autrefois les richesses étaient accumulées entre les mains de quelques familles puissantes, mais le peuple était généralement pauvre. Le temps et les révolutions ont nivelé les fortunes, d'où il résulte qu'en Italie, comme en France, la masse de la nation est riche, mais les individus sont pauvres.

En conséquence de ceci, nous possédons fort peu de grands jardins dignes d'être remarqués; mais en récompense nous avons une quantité de théories, une foule d'ouvrages, qui traitent de la manière d'en planter de magnifiques. Il semble que les auteurs de la plupart de ces ouvrages aient pris à tâche de mettre d'autant plus de pompe et de magnificence dans leurs descriptions, que leurs superbes plans sont plus impraticables dans la réalité. Bien persuadé qu'ils traitent d'un sujet qui ne recevra jamais son application, ils craignent moins de s'abandonner à un poétique entousiasme en nous traçant de brillans, mais de chimériques tableaux.

Il faut bien qu'il en soit ainsi, car comment sans cela un auteur ferait-il figurer comme objet d'ornement pour un jardin, des lacs, des fleuves et la mer même. Les anciens avaient de beaux jardins, ils ont vanté ceux de Sémiramis, d'Antinoüs, de Néron, de Lucullus, etc.; plus tard ceux des Médicis, des Borghèse, etc., etc., mais ils n'ont jamais été aussi riches que nous en théories, et il est même remarquable qu'ils ne possédaient pas un seul ouvrage sur ce sujet; qu'ils n'ont jamais pensé à établir des règles, à faire une théorie raisonnée de l'art. Virgile seul a enseigné quelques principes d'horticulture, mais il s'en faut de beaucoup que les vers admirables du Cigne de Mantoue puissent être en aucune manière comparé à un trait.

L'Espagne, où les anciens plaçaient le jardin des Espérides, n'a cependant point d'antiquité relativement à l'horticulture, mais elle est riche sous ce rapport dans le moyen âge. Lorsque les Maures en eurent fait la conquête, ils y transportèrent leurs mœurs, leurs arts et leur goût pour les cultures pittoresques. Ce célèbre alhambra, dont on admire encore les ruines à Grenade, était entouré de délicieux bosquets, de fabriques pittoresques, et enfin de tout ce qui constitue aujourd'hui notre genre paysager. Abn-el-Jaïr, et son contemporain Abu-Abdallah-Ebn-el-Fasel, nous ont laissé des détails fort curieux sur la culture de divers arbrisseaux et particulièrement sur celle du rosier. Quant à la culture en général, il paraît, à en juger par l'ouvrage de l'Arabe Espagnol, Abu-Zacaria, qu'ils y avaient fait de très-grands progrès, et qu'ils l'avaient porté à un point de perfection approchant beaucoup de celui où elle est aujourd'hui. Ils pratiquaient avec beaucoup d'adresse la greffe en approche et plusieurs autres en usage de notre temps. Le douzième siècle fut le plus brillant et le plus industrieux en Espagne; mais les Maures furent chassés, l'inquisition établie, et l'art des jardins tomba en décadence comme les autres arts. Cependant, la bonne culture des jardins maraîchers se soutint dans les environs de Valence, où elle est encore remarquable aujourd'hui.

L'Allemagne, la Hollande et l'Angleterre n'ont pas plus d'antiquités horticulturales que la France. L'Allemagne eut peut-être la première des jardins paysagers, et ceux de Raschtadt, de Stugard, de Schœnbrun, se firent remarquer par leur grandeur, la variété de leurs sites, et surtout par le nombre et le pittoresque de leurs fabriques. Les Allemands ont toujours mieux compris que nous qu'il n'y a point de genre exclusif. Ils comprennent encore qu'un jardin symétrique peut seul parer la façade majestueuse d'un palais, et dans ce cas ils font des jardins symétriques, mais il est rare qu'ils ne sachent pas y adjoindre une partie au moins dans le style paysager.

Les Hollandais, ainsi que les Belges, habitant de vastes plaines d'un coup d'œil assez ordinairement uniforme, ont senti la difficulté de créer chez eux des accidens pittoresques auxquels la monotonie de leur sol n'aidait en aucune manière. Ils ont donc cherché des jouissances dans d'autres parties de l'horticulture, et ils sont devenus florimanes. C'est chez eux qu'ont pris naissance les magnifiques variétés de tulipes, de jacinthes, de narcisses et autres liliacées qui font aujourd'hui la plus brillante parure des parterres de l'Europe entière.

Grace à la qualité particulière de leurs terres, ils ont conservé et probablement conserveront toujours le monopole des plantes bulbeuses de pleine-terre. Mais, en étendant leur culture et conservant le goût des collections, ils se sont à leur tour rendus tributaires de la France et de l'Angleterre pour peupler leurs serres chaudes et leurs bosquets.

La culture des fleurs et des légumes est chez eux portée à un très-haut point de perfection, mais il n'en est pas de même pour les jardins paysagers, et nous en avons indiqué la raison plus haut. Des eaux assez abondantes, mais plates, des prairies, des bosquets et des peupliers, voilà, chez eux, tout ce qu'on trouve et ce qu'on trouve partout, à très-peu d'exceptions près. J'ai sous les yeux les plans d'un assez grand nombre de leurs plus beaux jardins et je n'y vois guère autre chose, si ce n'est quelques fabriques assez bien distribuées.

Il est cependant une justice à rendre aux Hollandais et aux Belges, c'est qu'ils l'emportent sur nous et sur les Anglais par l'élégance et l'entente des habitations, et par le bon goût de la distribution intérieure de leurs charmantes petites maisons de campagne.

L'Angleterre a peu de jardins symétriques, et point qui soient comparables à ceux du Luxembourg et des Tuileries, de Paris, encore moins à ceux de Versailles. Mais elle l'emporte de beaucoup sur la France pour ses jardins paysagers, fleuristes, et même potagers.

Relativement aux jardins paysagers, les Anglais comprennent peut-être la nature moins bien que nous, mais ils la sentent plus vivement. Ils s'abandonnent au sentiment dans leurs compositions, et sont par conséquent plus sujets à des écarts d'imagination; ces écarts, il est vrai, sont toujours pittoresques et souvent fort heureux.

On leur reproche de toujours se ressembler dans leurs ruines gothiques et dans leurs cottages, et il me semble qu'en cela on a tort. Leurs ruines gothiques, représentant les restes d'un monastère, d'une église ou d'une chapelle catholique, sont des espèces de monumens historiques, élevés par le patriotisme. Ils leur rappellent une époque qui leur est chère, celle où ils secouèrent le joug d'une Église qu'ils regardaient comme tyrannique, et d'un chef despote et étranger. Ensuite ces ruines ont, en Angleterre, le mérite d'être en convenance avec toutes les localités et tous les tableaux, puisque naguère les couvents, les chapelles et les ex-voto s'élevaient de toutes parts, et que de toutes parts on en rencontre encore les véritables restes. Il est certain qu'une chapelle ruinée me paraîtra toujours placée beaucoup plus naturellement dans tel site anglais que ce soit, qu'un temple égyptien ou une pagode de l'Inde.

Quant aux cottages, ils se ressemblent, il est vrai, mais par deux points seulement. Par leurs cheminées plus ou moins bizarrement ornées, toujours massives et élevées, et par une sorte de galerie en pierre de taille, formant le pourtour de l'habitation, et servant à la soustraire à l'humidité en exhaussant de quelques pouces ou de quelques pieds, le sol des rez-de-chaussées. Il serait à souhaiter que l'on pût faire à nos habitations le reproche de se ressembler de cette manière.

Si l'on s'amusait à comparer le génie anglais dans sa littérature et dans la composition de ses jardins paysagers, on serait fort étonné de trouver les mêmes goûts et les mêmes inspirations. On y verrait souvent violer les règles des convenances de lieu, de temps et d'unité, mais toujours pour produire des émotions fortes et un plaisir plus facile à sentir qu'à raisonner. J'oserai presque dire que je retrouve toute la nation dans Shakespeare et Shakespeare dans toutes leurs scènes romantiques, soit écrites, soit dessinées avec des pierres, des arbres, des fleurs et de la terre.

Les Anglais ont encore cela de particulier, qu'ils ne cultivent pas seulement les fleurs comme on le fait partout ailleurs, pour leur beauté, ou pour étaler le luxe d'une serre chaude, ou enfin pour en faire un objet de spéculation. Leurs vues sont plus grandes, et ils savent les étendre jusqu'à la science. Le premier but que se propose un horticulteur anglais est d'enrichir le domaine de la botanique.

Si l'on veut voir des serres magnifiques, des riches collections botaniques, des cultures parfaitement entendues, c'est à Londres qu'il faut aller. Si l'on veut voir des jardins pittoresques, riches en arbres exotiques, en monumens, en fabriques, ou sites romantiques et quelquefois bizarres, c'est encore en Angleterre qu'il faut aller.

Lorsque le goût des jardins paysagers s'introduisit en France, il nous vint d'Angleterre, et pour cette raison ce genre de composition reçut chez nous le nom de *jardin anglais*. Les anglais prétendent en avoir apporté l'idée de la Chine, et lui donnèrent long-temps le titre de *jardin chinois*. Le fait est que les Italiens, les Grecs et même les Espagnols, eurent des jardins paysagers long-temps avant les Anglais, et que non-seulement ils n'avaient alors aucune relation avec la Chine, mais qu'ils ignoraient même jusqu'à l'existence de cet antique peuple.

CHAPITRE II.

DE DIVERS GENRES DE JARDINS.

Comme je l'ai dit plus haut, jamais la théorie des jardins n'a été poussée aussi loin que de notre temps, et cependant il s'en faut de beaucoup que l'on s'entende sur les principes d'un art tout nouveau pour nous. Parmi le grand nombre des auteurs qui ont écrit sur cette matière, quelques-uns, s'abandonnant aux élans d'une imagination échauffée, perdant de vue la bêche et la charrue, nous ont donné, au lieu de règles praticables, des rêves poétiques, des phrases ronflantes tirant plus ou moins sur le galimathias, et ont voulu plutôt paraître écrivains qu'architecte de jardins. Si nous voulions en citer plusieurs exemples, cela nous serait facile, mais nous nous bornerons à un seul.

Un écrivain de nos jours, que sa position mettait à même de parfaitement comprendre son sujet s'il n'eût eu la prétention du style, nous dit avec une ridicule emphase : « qu'il faut calculer les grandes ombres descen-
« dant des montagnes; faire serpenter des ruisseaux de fleurs; c'est, dit-il,
« en frappant nos paysages par les horizons du levant et du couchant, que
« la lumière, en éclairant profondément d'un côté l'intérieur des grandes
« masses, détermine de l'autre le projettement des ombres. Il ne faut de-
« mander ces effets ni au nord ni au midi, etc., etc. » Ce n'est pas en employant un tel style que l'on enseigne quelque chose, et que l'on soumet un art à des préceptes rigoureux.

L'architecte anglais Chambers nous fait d'un jardin paysager, qu'il pré-

tend chinois, une description si exagérée, qu'il tombe évidemment dans l'absurde. Écoutons le :

« Les tableaux du genre terrible, dit-il, sont composés de sombres forêts,
« de vallées profondes inaccessibles aux rayons du soleil, de rochers arides
« prês à s'écrouler, de noires cavernes et de cataractes impétueuses, qui se
« précipitent de toutes les parties des montagnes. Les arbres ont une forme
« hideuse; on les a forcé de quitter leur direction naturelle, et ils parais-
« sent déchirés par l'effort des tempêtes. Les uns sont renversés : ils arrêtent
« le cours des torrent; vous voyez que les autres ont été noircis et fracassés
« par la foudre. Les bâtimens sont en ruine ou à demi consumés par le feu,
« ou emportés par la fureur des eaux. Rien d'entier ne subsiste, sinon
« quelques chétives cabanes dispersées dans les montagnes, qui ne vous ap-
« prennent l'existence des habitans que pour vous montrer leur misère. Les
« chauves-souris, les vautours, et tous les oiseaux de rapine voltigent dans
« les halliers. Les loups, les tigres, les jakals hurlent dans les forêts; des
« animaux affamés sont errans dans les plaines. Du milieu des routes on
« voit des gibets, des croix, des roues, et tout l'appareil de la torture; et
« dans les plus affreux enfoncemens des bois, où les chemins sont raboteux
« et couverts d'herbes vénéneuses, où chaque objet porte les marques de
« la dépopulation, vous trouverez des temples dédiés à la vengeance et à la
« mort; des cavernes profondes dans les rochers; des descentes qui, à tra-

« vers les broussailles et les ronces, conduisent à des habitations souter-
« raines. Près de là sont placés des piliers de pierres, avec les tristes des-
« criptions d'événemens tragiques, et l'horrible récit des cruautés sans
« nombre commises dans ces lieux mêmes par les proscrits et les brigands
« des anciens temps. Et pour ajouter à la sublime horreur de ces tableaux,
« des cavités pratiquées au sommet des plus hautes montagnes, recèlent
« quelquefois des fonderies, des fours à chaux et des verreries d'où s'élan-
« cent d'immenses tourbillons de flammes et des flots continuels d'une épaisse
« fumée, qui donnent à ces montagnes l'apparence de volcans. »

Je demande si des hommes de bon sens peuvent donner de telles absur-
dités pour les règles, les principes de l'art des jardins.

Nous ne suivrons point leurs traces, et nous ferons au contraire tous
nos efforts pour être tout-à-fait didactique. Les auteurs qui se sont évertués
à chercher les règles de ce genre de composition se sont laissés séduire par
leur imagination, et entraîner par leurs préjugés et leur manière de sentir.
Ils n'ont pas compris qu'ils prenaient pour des principes généraux les résultats de leurs sensations particulières, et que les personnes d'une autre orga-
nisation que la leur, éprouvant des émotions toutes différentes, seront aussi
bien fondées à établir des principes vrais, pour elles, quoique tout-à-fait
contradictoires avec les premiers. C'est ainsi que les uns veulent des jardins
symétriques, et les autres des jardins paysagers ; c'est ainsi que les uns
prescrivent des fabriques que les autres proscrivent absolument, etc., etc.

Watelet est le premier auteur français qui ait publié sur la composition
des jardins, un ouvrage digne d'être lu, quoique rempli de préceptes impraticables. Cet académicien divise d'abord les jardins en trois grandes
classes : 1° les parcs anciens ; 2° les parcs modernes ; 3° la ferme ornée.

Le parc ancien est, à proprement parler, ce que nous appelons les jardins symétriques, comprenant les jardins publics propres à orner la façade
des palais, les véritables parcs percés d'allées régulières et ornés de quelques
fabriques ayant une destination, comme par exemple un obélisque indiquant une croisée de chemins, un pavillon servant de rendez-vous de chasse,
et autres choses semblables.

Son parc moderne est ce que nous appelons jardin anglais, ou paysager,
ou chinois. Il le divise en plusieurs genres, en raison des caractères qu'il lui
assigne ; par exemple en romanesque, pittoresque ou poétique. Il sous-divise
encore ce pittoresque en sérieux ou triste, agréable ou gai, noble, et rustique.

La ferme ornée doit aussi avoir plusieurs genres et sous-genre ; le pastoral, le pittoresque, et les mêmes caractères du pittoresque.

L'anglais Wately voit quatre genres dans les jardins, le parc, la ferme,
le jardin et la carrière. Il sous-divise chacun de ces genres, et trouve dans
le dernier, par exemple, trois caractères entre lesquels il faut opter : le
majestueux, le merveilleux et le terrible à la manière de Chambers.

Horace Walpold n'établit que trois espèces : le jardin, la ferme ornée,
et la forêt ou le jardin agreste.

D'autres auteurs ont encore inventé plusieurs genres de jardins, comme
par exemple le symétrique, le chinois, l'italien et le paysager. Mais comme
les ouvrages de ces auteurs sont restés de pures spéculations, nous n'entrerons
pas sur leur compte dans des détails inutiles.

Il en est un cependant que nous distinguerons de la foule des autres,
parce qu'il a un véritable mérite. Nous voulons parler de l'ouvrage de
M. Gabriel Thouin. Ce cultivateur avait adopté quatre genres de jardin,
fondés sur des caractères incontestables. Le jardin légumier ou économique,
le jardin fruitier, le jardin botanique et le jardin d'agrément. Il est fâcheux
que cet habile jardinier, sans doute entraîné par l'exemple de ces précédes-
seurs, ait, à leur exemple, établi des divisions et subdivisions dont beaucoup sont tout-à-fait arbitraires, et qu'il en ait porté le nombre à vingt-
cinq. Voici les principales : il divise les jardins d'agrémens 1° en symétriques ;
2° de genre 3° de la nature.

Les jardins symétriques sont subdivisés en *jardins de ville*, *jardins publics* et *jardins de palais*.

Les jardins de genre, en *chinois*, *anglais* et *fantastiques*. On comprend aisément combien ces subdivisions deviennent arbitraires. Celles de son troisième genre le sont encore davantage.

Les jardins de la nature se subdivisent en *champêtres*, *sylvestres*, *pastoraux*, *romantiques*, et en *parcs* ou *carrières*.

Je défie à un architecte de jardin, eut-il plus de mérite que n'en avait M. Gabriel Thouin, de donner une définition, je ne dis pas rigoureuse, mais suffisante, de ces divers genres; quelle différence trouvera-t-on pour caractériser de manière à les faire trancher suffisamment, les genres *champêtres* et *pastoraux*, *sylvestres* et *romantiques*? que peut-être un jardin *fantastique*, *romantique*?

Quoiqu'il en soit, nous n'adopterons aucune de ces subtiles distinctions dans notre classification des jardins; et si quelquefois nous admettons les caractères qu'elles indiqueront, ce sera seulement dans quelques scènes qui peuvent être adroitement ménagées dans tous les jardins paysagers. Chaque site a un caractère particulier que l'art du jardinier ne peut changer; mais qu'il doit au contraire s'appliquer à faire ressortir. Si on veut changer la nature d'un site, à force de déplacement de terre, de travaux dispendieux, on pourra venir à bout de la défigurer d'une manière plus ou moins bizarre, mais on ne lui donnera jamais un caractère vrai, agréable, pittoresque, et l'on aura manqué l'unique but que l'on doit se proposer, celui de plaire. Il faut respecter les convenances locales, voilà le seul principe sur lequel un architecte de jardin doit être constamment à cheval, pour nous servir d'une expression vulgaire. Il faudra donc ne jamais chercher à créer un jardin dans un genre autre que celui que vous offrira la nature du site, et voilà l'unique secret de faire des compositions agréables.

Nous allons étudier les divisions à établir dans les différentes sortes de jardins, non pas dans les brillantes spéculations de l'esprit, mais dans la réalité, et nous en allons offrir le tableau :

TABLEAU DES JARDINS.

JARDINS

- **D'UTILITÉ** — ÉCONOMIQUES
  - *fruitier* — 1°. Verger.
  - *potager* — 2°. Potager. 3°. Maraîcher. 4°. Marchand.
  - *écoles* — 5°. Pépinière publique. 6°. Ecole de botanique. 7°. Jardin de médecine.

- **D'AGRÉMENT**
  - SYMÉTRIQUES
    - *publics* — 8°. Jardin public. 9°. Promenade publique.
    - *privés* — 10°. Jardin de palais. 11°. Jardin français. 12°. Parterre. 13°. Symétrique-pittoresques.
  - IRRÉGULIERS
    - *paysagers* — 14°. Ferme ornée. 15°. Parc. 16°. Bosquet.

- **D'UTILITÉ ET D'AGRÉMENT**
  - *mixtes* — 17°. Potager fruitier. 18°. Potager fleuriste. 19°. Potager pittoresque. 20°. Paysager-verger.

Nous allons esquisser rapidement les caractères spécifiques de ces différens jardins, avant d'établir les principes sur lesquels on doit les établir.

1. Le *verger* est entièrement consacré à la culture des arbres fruitiers. Lorsqu'il ne se compose que de seuls pommiers plantés en quinconce ou en échiquier, quelques personnes lui donnent le nom de Normandie. Il s'allie très-bien avec les compositions de jardins paysagers, pourvu qu'on le place près d'une fabrique d'habitation.

2. Le *potager bourgeois* est simplement une culture de légumes pour la consommation journalière d'une famille. Il peut également figurer dans un jardin paysager s'il se trouve placé à côté d'une fabrique d'habitation comme la maison d'un garde, d'un pêcheur, etc.

3. Le *potager maraîcher* est un établissement marchand consacré à la culture des légumes et des primeurs que l'on porte au marché. Ici l'agrément est toujours sacrifié à l'utile, et à peine y souffre-t-on qu'une fleur, une touffe de violette, s'y empare d'une place qui pourrait être occupée par une laitue. Dans les environs de Paris, ces sortes de jardins portent le nom de *marais*, parce que les premiers furent sans doute établis sur l'emplacement de marais desséchés.

4. L'*établissement marchand* est un jardin où l'on élève des végétaux de toutes les natures, de tous les pays, pour les livrer aux amateurs lorsqu'ils sont assez forts pour supporter la transplantation. Nous en avons de très-beaux modèles à Paris, parmi lesquels on remarque ceux de MM. Noisette et Cels.

5. La *pépinière publique* est un établissement entretenu aux frais des gouvernemens qui s'intéressent à la richesse de leur pays, et par conséquent aux progrès de l'agriculture. On essaie d'y naturaliser des végétaux exotiques, qui pourraient devenir utiles à nos cultures d'arbres fruitiers et à la prospérité de nos forêts.

Jusqu'à présent il s'est glissé tant d'abus dans l'administration de ces établissemens, qu'on n'en a pas retiré la moindre utilité. Aussi, le gouvernement actuel paraît-il tout disposé à y renoncer, du moins si nous en jugeons par la pépinière du Luxembourg, en friche depuis quatre ans.

6. L'*école de botanique* est consacrée à offrir à l'étude des individus vivans de toutes les espèces de végétaux. Nous ne nous étendrons pas sur l'utilité de tels établissemens ; il nous suffira de dire, pour le faire suffisamment comprendre, que l'Amérique doit ses immenses plantations de café à quelques arbrisseaux de cette espèce qui lui furent envoyés du jardin des Plantes de Paris.

7. Le *jardin de médecine* sert à la fois à l'étude des plantes médicinales et à fournir gratis aux hôpitaux et aux pauvres les remèdes produits des plantes indigènes ou naturalisées. Il devrait y avoir un jardin public de médecine dans toutes les villes de France.

8. Le *jardin public* n'est rien autre chose qu'une promenade embellie par la culture de fleurs, d'arbrisseaux rares, par des gazons, des fontaines, des statues et quelquefois des fabriques. Le jardin du Luxembourg et celui des Tuileries en sont des modèles superbes.

9. La *promenade publique* diffère du précédent par sa plantation, qui ne consiste guères qu'en arbres destinés à procurer de l'ombrage aux promeneurs. Si quelquefois on y place quelques tapis de gazons, on les entoure d'une défense pour assurer leur conservation.

10. Le *jardin de palais* ne diffère du jardin public que parce qu'il est fermé au peuple. Quelquefois il est plus riche en cultures exotiques, en eaux jaillissantes, en marbres et en bronzes. Les jardins de Versailles en fournissent un modèle unique en Europe.

11. Le *jardin français* accompagne, dans les villes, les hôtels des gens riches. Sa distribution géométrique, son extrême propreté, ses allées sablées, quelques marbres de prix, la fraîcheur de ses gazons, font le principal mérite de ces compositions sans points de vue et d'un espace borné.

12. Le *parterre* est entièrement cultivé en fleurs, et si quelques arbrisseaux de pleine terre s'y montrent, ils sont toujours choisis dans les espèces qui s'élèvent peu, et qui sont remarquables par l'élégance de leur feuillage et l'éclat de leurs fleurs. C'est dans le parterre que l'on cultive ces belles collections d'œillets, d'oreilles-d'ours, de jacinthes, de tulipes et de narcisses, qui font l'amour des florimanes et l'étonnement des personnes même les plus indifférentes.

Le parterre, malgré ses plates-bandes, ses corbeilles et ses allées symétriques, peut figurer dans tous les jardins d'agrément, au moins comme épisode.

13. Le jardin *symétrique-pittoresque* est un grand tableau composé de deux plans et de deux couleurs, mis bout à bout quoique de genre tout à fait différens. Une partie, faisant façade avec un château ou un palais, se développe majestueusement en jardin symétrique; les parties cachées sur les côtés sont plantées en jardins paysagers ou pittoresques. Tels sont les jardins du château de Versailles; tel est le bizarre jardin des Plantes à Paris. L'Allemagne fourmille de ce genre de composition.

14. La *ferme ornée* sera pour nous un domaine où l'on aura ennobli l'agriculture en la parant de tous les charmes d'une nature poétique. La ferme ornée sera la réalité d'une églogue de Virgile et d'une idylle de Gessner.

15. Le *parc* est proprement ce que l'on appelle le jardin chinois ou anglais. C'est dans ce genre de composition que les rochers, les cascades, les ruines, les temples, les kiosques, et toutes les fabriques en général, se montreront au milieu des scènes pittoresques préparées par le caractère des sites. La condition essentielle du parc est d'être assez grand pour que les scènes, qu'il ne faut pas trop multiplier, n'aient pas l'air d'avoir été entassées avec une maladroite profusion.

16. Le *bosquet* est encore un jardin paysager, mais borné à un petit espace et composé d'une scène unique et simple. Son but est de procurer un peu d'ombrage et la riante vue de la verdure. Quelquefois il se borne à un simple gazon entouré de quelques massifs de verdure dans laquelle sont cachés deux ou trois berceaux. Cette composition convient aux jardins d'une petite étendue, et ne souffre aucune fabrique pittoresque sans un but très-ostensible d'utilité.

17. Le *potager-fruitier* est le plus commun des jardins plantés par des personnes d'une médiocre fortune. Il consiste en planches et carrés de légumes, entourés de plate-bandes garnies d'arbres fruitiers en éventail, en quenouilles ou en pyramides; ses murs de clôture sont tapissés d'espaliers et de treilles.

18. Le *potager-fleuriste*. Le même que le précédent, mais auquel on a joint un petit parterre uniquement consacré à la culture de quelques fleurs plus remarquables par leur odeur et l'éclat de leur corolle que par leur rareté. Auprès d'une maison bourgeoise, dans un espace ne dépassant pas un arpent, le potager-fleuriste et le bosquet sont les seules compositions convenables.

19. Le *potager-pittoresque* ne se rencontre guère que dans les environs de Paris. On le reconnaît à ses berceaux de lilas, de treillage, de clématite, à ses tonnelles de vigne, à ces vide-bouteilles affectant la forme d'un pavillon ou d'une chaumière. Il accompagne les maisons de campagnes de la banlieue, et appartient le plus souvent à des négocians retirés. Quoique proscrit, ou au moins dédaigné par les auteurs, il n'en a pas moins ses agrémens. Son premier mérite est la propreté; le second, très-réel, est le peu de frais qu'exigent sa création et son entretien.

20. Le *paysager-verger* est une composition dans laquelle on s'est efforcé de réunir l'utile à un jardin paysager. Les massifs en sont composés, en grande partie, d'arbres fruitiers, au milieu desquels s'élèvent, pour jeter de la diversité, quelques arbres exotiques remarquables par leur port ou leur feuillage. Je ne connais qu'un exemple de ce genre de jardin, et cependant

il peut offrir des scènes tout aussi pittoresques qu'un autre planté seulement avec des arbres d'ornement.

Un habile architecte de jardin produirait, j'en suis certain, autant d'effet en combinant le port et le feuillage de divers arbres fruitiers, que ceux d'espèces moins utiles. L'amandier, le pêcher, le néflier, les poiriers et pommiers, les pruniers, cerisiers et abricotiers, les noyers, noisetiers et autres, offrent assez de diversités pour prêter une grande marge à d'heureuses combinaisons.

Avant de traiter de la composition des genres de jardins que nous venons de mentionner, il est indispensable de détailler les travaux préparatoires qui conviennent à tous. C'est aussi ce que nous allons faire dans le Chapitre suivant.

CHAPITRE III.

DES TRAVAUX PRÉPARATOIRES.

Nous partagerons ce Chapitre en quatre paragraphes : dans le premier, nous traiterons du choix du terrain ; dans le second, du tracé d'un jardin ; dans le troisième, de la préparation que doit subir le sol avant de recevoir les arbres, et dans le quatrième, de la plantation.

§ Ier.

CHOIX DU TERRAIN.

Quand on a un jardin à tracer, on se trouve nécessairement dans une de ces deux circonstances : ou l'habitation qu'il doit accompagner est faite, et dans ce cas on n'a pas le choix du terrain ; ou l'on doit en même temps bâtir l'habitation et créer le jardin. C'est de cette dernière circonstance que nous avons à nous occuper.

La première chose à faire est de parcourir la propriété entière, de l'étudier dans ses détails les plus minutieux, surtout sous les rapports, 1° de *l'exposition*; 2° *de la qualité du sol*; 3° *du site*; 4° *des points de vue* ; 5° *des eaux*; 6° *du climat*.

Comme les convenances locales sont les mêmes pour l'habitation que pour le jardin, quand on aura trouvé la place convenable pour l'une elle le sera aussi pour l'autre. L'architecte mettra beaucoup de réflexions et de temps né-

cessaire pour prendre une détermination. Il prendra note des détails les plus minutieux quand ils pourront contribuer à rendre sa composition plus pittoresque, et sous ce rapport il ne doit rien négliger. Un arbre, un rocher, un buisson, ménagés avec art, peuvent quelquefois produire un effet charmant dans une scène ; il ne faut donc pas s'exposer par trop de précipitation à les faire renverser. Il faut surtout ménager tous les arbres, jusqu'à ce le plan soit tout à fait arrêté et même tracé sur le terrain, car il faut quelquefois attendre vingt ou trente ans et même davantage, pour produire un effet que l'on peut obtenir de suite en conservant un vieil arbre.

Pour aider sa mémoire, l'architecte lèvera d'abord le plan de la propriété entière, s'il ne le possède déjà, et à mesure qu'il fera des observations en parcourant le domaine, il en marquera la place avec un chiffre de renvoi, et il écrira sa remarque à la marge. Quand il s'agira d'un point de vue à conserver, il tracera au crayon une ligne dans le sens du point de vue, en la faisant partir du point où le spectateur doit se trouver. Dans notre pl. 2, nous avons figuré quelques-unes de ces lignes, en *a*, *b*, *h*, *e*, etc., en supposant le spectateur placé sur le perron de l'habitation 1.

Ce travail préliminaire bien fait et parfaitement réfléchi, il s'occupera de trouver la place convenable pour élever l'habitation et placer le jardin.

L'EXPOSITION est la première chose qu'il doit prendre en considération, car elle est de rigueur. Dans les climats très-chauds, on peut quelquefois placer la façade de l'habitation vers le nord, mais cependant ce n'est guère l'usage, et on ne le fait que lorsqu'on y est forcé pour la mettre en regard avec une grande route, une rivière navigable, ou, à défaut de l'un et de l'autre, un point de vue éloigné d'où elle peut être remarquée par les voyageurs ou les habitans d'une ville ou d'un bourg.

Ceci pris en considération, la façade, dans toutes les circonstances, se trouvera parfaitement placée si on peut la tourner vers le levant ou vers le couchant. À partir du milieu de la France jusqu'au nord de l'Europe, il sera d'un grand avantage de la tourner vers le midi.

La maison, si l'on est forcé de tourner la façade au nord, doit se placer devant le jardin ; si la façade regarde le midi, le jardin sera mieux placé devant, et il en sera de même si la façade regarde l'orient ou l'occident. Si la maison peut être placée dans le jardin, soit au milieu, comme dans la planche 2, soit dans une de ses parties, ces dernières considérations sont nulles.

En France, la meilleure exposition pour un jardin est celle du midi. Elle est rigoureusement exigée pour les couches à légumes, les serres chaudes, les orangeries, les bâches, etc. Elle n'est pas indispensable pour les jardins fleuristes qui s'accomodent fort bien de l'exposition du levant, et même de celle du couchant, ainsi que les vergers plantés en arbres plein-vent. Le jardin paysager se plante très-bien à l'exposition du nord, mais les scènes en sont moins aisément variées. En un mot, pour la France et pour tous les pays à la même latitude et au-dessus, voici la série des expositions placées dans l'ordre de leurs avantages. Le midi, le sud-est, le sud-ouest, l'est, l'ouest, le nord-est, le nord-ouest, le nord.

On concevra aisément que ceci ne peut recevoir son application que dans les pays montagneux, sur des pentes plus ou moins sensibles, car dans une plaine il ne peut y avoir d'exposition naturelle, à moins qu'elle soit bordée par un rideau de montagnes assez rapprochées pour lui renvoyer les rayons du soleil, ou au moins l'abriter des vents du nord et de l'ouest. Dans ce cas, on peut faire à la plaine l'application des principes que nous venons de poser.

En parlant de l'exposition d'un jardin, je n'ai pas prétendu dire que la totalité de son étendue soit exposée de même, ce qui serait au contraire un défaut qui nuirait à la diversité des scènes. Ceci doit s'entendre seulement de l'habitation et des principaux tableaux. Cela donnera, pour ces derniers, la facilité d'y placer des végétaux exotiques qui en feront le principal ornement.

La QUALITÉ DU SOL est la seconde chose que l'on doit prendre en considération. Autant qu'on le pourra, on donnera la préférence à la partie de la propriété où le sol sera de meilleure qualité, et où la terre végétale aura le plus de profondeur. Il faudra consulter la végétation des lieux, et se déterminer en conséquence. Partout où le chêne, le poirier et le peuplier croîtront avec vigueur, et prendront tout le développement dont ils sont susceptibles, les autres espèces, tant indigènes qu'exotiques, réussiront très-bien. Le chêne prouve que le terrain est suffisamment profond ; le poirier, qu'il est substantiel, et que l'humus végétal repose sur une couche qui n'est pas nuisible aux racines ; le peuplier, qu'il conserve une humidité suffisante à toutes les végétations en général.

Cependant, il ne faudrait pas se décourager si une de ces trois espèces réussissait mal. Il ne s'agirait que de choisir, pour la plantation, des espèces de végétaux appropriées à la nature du sol. Tels arbres croîtront très-vigoureusement dans des terres où d'autres refuseront absolument de croître, et grâce à la profusion de la nature, on aura encore à choisir parmi un grand nombre d'espèces.

Il n'est pas assez indispensable de placer le jardin dans le meilleur sol d'une propriété, pour sacrifier toutes les autres considérations à celle-ci ; mais il est rigoureusement nécessaire que le plus grand nombre des espèces d'arbres puissent y prendre un beau développement.

Le sṛṛ, quand il s'agit d'un jardin paysager, est en choix de la plus haute importance.

Il n'existe pas dans la nature deux sites qui se ressemblent; chacun a sa physionomie particulière, qui n'appartient qu'à lui. Quoiqu'il y ait, par conséquent, une infinité de sites, on peut les rapporter à trois sortes principales, qui sont 1° la plaine, 2° le coteau, 3° la montagne.

1. La *plaine* est le moins pittoresque des sites, celui qui offre le moins de variétés, et par conséquent le moins de ressources à l'architecture des jardins. On appelle plaine un espace assez vaste, plat, sans pentes sensibles, et n'offrant que peu ou point d'accidens de terrain.

Quelquefois les plaines consistent en de grands plateaux placés à mi-côte des montagnes, ou même à leur sommet; plus ordinairement elles sont placées au pied des montagnes, le long des bords des grandes rivières, de la mer, ou entre deux coteaux plus ou moins rapprochés.

La plaine convient parfaitement à la plantation des jardins symétriques, devant les palais et les châteaux d'une architecture riche et majestueuse; mais elle est trop uniforme, trop monotone pour qu'on puisse jamais y planter un jardin paysager très-pittoresque.

Cependant, si elle a des eaux abondantes, et qu'on puisse y faire serpenter une petite rivière d'eau courante et limpide, avec du goût et des connaissances approfondies en dendrologie, l'architecte pourra encore y créer des tableaux gracieux, pleins d'intérêt. En suivant les contours fleuris d'un ruisseau ombragé par le saule et le peuplier, le promeneur peut trouver du charme dans la rencontre d'un pont léger conduisant à une petite île de verdure.

Il ne faut pas penser à changer la physionomie spéciale de la plaine, en lui donnant le mouvement d'un site montagneux. Une telle entreprise exigerait d'immenses travaux, des frais énormes, dont les résultats ne seraient jamais que ridicules. A peine parviendrait-on à produire quelques inconvenantes inégalités de terre, qui seraient d'autant plus ridicules, qu'elles seraient moins motivées par l'aspect général du pays.

Ces vallons creusés à la pioche et ces montagnes élevées à la pelle, portent toujours le cachet mesquin de la brouette, et aucun art ne peut les empêcher de ressembler à des monceaux de déblais, dont l'aspect, quoi qu'on fasse, est toujours désagréable à la vue d'un homme qui connaît et qui sait apprécier les beautés vraies de la nature.

En dernier résultat, si l'architecte doit composer un jardin symétrique, soit potager, verger, ou autre, soit un jardin d'agrément dans le genre régulier, il pourra donner la préférence à la plaine; mais quand il s'agira de créer un jardin paysager, il devra choisir un site montagneux.

2° Le *coteau* est une pente plus ou moins raide, uniforme, sans de grands accidens de terrain. Les sites qu'il présente peuvent cependant être beaucoup plus variés que ceux de la plaine, aussi est-il plus aisé d'y créer un jardin paysager.

Mais c'est surtout par le point de vue que le coteau l'emporte sur les autres sites, et c'est à les faire valoir que l'architecte doit s'attacher. Rarement ce genre de terrain possède des eaux; mais si par un heureux hasard il s'en rencontre, on aura la facilité d'en tirer un parti avantageux, en les soumettant à la forme de la cascade, du jet d'eau, de la gerbe, etc.

Le coteau convient particulièrement à la composition des jardins symétriques de palais et de châteaux, parce qu'il en fait valoir la riche façade sans la masquer, et qu'on y établit aisément de belles terrasses que l'on doit orner de vases et de statues. C'est dans ces localités qu'il est aisé à l'architecte de déployer toute la richesse de son imagination, tout le luxe de son génie.

3° La *montagne*. Sous ce nom, je comprends tous les sites montagneux, dont les collines, les vallons et les rochers sont les principaux accidens. La montagne diffère du coteau par le grand nombre des accidens qu'elle renferme, par ses eaux et ses aspects aussi variés que pittoresques.

Un architecte placé sur ce terrain, s'il a du génie, peut créer des choses admirables, produire des effets charmans, car c'est là que la nature semble avoir épuisé ses efforts pour varier ses tableaux de mille manières, toutes plus piquantes les unes que les autres.

La montagne est de tous les sites celui qui convient le mieux au jardin paysager; mais il faut, pour en tirer le meilleur parti possible, entrer dans le caractère des scènes naturelles qui s'y trouvent, les embellir, en faire ressortir les traits les plus saillans par des oppositions habilement calculées, et surtout se bien donner de garde d'en vouloir changer ou même altérer le caractère. Souvent les tableaux ne sont qu'ébauchés; l'homme de goût, en achevant ces ébauches, en les plaçant dans un point de vue favorable pour faire valoir leurs effets pittoresques, achèvera les tableaux et en rendra l'aspect admirable.

Les sites montagneux ont sur les autres un avantage inappréciable, celui de renfermer, dans un espace borné, des tableaux de caractère tout-à-fait différent, et par conséquent de faciliter beaucoup la composition de ces scènes auxquelles les auteurs ont donné les noms de *pittoresques, majestueuses, riantes, mélancoliques, rustiques, champêtres, etc.*, et de mille autres qu'ils n'ont pas cherché à qualifier. En effet, pour un homme qui a de la finesse et de la sensibilité dans le goût, il n'est pas un seul point de paysage qui ne fasse naître une émotion, et ces émotions sont aussi variées que la nature qui les a fait naître.

Les POINTS DE VUE sont du plus grand intérêt, non-seulement à conserver, mais encore à faire valoir; ils doivent entrer pour beaucoup dans le choix de l'emplacement sur lequel on bâtira l'habitation et placera le jardin. Ordinairement c'est du point le plus élevé d'un domaine, que l'on a la vue la plus étendue, mais pour cela elle n'en est pas toujours la plus pittoresque, et ceci doit être pris en considération.

On aura soin de marquer sur le plan, par des lignes, comme nous l'avons dit, tous les points de vue, et les places d'où on en jouit en plus grand nombre. La place qui offrira le plus d'avantages sous ce rapport, deviendra le perron de l'habitation (pl. 2, r), le milieu de la façade, et le point central de la composition, point sur lequel l'architecte doit toujours avoir les yeux.

Nous ne prétendons pas dire par là que ce sera de là qu'il montrera toutes les beautés de sa composition, mais il faut que par le bon goût de la distribution, visible de ce point, on puisse juger approximativement du reste, et être tenté d'entreprendre une promenade pour s'en assurer.

Toutes les vues du dehors de la propriété doivent sans exception aboutir à cette place, et cela par deux raisons; la première pour démasquer la façade du bâtiment et la faire découvrir de loin et de partout; la seconde pour reculer, à l'œil, les bornes de la propriété.

Il est encore une observation très-essentielle à faire relativement au point de vue, c'est que de deux points différens il ne faut jamais que l'on puisse voir un objet dans sa même face. Expliquons-nous : je suppose que l'on ait du perron-de l'habitation, planche 2, r, la vue du télégraphe t; par la ligne visuelle b; ce serait une grande faute que de reproduire cette vue de l'île figurée au milieu de la pièce d'eau ou de la fabrique placée plus loin, parce qu'on l'aurait à peu près semblable à celle de la ligne visuelle b; mais ou la reproduira de la fabrique o ou r, et alors le télégraphe, vu sur une autre de ses faces, produira l'effet d'un nouveau point de vue.

En raison de cette règle, propre à multiplier les apparences, le même objet pourra être présenté deux ou trois fois à l'œil sans amener la monotonie, parce qu'on le verra sous des faces différentes qui empêcheront souvent de le reconnaître, et dans ce cas, la composition augmentera dans sa grandeur apparente.

Il faut que l'architecte connaisse non-seulement tous les points de vue agréables qu'il peut prendre à hauteur d'homme, mais encore ceux dont on pourrait tirer un parti avantageux en élevant le spectateur dans un belvédère, un kiosque ou un observatoire, qui permettra à l'œil de découvrir une ville, un lac, un château, ou autre objet important, par-dessus une forêt ou une colline qui le masquent à l'œil lorsqu'on est placé au niveau du sol. Pour cela, il faut que l'architecte prenne une connaissance exacte des environs, afin de ne rien laisser échapper de ce qui peut donner du charme à sa composition.

Les eaux sont, comme tout le monde le sait, l'ornement le plus agréable des jardins; elles sont en outre indispensables pour l'arrosement dans tous les genres de jardins économiques et mixtes.

Il est donc nécessaire de choisir l'emplacement d'un jardin, de manière à pouvoir se procurer de l'eau naturelle ou artificielle. Il faut, pour cela, étudier avec précision les pentes du terrain, afin de pouvoir, au moyen de conduits souterrains ou de canaux, amener les eaux jusque dans le jardin. Si ce moyen manquait, il faudrait nécessairement établir un puits, et choisir une place où l'on soupçonnerait les eaux le plus près possible de la surface du sol : pour cela on emploie la sonde. On reconnaît quelquefois la présence des eaux à la vigueur des plantes graminées qui couvrent le sol, joint à la présence des joncs et autres plantes aquatiques.

Au moyen d'une machine on peut tirer d'un puits non-seulement assez d'eau pour entretenir les arrosemens d'un jardin légumier d'une certaine étendue, mais encore pour en avoir dans un bassin garni de rocailles, s'il a de petites dimensions. Quand il s'agit d'eau, il ne faut jamais craindre d'être mesquin, car on peut toujours sauver sa pauvreté en donnant au réservoir la forme pittoresque d'une petite fontaine creusée dans le roc ou dans un gazon ; et, quelle que soit son exiguïté, si ses ornemens sont très-simples, elle ne fera pas disparate avec une scène de tel genre que ce soit.

Il arrive quelquefois que de certaines terres très-peu poreuses conservent les eaux pluviales sans que l'on soit obligé de cimenter le bord ni le fond des bassins qu'on y creuse; on pourra en profiter en y établissant des pièces d'eau qui se rempliront l'hiver, et qui seront entretenues l'été par les eaux pluviales que l'on y conduira par des tuyaux ou simplement des rigoles. Ces bassins, s'ils ne sont entretenus très-propres, deviennent rapidement, surtout en été, des mares fétides. Il est un moyen bien simple d'empêcher l'eau de s'y corrompre, et d'entretenir sa limpidité : il ne s'agit pour cela que d'y planter des roseaux, des fétuques flottantes, d'y semer des mâcres et autres plantes aquatiques.

Si dans la propriété mise à la disposition de l'architecte il se trouvait un ruisseau, un étang, ou même une simple mare, il faudrait, à quelque prix que ce fût, les comprendre dans l'emplacement du jardin, dût-il même pour cela négliger d'autres considérations moins importantes, car, avec du goût et un peu d'art, on tire des eaux une foule d'agrémens que rien autre chose ne peut balancer dans un jardin paysager.

Il arrive assez fréquemment, dans un site montagneux, qu'un petit ruisseau coule dans un vallon. Si du bord de ce ruisseau l'œil peut se promener sur le paysage des environs, si, en outre, il se trouve un rocher pittoresque forçant les eaux à se précipiter en cascade, ou un petit étang formé par la nature, il faut s'emparer de ce lieu favorisé, et l'encadrer dans sa composition de manière à en former la scène principale.

LE CLIMAT. Avant d'arrêter le choix du terrain destiné à une plantation pittoresque, l'architecte doit encore prendre en considération le climat, la température du pays où il se trouve.

Chaque climat a ses productions particulières, d'où il résulte des beautés différentes et des sites d'un caractère local plus ou moins tranché. Avant de passer à d'autres travaux, l'architecte doit donc étudier la température moyenne du pays, afin de savoir par avance quelles sont les espèces d'arbres qui pourront y prospérer. De cette connaissance naîtra celle du genre de scènes qu'il pourra créer, et souvent il se trouvera dans le cas de choisir l'emplacement du terrain en conséquence.

Telle espèce d'arbre, sous un climat qui lui est favorable, produira un effet très-pittoresque, et cet effet deviendra nul dans toute autre circonstance. Or, si une espèce d'arbre peut caractériser une scène, il est donc nécessaire, avant de déterminer la place de ce tableau, de savoir si la température permettra à cette espèce d'arbre d'y croître et d'y prospérer. Si sa tige, ordinairement élégante et élancée, se change en un tronc court, noueux, courbé, rongé par les mousses et le lichen parasite, si ses branches étalées et chargées d'un épais feuillage du vert le plus riant, deviennent diffuses, raides, maigres, à peine revêtues de quelques feuilles étroites, jaunes et mourantes, il est certain que l'architecte, faute d'avoir suffisamment étudié le climat qui lui convient, n'en obtiendra aucun des effets qu'il se sera proposé.

§ II.

TRACÉ DU JARDIN.

Lorsque l'architecte connaît parfaitement tous les accidens du terrain qu'il a choisi pour l'emplacement de sa composition, il en trace d'abord les limites qu'il arrête avec des jalons ou des pieux solidement enfoncés dans le sol.

Ici nous ferons une observation. Autrefois on entendait par le mot *jardin* un enclos plus ou moins grand, entièrement consacré à la culture des légumes, des fleurs, des arbres fruitiers et de quelques arbres d'ornement. Aujourd'hui on donne une bien plus grande extension à ce mot. Toute propriété rurale ou portion de propriété dans laquelle on aura réuni l'agréable à l'utile dans des proportions égales, sera un *jardin*, fût-ce un domaine d'une immense étendue, renfermant des forêts, des fermes, des vignobles, des prairies, des étangs, etc. Il suffit que l'art et ses richesses aient été employés à décorer la nature, à embellir les sites, à caractériser les scènes d'une manière pittoresque pour qu'une propriété soit un *jardin*, ou si l'on aime mieux, un parc, une ferme ornée. Ceci est indispensable à savoir pour comprendre parfaitement le sujet que nous traitons.

Nous supposons que l'architecte ait arrêté tous les points que nous avons indiqués. Il lui reste, avant de commencer ses travaux de culture, à méditer sa composition dans son ensemble et ses détails, et à en arrêter définitivement le plan et le caractère; c'est là le plus difficile de son opération.

Nous l'avons dit plus haut, chaque site a reçu de la nature un caractère particulier que l'homme, même avec toutes les ressources de l'art, peut bien altérer, mais qu'il ne peut pas changer. Il faut donc étudier le paysage sur lequel on doit opérer, le comprendre, s'identifier avec lui pour ainsi dire, et se soumettre rigoureusement aux convenances locales.

Il est fort aisé à concevoir qu'un palais, ou un château d'une architecture sévère, mais grande et majestueuse, serait fort mal placé au milieu d'un site sauvage, rocailleux, où il ne pourrait être accompagné d'un jardin symétrique, riche des ornemens de l'art. Il est tout aussi facile à comprendre qu'un jardin paysager qui, dans ce cas, usurperait la place du jardin symétrique, deviendrait d'une mesquinerie fort ridicule, et que le château lui-même perdrait toute sa majesté.

Il est dans les convenances que l'habitation soit appropriée au caractère du site, quand cela se peut; mais il est rigoureusement nécessaire, sous peine de ridicule, que le jardin soit approprié à l'habitation. Pour se persuader mieux de cette vérité fondamentale, on n'a qu'à se représenter un jardin paysager planté à la place de celui des Tuileries, ou le jardin des Tuileries, tel qu'il est aujourd'hui, devant une ferme.

Il ne faut pas conclure de cela qu'un palais doit être privé de jardins paysagers; ce n'est pas du tout ce que nous prétendons, bien loin de là. Mais le jardin symétrique sera la principale scène de la composition pittoresque, et le paysager pourra encadrer le tout : seulement on aura soin de placer sur les bords les plus reculés du tableau, les scènes que les auteurs nomment *champêtres*, *rustiques*, etc., et enfin tout ce qui n'aura pas le caractère du grand et du sévère, ou plutôt le même caractère que l'habitation.

Lors donc que l'architecte connaîtra parfaitement le terrain, ses inégalités, ses contours, et jusqu'à ses plus petites inflexions, il décidera du genre de sa composition, du caractère à donner aux scènes, et il en dessinera sur le papier le plan topographique et détaillé. Il faut porter dans ce travail la plus scrupuleuse exactitude, et l'arrêter définitivement, afin de n'avoir aucun changement à y faire pendant qu'on fera les travaux d'exécution. C'est ainsi seulement que l'on parviendra à conserver l'ensemble en harmonie avec toutes ses parties. Sans cela, on tombe malgré soi dans des disparates choquantes, et souvent le bizarre et le mauvais goût usurpent la place du pittoresque et de l'agréable.

Si l'on ne sait pas assez bien dessiner pour faire soi-même le plan au lavis et en couleur, on le fera faire par un artiste que l'on dirigera avec attention et précision. Les points de vue seront indiqués par une ligne de points noirs suivant le rayon visuel dans toute sa longueur. Les terres, les gazons, les prairies, les bois et les massifs seront indiqués à l'eurcre de Chine comme dans les plans que nous donnons dans cet ouvrage; de plus ils seront distingués par des couleurs différentes. Chaque massif, chaque plantation portera un chiffre qui indiquera, en marge, l'espèce ou les espèces d'arbres, soit indigènes, soit exotiques, qui doivent y être plantés. Ceci est de rigueur afin que le terrain destiné à les recevoir puisse être préparé à l'avance en raison des besoins de chaque espèce.

Lorsque le plan dessiné est terminé, il s'agit d'en faire l'application sur le terrain.

En premier lieu il faut, quel que soit le genre de jardin à tracer, commencer par en nettoyer l'emplacement. Si la composition n'est pas très-grande, on fera très bien d'en faire entièrement défoncer le sol le plus profondément possible, mais s'il s'agit d'un vaste jardin paysager, on se contentera d'un bon labour à la charrue, et l'on défoncera seulement l'emplacement des plates-bandes, des massifs et autres plantations. Ce défonçage sera plus ou moins profond, en raison des espèces d'arbres qui devront y être plantés. Ceci doit être pris en considération pour éviter de grandes dépenses inutiles. On conçoit que si l'on doit planter des arbres de grandes dimensions et à racines pivotantes, tels que mélèzes, chênes, érables, etc., le minage ne saurait avoir trop de profondeur; si l'on plante des robiniers, des peupliers et autres espèces à racines traçantes, un minage de deux à trois pieds est plus que suffisant; et enfin s'il ne s'agit que d'arbrisseaux et d'arbustes, il ne faut un défonçage que de la profondeur d'un fer de bêche. Nous observerons néanmoins, que dans les sols où la terre végétale repose sur un fonds de terre normale fertile, le défonçage a besoin de moins de profondeur que dans ceux où il repose sur un lit de craie impropre à la végétation.

Il s'agit à présent de reporter le plan sur le terrain, voici comment : l'architecte se place sur le perron de l'habitation, si elle existe déjà, ou dans le lieu qu'il doit occuper, et que nous supposo[n] le centre de sa composition, comme nous l'avons représenté en 1 dans sa planche 2e que nous allons supposer être le terrain sur lequel il opère.

La ligne visuelle de points, *f*, porte la vue dans le lointain, sur un château *j*, placé au bout d'une longue avenue d'ormes, de marronniers ou de tilleuls, *n*. L'architecte fait passer sa ligne visuelle, *f*, dans une allée d'arbres plantés de la même espèce que ceux de l'allée *n*, afin de faire paraître cette allée, vue du perron, une continuation de celle de son jardin. Par ce moyen aussi simple qu'ingénieur, il rattache à sa composition le château *f*, qui semble dès-lors en faire partie. Avec des jalons enfoncés dans la terre il trace sur le sol cette ligne visuelle qui doit le diriger plus tard dans la plantation de l'allée.

Il passe à la ligne visuelle *g*, qui lui découvre la vue d'un village assis sur un côteau, et il trace de même cette ligne sur le terrain, ainsi que pour les autres. La ligne *a* lui découvre un moulin pittoresque; la ligne *b*, un télégraphe, et la ligne *h* une vieille forteresse féodale tombant en ruines.

Sur les côtés de l'habitation, il a ménagé les lignes visuelles *e*, montrant un pont, et *c*, laissant découvrir un moulin à vent. La façade de derrière de l'habitation n'a que la ligne visuelle *d*, montrant une forêt avec laquelle se confondent les plantations et les massifs *m*, *s*.

Toutes ces lignes sont tracées par avance sur le terrain, afin de ménager pendant la plantation les clairières qui doivent laisser un passage à la vue. Ces clairières seront ménagées avec beaucoup d'art, afin de paraître entièrement dues au hasard. C'est ce que nous avons tâché de montrer dans notre plan.

Il faut, autant que possible, lier les objets extérieurs à sa composition, au moyen de la manière adroite dont on arrange les points de vue. Par exemple, on voit très-bien en *f*, *n*, comment nous avons lié l'allée d'un château à l'allée de notre composition. Le point de vue *e*, nous découvrant un pont d'une architecture régulière, passe aussi sur un jardin symétrique. En *h*, la forêt de sapin, *k*, se rattache à notre composition au moyen des deux massifs de sapin *t*, *t*, qui se confondent avec elle. Il en est de même de la forêt *d*, etc. En ce point, l'art consiste à donner à la limite du jardin la même physionomie, le même caractère qu'a le point de vue, afin de les confondre l'un avec l'autre. Par ce moyen, les limites de la composition resteront inaperçues, et le jardin paraîtra avoir une étendue beaucoup plus considérable que celle qu'il aura en effet.

Pour atteindre très-aisément cet effet, il serait bien à désirer que l'architecte sût assez dessiner pour entourer le plan de son jardin d'un panorama de l'horizon, comme je l'ai fait dans cette deuxième planche. Dans tous les cas, il fera toujours bien d'en esquisser, ne fût-ce que grossièrement, les principaux points de vue pour lui servir de memento.

Les lignes visuelles une fois tracées sur le terrain, serviront de bases pour tracer tout le reste du jardin. Nous n'entrerons pas dans des détails géométriques pour enseigner à reporter sur le sol un plan fait sur le papier. Il n'est pas un architecte qui ne connaisse parfaitement ces opérations qui, d'ailleurs, sont fort simples.

§ III.

PRÉPARATION DU TERRAIN.

Nous avons dit dans le paragraphe précédent comment on donnait une première préparation au sol en le nettoyant et le défonçant. Il nous reste à donner quelques autres détails utiles à connaître.

Il ne suffit pas d'avoir fait un défoncement général pour faire une bonne plantation, il faut encore donner une préparation particulière aux plate-bandes et autres places destinées à recevoir telle ou telle autre espèce de végétal.

Pour les arbres indigènes, si le sol est de bonne qualité, sa préparation est fort simple, il suffit de faire des trous aux places marquées, et de les proportionner au volume présumable des racines des sujets à planter. Si ces trous peuvent être faits long-temps à l'avance, la plantation n'en sera que meilleure, parce que les eaux de pluies entraineront dans le fond une couche de détritus végétaux et autres, formant un excellent terreau. Dans le cas où il faudrait planter de suite, on se bornerait à jeter dans le fond du trou la terre qui aurait été levée à la superficie du sol.

Mais ceci appartient aux principes généraux de culture, et nous ne grossirons pas notre volume de détails que l'on trouve longuement développés dans tous les ouvrages d'horticulture. Nous allons revenir aux opérations qui appartiennent plus spécialement à la formation des jardins d'agrément.

On s'occupe à faire quelques mouvemens de terre pour disposer le sol conformément aux scènes arrêtées dans le plan. Si l'architecte a suivi nos conseils, c'est-à-dire s'il s'est sagement borné à suivre les indications de la nature, il se sera conformé aux accidens et aux inflexions du paysage, et ces travaux se borneront à peu de chose. Quelquefois il faudra peut-être, pour caractériser tout-à-fait une scène que la nature n'aura qu'ébauchée, faire quelques déblaiemens, creuser un peu une surface, en élever une autre, etc. Dans ce cas, en faisant marcher les deux choses à la fois, c'est-à-dire en jetant sur les parties à exhausser les terres enlevées dans les parties à creuser, on abrégera beaucoup le travail, et on y trouvera encore cet avantage que les parties creuses feront valoir les parties élevées, et celles-ci les autres.

Toutes les fois que l'on se décide à faire un déplacement de terre, il faut y bien réfléchir, car on se trouve ainsi entraîné dans des dépenses souvent beaucoup plus considérables qu'on l'avait pensé. L'erreur commune est de calculer le nombre de voitures ou brouettes de terre à transporter, sur le nombre de pieds cubes du sol à enlever, sans penser que la terre remuée occupe cinq ou six fois plus d'espace, que lorsque depuis un grand nombre d'années elle a été tassée par les pluies et par son propre poids.

Cependant on peut sans de très-grands frais, si l'on opère sur un espace de peu d'étendue, creuser une petite vallée, parce qu'on la fera paraître plus profonde au moyen d'un artifice de plantation dont nous parlerons plus loin. Dans ce cas, il ne s'agit pour ainsi dire que de l'annoncer aux yeux par une inflexion de terrain peu profonde, et la plantation fera le reste.

Mais surtout il faut scrupuleusement s'abstenir d'élever ces tas de terres si ridicules, que l'on décore pompeusement du nom de montagne, et qui ne sont propres qu'à mettre au jour le mauvais goût de celui qui les a fait amonceler. Ces sortes de buttes ne se tolèrent que dans deux circonstances, quand il s'agit de recouvrir une glacière, ou de simuler une glacière pour élever le promeneur à la hauteur nécessaire pour jouir d'un point de vue pittoresque. On pourrait peut-être encore les motiver en les faisant servir de borne et de gare à un tir d'arc ou de pistolet.

Il est de règle que jamais, dans une scène qui n'exigerait pas impérieusement le contraire pour mieux caractériser son genre, il est de règle, dis-je, de ne jamais rendre trop brusque une inflexion de terrain. Il faut au contraire que la transition en soit presque insensible, et que la surface creuse ou bombée vienne pour ainsi dire se fondre dans les surfaces voisines.

On marque aux ouvriers la profondeur de terre à enlever, ou la hauteur de celle à rapporter, au moyen de piquets que l'on enfonce dans le sol, et dont les têtes se trouvent juste à la hauteur ou à la profondeur voulues. On conçoit que lorsqu'il s'agit de creuser, les piquets doivent être enfoncés dans des trous pratiqués pour les recevoir. Dans ce dernier cas, on peut agir différemment. Je suppose qu'il faille enlever un pied de terre, on prend un piquet de dix-huit pouces de longueur, on fait un cran profond à six pouces au-dessus de sa pointe, ou, pour m'expliquer plus clairement, à un pied au-dessous de sa tête, et on l'enfonce dans le sol jusqu'à rase terre.

Il est bien de donner aux plate-bandes et aux corbeilles la forme de dos d'âne, c'est-à-dire d'en élever le milieu de manière à ce que les eaux, suivant une légère pente, ne puisse pas y séjourner pendant les saisons pluvieuses. On agit de même pour les massifs destinés à recevoir des arbustes ou arbrisseaux délicats.

Pour ces arbrisseaux, comme pour les fleurs, il est nécessaire d'amender convenablement la terre avant la plantation. Pour cela, on emploie différentes sortes d'engrais appropriés aux habitudes de diverses espèces ; mais en général les terreaux consommés conviennent à la plus grande partie des végétaux.

Il en est cependant qui exigent impérieusement la terre de bruyères, et qui pourtant sont d'un effet si agréable qu'il serait véritablement très-fâcheux de ne pouvoir les faire figurer dans une composition pittoresque : tels sont les rosages, les andromèdes, les pivoines en arbres, les magnoliers etc., etc. Pour ces espèces il faut, pour ainsi dire, créer un sol factice. On défonce les plate-bandes ou les massifs à deux pieds de profondeur, plus ou moins, selon que l'on est plus ou moins riche en terre de bruyère ; on en enlève le terrain, et, après avoir étendu au fond une couche épaisse de gros sable de rivière, ou de débris de bruyères retirés du terreau quand on le passe, on remplit avec ce terreau.

Si on manquait de terre de bruyères, on pourrait y remédier au moyen d'un compôt fait avec un tiers de sable végétal très-fin, ou, à défaut, de sable de rivière également très-fin, un tiers de terreau de feuilles très-consommé, et un tiers de mottes de gazon ramassé sur le bord des chemins, et mis en fermentation, en tas, pendant un an au moins.

Les allées étant exactement tracées, on les bat avec une butte, instrument composé d'un plateau compacte et lourd, muni d'un manche long et oblique. Si le jardin est d'une vaste étendue, on remplace la batte par un rouleau de fonte, traîné par un cheval. Si on est à proximité d'une rivière, on se procure du gravier ou galet, et l'on en recouvre les allées d'un pouce ou deux d'épaisseur, on passe le rouleau une seconde fois ; on jette sur le tout un lit de gros sable, et on repasse une troisième fois le rouleau. Par cette méthode, on forme des allées fermes, jamais boueuses, et résistant bien aux pluies et au dégel.

Si l'on manquait de galet ou de gravier de rivière, on le remplacerait par une couche plus épaisse de sable, et trois pouces ne seraient pas trop ; on n'en passerait pas moins trois fois le rouleau pour le consolider.

On est assez dans l'usage de tenir les allées un peu plus basses que la surface des plates-bandes, mais ceci n'est pas d'une nécessité rigoureuse, surtout dans le jardin paysager.

Avant de terminer ce chapitre, nous donnerons quelques conseils sur la manière de faire la plantation, afin de ne pas être obligé de revenir sur des détails généraux de culture.

§ IV.

DE LA PLANTATION.

Nous ne parlerons pas ici des plantes herbacées vivaces ; tout le monde sait combien il est aisé de les multiplier et de les mettre en place; en trois ans, au plus tard, elles produisent tout l'effet qu'on en devait attendre, surtout si, comme cela se doit, on a en le soin de leur donner l'exposition et la terre qui conviennent à chacune.

Doit-on préférer pour la plantation d'un jardin paysager les arbres et arbrisseaux fort jeunes, ou ceux qui ont déjà atteint dans la pépinière un certain degré de grosseur ? Cette question se pose tous les jours dans la pratique, et rarement on cherche à la résoudre d'une manière méthodique; comme elle est ici d'une grande importance, nous allons tâcher de l'éclaircir, ce qui, je crois, sera court et facile.

Dans les terres très-fertiles, où la végétation est vigoureuse et où les arbres reprennent facilement, on fera bien de planter des sujets déjà parvenus à une certaine croissance; on y trouvera plusieurs avantages : 1° on jouira beaucoup plus promptement de son ouvrage, et deux ou trois ans au plus seront suffisans pour pouvoir juger avec certitude de ses effets pittoresques ; 2° il faudra beaucoup moins de sujets pour garnir, et, s'il n'y a pas économie sous le rapport du prix des arbres, puisque les gros content plus que les petits, il y aura au moins économie de main-d'œuvre pour la plantation.

Mais dans les terres peu fertiles, surtout dans celles qui sont sèches, et où, par conséquent, la reprise est difficile, on fera très-bien de planter de jeunes sujets. Plus les arbres sont jeunes, moins ils craignent la transplantation. Ils s'accoutument plus aisément à la nature du sol dans lequel on les place, et finissent par croître très-bien. Outre cela, ceux qui périssent ne laissent pas de places vides, parce qu'elles se trouvent remplies par les autres à mesure qu'ils prennent de l'accroissement.

Ceci, cependant, doit s'entendre des végétaux indigènes, car parmi les espèces exotiques il en est qui, très-robustes dans l'âge adulte, craignent cependant le froid dans leur jeunesse, ou exigent la terre de bruyère pendant leurs trois ou quatre premières années. Ceux-ci doivent nécessairement être plantés dans un âge assez avancé pour pouvoir résister à la pleine terre. D'autres, au contraire, par exemple les arbres résineux, reprennent avec une grande facilité dans leur première jeunesse, et périssent presque constamment si on les transplante passé leur cinquième ou sixième année, quelle que soit la qualité du terrain dans lequel on les place. Il sera nécessaire, ou de les planter fort petits, ou, si absolument on les veut gros, de se les procurer en pots.

Plus le trou que l'on fera pour planter un arbre sera grand, mieux le sujet végétera; aussi n'est-ce que pour éviter de la dépense qu'on se borne à en restreindre les dimensions. Il ne faut pas que les racines reposent directement sur le fond du trou, mais bien sur un lit de bonne terre qu'on y aura jeté; outre qu'elles y trouveront une nourriture plus abondante et plus facile, elles ne courront pas la chance d'être baignées et pourries par les eaux qui souvent s'accumulent au fond du trou pour peu que le sol soit compacte. Il est nécessaire aussi que le terrain, autour du trou, ait été miné à une certaine profondeur, sans cela les eaux de pluies glissent sur la surface du sol, se rendent dans le trou comme dans une espèce de vase, y croupissent, altèrent les racines, les font pourrir, et l'arbre meurt rapidement.

Nous terminerons par une observation. La plupart des jardiniers, quand ils plantent un arbre, ont la mauvaise habitude de couper l'extrémité des petites racines, sous le prétexte insignifiant de les rafraîchir. Ils ont d'autant plus de tort, que les racines ne pompent leur nourriture de la terre que par leur extrémité, qui est munie pour cela d'un organe ou suçoir particulier. Cet organe détruit, il faut que la racine périsse, car il ne s'en reforme pas d'autre. On ne doit donc amputer que celles qui sont rompues, meurtries ou déchirées.

CHAPITRE IV.

DES CONVENANCES ET DES SCÈNES.

Dans un Chapitre précédent, nous avons donné la nomenclature et une courte définition de vingt espèces de jardins que nous reconnaissons ; dans celui-ci, nous allons entrer dans tous les détails de la composition des principales scènes qui conviennent à chaque espèce. Mais, avant, il est nécessaire d'établir un principe qui s'applique à toutes, et sans lequel on ne créera que des compositions ridicules ou absurdes : nous voulons parler de la règle des convenances.

§ Ier.

DES CONVENANCES.

Les convenances auxquelles un artiste doit se soumettre dans une composition quelconque sont nombreuses et plus ou moins sévères ; dans l'art des jardins on peut les rapporter à trois principales qui sont les convenances de lieux , de temps et de mœurs.

Nous appelons convenances locales cette harmonie qui doit exister entre les tableaux que l'on crée et les tableaux existant déjà, avec lesquels ils doivent se trouver en rapport.

Nous appelons convenances de temps l'harmonie qui doit exister entre une composition quelconque et les progrès actuels de l'art.

Nous appelons convenances de mœurs l'harmonie qui doit exister entre la composition et les mœurs de ses habitans.

Chacune de ces convenances va nous fournir un article particulier.

Nous l'avons dit, chaque site a une couleur, un caractère qui lui est particulier, et qu'il serait inutile de vouloir changer. Au milieu de rochers sauvages, de collines agrestes, de pentes raides et hérissées de blocs de pierres, au milieu de précipices, de torrens écumeux , il serait tout-à-fait ridicule de vouloir créer des scènes champêtres, douces et riantes, ou nobles et gracieuses. Dans une telle localité, un temple des Muses ou de l'Amour, une ferme, une habitation d'une architecture élégante, seraient extrêmement déplacés. Il faut conserver à ce tableau sa physionomie sauvage, ou vous en détruirez tout le charme, parce que vous aurez manqué aux convenances locales. Si vous y placez quelque fabrique, que ce soit la hutte d'un chasseur (pl. 105, fig. 5 ,) ou une chapelle expiatoire (pl. 107, fig. 6) dans le genre de celle que les Espagnols érigent sur la place où un crime a été commis, ou enfin un solitaire ermitage (pl. 108, fig. 1) rappelant à l'esprit les tristes déserts où un enthousiasme mal raisonné conduisait les anachorètes.

Il faut chercher à rendre les accidens d'un tel site plus piquans encore, s'il est possible, en les faisant valoir par des effets d'optique et par d'heureux contrastes. Mais, dans ce cas, il faut éviter les oppositions trop brusques, et surtout ne pas employer trop fréquemment ce moyen.

La plaine offre un caractère tout-à-fait différent. C'est là que vous observerez les convenances en créant une ferme ornée, ou tout autre composition d'un genre doux et gracieux. Le sol n'offre ici aucune inégalité, aucun accident; tout sera dû à l'art. Gardez-vous bien de ces roches factices, monceaux de pierres ridicules, qui semblent tombées du ciel au milieu d'un gazon pour montrer leur tête hétérogène au-dessus des herbes qui les masquent à moitié. Gardez-vous de ces pentes à la bêche, de ces cascades bâties à chaux et ciment, au milieu d'une prairie où l'on devrait suivre, sous l'ombre du saule et du peuplier, le cours nonchalant d'un ruisseau. En un mot, conservez à la plaine le caractère de la plaine, si vous voulez faire preuve de bon goût.

Dans ce genre de site, si vous avez à planter le jardin d'une maison élégante, employez le parterre et le bosquet, mais ne risquez jamais une grande composition pittoresque; car, si à force d'art, vous évitez les inconvenances locales et par conséquent le ridicule, vous tomberez nécessairement dans le monotone, surtout si vous n'avez pas d'eau. Que l'on retire la Seine et ses îles pittoresques des beaux jardins royaux de Neuilly, que restera-t-il?

Le jardin symétrique, quoiqu'on en dise, est celui qui convient le mieux à la décoration d'une habitation riche d'architecture, dans cette sorte de site.

Le coteau se trouve en convenance avec le plus grand nombre des genres de composition. Là; si vous avez à former des jardins pour l'ornement d'un château ou d'un palais d'une belle architecture, vous trouverez mille moyens de déployer les richesses de votre art, la finesse de votre goût. Il ne s'agit plus ici de reproduire ces scènes pittoresques et simples d'une nature romantique, il faut que la grandeur de vos conceptions s'harmonise avec la majesté du sujet : ce que vous perdrez sous le rapport de la naïveté et de la grâce, vous le regagnerez sous celui de la noblesse et du grandiose. Là s'étendront d'immenses terrasses où les marbres des David modernes le disputeront à ceux des antiques Phidias. Là, de longues avenues d'orangers, de myrtes et de grenadiers, fleuriront loin du ciel favorisé qui les a vus naître. Des plantes des tropiques développeront leurs brillantes corolles dans d'élégantes serres chaudes; l'ananas, la passiflore et le bihacier, mûriront leurs fruits délicieux dans des bâches où, grâces aux tannées et aux verres inclinés, ils croîtront retrouver leur soleil brûlant de la zône torride. Dans des massifs artistement groupés, les dattiers et les baobabs de l'Afrique, les canneliers de l'Inde, les camelia et les pivoines de la Chine, s'étonneront de mêler leur feuillage élégant à celui des chênes de la Gaule. Plus loin, de larges avenues de tilleuls et de marronniers d'Inde s'étendront à perte de vue, tandis que de réguliers quinconces de sycomores et de platanes protégeront les promeneurs de leur ombrage impénétrable.

C'est dans la composition d'un jardin de palais que l'artiste doit déployer tous les prestiges de son art magique; c'est là qu'il développera les contours gracieux d'immenses tapis de verdure, de plates-bandes fleuries. Dans des parterres réguliers, mais dessinés d'une manière piquante, les fleurs les plus belles et les plus rares brilleront de tout l'éclat dont la nature a paré les végétaux des quatre parties du monde.

Point de ruisseaux aux ondes limpides, point de rivières sinueuses et ombragées, point d'étangs au site champêtre et pittoresque : les eaux, prisonnières dans des tubes d'airain, s'élanceront en sifflant dans les airs, tantôt de la conque d'un triton, de la bouche d'une sirène ou de la gueule d'un dauphin; elles s'élèveront jusqu'aux nues, en jets brillant des couleurs de l'arc-en-ciel, et retomberont dans des bassins de granite ou de marbre en nappes argentées, en gerbes variées de mille formes.

D'autrefois, s'échappant en bouillonnant du vase renversé d'un fleuve couché dans les roseaux, elles se précipiteront d'accident en accident, elles bondiront sur des pentes de marbre et envelopperont de leurs blanches écumes les néréides et les nayades qui paraîtront se jouer à travers leurs flots écumeux. Ces cascades, ces chutes, ces bonds inattendus, seront dirigés avec un art admirable, car ces tableaux ne parlent qu'à l'esprit, et il faut, quand on les regarde, que l'étonnement fasse naître l'enthousiasme, car si on n'admire pas, on dédaigne. St-Cloud et Versailles offrent des exemples surprenans de ce genre de composition.

On peut, si on le juge nécessaire, animer pour ainsi dire ces scènes pleines de richesse et de majesté. Pour cela, faites apercevoir, à travers le limpide cristal des eaux, les troupes vagabondes de cyprins de la Chine, aux écailles dorées et argentées, réfléchissant du sein des ondes les rayons décomposés d'un soleil d'été. Le cygne, au plumage blanc comme la neige, parmi les oiseaux aquatiques, digne de figurer dans ces riches tableaux, au port majestueux, aux mouvemens à la fois graves et gracieux, sera seul, lui seul peut rider la surface des ondes renfermées dans un bassin de marbre, se jouer au milieu des naïades et des tritons sortis des ateliers du sculpteur, sans blesser les convenances locales.

Les fabriques, si on s'en permet, doivent porter le même caractère de grandeur; un habit brodé, chamarré de croix, de crachats et de rubans, grimace toujours sous un humble toit de chaume. Acceptez les hommes tels qu'ils sont, car vous ne changerez ni leur cœur ni leurs préjugés; servez-les comme ils désirent l'être. Par des pyramides, des obélisques, des arcs de triomphe, des colonnes trajanes, rappelez aux promeneurs la grandeur du maître et à celui-ci les puissans de la terre. L'orgueil de l'homme est un champ vaste, ne craignez pas d'exagérer; élevez des temples à Titus, aux monarques divinisés par leurs peuples; montrez aux dieux de la terre qu'il existe encore des trônes à désirer, fût-ce dans le ciel; enflez encore leur vanité, s'il est possible, et vous réussirez à leur plaire, et vous réussirez même à plaire aux autres hommes, toujours prêts à admirer ce qu'ils ne peuvent ni atteindre ni raisonnablement envier. Telles sont les convenances de mœurs.

Cramponnez-vous à ces convenances de mœurs, et qu'aucune séduction ne puisse vous détourner de ce but, car avant tout, il faut plaire à celui pour lequel on travaille. Étudiez donc son goût, si toutefois il en a un, et sachez

vous y plier quand le bon sens vous le permettra. Mais si le maître se trouve trop haut placé pour que vous puissiez faire cette étude facilement, il faudra bien donner quelque chose au hasard; cependant, si vous connaissez un peu les hommes, si, comme moi, vous avez traversé quarante ans de révolutions, vous vous tromperez rarement.

Par exemple, vous saurez que le financier, ayant usé sa vie dans un travail de bureau qui ne permet aucune autre émotion que celle du faste, doit avoir l'esprit et le cœur desséchés; il ne lui reste de l'homme que l'orgueil et l'ostentation; son plaisir est de briller, d'éclabousser, d'étaler aux yeux éblouis de la foule ébahie tous les trésors d'un luxe écrasant. Il lui faut des bronzes antiques, des marbres de Paros, des lambris dorés, un musée, un théâtre, de vastes cuisines, des caves voûtées. Mais si par hasard un caprice lui inspire l'envie d'une bibliothèque, jetez-la dans un coin écarté du parc; placez en grandes lettres dorées, sur le frontispice, une inscription ambitieuse, et remplissez les tablettes d'ouvrages destinés à l'épicier, mais supérieurement reliés, car il faut gagner sur le prix du livre qu'on ne lit pas celui de la reliure. Le financier est prodigue pour les yeux, mais le fond de sa nature est l'économie, et il y revient avec plaisir toutes les fois qu'il peut le faire impunément, c'est-à-dire sans que cela paraisse.

Vous avez exclu la chaumière du jardin symétrique d'un prince, parce qu'elle lui rappellerait l'humanité inopportune; écartez-la de même de celui du financier, parce qu'en plaçant sous ses yeux des toits de paille, des meubles grossiers, un ménage rustique, vous courrez la chance de lui présenter des images importunes. Le prince ne comprendra pas le langage de cette scène morale et douce, mais le financier le comprendra trop bien, car elle lui rappellera son enfance, son éducation, un père honnête et pauvre, des frères qu'il soupçonne encore à la charrue, des sœurs mortes dans la misère, toutes choses qu'il veut oublier, et qu'il veut surtout que les autres oublient.

Si nous voulions ici prévoir et décrire toutes les convenances de mœurs, ce chapitre serait trop long, et lui eussions-nous donné le volume d'un épais in-folio, il serait encore incomplet, car il y a mille convenances pour chaque état, pour chaque position dans le monde, et peut-être pour chaque homme. Les convenances de mœurs doivent aussi trouver des applications en raison des peuples, des religions, des lois, de la politique et des préjugés nationaux.

Les convenances de temps sont aussi nécessaires que celles de lieux et de mœurs. Elles consistent à se soumettre, dans toutes les décorations, au goût du jour, à la mode du moment. Cette mode n'est pas toujours-très-raisonnable, on le sait, mais néanmoins c'est une reine qui commande en despote : il faut lui obéir. Cette règle des convenances s'applique encore dans d'autres circonstances. Par exemple, dans une scène pitoresque, si vous voulez rappeler une époque ancienne, il faut éviter lesanachronismes. Il serait du dernier ridicule de placer des embrasures de canon entre les créneaux d'une vieille tour destinée à rappeler les temps antérieurs au 13e siècle, ou une catapulte dans le 18e siècle, ou un pont-levis à la porte d'un château moderne, etc., etc.

§ II.

DE LA COMPOSITION DES SCÈNES.

Par le mot *scènes*, nous entendons les tableaux partiels, de genres ordinairement différens, qui composent l'ensemble d'un jardin. Les auteurs qui ont écrit avant nous sur l'art des jardins anglais sont tombés dans la contradiction, si l'on compare les jardins qu'ils ont plantés avec leurs livres. Dans ces derniers, ils ont pour ainsi dire posé pour principe l'unité de genre, et ils ont constamment violé cette unité dans leurs compositions, et en cela ils ontparfaitement agi. En effet, il ne serait guère possible d'éviter la mono-

tonie dans une grande composition, si toutes les scènes devaient avoir le même caractère; de plus, on perdrait un moyen de *faire valoir* celui des oppositions et des contrastes, moyen admirable quand il est bien entendu et t employé avec sobriété.

Un principe rigoureux dans la composition des scènes, principe sans lequel on tomberait dans toute l'absurdité du mauvais goût, c'est que l'habitation soit toujours le sujet de la principale scène. Ridicule pour ridicule, il vaudrait mieux placer l'habitation dans un temple auquel on donnerait pour fabrique une chaumière, que de loger le maître dans une chaumière et de lui donner un temple pour fabrique. Il faut conserver la morale d'une composition, et ceci entre dans la règle des convenances.

C'est sur le principe erroné de l'unité de genre, que les auteurs ont échafaudé leur classification des jardins du genre *majestueux, terrible, pittoresque, rustique, champêtre, tranquille, riant, mélancolique*, qu'ils ont même créé des genres *merveilleux, romanesque, romantique, fantastique, surprenant, poétique, sylvestre, pastoral, sérieux*, etc., etc., qu'ils seraient bien embarrassés, je ne dis pas d'exécuter, mais seulement de définir.

La nature parle au cœur par les yeux : il n'existe pas un site qui n'ait un caractère particulier, et qui ne produise dans l'âme une émotion, un sentiment particulier aussi ; et pourtant ce sont ces émotions plus ou moins fortes, plus ou moins fugitives, variées à l'infini en raison des sites, variées à l'infini en raison de la sensibilité, de l'esprit de ceux qui les éprouvent, ce sont, dis-je, ces émotions que les auteurs ont voulu saisir au passage, disséquer, analyser, pour en faire des règles, des principes de composition. C'est le génie du poète, du peintre, du musicien, qu'ils ont voulu soumettre à la toise et au compas. Pauvres gens, qui n'ont pas compris que l'homme n'éprouve qu'en raison de sa passion, de sa position sociale, de ses affections, de sa santé même, et de mille autres circonstances! qui n'ont pas compris que l'évêque n'éprouvera pas la même émotion que le meunier devant un riche palais épiscopal, que le meunier n'éprouvera pas la même émotion que l'évêque, à la vue d'un moulin pittoresque! Pauvres gens, qui n'ont pas compris qu'il n'est point de site terrible, ni triste, ni mélancoliques, pour des amans heureux! qu'il n'est point de site pittoresque, gracieux, riant, pour l'homme qui vient de perdre l'objet de ses plus chères affections; qu'il n'est point de site majestueux, poétique, romantique, pour le cuistre qui enseigne ce qu'il ne sait pas dans une école d'ignorantins! qu'il n'y a point de scène tranquille, riante, pastorale, pour le joueur, l'escroc, le filou et le faussaire!

Je n'ai donc pu admettre des genres fondés sur des nuances si fugitives, si variables, qu'il n'est pas de protée, pas de caméléon plus inconstans dans leurs formes et leurs couleurs. Je ne les ai pas adoptés, parce que j'ai compris la folie qu'il y aurait à vouloir analyser toutes les émotions, à calculer leurs nuances souvent imperceptibles, afin de pouvoir, en connaissance de cause, tracer pour chacune les conditions qui doivent les faire naître. J'ai suivi les indications de la nature; elle a varié ses paysages à l'infini, de la manière la plus contrastante et souvent dans des espaces assez bornés, et il semble que la diversité soit sa devise: telle sera aussi la devise de mon architecte des jardins.

Il rejettera l'unité de genre dans ses compositions, mais, dans les scènes partielles, il adoptera tous les genres, non-seulement ceux des auteurs, mais encore mille autres auxquels ils n'ont pas pensé, parce qu'ils n'ont pas tout vu.

Cependant il existe, chez le général des hommes, un type de sensation qui se retrouve chez le plus grand nombre, aux nuances près. Par exemple, un pont de lianes, jeté sur un précipice, fera naître l'effroi dans le cœur du plus intrépide; un contraste inattendu fera naître l'étonnement; un château comme la cour du Louvre, l'admiration; un tombeau, la mélancolie, etc. Dans les scènes partielles, l'architecte exploite ces émotions communes à tous, et caractérise les tableaux en conséquence.

Nous avons cherché à réunir autant de matériaux qu'il nous a été possible, pour tracer quelques caractères de scène que nous croyons propres à faire naître les mêmes émotions chez la plupart des hommes. Nous sommes ainsi parvenus à pouvoir donner approximativement des règles sur la composition de quelques tableaux; mais nous avouons que la plupart des genres des auteurs, tels que le romanesque, le fantastique, etc., etc., se sont absolument dérobés à nos investigations. D'autres, peut-être, seront plus heureux que nous, et accompliront cette tâche trop métaphysique pour la portée de nos combinaisons.

1. *Scènes majestueuses.*

Elles se composent de tout ce qui est noble et grand, de tout ce qui élève l'âme en lui imprimant un sentiment d'admiration. L'homme peut créer une scène majestueuse dans la composition symétrique d'un jardin de palais, et alors la grandeur des proportions en sera le principe; mais, dans le paysage, la nature seule fait le caractère majestueux. Une antique forêt composée de vieux chênes; des sapins noirs et gigantesques dont le feuillage couvre la vallée d'un ombrage épais comme les ténèbres; de larges et profondes rivières promenant leurs ondes tranquilles à travers de vastes prairies, ou les précipitant en immenses cascades, comme le saut du Niagara; des lacs étendus, réfléchissant dans leurs eaux bleuâtres l'image des monts couverts de neiges éternelles; des glaciers éternels se perdant au-dessus des nues; voilà le majestueux de la nature, que l'homme ne peut imiter, celui qu'il ne peut même parvenir à détériorer. Ce caractère de site ne souffre aucune fabrique de quelque genre que ce soit, car on conçoit que tout ce qui est petit par-tout ailleurs, ici deviendra d'une mesquinerie insupportable.

2. *Scènes terribles.*

Nous n'entendons pas le terrible comme Chambers, que nous avons cité à la page 17. De nos scènes, on écartera ces gibets hideux et dégoûtans, que les Anglais acceptent dans leurs livres, il est vrai, mais qu'ils repoussent dans la réalité de leurs compositions. On n'emploiera ni les plantes vénéneuses, ni les loups, ni les jackals, ni les tigres, toutes choses qui ne sont bonnes qu'à faire des phrases ronflantes, où le sens court toujours après le mot sans jamais pouvoir l'atteindre. Il faut étonner le promeneur, le surprendre, mettre même son courage à de certaines épreuves, mais sans jamais semer l'effroi dans son cœur, car l'effroi est une douleur, et où il y a mal il ne peut y avoir de plaisir.

Vos tableaux doivent aussi avoir le caractère du grand et du sublime. Là des rochers noirâtres élèvent leurs têtes hérissées d'épines jusque près des nues (pl. 34, fig. 5). Contre leurs masses s'élèvent perpendiculairement du fond des précipices, sont taillés des sentiers étroits, escarpés, où l'agile chamois hésiterait à passer. Des torrens mugissent au fond des abîmes, et pour franchir ces gouffres profonds, il semble que l'on ne puisse passer que sur le tronc élancé d'un sapin jeté en travers. Mais un guide qui connaît les localités vous fera descendre par un sentier escarpé, mais sûr (fig. 2), jusque dans ce précipice dangereux.

Là, vous vous glisserez de roche en roche, et vous arriverez à la source mystérieuse du torrent. Il sort des flancs du rocher par l'ouverture d'une sombre caverne (pl. 26, fig. 3), ombragée par de tristes sapins. Si vous êtes assez hardi pour pénétrer dans ses noires profondeurs, un guide, avant d'allumer sa torche résineuse, comptera le nombre des curieux et inscrira leur nom sur un carnet, afin de voir, en sortant, si personne ne s'est perdu dans les entrailles de la terre. Il marchera devant vous, après vous avoir recommandé expressément de ne pas vous éloigner de lui, et d'une marche mal assurée, vous suivrez ses pas, éclairé par une lumière sinistre qui se reflète sur les angles de la roche.

Vous vous étonnerez vous-même d'avoir eu la hardiesse de confier votre existence à la bonne foi d'un guide qui vous est inconnu, et à la lumière incertaine d'un flambeau. Vous parcourrez en hésitant le labyrinthe effrayant de ces voûtes sombres et humides; mais vous admirerez la fécondité inépuisable de la nature qui les a parées d'une teinture merveilleuse de diamans et de rubis. Là des stalactites brillantes comme de la nacre de perle, éblouissantes comme des pierres précieuses, sont attachées aux voûtes comme des lustres de cristal; ici, comme ces lourds cylindres de glace qui pendent autour des cascades lorsque le froid de l'hiver a suspendu le cours des eaux. Le long des parois, des tubes éblouissans imitent par leur géométrique régularité les tuyaux d'orgue d'une cathédrale. Plus loin, des stalagmites s'élèvent du sol en forme de colonnes, de vases, de vasques, d'autel et de mille autres manières.

Et que le lecteur ne croie pas chargé le tableau que nous lui faisons ici, car nous l'avons copié trait pour trait dans l'intérieur de la grotte de Labalme, dont nous avons dessiné l'entrée pl. 26, fig. 3.

Revenu à la lumière du jour, le promeneur veut reposer son imagination sur des objets moins étonnans, mais beaucoup plus gracieux; il se hâte de quitter ce paysage d'un aspect sauvage, et déjà il découvre dans le lointain les riants bosquets qu'il désire. Mais il s'est trompé dans sa route, et près d'atteindre le but, il est arrêté par un obstacle imprévu : un étang (pl. 31, fig. 5) lui barre le passage; un pont de bois est jeté au fond du vallon, mais aucun sentier n'y conduit, et les rochers sur lesquels le promeneur se trouve sont trop escarpés pour qu'il ait seulement la pensée de descendre le long de leur flanc. Il hésite, il est sur le point de retourner sur ses pas, au risque de s'égarer davantage, mais, honteux de sa faiblesse, il se détermine enfin, et le voilà dans la nacelle d'un pont américain.

Nous ne pousserons pas plus loin la description d'une scène terrible, genre d'autant plus rare que la nature, comme on voit, en doit seule faire les frais.

3. Scènes pittoresques.

Une scène pittoresque peut conduire à tous les accidens d'un jardin paysager, parce qu'elle appartient à tous les genres de composition, si ce n'est au symétrique.

Le pittoresque se sent, se comprend parfaitement, et cependant il échappe à une définition rigoureuse, à moins qu'on ne le regarde comme une agréable originalité du site, du point de vue, ou quelquefois d'une simple fabrique.

La nature nous offre à chaque pas de charmans modèles de pittoresque, résultant le plus souvent d'une opposition de lumière et d'un agréable contraste de formes et de couleurs. C'est dans la campagne que l'architecte, ainsi que le peintre et le dessinateur, doit aller l'étudier. Un arbre isolé au milieu de la clairière d'un bois; un tremble dont le feuillage blanchâtre se détache sur un rideau sombre de sapin; un peuplier d'Italie élevant sa tête élégante au-dessus des saules qui bordent un étang; un caprier suspendu par ses racines dans la fissure d'un rocher; une clématite pendant en longs festons de verdure sur le flanc rembruni d'un rocher; un lierre au feuillage luisant, tapissant le tronc caverneux d'un vieux chêne; quelques giroflées mêlant leurs fleurs jaunes à la fleur pourpre du mûrier, sur les ruines d'une vieille tour; un arbrisseau, quelques mousses, des lichens, souvent produisent des effets très-pittoresques, faciles à reproduire dans une composition, surtout si on a eu le soin d'en prendre une note exacte et même d'en faire l'esquisse dans un album, ne fût-ce que grossièrement.

Les fabriques sont quelquefois très-pittoresques quand elles sont, dans de certaines circonstances, ménagées avec goût. Un pont rustique, une chaumière, une simple rocaille, peuvent, sous ce rapport, entrer avec avantage dans la composition d'une scène; mais il est un écueil qu'il faut avoir grand soin d'éviter, c'est de tomber dans le bizarre en cherchant l'original.

4. Scènes rustiques.

Les tableaux de ce genre appartiennent autant au site qu'aux fabriques;

comme leur caractère est dans l'utile, il faut au terrain peu d'accidens, et point d'ambition dans les plantations. Le pittoresque est le plus souvent un effet de la nature; le rustique, au contraire, est toujours un produit de l'art, où la main de l'homme se montre partout. Mais cet art paraît être encore dans son enfance; tous ces efforts se bornent à chercher l'utile, et il n'a rien fait encore dans la vue de l'élégant et de l'agréable.

Les matériaux qu'il emploie sont bruts, tels qu'ils sortent des mains de la nature. C'est une barrière ou une porte simplement composée de branches adroitement entrelacées (pl. 67, fig. 2,) ou de bois recouverts de leur écorce et ajustés avec solidité (fig. 1, 3, 4,) donnant entrée à un modeste enclos que la main laborieuse du propriétaire a défendu par une enceinte de palissades faite des mêmes matériaux (pl. 70, 71, 73.)

Cet enclos renferme une petite maison couverte de chaume (pl. 51, fig. 3, 5; pl. 45, fig. 5,) dont les meubles rustiques (pl. 69, fig. 5, 8, 9, 10,) annoncent de même le peu de progrès de l'art. Tout ici vous rappelle la simplicité de mœurs du cultivateur qui l'habite. Vous ne verrez pas les tulipiers exotiques, les magnoliers aux fleurs larges et odorantes, ou même le noble marronnier d'Inde, ombrager le seuil de la modeste habitation; les clématites odorantes, les cissus d'Amérique ou les bignones aux grandes fleurs rouges, ne tapisseront pas les murailles; mais l'utile poirier, le pommier ou le cerisier, convivront de leur ombre protectrice le banc de pierre placé à la porte, et le pampre de la vigne s'étendra en longs rideaux ou en riaux festons autour des fenêtres, et grimpera le long des piliers de l'édifice.

Mais, pour rendre ce tableau plus piquant, pour mettre ses charmes dans tous leur jour, animez-le par la présence de quelques animaux domestiques. Que le chien fidèle, couché dans le tonneau qui lui sert de loge (pl. 90, fig. 4) veille à la sûreté des habitans qui se fient à sa surveillance. Que la brebis paisse dans un coin herbeux de l'enclos, tandis que la chèvre vagabonde vient, à la porte de la chaumière, mendier le morceau de pain ou la poignée d'épis que lui donnent les enfans! l'ont accoutumée à recevoir de leurs mains. Mais n'imitez pas cet architecte du jardin des Plantes, qui ayant à loger dans la même fabrique, des poules, des pintades et des chèvres, avait logé les chèvres au grenier, tandis que les poules et les pintades occupaient le rez-de-chaussée: soyez toujours naturel.

Ne croyez pas que les fabriques rustiques manquent aux convenances de temps. Ces meubles grossiers mais solides, cette maison construite avec les matériaux les plus simples employés tels que la nature les présente, tout cela annonce, il est vrai, l'enfance de l'art, mais dans l'homme seulement qui a construit, et non dans le siècle. La cabane rustique est le résultat d'une honnête pauvreté et de l'économie, non de l'ignorance du beau, du grand, du majestueux.

La scène rustique a cela, d'avantageux, qu'elle convient au plus grand nombre des compositions, même à celle des jardins symétriques si elle paraît en être un épisode détaché. Tel est l'état de la civilisation, que presque toujours une chaumière est adossée au palais d'un prince, sans que pour cela nos yeux en soient blessés. Mais, je le répète, pour conserver les convenances, il faut que la scène rustique soit absolument isolée d'une composition symétrique et noble, et qu'elle semble même ne pas en faire partie. D'ailleurs, rien n'est si aisé que d'atteindre ce but; il s'agit d'un mur, d'une haie, d'une simple palissade qui les sépare. En voulez-vous des exemples? voyez ces misérables échoppes séparées du Louvre, du Luxembourg, par l'épaisseur d'une muraille, elles ne choquent pas vos yeux; mais transportez-les de quelques pieds, de l'épaisseur d'un mur, c'est à dire placez-les en dedans du palais, et vous aurez fait quelque chose d'un ignoble intolérable.

Il est d'autant plus aisé de placer des animaux dans une scène rustique, qu'on peut toujours la clore sans manquer aux convenances.

5. Scènes exotiques.

Voici un genre de composition tout-à-fait opposé à la scène rustique. Dans l'autre, toute la naïveté d'une nature indigène; dans celle-ci, toute la richesse d'une brillante végétation étrangère; et cependant le jardin exotique peut encore avoir le caractère d'une scène rustique, mais placée dans les Indes.

On aime à se rappeler les plaisirs de sa jeunesse, on aime à se rappeler ses voyages lointains, une terre hospitalière; et rien n'est plus propre à faire revivre ces doux souvenirs dans notre cœur, que la vue des ombrages, des végétaux, sous le feuillage desquels nous nous sommes aperçus pour la première fois de notre existence, soit dans les jeux de notre première jeunesse, soit dans les jeux plus doux de notre adolescence. Un Otahitien amené à Paris, voit nos monumens sans enthousiasme, nos mœurs avec étonnement, nos richesses apparentes, c'est-à-dire notre luxe, avec envie peut-être, mais son cœur reste froid. On le conduit au jardin des Plantes; au milieu de mille feuillages variés il aperçoit celui d'un bananier; il s'élance, il brise les palisades qui le séparent de cet arbre, il embrasse son tronc, l'étreint dans ses bras, le couvre de larmes et de baisers : « c'est mon pays, s'écrie-t-il, c'est ma cabane, c'est mon père, c'est ma mère ! »

Cet arbre insensible est pour lui une patrie, une famille, qu'il retrouve d'une manière imprévue après une longue et douloureuse absence. Les émotions qu'il éprouve, je ne vous les décrirai pas, car si vous ne les retrouvez pas dans votre propre cœur, renoncez à devenir artiste et restez jardinier.

La scène exotique peut donc avoir pour but de faire naître d'agréables souvenirs à un colon ou à un voyageur, mais elle a aussi celui de piquer et satisfaire la curiosité sur des productions étrangères et d'aider aux progrès de la botanique : c'est pour ainsi dire une ménagerie de végétaux.

Dans la planche 1re servant de frontispice à cet ouvrage, j'ai dessiné une scène exotique dans laquelle j'ai placé quelques arbres et quelques plantes des pays chauds, mais que j'ai pris sans distinction dans plusieurs parties de la terre, en donnant néanmoins à la composition une physionomie indienne.

A la droite du lecteur, sur le premier plan, sont des plantes grasses toujours remarquables par leur port étranger et souvent bizarre. Tout-à-fait sur le bord du tableau est un cierge du Pérou (cactus Peruvianus), dont les tiges anguleuses s'élèvent quelquefois à quarante pieds de hauteur, et se parent de fleurs blanches et roses. Vient ensuite l'agavé d'Amérique (agave Americana), aux feuilles longues et épineuses, du centre desquelles s'élève une tige de dix à douze pieds, divisée en forme de candelabre, dont chaque branche porte une grosse tête de fleurs jaunes.

Derrière l'agavé, au milieu d'une touffe de myrtes et de grenadiers, s'élève à vingt pieds de haut la tige élégante d'un chaméorope nain (chamærops humilis) qui, par une bizarrerie assez rare, ne dépasse guère sept à huit pieds dans son pays natal, la Barbarie. A côté on voit le cycas des Indes (cycas circinalis), dont les feuilles de trois pieds de longueur, composées d'un grand nombre de folioles linéaires, produisent un effet charmant. Son tronc est en partie masqué par les articulations du nopal à cochenille (opuntia cochinillifera), sur lequel on élève le précieux insecte dont on tire une couleur plus éclatante que l'antique et célèbre pourpre de Tyr. Devant ce nopal est le mélocacte commun (melocactus communis), plante singulière, consistant en une masse ovate-sphérique, de la grosseur du plus gros melon, ayant de douze à dix-huit angles saillans et hérissés de faisceaux d'épines. Dans l'âge adulte, elle est surmontée d'un spadice tronqué, soyeux, d'un beau rouge ainsi que les petites fleurs qui sortent à travers ses soies.

Un peu plus à gauche, sur le bord de l'allée, on aperçoit les feuilles étalées en rosettes de la dionée attrape-mouche, (dionœa muscipula) que nous avons un peu grandie, afin de laisser voir les pièges singuliers placés à l'extrémité de

chaque feuille, qui se referment subitement comme un traquenard, et percent de leurs pointes aiguës l'insecte assez mal avisé pour se poser dessus. Derrière la dionée est un dragonier à feuilles rouges (dracœna ferea), originaire de la Chine. Le long de la plate-bande qui borde le massif de camellia, de rosages, d'eugénia, et de mille autres arbrisseaux exotiques, on a planté les fleurs les plus brillantes et les plus rares des quatre parties du monde.

A gauche de l'allée, presqu'en face d'une chaumière indienne construite en chaume et en bambous, un ananas parfume l'air de la douce odeur qui s'exhale de son fruit délicieux. La cabane est ombragée par trois arbres d'un port très-pittoresque. Le plus grand est un papayer de l'Inde (carica papaya), dont les feuilles à sept lobes entourent une grappe de fruits ayant la forme d'énormes baies. Devant la cabane on reconnaît aisément un bananier (musa paradisiaca) à la gigantesque dimension de ses feuilles. Ce végétal singulier tient à la plante herbacée par sa durée qui, dans son pays, n'est que de deux ou trois ans, et de l'arbre par sa grandeur qui dépasse souvent vingt pieds. Derrière la chaumière on aperçoit quelques branches d'un filao de l'Inde (casuarina equisetifolia) dont les rameaux grêles, striés, longs et tombans, sont dépourvus de feuilles comme ceux du genet.

Au pied du bananier croit un buisson de rosage, et à côté un soleil, ou héliauthe à grandes fleurs (helianthus annuus) apporté du Pérou. Le massif sur lequel ces végétaux se dessinent, est également composé d'arbrisseaux exotiques, mais choisis parmi ceux qui résistent à nos hivers en pleine terre, et qui ont un feuillage dont la forme ou la couleur contraste autant que possible avec nos arbres indigènes.

Dans le lointain, rien ne doit rappeler l'Europe, aussi masquerez-vous avec beaucoup de soin toutes les fabriques ou autres objets qui trahiraient le mystère du tableau par une physionomie tant soit peu nationale. Mais vous montrerez une serre chaude à laquelle vous donnerez l'aspect d'une pagode ou autre monument indien.

Si l'on vous objecte que vous ne pouvez placer dans un jardin de l'Inde des végétaux du Brésil et de l'Afrique, répondez que l'Inde possède aujourd'hui des jardins botaniques où l'on a réuni presque toute la végétation de la zone torride, et citez celui de Calcutta; citez encore les magnifiques jardins des radjahs et des nababs d'origine anglaise.

Nous n'avons pas besoin de dire que ce genre de tableau ne peut exister chez nous que pendant quatre ou cinq mois de l'année au plus, puisqu'il se compose en partie de végétaux de serre chaude et d'orangerie. Afin que le lieu de la scène ne fasse pas une place vide et désagréable pendant les autres mois, il faudra planter les espèces exotiques de pleine terre, assez rapprochées et arrangées d'une manière assez pittoresque pour produire encore un coup-d'œil agréable lorsque les autres arbres seront enlevés.

Les pots doivent être enterrés, ou au moins masqués par le feuillage d'arbustes et d'arbrisseaux, de manière à ce que l'œil le plus attentif ne puisse même soupçonner l'existence de vases ou de caisses. Il est nécessaire aussi de choisir pour le tableau exotique une exposition chaude, ou au moins abritée des vents, afin que les plantes ne souffrent en aucune manière du plein air. Les bananiers surtout, lorsqu'ils sont exposés au vent, perdent toute leur beauté, parce que leurs feuilles se déchirent en travers entre chaque nervure, jusqu'à la côte du milieu.

6. Scènes champêtres.

Elles appartiennent presque exclusivement au genre que l'on appelle la ferme ornée. Là de vastes champs cultivés, de gras pâturages, des prairies émaillées, couvriront la plus grande partie de la composition. On verra, sous l'ombre épaisse d'un vieux chêne, le bœuf se reposant en ruminant tandis que les fiers taureaux mugiront dans la plaine où se disputeront les faveurs d'une blanche génisse. Les animaux, le mouvement, sont l'âme de telles compositions. Il faut qu'en vous promenant le soir sur les bords fleuris

d'un étang, la voix du pâtre ramenant ses troupeaux vienne frapper vos oreilles; il faut que vous entendiez ses chants toujours pittoresques s'ils ne sont pas toujours d'une mélodie bien savante. Des allées de peupliers dessineront le contour des étangs; le saule marquera la limite des prés; le noyer figurera dans les champs labourés, en mélange avec le poirier, le pommier, le cerisier; et l'amandier dont le léger ombrage fait peu ou point de mal à la vigne, fleurira sur les rians côteaux. Les bois et les frais bocages encadreront le tableau.

Si vous placez des fabriques dans ce genre de scène, il faut en écarter ce qui sent le luxe et l'affectation. Jetez sur la rivière un utile pont de berger, mais en bois, ou au moins d'une architecture très-simple; si le caractère général du site vous le permet, couvrez cette source limpide d'une voûte de rocaille qui paraisse la faire jaillir du sein d'un rocher. Terminez si vous le voulez une longue allée d'arbres fruitiers par un vide-bouteille, mais à l'architecture duquel vous conserverez une élégante simplicité. Surtout abstenez-vous de temples, de pagodes, d'obélisques; point de rochers, de grottes, d'ermitages, car il faut que tous les ornemens que vous emploierez appartiennent au caractère général de la composition, c'est-à-dire que l'utile marche toujours de front avec l'agréable.

Vous devez tirer la plus grande partie de vos effets du point de vue et du mouvement du terrain habilement calculé avec vos plantations. Que vos massifs soient toujours disposés avec grâce, et proscrivez-en les arbres exotiques d'un feuillage prétentieux.

C'est surtout en élevant l'habitation que vous devez faire preuve de bon goût. Je vous répéterai ici ce que j'ai déjà dit dans un traité de la composition et de l'ornement des jardins : « N'allez pas, comme ont fait quelque-« Anglais, masquer votre bâtiment rural par la voûte gothique d'une église « tombée en ruine; que vos poules ne soient pas logées dans une chapelle, « vos pigeons dans un clocher, et vos bœufs dans une sacristie : ces con-

« trastes puériles annoncent un absolu manque de goût, et une imagination
« déréglée. »

Toutes vos fabriques d'habitation, soit que vous y logiez des hommes ou des animaux, doivent être d'un style élégant, mais simple et villageois. Nous en donnons des exemples que vous pourrez consulter, pl. 44, fig. 1, 3. — 49, fig. 1, 4. — 52, fig. 4.

Si vous le voulez, rien ne vous empêche de faire prendre à l'habitation la physionomie d'un châlet, pl. 54, fig. 1, 2, 3, 6, ou d'une maison rustique, pl. 45, fig. 1, 2, 6.

7. Scènes mélancoliques.

Ces tableaux sont difficiles à créer, parce qu'ils sont destinés à faire naître des émotions profondes, mais non pénibles, une douce tristesse dont la source est dans la sensibilité du cœur. Or, si l'architecte lui-même ne possède pas à un haut point ce tact de sensibilité, difficilement il trouvera les moyens de l'émouvoir dans les autres.

Choisissez pour le lieu de la scène un vallon solitaire, caché, où ne peut jamais pénétrer le bruit et l'agitation des hommes, où la voix même du pâtre éloigné ne puisse distraire votre esprit de ses douces rêveries. Que l'horizon en soit borné, ou au moins, si vous permettez une échappée de vue, que ce soit pour porter les regards vers un objet mélancolique, approprié à votre sujet, par exemple un vieux château ruiné, un massif de cyprès ombrageant un cimetière, un ex-voto, ou tout autre objet empreint du cachet mélancolique de la lente destruction, de la mort, de la douleur ou du repentir.

Que le feuillage rembruni des ifs et des sapins prête son triste ombrage au promeneur; que le romarin aux rameaux funéraires; que l'immortelle, contraste ordinaire des tombeaux; que les soucis, emblème des maux qui assiégent notre vie; la violette-pensée, symbole des douloureux souvenirs, et toutes les fleurs qui parlent à l'imagination le langage de la tristesse et de la mélancolie, tapissent le bord des sentiers sinueux. Aucune fleur brillante ou d'un effet ambitieux n'osera développer dans ces lieux sa corolle éclatante de gaies couleurs, dans la crainte de distraire d'une rêverie.

C'est là que vous pouvez risquer une ruine sous un massif d'antique chêne, pourvu que vous lui donniez toutes les apparences de la réalité; mais que ce ne soit pas celle d'un temple, d'une tour féodale ou de tout autre objet à prétention. Renversez dans une touffe d'herbe les débris d'une simple colonne ou d'un obélisque élevé par l'enthousiasme à la sainte amitié ou à l'amour conjugal, et sur sa base ébréchée, prête à tomber, qu'on puisse lire encore un fragment d'inscription, telle par exemple que celle-ci : « aussi durable que ce monument. » Cette épigramme ne présentant rien de gai à l'imagination, contribuera beaucoup à préparer l'esprit à la méditation, et cette ruine, paraît-elle faite d'hier, n'aura rien de ridicule.

Si le fer ennemi vous a enlevé dans les combats un frère, un père ou un ami, élevez dans ces lieux un monument à la mémoire des héros morts pour la patrie, et laissez le lierre et la clématite s'échapper du tronc des arbres qui ombragent cette colonne pour l'envelopper de leurs guirlandes de verdure.

La fabrique la plus éminemment mélancolique est, sans contredit, le tombeau. Placez-le sur un petit tertre dominant le cours d'un ruisseau paisible, ou dans une île romantique. Couvrez-le de l'ombrage d'un cyprès et d'un saule pleureur, fermez l'horizon de ce tableau avec des rideaux irréguliers d'ifs de sapins, de hêtres rouges, et d'autres arbres d'un feuillage sombre, et vous serez certain d'émouvoir puissamment, car il n'est pas un homme, pas une créature peut-être, à qui la mort n'ait arraché au moins un objet d'affection.

Ne craignez jamais de donner à vos tableaux mélancoliques une couleur trop sombre, car le cœur humain renferme de bizarres mystères; il trouve du plaisir dans les larmes, du bonheur dans l'affliction. Voyez le monde: c'est en pleurant avec une femme qui vient de perdre un amant adoré, c'est en lui retraçant avec énergie les derniers monumens d'agonie de cet objet chéri, qu'un jeune homme vient à bout de le remplacer dans le cœur déchiré de celle qui se croyait inconsolable.

La mélancolie rêve et médite, la rêverie et la méditation aiment le repos. Placez donc, tout auprès de ce tableau, en regard, un banc de gazon ou un siège rustique, sous un berceau entièrement de verdure.

Les scènes mélancoliques prouvent mieux que toutes les autres combien les auteurs se sont trompés en assignant à des genres, à des jardins entiers, les caractères que nous nous sommes bornés à assigner à des tableaux partiels. En effet, que serait une vaste composition entièrement dans le goût mélancolique, autre chose qu'un cimetière?

Nous avons dit qu'il faut établir ce genre de scène dans un lieu solitaire: ce n'est pas encore assez, car il faut surtout éloigner de l'habitation toutes les fabriques qui la caractérisent, le tombeau principalement, de manière à ce qu'il ne puisse être aperçu d'aucune partie du bâtiment, et même des principales poses du jardin. Beaucoup de personnes, des femmes surtout, ont la faiblesse de craindre la vue des objets qui rappellent un terme fatal où tout ce qui existe doit arriver un jour, et leur montrer ces objets serait une grande maladresse. Je puis citer un fait bien remarquable sur cet étrange fait: le château de St-Germain avait été, comme on sait, habité par plusieurs de nos rois, et Louis XV lui-même paraissait l'aimer beaucoup. Un jour il va se promener sur la magnifique terrasse qui domine l'immense paysage arrosé par la Seine, il aperçoit le clocher de St-Denis, la dernière demeure de nos rois, frissonne, monte en voiture et revient à Paris pour ne jamais retourner à Saint-Germain. Depuis ce temps le château abandonné tombe en ruines.

8. Scènes tranquilles.

Il me semble que le caractère de ces tableaux, quoique paraissant difficile à saisir au premier abord, peut néanmoins se faire parfaitement comprendre. Les scènes tranquilles appartiennent à tous les genres de compositions, et peuvent se multiplier tant qu'on le veut, parce qu'on peut y attacher tous les genres de pittoresque.

Dans ces compositions, il faut quelques mouvemens de terrain, mais peu prononcés, afin que la promenade en soit toujours aisée. Un ruisseau paisible serpentera dans la prairie; l'aulne et le saule mêleront leurs feuillages pour orner ses bords de frais ombrages. Un pont pittoresque sera jeté sur ses eaux limpides; l'écrevisse et le barbeau trouveront un asile dans les racines caverneuses qui s'étendront dans les ondes. Le silence de la vallée solitaire sera interrompu par le chant du rossignol et de la fauvette, qui élèveront leur jeune couvée dans les voûtes de verdure impénétrables aux rayons du soleil. Des plates-bandes de fleurs, des massifs d'arbrisseaux, combinés avec esprit, jetteront une aimable diversité dans le paysage.

Vous pouvez ici employer tous les matériaux que vous présentent l'art et la nature, la végétation indigène et exotique. Vous rendrez votre composition charmante si vous mettez du goût et du discernement dans la construction et le choix de vos fabriques. Écartez de ces tableaux les monumens prétentieux par leur architecture et leur richesse, car il ne faut pas étonner; écartez ces urnes funéraires, ces tombeaux, ces cyprès, qui appellent la tristesse; écartez-en un mot tout ce qui excite des émotions fortes, car il faut plaire au cœur sans trop occuper l'esprit.

Dans la scène mélancolique, vous avez dû rappeler par des images fortement caractérisées ce moment fatal qui brise impitoyablement tous les liens d'affections qui nous attachaient à la vie. Ici faites encore naître des souvenirs, mais d'un tout autre genre. Lorsqu'un vieillard viendra se promener sous les ombrages que vous aurez planté, réchauffez son cœur par d'agréables images, mais que rien ne vienne soulever sur ses yeux ce voile qui lui cache l'avenir.

S'il a combattu jadis avec les héros de son temps, montrez-lui un petit temple de la gloire, et qu'il lise sur le fronton les noms des batailles où lui-même s'est trouvé. Auprès du banc où chaque jour il reviendra se reposer de la fatigue des ans, réunissez, entassez tous les objets qui peuvent retracer à sa mémoire les momens heureux d'une vie prête à s'éteindre. Qu'un petit autel élevé au dieu de l'hyménée, une guirlande et une simple inscription, lui retracent le moment fortuné qui l'unit autrefois à une épouse chérie dont les soins touchans font encore la consolation de sa vieillesse. Replacez sous ses yeux cette cabane de bouleau où jadis, emporté par l'amour des voyages, il reçut d'un sauvage du Canada une hospitalité généreuse. Quelles que soient vos opinions politiques, respectez celle de ce vieux soldat, car il est encore resté dans son cœur une étincelle de ce feu sacré de la liberté qui le fit combattre à Jemmape et à Valmy, qui l'entraîna sur les traces d'un grand capitaine dans les déserts brûlans de l'Égypte; de ce feu que son admiration pour un grand homme a pu couvrir un instant, mais qui ne s'éteint jamais dans un cœur français. Que son œil à demi-fermé brille encore une fois de plaisir et d'enthousiasme en découvrant, à travers le feuillage d'un palmier ou d'un mimosa, la tête singulière d'un sphinx de granit, ou la cime d'un minaret, ou même le buste du héros de son temps, de l'inexplicable Napoléon.

Un petit lac, un étang sur le bord duquel vous placerez la cabane d'un pêcheur, les instrumens de la pêche et une élégante nacelle, se placent très-bien dans une scène tranquille, ainsi qu'une bibliothèque dont l'extérieur figurera un petit temple dédié au repos ou à la méditation.

9. Scènes riantes.

Elles diffèrent peu des scènes tranquilles, quoique cependant il soit fort aisé de les caractériser. Elles exigent un site découvert et des points de vue plus pittoresques et plus gais. Jetez de la variété dans le coup-d'œil, de la grâce et du brillant dans les fabriques qui les composent. Animez-les par la présence et le mouvement des eaux, se précipitant en cascades peu élevées, ou tombant sur la roue pittoresque d'un moulin. Mettez du goût et de la fraîcheur dans la décoration de vos fabriques, et employez si vous le voulez les vases, les bronzes, les statues, mais toujours dans une position motivée. Ne vous bornez pas à des sentiers fleuris, à des massifs d'arbustes, à des groupes de fleurs éclatantes; plantez un parterre émaillé, élevez des berceaux de jasmin et de clématites odorantes. Faites courir le long du mur d'une chaumière les pampres de la vigne, et palissadez autour de sa porte les branches flexibles du rosier bourseault.

Les scènes gaies et riantes sont particulièrement appréciées par la jeunesse. Consultez ses goûts, ses habitudes, ils vous fourniront les meilleures indications; alors vous élèverez un gymnase destiné aux exercices du corps, et vous y placerez des balançoires, des casse-cou, des jeux de bagues, et même une petite montagne russe, si l'emplacement vous le permet.

10. Scènes romantiques.

Il serait fort curieux qu'un architecte des jardins pût donner des règles positives pour caractériser dans un paysage ce qu'on n'a pas pu caractériser en littérature, faute de règles : aussi nous n'aurons pas la prétention de le faire; mais si ce ne sont pas des règles, des principes reconnus, qui guident la plume d'un auteur lorsqu'il écrit une page de romantique, c'est au moins une sorte d'inspiration dont le cachet se sent s'il ne se voit pas.

Le romantique nous reporte le plus ordinairement aux mœurs du moyen âge, parce que là il s'élance à son aise dans le vague des suppositions morales, et s'il trébuche dans sa course irrégulière et vagabonde, il est trop loin de notre époque pour que nous puissions nous en apercevoir. Néanmoins le romantique a du charme pour les jeunes imaginations.

Dans un site très-pittoresque, montagneux, où les pointes grisâtres des hautes roches se confondent avec le feuillage noirâtre des sapins et des autres arbres résineux, à l'ouverture d'une sauvage colline, vous montrerez un château féodal avec ses créneaux, ses meurtrières, son pont-levis, ses fossés marécageux, sa chapelle gothique et ses hauts donjons. Si vous n'avez à construire qu'une habitation plus modeste, faites-en une maison gothique, dans le genre de celles que nous avons figurées planches 46, fig. 1, 2. — pl. 47, fig. 2, 4. Placez pour fabriques un ermitage rustique (pl. 108, fig. 1, 6), une fontaine dédiée à une madone (pl. 107, fig. 3), un ex-voto marquant la place où un chevalier est tombé sous le fer d'un assassin (pl. 107, fig. 1, 2), une ruine (pl. 109), une vieille tour (pl. 26, fig. 2) ou l'entrée d'une sombre caverne (pl. 26, fig. 1, 2, 3).

Dans ces scènes, il faut que tout soit pittoresque jusqu'au bizarre, grand jusqu'au gigantesque. Il faut que les cascades tombent du haut des montagnes (pl. 26, fig. 4, 5, 6), que les torrens coulent au fond de sombres précipices (pl. 34, fig. 5, 6), que les sentiers raides et escarpés tournent autour du flanc des rochers (pl. 34, fig. 2), il faut enfin que toute la composition soit empreinte d'un cachet majestueux.

Point de plantations régulières, à moins que vous ne placiez à la porte de l'antique manoir, le quinconce de tilleuls sous lesquels le châtelain revenait passer la revue de son armée de six hommes, et rendre la justice à ses douze ou quinze vasseaux. Il faut respecter les convenances de temps, non-seulement dans les décorations de vos fabriques, mais encore dans vos plantations. Eloignez-en le maronnier d'Inde, les robiniers, les vernis du Japon, et autres arbres exotiques inconnus en Europe dans les temps reculés; que le chêne, l'orme, le hêtre, le tilleul, et tous les autres enfans de nos forêts, se montrent seuls sur le penchant des collines et dans les vallées des rochers.

Enfin parlez à l'imagination le langage de l'enthousiasme, et même de l'exagération, et vous marcherez sur les traces de nos romantiques écrivains.

11. *Scènes fantastiques.*

Sous ce titre, qui n'est pas trop convenable mais qui a été adopté par le plus grand nombre des auteurs, nous décrirons le genre de composition qu'ils entendent sans doute par les épithètes de *surprenant, merveilleux,* etc.

Les scènes fantastiques seront donc ces sortes de tableaux surprenans, qui agissent sur l'imagination et trompent les yeux au moyen d'ingénieuses mécaniques, mises en mouvement par des ressorts cachés. Le mérite de ces tableaux est d'autant plus grand que leurs effets surprennent davantage.

Nous allons donner quelques exemples de ces jeux bizarres, ou si l'on aime mieux de ces jeux d'enfans, et nous les prendrons dans un jardin des environs de Stugard, qui existait en 1791, et qui existe peut-être encore.

Ce jardin était dans le genre paysager, et renfermait dans sa vaste étendue, un grand nombre de scènes de différens caractères. Le promeneur suivait un large sentier à travers des massifs de bois pittoresques. Mais à mesure qu'il avançait dans sa promenade, les massifs se rapprochaient, devenaient plus épineux, le sentier se rétrécissait, et finissait par se perdre tout à fait dans l'épaisseur du taillis. Il fallait revenir sur ses pas ou traverser une petite partie de bois; le promeneur prend cette dernière détermination, mais à peine est-il entré dans le fourré qu'il se trouve à trois pas d'un énorme sanglier couché et endormi sur un lit de fougère. Il recule effrayé, mais le monstre de marbre artistement sculpté et peint à l'huile, ne le poursuivra probablement pas.

Le promeneur aperçoit au milieu des rochers d'un sauvage coteau, le petit clocher d'un ermitage. Il s'y rend et en trouve la porte entr'ouverte.

il la pousse et entre, mais il craint d'avoir commis une indiscrétion, car un saint anachorète, à genou sur un petit prie-dieu, les coudes appuyés sur son pupitre, est attentivement occupé à une pieuse lecture. Il se lève cependant à demi et fait un léger salut de la tête à l'étranger qui vient le visiter, mais il ne s'interrompt pas dans sa religieuse occupation et continue sa lecture. Le promeneur respecte sa méditation, il attend avant de lui adresser des questions. Mais le temps s'écoule, et le saint homme continue sa lecture. L'impatience, après une longue attente, s'empare du promeneur, mais il fait une remarque; le livre est toujours ouvert à la même page, et l'ermite est dans une immobilité extraordinaire. Son capuchon lui couvre la figure; l'étranger s'en approche en hésitant, et recouvait enfin que de-puis une heure il attend discrètement le bon plaisir d'un automate que lui-même a mis en mouvement en ouvrant la porte de l'ermitage.

Honteux de sa méprise, il quitte la cellule et dirige ses pas sur les bords romantiques d'un petit lac. Au milieu est une île charmante, couverte de fleurs et de verdure entre laquelle on distingue les colonnes et le dôme élégant d'un temple de l'amour. Sur le rivage de l'île est un écusson portant une inscription mystérieuse : « Celui qui trouvera la barque enchantée, » pourra seul visiter le temple de l'amour. » Mais ses yeux ont beau se promener sur la surface du lac, il n'aperçoit aucune embarcation. Enfin, dans une petite anse cachée par le feuillage épais de l'aulne et du saule de Babylone, il découvre une nacelle, sans voile et sans rames, et fixée au rivage par une forte chaîne de fer. N'importe, il s'élance dedans, ne fut-ce que pour en considérer les ornemens de près.

A peine y est-il, que par un enchantement merveilleux, la chaîne se rompt, et la barque, comme un cygne gracieux, fend les ondes avec rapi-

dité, et comme si elle eût été poussée par un génie invisible, elle se dirige au milieu des néhumbo, des nacres et des néuuphars, et arrive seule au petit port où le peu d'escarpement de la rive permettait d'aborder.

Le promeneur entre dans le temple mystérieux et en admire les élégantes décorations. Un rideau de soie voile le sanctuaire; il s'approche pour l'écarter, mais au moment où il étend sa main profane, le voile se sépare de lui-même, une douce mélodie se fait entendre, et le dieu enfant, debout sur l'autel, semble lui sourire en lui jetant un malicieux regard.

Un pont léger et tournant, placé sur un pivot (pl. 3 t fig. 4) donne au promeneur la facilité de sortir de l'île. Il passe devant une petite grotte rocailleuse, dont l'entrée est fermée par une mince porte d'écorce de tilleul. Il ne sait s'il entrera, car une inscription gravée sur la roche lui annonce qu'en ce lieu la curiosité trouve sa punition. Cependant il pénètre dans la grotte et contemple avec admiration les brillans échantillons de cristaux, de coquillages et de madrépores fossiles dont on a si artisement tapissé les parois humides du rocher. Il oublie la menace trompeuse de l'inscription et va, pour se reposer un moment, s'asseoir sur un fauteuil gothique placé dans le fond de cette fraîche retraite. Mais en se plaçant, il fait appuyer les pieds de ce siège perfide sur vingt pistons à la fois, et vingt jets d'eau partent de tous côtés, se dirigent sur lui, l'inondent, s'il ne s'élance rapidement hors de la grotte.

Si je voulais raconter toutes les scènes de ce genre que l'amusement du prince avait réunies dans le jardin de Studgart, je ne finirais plus. Je crois en avoir assez dit pour mettre sur la voie un artiste qui aura de l'imagination, du goût, et des connaissances en mécanique.

CHAPITRE V.

COMPOSITION DES JARDINS.

Jusqu'à présent nous avons donné des principes généraux qui reçoivent leur application dans plusieurs genres de jardins. Nous allons dans ce chapitre traiter de la composition de chaque genre, et tâcher d'y rattacher les diverses scènes qui leur conviennent.

§ Ier.

DU VERGER.

Le verger ne renferme que des arbres fruitiers, et la principale chose est de faire un bon choix dans les espèces et variétés que l'on doit préférer pour la plantation. Quelques personnes pensent que plusieurs beaux et bons fruits que l'on cultive en espalier ou sur des arbres nains, ne peuvent être avantageusement élevés en plein vent, et c'est à cette cause qu'il faut sans doute attribuer la rareté des bonnes variétés dans les grands vergers. Toutes cependant réussissent plus ou moins bien, seulement les fruits sont plus petits, mais ordinairement ce qu'ils perdent en grosseur, ils le gagnent en qualité.

La meilleure exposition pour un verger est le levant, avec abri des vents du nord et de l'ouest. La terre doit en être fertile, profonde, et minée à l'avance de trois ou quatre pieds de profondeur. Les arbres se plantent en quinconce ou en échiquier, à une distance suffisante pour empêcher qu'ils

se portent mutuellement ombrage. Dans les terres légères et sèches, les meilleures plantations se font en automne; dans celles qui sont fortes, humides ou froides, il vaut infiniment mieux planter au printemps.

Tous les autres détails que nous pourrions donner outre ceux-ci, sont de la compétence du jardinier plus que de l'architecte des jardins. Nous nous bornerons donc ici à donner la nomenclature des meilleures espèces et variétés que l'on puisse employer dans la plantation d'un verger.

Tableau des meilleurs arbres à fruits.

1. ABRICOTIER. Les meilleures variétés sont les abricots : pêche, — vineux, — royal, — de Provence, — abricotin.

2. AMANDIER. Amande princesse ou des dames, — amandier commun à gros fruits, — amande de Tours.

3. CERISIER. Grosse guigne blanche, — grosse guigne d'un noir luisant, — bigarreau noir à gros fruits, — gros bigarreau rouge, — bigarreau gros cœuret, — gros bigarreau blanc, — cerise Cheryduck, — royale hâtive, — royale de Prusse, — cerise-guigne, — de Hollande, — grosse cerise de Montmorency, — griottier de Portugal, — cerise ambrée de Villones, — cerise de la Palambre.

4. CHÂTAIGNIER. Châtaigne égalade, — marron de Lyon.

5. Cognassier. Coin d'Angers.

6. Figuier. Figue blanche, — figue violette, — figue royale de Versailles. (Nous n'indiquons ici que les variétés qui peuvent avantageusement se cultiver sous le climat de Paris et au nord aussi loin que la culture de cet arbre peut s'étendre.)

7. Framboisier. A fruits couleur de chair, — rouge des quatre saisons, — rouge à gros fruit, — blanc ordinaire.

8. Groseillier à grappes. A gros fruits rouges, — à gros fruits blancs, — à fruits blancs ordinaires, — perle, — cassis ordinaire, — cassis à gros fruits.

9. Groseillier épineux. Jaune hâtive, — jaune à gros fruits, — jaune à très-gros fruits hérissés, — violette à très-gros fruits, — verte à très-gros fruits, — verte à gros fruits hérissés, — pourpre à gros fruits, — rouge à petits fruits hérissés, — grosse blanche hérissée, — grosse olive, — ovale lisse, — grosse lobée.

10. Mûrier. Noir, — blanc.

11. Néflier. A gros fruits, — à fruits sans noyaux.

12. Noisettier. Avelinier de Provence, — avelinier à fruits longs et pellicule rouge, — avelinier à fruits longs et pellicules blanches, — grosse aveline de Provence.

13. Noyer. A mésange à fruits anguleux, — à gros fruits longs, — noyer commun.

14. Pêcher. Pêche téton de Vénus, — royale, — bourdine, — chancelière, — galande, — admirable, — de Malte, — vineuse de fromentin, — abricotée, — madeleine blanche, — madeleine rouge, — grosse mignone, — pourpre hâtive, — chevreuse hâtive, — pourprée tardive, — chevreuse tardive, — admirable jaune, — belle bausse.

15. Pêcher à fruits lisses. Brugnon musqué, — violette hâtive, — violette tardive.

16. Poirier. 1°. Fruits d'été : bon chrétien d'été, — rousselet de Reims, — vernillon d'été, — bergamotte d'été, — épine d'été, — parfum d'août, — belle d'août, — caillou rosa, — franc réal d'été, — blanquet, — poire sans peau, — bourdon musqué, — épargne, — salviati, — madeleine, — bellissime d'été, — hâtiveau.

2°. Poires d'automne. Beurré gris, — beurré d'Angleterre gris, — beurré d'Angleterre, — doyenné gris, — doyenné blanc, — silvange, — calebasse, — ha! mon Dieu! — poire sieul, — lucrative, — urbaniste, — médaille, — sabine, — bezi de la motte, — jalousie, — bezi de Chaumontel, — crassane, — poire de demoiselle, — duchesse d'Angoulême, — beurré doré, — verte longue, — sucré vert, — messire jean.

3°. Poires d'hiver. Martin sec, — Colmar, — bon chrétien d'hiver, — bergamotte de Soulers, — bergamotte de la Pentecôte, — beurré d'Aremberg, — virgouleuse, — catillac, — ambrette d'hiver, — saint Germain, — royale hâtive, — échassery.

17. Pommier. 1°. Fruits d'été : belle fleur, — belle fleur d'août, — passe pomme blanche, — madeleine, — calville d'été, — rambour d'été, — reinette jaune hâtive, — pigeon.

2°. Fruits d'automne. Rambour d'automne, — maltranche rouge, — pomme de bœuf, — reinette d'Angleterre, — reinette de Hollande, — gros pigeonnel, — calville rouge.

3°. Fruits d'hiver. Reinette grise, — reinette franche, — reinette du Canada, — reinette de Cantorbéry, — reinette d'Espagne, — fenouillet gris, — fenouillet jaune, — fenouillet rouge, — postophe d'hiver, — haute bonté, — pomme d'or, — pomme de finale, — monstrueuse d'Amérique, — api ordinaire, — api rouge, — api noir, — api rose ou étoilé.

18. PRUNIER. Reine-claude, — reine-claude violette, — reine-claude dauphine, — royale de Tours, — royale hâtive, — monsieur, — petite mirabelle, — grosse mirabelle, — quetsch, — quetsch à longs fruits, — dame aubert blanche, — dame aubert violette, — perdrigon rouge, — impériale violette, — sainte Catherine, — diaprée violette, — monsieur tardif, — surpasse monsieur, — prune-pêche, — de deux fois l'an, — de Jérusalem, — noire de Montreuil, — damas violet, — damas d'Espagne, — damas de Tours, — damas musqué.

19. VIGNE. Chasselas de Fontainebleau, — chasselas de Bar-sur-Aube, — morain blanc, — muscat violet, — raisin précoce ou de la madeleine.

Le verger est une composition qui se rencontre très-rarement seule ; toujours elle accompagne un jardin d'utilité, ou même en fait le plus souvent partie. On peut si on le veut, en renonçant à la symétrie de la plantation, lui donner un caractère pittoresque, et l'encadrer dans un jardin paysager.

§ II.

DU POTAGER.

Quel que soit le genre du jardin qui accompagne une habitation, il est indispensable de faire entrer un potager dans sa composition ; et souvent, soit pour être en harmonie avec l'aspect très-modeste d'une petite maison bourgeoise, soit pour satisfaire le goût du propriétaire, l'architecte n'aura à tracer qu'un jardin potager, sans ornemens, à moins qu'ils aient un but d'utilité matérielle.

La première considération à garder sera son exposition. S'il s'agit d'un potager très-petit accompagnant une composition pittoresque, mais sans y pouvoir figurer comme tableau, un lieu écarté, clos de murailles au moins du côté du nord et de l'ouest, à l'exposition du midi, la plus favorable pour les couches à légumes, conviendra fort bien. Les couches à melons, à légumes, s'y développeront comme il conviendra au jardinier qui les cultivera, parce que lui seul peut juger de leur arrangement le plus commode pour la culture. Les bâches à ananas et à forcer les légumes seront tournées au midi, et celles à faire blanchir ou à conserver, au nord. Les eaux seront renfermées dans des bassins étroits et commodes, disposés de manière à rendre les arrosemens faciles. Voilà tout ce qui concerne l'architecte, le reste regarde le jardinier.

Les allées de ce potager seront sablées et tout le jardin sera entretenu dans une parfaite propreté, parce qu'il arrivera souvent que les promeneurs, attirés par la curiosité, voudront, après une promenade dans un parc élégant, visiter la portion cachée du jardin, dont l'agrément, quoique d'un autre genre, peut rivaliser avec les sites pittoresques où ils auront été gagner de l'appétit.

Le sol du potager doit être très-fertile, et les eaux assez abondantes pour qu'on ne puisse craindre d'en manquer dans la saison où elles sont le plus rares, en été où les arrosemens deviennent plus nombreux et plus indispensables. Le terrain sera non-seulement défoncé à trois pieds de profondeur, mais encore débarrassé de toutes ses pierrailles, ameubli, passé à la claie, et amendé avec des engrais à demi consommés, et des terreaux convenables à chaque espèce de culture. Ces travaux sont ordonnés par l'architecte, mais il doit les faire exécuter sous la surveillance du jardinier.

§ III.

DU MARAIS.

Dans les environs de Paris on donne le nom de marais à un jardin entiè-rement consacré aux légumes destinés à l'entretien des marchés publics; la première condition qu'il exige est donc d'être situé à proximité d'une grande ville, et d'avoir avec elle des communications faciles.

Le sol doit en être excellent, bien défoncé, et surtout très-amendé. Son exposition principale doit être le midi ou le levant. Les eaux, au moyen de tuyaux ou de rigoles, seront distribuées dans des petits bassins ou simple-ment des tonneaux enfoncés dans la terre, de distance en distance. Enfin les allées en seront étroites, afin de perdre le moins de terrain possible. Quant aux serres et aux couches, elles s'établiront dans les mêmes principes que pour le jardin suivant.

§ IV.

POTAGER MIXTE.

Dans le tableau analytique des jardins, nous avons dû séparer des autres les jardins dans la composition desquels l'utilité entre pour autant et plus que l'agrément : nous les avons placés dans notre troisième classe, sous les noms de potager-fruitier et potager-fleuriste. Dans l'application la plus gé-nérale, ces deux genres sont fondus dans une seule composition, dont nous donnons un modèle planche 3. Nous allons le décrire en détails.

La façade de la maison A, est orientée de la manière la plus avanta-geuse à ce genre de jardins; elle regarde le sud-est, et les quatre coins du jardin, s'il était carré, seraient exactement tournés vers les quatre points cardinaux. D'où il résulte que la façade A reçoit le soleil depuis son lever jusqu'après midi, ce qui est l'exposition la plus favorable pour les serres, bâches et couches à primeur. La plate-bande B reçoit le soleil depuis la der-nière partie de la matinée jusqu'à son coucher; la plate-bande C, le matin et le soir; la plate-bande D, depuis le matin jusqu'à l'après-midi. Il en résulte qu'il n'y a point d'exposition au nord, et que les quatre murs peu-vent être également tapissés d'espaliers.

L'espalier qui tapisse le mur D, est composé de vignes et d'arbres fruitiers propres à être forcés pour en obtenir des primeurs. Les arbres que l'on chauffe ainsi ont besoin de se reposer pendant deux ou trois ans après cette opération, et de jouir du plein air et de toutes les influences atmosphéri-ques auxquelles ils sont habitués. Ils ne peuvent donc pas être plantés dans des serres à demeure. Quand on veut les forcer, on les recouvre, en hiver, d'une serre volante a, a, a, composée de panneaux et de charpentes mo-biles, que l'on place et enlève à volonté. On chauffe ces sortes de serres avec des couches que l'on élève sur le devant, en laissant comme on le voit dans notre plan, un sentier étroit entre elle et le pied des espaliers. Si le froid de l'hiver est intense, on maintient la chaleur des couches intérieures au moyen de réchauds de fumier neuf, placés antérieurement dans le sen-tier qui partage la plate-bande en deux parties dans toute sa longueur, et qui a été tracé pour cet usage. La vigne résiste très-bien et peut s'accoutu-mer à être forcée tous les ans sans interruption, si on lui donne de l'air en enlevant les panneaux pour toute la belle saison; on peut donc construire des serres à demeure dans lesquelles on la cultivera, et la forcer à la chaleur du feu ou de la vapeur. Nous en donnons un modèle en b. Il est indispensable que cette serre soit entièrement vitré en dessus, comme sur les côtés qui ne sont pas adossés à une muraille.

c, c, sont des serres à légumes dans lesquelles on force des petits pois, des haricots, des asperges, des fraisiers, etc. etc. En d, d, sont les serres à ananas, communiquant à la maison par des portes latérales. *e* sera une res-serre pour mettre en dépôt les panneaux, cloches, verrines, et autres us-tensiles de jardinage, lorsqu'on ne s'en sert pas.

f, f, sont des couches sur lesquels le jardinier élève ses semis de fleurs et de légumes à repiquer. Elles sont placés à l'exposition la plus chaude parce-qu'elles sont destinées aux semences les plus délicates.

En *g* sont quatre larges couches pour la culture sous cloches de gros légumes. En *i, i,* sont d'autres couches plus étroites et plus rapprochées, pour des cultures d'hiver et des primeurs sous cloches. Leur largeur ne doit pas être de plus de trois pieds, afin qu'on puisse leur rendre plus ai-sément de la chaleur, au moyen du fumier chaud dont on remplit les inter-valles d'un pied à dix-huit pouces, qui les sépare.

h, h, h, h, sont des châssis vitrés pour la culture des melons, con-combres, et autres légumes délicats. Ces châssis portatifs sont posés sur des couches, et se tournent à toutes les expositions, selon le besoin et la vo-lonté du jardinier. Entre deux est une couche dont la chaleur se trouve en-tretenue l'hiver par les mêmes réchauds que les châssis.

Passons à présent à la culture de la pleine terre. Comme nous l'avons dit, les côtés B, C, D, sont tapissés d'espalie s : ceux-ci sont taillés *à la française* (pl. 20, fig. 1), s'ils consistent en arbres espèces que le pêcher; mais on les taille en palmette (fig. 2) ou à la montreuil (fig. 3), s'il s'agit de pêchers.

Au milieu du jardin, *m,* est un bassin continuellement plein, qui en-tretient d'eau, au moyen de tuyaux souterrains, les petits bassins, ou ton-neaux *n, n,* dans lesquels les jardiniers vont puiser les eaux d'arrosement. On multiplie ces tonneaux en raison de la grandeur du jardin.

Deux larges allées principales, E, E, F, F, partagent tout le jardin en quatre parties à peu près égales, subdivisées en différens carrés de culture par des allées couvertes d'un berceau productif de chasselas ou autres vignes. Chaque carré est entouré d'une bordure de plantes utiles ou agréa-bles; là ce sont des fraises, ici des violettes, plus loin de l'oseille, ailleurs du thym, des œillets mignardise, de la sauge, des iris naines, etc., etc. Le buis et la statice y figurent assez rarement, parce que le premier est trop de luxe, et la seconde sert de retraite aux limaces et autres petits animaux nuisibles.

Une contre-bordure sert à dessiner une plate-bande dans laquelle on a planté des quenouilles (pl. 20, fig. 7), ou des pyramides (fig. 6) de poiriers, pommiers, cerisiers, etc., entre lesquels sont des arbrisseaux utiles ou agréables, tels que groseillers, rosiers; et des fleurs annuelles et vivaces, choisies parmi celles qui ont le plus d'éclat ou l'odeur agréable. Si on le veut, on peut établir une contre - bordure dans les larges plates-bandes des murs, et augmenter ainsi le nombre des arbres fruitiers et des plantes agréables.

Dans un jardin mixte tel que celui-ci, on doit faire les plates-bandes des murs très-larges, en à-dos, parce qu'elles sont abritées et par conséquent très-propres aux semis de printemps et d'automne.

Le jardin mixte est toujours symétrique, mais il peut être tracé d'une manière plus ou moins agréable, et trouve sa place dans une composition pittoresque, comme on en voit des exemples dans les planches 2, 11, 16 et 18.

Quant au reste, ce que nous évons dit à l'article du jardin potager s'applique à celui-ci, et nous n'y reviendrons pas.

§ V.

JARDIN MARCHAND.

Ce genre d'établissement a plus ou moins d'étendue, en raison du plus ou moins grand commerce que fait son propriétaire. Nous en avons plusieurs très-beaux modèles à Paris; par exemple, ceux de MM. Noisette et Cels pour les arbres fruitiers et les végétaux d'ornement en général; celui de M. Lémon, pour les plantes d'ornement vivaces, et quelques spécialités, telles que les ananas, les géraniums, etc.

Ces établissemens demandent quelques conditions essentielles, qui sont : 1° une étendue de terrain assez vaste pour que les végétaux qu'on y élève ne soient pas entassés de manière à s'étioler ou se nuire les uns et les autres. 2° Des serres bien exposées, grandes et fort saines, appropriées à chaque genre de culture. 3° Une terre fertile, mais pas trop riche en sucs nourriciers, pas trop fumée, afin que les arbres qui en sortent s'accommodent mieux du sol où on les transportera, quand même il serait d'une qualité médiocre. 4° Beaucoup de méthode et d'ordre dans la distribution des plantations, afin qu'on ne puisse jamais se tromper et donner une espèce ou une variété pour une autre, lors même que les étiquettes auraient été perdues ou déplacées.

Avec ces précautions indispensables, on pourra donner, si on le veut, à un établissement marchand, tout l'agrément d'un jardin pittoresque ou même paysager. Les serres, dans ce cas, prendront l'aspect d'élégantes fabriques, comme dans notre frontispice. La serre chaude prendra la forme d'un monument gothique ou grec (planche 75, fig. 1, 2), d'un dôme incien (pl. 77, fig. 4,) ou d'un pavillon chinois (pl. 79, fig. 2). L'orangerie deviendra un jardin d'hiver (pl. 74, fig. 1), dans lequel le promeneur trouvera pendant la rigueur des froids, quand la terre sera couverte de frimats, des fleurs, des berceaux de verdure, et la douce température du printemps. M. Noisette possède dans son établissement le charmant modèle que nous avons gravé. Les resserres à outils se décoreront des dehors d'un pavillon, d'une chaumière. Les pépinières d'arbres et arbrisseaux s'arrangeront en agréables massifs; les vieux arbres, conservés pour pieds-mères, occuperont des places pittoresques; et les fleurs en vases enrichiront les contours d'un parterre où seront cultivées les collections de tulipes, jacinthes, et autres plantes vivaces multipliées pour le commerce.

§ VI.

PÉPINIÈRE PUBLIQUE.

L'immensité est son premier mérite, l'ordre et la méthode son second. Le terrain en sera fertile, mais médiocre, pour les mêmes raisons que nous avons dit plus haut. Le genre symétrique est le seul qui convienne à cet établissement, parce qu'il est plus aisé d'y maintenir un ordre sévère de classification.

Une pépinière s'établit dans le but de multiplier et de répandre le plus possible les espèces de végétaux utiles dans nos vergers, nos jardins, nos champs et nos bois, soit qu'ils appartiennent au pays, soit qu'ils appartiennent à des contrées lointaines; il ne faut donc pas l'encombrer de collections, ni de plantes ou d'arbrisseaux d'ornement.

L'essentiel surtout pour la prospérité d'une pépinière publique, c'est une bonne administration et de bons réglemens. Fort heureusement que ceci n'est pas de la compétence de l'architecte des jardins, ni par conséquent de la nôtre; car nous eussions été fort embarrassés pour en citer de bons modèles. On n'aura des pépinières véritablement utiles que lorsque le gouvernement en comprendra parfaitement la nécessité et les heureuses conséquences, et nous n'en sommes pas encore là. Nous ne nous étendrons pas davantage sur un sujet qui probablement ne recevra pas de long-temps son application.

§ VII.

ÉCOLE DE BOTANIQUE.

Le jardin des Plantes ou jardin du roi, à Paris, en offre le plus beau modèle qui soit en France (pl. 4). Sa principale entrée, r, remarquable par une élégante grille, se trouve sur le bord de la Seine, en face du magnifique pont d'Austerlitz. Les deux grands carrés qui font face à l'entrée, b, sont consacrés à la culture des plantes médicinales. Les deux à côté, c, c, renferment une collection d'arbres fruitiers, et différens modèles, de clôture en haies vives, de taille, de greffes, etc.

Tous les autres carrés e, e, faisant face au cabinet d'histoire naturelle f, sont destinés à la culture des végétaux ligneux et herbacés de pleine terre. Dans un bassin i, l'on a réuni quelques genres de plantes aquatiques. Les végétaux exotiques, craignant la rudesse de nos hivers, sont réunis dans une vaste orangerie g, et dans diverses autres serres chaudes ou tempérées, o, o. En h, h, est une vaste plantation qui, dans l'origine, devait être consacrée aux grands arbres d'avenues et des forêts, mais où le tilleul et le marronnier d'Inde ont usurpé une grande partie de terrain. Aujourd'hui on bâtit un cabinet de minéralogie à cette place, et en face de nouvelles serres.

f, est le vaste cabinet d'histoire naturelle, renfermant de riches collections appartenant aux trois règnes de la nature. Le bâtiment i, renferme une belle bibliothèque où l'on a réuni une grande quantité d'ouvrages sur l'histoire naturelle.

La partie méridionale du jardin, qui est séparée des carrés de botanique par l'allée de marronnier k, k, forme une vaste ménagerie dans laquelle on a rassemblé les animaux les plus remarquables parmi les oiseaux et les mammifères. Les animaux dangereux par leur férocité sont renfermés dans des cabanons formant une ménagerie d'une architecture élégante, l. Ceux d'une force ou d'une grandeur gigantesque, tels que les éléphans, les girafes et les bisons, habitent une rotunde m, entourée d'une énorme palissade; enfin, ceux d'une humeur douce et paisible, tels que les gazelles, les antilopes et autres ruminans, sont logés dans des petites cabanes pittoresques (pl. 85, 86, 87), placées au milieu de petits parcs de verdure où ils ont la liberté de se promener et d'aller brouter l'herbe fraîche. Les oiseaux de proie sont logés dans des volières semblables à des cabanons n, et les autres dans une élégante volière, p.

Toute la ligne de bâtimens bordant la rue de Seine, est occupée par les employés et les professeurs. De ce côté se trouvent l'administration et le cabinet de botanique q, et un amphithéâtre pour les dissections anatomiques, s.

Depuis t, t, jusqu'en u, u, est un espace de terrain ayant du mouvement et formant une espèce de petite montagne divisée en deux mamelons. Tous deux sont plantés en arbres verts et en conifères formant une riche collection. Les allées, irrégulières, sont tracées dans l'ancien genre du labyrinthe, mais une seule partie, dont la principale entrée se voit en a, porte ce nom.

Les allées de ce labyrinthe tournent en colimaçon autour d'une butte conique très-élevée, au sommet de laquelle est un belvédère (pl. ror, fig. 4), d'où l'on découvre plus de la moitié de Paris.

On voit, par le plan que nous avons donné et par cette courte explication, que le jardin des Plantes de Paris n'est pas proprement un jardin de botanique, mais bien un établissement consacré à l'étude de toutes les sciences naturelles. Il n'appartient qu'à des gouvernemens de fonder de tels établissemens.

Une école de botanique, purement et simplement, peut se rencontrer dans le jardin public d'une ville, ou même dans celui d'un riche particulier.

Elle exige plusieurs conditions : 1° du mouvement dans le terrain, afin d'avoir des expositions chaudes et naturellement abritées, et d'autres au contraire exposées au nord, pour quelques arbres résineux et autres. 2° de l'eau courante, si l'on veut réunir une riche collection de plantes aquatiques, ce qui serait d'autant plus agréable, d'autant plus utile, que les vues des botanistes ne se sont pas encore tournées de ce côté là si nous en jugeons par le jardin des Plantes de Paris, et par tout ce que nous avons vu ailleurs. A la rigueur, si on n'avait pas un courant d'eau à sa disposition, on pourrait encore cultiver la plus grande partie des plantes aquatiques dans des bassins où l'eau ne se renouvellerait que lentement par l'effet des pluies, pourvu qu'elle ne soit pas sujette à se corrompre pendant les chaleurs de l'été. 3° Un sol fertile, à proximité d'une forêt où l'on peut se procurer de la terre de bruyère. Il serait aussi à désirer que le sol du jardin fût normal, c'est-à-dire d'une terre franche et pure, parce qu'il serait plus aisé de faire des composts selon le besoin particulier de chaque végétal, et selon des calculs chimiques raisonnés.

Il ne resterait plus, si l'on avait tout cela, qu'à combiner savamment son plan en raison des expositions nécessaires à chaque genre de plantes, de manière à ce que chacun de ces genres, placé dans les circonstances les plus favorables à sa végétation, le fut aussi dans l'ordre du système de classification adopté, au moins autant que cela est possible. Nous n'avons pas besoin d'indiquer la grande commodité que les étudians trouveraient dans ce genre d'arrangement.

L'ordre est la principale chose dans un système de botanique inventé pour faire retrouver aisément au milieu de cinquante ou soixante mille espèces connues, l'espèce que l'on veut étudier. Cet ordre ne peut se trouver que dans une classification méthodique, régulière et symétrique. Suivez donc dans votre composition cette indication de la science ; classez symétriquement vos cultures dans l'ordre des systèmes botaniques ; que votre jardin soit un grand herbier naturel où la place occupée par un végé-

tal me fera reconnaître de suite, mon Linnée ou mon Jussieu à la main, la place que doit occuper le végétal que je cherche, quelle que soit la famille ou l'ordre auquel il appartient. Si je suis obligé de demander à un jardinier où je trouverai un genre en quittant celui qui vient de m'occuper, votre plan est manqué, votre composition vicieuse est mal combinée.

Mais le climat et d'autres nécessités de culture vous forceront à vous écarter de la stricte classification des auteurs, car vous ne pourrez faire croître en pleine terre les cactiers de la zône torride à côté des groseillers qui se suspendent aux rochers de nos froides Alpes, et la plante humble et herbacée se perdrait au pied de l'arbre élevé avec lequel elle a une analogie générique. Pour parer à ces inconvéniens, établissez dans vos cultures ces grandes divisions que la nature répudie, mais que l'art et la nécessité autorisent. Établissez dans vos plantations la section des plantes herbacées et celles des végétaux ligneux ; réunissez dans une autre les espèces qui exigent la serre chaude, dans une quatrième celles qui ne peuvent vivre que dans une serre tempérée, dans une cinquième celles qui végètent dans les ondes. Établissez même des subdivisions s'il le faut, mais ne le faite que lorsque ce sera rigoureusement nécessaire.

Il faut être minutieux dans l'application de cette règle, car sans cela votre collection botanique deviendra un véritable fouillis dans lequel vous-même finirez par ne plus pouvoir vous retrouver.

§ VIII.

JARDIN DE MÉDECINE.

Ici l'on ne cultive que la collection utile des plantes médicinales, croissant en pleine terre dans nos climats, et y acquerrant les qualités qui les ont fait entrer dans le nombre des corps trop nombreux formant ce que l'on appelle la matière médicale.

Il faut dans ce genre de jardin établir le même ordre, la même régularité que dans une collection botanique, et surtout placer les étiquettes avec beaucoup de soin pour éviter de funestes erreurs. Du reste sa composition n'offre rien de particulier.

§ IX.

JARDIN PUBLIC.

Voici un genre de composition assez difficile, par la raison qu'il faut la mettre en harmonie avec l'usage auquel on la destine, avec les localités, et avec le caractère du bâtiment qu'elle doit accompagner. Un jardin de palais, comme ceux des Tuileries et du Luxembourg, public ou non, doit avoir le même caractère que celui des châteaux qu'il accompagne, aussi n'emprunte-t-il de sa publicité aucune physionomie particulière. Il a été planté pour l'agrément du prince, et tout y est ordonné en conséquence. Si le public est admis à s'y promener, c'est pour ainsi dire par tolérance, car rien n'a été fait en son intention. Il en est à peu près de même de tous les jardins publics de la France, si l'on en excepte les écoles de botaniques comme le jardin des Plantes qui, à la vérité, n'ont pas plus que les autres été tracés dans le but de l'agrément du public. Il est assez remarquable que chez les Français, où le peuple se regarde comme l'État, et même quelquefois comme le souverain, on ne trouve rien sous ce rapport qui ait été fait spécialement pour lui; tandis que chez les autres nations, qui passent pour avoir beaucoup moins de libéralisme, on trouve de superbes jardins plantés par des princes, et tout-à-fait consacrés à l'amusement et à la promenade du peuple.

Parmi ces jardins, celui de Calrsruh, en Allemagne, est un des plus remarquables (pl. 5, fig. 1). Il fut planté par le margrave Charles-Guillaume, en 1715. Le palais a, par une bizarrerie assez extraordinaire, se compose d'une façade et de deux ailes qui lui sont obliques. Derrière le palais, au centre du rond point qui forme lui-même le milieu de la composition, est une tour pittoresque dont on a tiré parti en la peuplant de pigeons. La promenade principale b, b, consiste en une allée circulaire d'une immense étendue, croisée par une foule d'autres allées, qui toutes rayonnent d'un centre commun. La forêt est plantée d'arbres indigènes, mais dans les parties qui se rapprochent du village et du château, on les a entremêlés de quelques espèces exotiques, et particulièrement de tulipiers très-remarquables par leur beauté. La totalité de la composition, en y comprenant le village, est sur un terrain plat très-favorable au genre symétrique; aussi, en face du château, a-t-on planté un immense parterre de ce genre. Une allée droite se rend, en traversant le parterre et le village, à l'église c, construite sur une belle place, et formant une jolie perspective au château.

Là, rien n'a été ménagé pour rendre la promenade agréable; frais ombrages, fontaines, pièces d'eau, statues, riches ornemens, tout s'y trouve, et tout y a été placé pour l'agrément du peuple, dont les habitations font elles-mêmes partie du jardin.

Si l'on avait à planter un jardin public tout-à-fait indépendant d'une construction ou d'une façade déjà existante, imposant à l'architecte le caractère qu'il devrait lui donner, il n'en devrait pas moins choisir pour sa composition le genre symétrique, surtout si ce jardin devait être ouvert après le soleil couché, car les bosquets retirés, les allées sinueuses et les retraites mystérieuses pourraient bien attirer les personnes de mauvaises mœurs et les hardis coquins, dans toute autre intention que de se livrer à des méditations romantiques. Il faut en tout maintenir les bonnes mœurs, et ne jamais perdre de vue la parfaite sécurité des promeneurs, ce qui ne serait pas toujours aisé dans un jardin du genre irrégulier et pittoresque.

Il est une autre sorte de jardins publics destinés à amuser la population d'une ville, pour son argent. Là se donnent des fêtes brillantes, dont la danse, les feux d'artifices, les montagnes russes et les limonadiers, font aujourd'hui les principaux frais. Là peuvent se trouver les bosquets solitaires, les allées couvertes, les fabriques pittoresques, sans dangers, si ce n'est pour les mœurs, au moins pour la sûreté des personnes, car tout est éclairé, tout est peuplé, tout est surveillé.

L'architecte doit, dans ces compositions, entasser tous les effets les uns sur les autres, car il n'y a qu'une seule convenance à observer, celle de varier le coup-d'œil autant que possible dans le plus petit espace possible. Ce n'est pas la nature que l'on vient chercher en ces lieux, c'est le plaisir, et la foule ne le trouve guère dans des charmes simples et vrais. Il lui faut du clinquant dans la composition du jardin comme sur les robes des femmes qu'il y rencontre ; peut lui importe que ce soit de l'or, pourvu que cela brille. Elevez si vous voulez des montagnes à la brouette, et n'eussent-elles que quinze pieds de haut, on les trouvera charmantes, parce qu'on aura le plaisir de les descendre en courant, en se poursuivant, en jouant, sans penser le moins du monde à aucune sorte d'inconvenance locale. Faites serpenter une rivière en mille replis sur un terrain plat comme une table, on la trouvera très-bien, parce qu'elle allongera la promenade en bateau. Placez côte à côte la ruine d'une chapelle catholique et un temple romain nouvellement dédié à un dieu grec ou même tartare, si vous placez une marchande de gateau dans la ruine et un limonadier dans le temple, tout sera parfait même en regard avec la chaumière russe du restaurateur et le pavillon chinois où l'on danse.

Il ne faudrait jamais avoir mis les pieds à Tivoli, à Baujon, au jardin de Belle-Ville, de Marbœuf, de Frascati, et mi dans aucun des autres qui ont

eu ou qui ont encore de la réputation à Paris, pour ne pas être de ce? avis.

§ X.

La promenade publique diffère du jardin public en ce que, étant ouverte à tout le monde et à toute heure, on ne peut guère y placer des cultures qui exigeraient des soins et de la surveillance. On se borne donc à des plantations de grands arbres pour procurer de l'ombrage au promeneur, et si l'on s'y permet une fabrique, ce ne peut guère être qu'une utile fontaine, ou un grand monument servant à consacrer un souvenir historique, tel qu'un arc de triomphe, une colonne trajane, ou autre chose semblable.

Des statues de marbre ou de bronze s'y trouveront également bien placées, pourvu qu'elles représentent des personnages historiques, et non ces dieux usés d'une vieille mythologie, ou ces fades allégories tant à la mode sous le règne de Louis XIV.

Des quinconces touffus, des avenues majestueuses, des allées sablées bien entretenues, des points de vue ménagés avec goût, un air pur et une belle lumière ; voilà tout ce qu'exige rigoureusement ce genre de composition symétrique. Les Champs-Élisées, à Paris, en sont le plus beau modèle que nous connaissions.

§ XI.

C'est la plus riche et la plus magnifique des compositions, et Versailles en offre un modèle peut être unique dans le monde entier. Restreint à de certaines limites et accompagnant un palais enclavé dans une ville, ce jardin n'affectera qu'un genre, qu'un caractère, celui de l'habitation avec lequel il doit rigoureusement se trouver en harmonie, et alors ce sera ce que nous appelons un jardin français. Mais sur un terrain assez vaste pour que l'artiste puisse s'abandonner sans contrainte à l'essor de son génie, le jardin de palais sera un composé du jardin français, du parterre, de la ferme ornée et du parc, outre qu'il renfermera comme accessoires le potager et le verger.

Comme à leur article nous décrivons chacun de ces genres, qui ne figurent ici qu'en qualité de scènes partielles, nous nous bornerons à indiquer comment ils doivent être placés pour entrer dans la composition d'un jardin de palais.

La façade d'un palais est toujours d'une architecture régulière, plus ou moins majestueuse, plus ou moins élégante. Cette façade ne peut être en harmonie qu'avec un jardin symétrique, auquel on donnera le même caractère sévère, majestueux, élégant ou gracieux, de la façade. Entre le palais et le jardin français, vous pourrez, si vous le voulez, placer un vaste parterre où seront cultivées les plantes les plus belles et les plus rares, mais où elles ne paraîtront que pendant leur floraison. Aussitôt que leur éclat sera flétri, on les enlèvera pour faire place à d'autres élevées sur couches ou en jnts à cet effet, dans une fleuriste écarté de cette scène.

A droite ou à gauche du jardin français, vous placerez quelques bosquets habilement distribués pour ménager le passage d'un genre de composition à un autre sans transition trop brusque.

Si le point de vue du château se trouvait sans intérêt, ou même désagréable, comme de vieilles murailles enfumées, ou un misérable hameau, ou enfin des carrières, une montagne nue et stérile, etc., vous pourriez entourer le jardin français tout entier, et borner le point de vue par un massif d'arbres élevés; mais ces cas sont rares, et le plus souvent il faut conserver le coup-d'œil, et seulement le diriger le plus loin possible au

moyen d'une longue et majestueuse avenue. Le parc jouera le principal rôle après le jardin symétrique, et vous pouvez en montrer l'entrée dès le palais, mais sur les côtés ou le derrière, et jamais devant la façade. Les fabriques dont vous l'ornerez devront avoir le caractère d'élégance et de majesté du palais, et c'est là que vous pouvez faire figurer sans inconvenance un temple, un obélisque, ou tout autre chose formant monument. Si votre intention est d'y placer quelques scènes champêtres ou rustiques, ayez soin de les rejeter dans quelque partie éloignée, solitaire, et surtout entièrement masquée, parce que les convenances ne veulent pas que ces yeux éblouis par le luxe d'un appartement, des fenêtres duquel ou regarde, puisse tomber sur l'humble toit d'une chaumière, quand on sait que cette retraite du malheur et de la pauvreté appartient au maître du château.

La ferme ornée doit également être masquée et rejetée sur les derrières de la composition. Les bâtimens seront aussi élégans qu'il est possible, sans cependant en dénaturer le caractère. Il faut qu'au premier coup-d'œil on puisse en reconnaître l'usage. Avec du goût et de la finesse dans le tact, on peut fort aisément faire entrer avec confiance la ferme ornée dans la composition d'un jardin de palais, et la planche 12 représentant le jardin anglais du Petit-Trianon, en fournit un exemple, car on y trouve des vergers, des terres labourées et des prairies. Quoiqu'il n'ait pas la vaste étendue de la ferme ornée proprement dite, et qu'il manque de quelques accessoires qui caractérisent spécialement ce genre, l'artiste n'en a pas moins compris la nécessité de le placer derrière le château a, et de placer devant la façade b le jardin français c, c, dont nous donnons le plan dans notre planche 6.

Le potager et le verger attachés au jardin de palais doivent être rapprochés du château pour la commodité de leur exploitation, mais on les marquera de manière à ce qu'ils ne puissent être aperçus d'aucun point du jardin symétrique. Ceci n'empêche pas qu'ils n'aient aussi un caractère de grandeur, et même d'élégance, en harmonie avec la composition générale.

Cette élégance s'imprimera aisément au jardin, au moyen des bassins pour arrosemens, des bâches, des serres, et autres constructions où l'architecte trouvera souvent l'occasion de prouver un véritable talent.

§ XII.

JARDIN FRANÇAIS.

Nous en donnons un modèle très-remarquable dans la planche 6, représentant le jardin français du Petit-Trianon. Les sculptures les plus parfaites, les marbres les plus précieux et les constructions les plus gracieuses, concourent avec les eaux et la richesse des plantations à en faire une composition charmante, méritant parfaitement la célébrité dont elle a joui.

Le jardin français, ou, si l'on aime mieux, le jardin symétrique, se divise naturellement en deux sortes, le jardin de château et le jardin de ville, ou d'hôtel.

Le *jardin de château* demande à être mis en harmonie avec le genre de l'habitation, mais le majestueux, le grand et le riche en feront toujours le caractère principal, caractère qui peut être plus ou moins sévère, ou plus ou moins élégant et gracieux.

Des terrasses d'une grande étendue, ornées d'un double rang d'orangers en caisses, ou d'autres arbres brilians et exotiques ; des avenues majestueuses, plantées avec des arbres de première grandeur, des tilleuls, des marroniers d'Inde, ou autres du même port ; de vastes tapis de gazon parfaitement entretenus et bordés de plate-bandes émaillées de fleurs rares, entremêlées d'arbrisseaux à fleurs très-apparentes, et soumis à une taille régulière, comme les lilas-varins, rosiers, laurier-tin, etc. Des quinconces ou des échiquiers d'arbres exotiques, remarquables par leur port ou leurs fleurs, mais toujours d'un feuillage étoffé capable de fournir un épais om-

brage ; des eaux jaillissantes de mille manières, renfermées dans des bassins de marbre, de granit, ou au moins de pierre de taille ; des fontaines d'une architecture élégante et riche de sculpture ; des statues de marbre ou de bronze ; des vases d'une forme gracieuse : tels sont les matériaux que l'on doit employer dans la composition d'un genre de jardin auquel vous devez conserver son caractère majestueux et sévère. Les allées sablées, et entretenues avec une grande propreté, en seront très-larges, droites, et motivées, soit par un point de vue, soit par une grille de sortie, soit enfin par un monument qui en terminera la perspective.

Si vous ne craignez pas de sacrifier la majesté aux grâces et à l'élégance, ou, mieux, si vous voulez les réunir, plantez sur les côtés quelques bosquets touffus, quelques massifs régulièrement percés, dans lesquels vous pourrez convenablement placer quelques fabriques, mais toujours d'une architecture élégante et riche. Sans manquer aux convenances, vous pourrez mettre là un petit temple de l'amour, un pavillon chinois, une tente tartare, une rotonde, ou autre chose semblable. Vous pourrez peut-être vous permettre une petite cascade, mais vous la ferez tomber de l'urne renversée d'une nayade couronnée de roseau.

Évitez dans vos sculptures les allégories froides ou niaises, qui ne sont propres qu'à rappeler ces temps fabuleux où les rois, selon de ridicules historiens, se faisaient une guerre d'énigmes et de charades. Si vous voulez absolument de la mythologie, pourquoi la prendriez-vous toujours chez les Grecs et les Romains, dans des légendes ingénieuses il est vrai, mais usées jusqu'à faire naître le dégoût ; les peuples du Nord, les Scandinaves, par exemple, n'ont-ils pas aussi leur mythologie poétique, et l'histoire de vingt peuples ne pourrait-elle offrir aucun sujet intéressant, aucune scène dramatique, au ciseau du sculpteur ? Si je visite les magnifiques jardins de Versailles, je m'en reviens, pour ainsi dire bourré d'Apollons, de Vénus, d'hercules, de dianes, de nymphes, de faunes et de satyres. Je traverse les Tuileries, et voilà que je retrouve les Apollons, les Vénus, les Hercules et les Dianes; je me sauve au Luxembourg, et me voilà encore poursuivi par les Dianes, les Hercules, les Vénus et les Apollons. Pour dieu! Délivrez-moi de ces chef-d'œuvre de sculpture et de monotonie, et s'il est absolument nécessaire de me rappeler la sottise religieuse des peuples, rappelez au moins des sottises neuves pour la sculpture et pour notre époque. J'aimerais mieux rencontrer dans votre jardin la statue d'un épicier saint-simonien ou d'un droguiste templier, que celle d'un César Aruspice tordant le cou à un poulet sacré : ces tableaux auraient au moins le mérite d'un pittoresque de circonstance.

Le jardin de ville ou d'hôtel se distingue du précédent par son étendue bornée, ne permettant pas de le mettre toujours en harmonie avec le caractère noble et majestueux d'une habitation qu'il accompagne. Donnez-vous bien de garde d'imiter un exemple trop commun, en cherchant dans une enceinte de cent pas carrée, masquée par des murailles noires et enfumées, à faire du paysage ou ce que l'on appelle un jardin anglais. Peut il y avoir rien de plus ridicule qu'une allée qui se tortille avec effort sans but et sans raison autour de deux ou trois massifs de lilas et de faux-ébénier que l'on est obligé d'étêter tous les ans pour empêcher leur ombre d'étouffer les valées et les montagnes que l'on change de place à volonté. Évitez ces rochers mesquins que trois plantes de joubarbe couvriraient, ces cascades que l'on fait jaillir à deux sous la voie d'eau; évitez enfin tout ce qu'il faudrait rapetisser pour le faire entrer dans votre cadre étroit.

Vous commencerez par tapisser les murailles enfumées qui attristent les yeux, avec le feuillage d'arbrisseaux grimpans et munis de vrilles ou radicules, tels que le lierre, la vigne-vierge, la bignone à vrilles, etc., et si ces murs sont hors de votre atteinte, masquez-les par un groupe d'arbres à fleurs remarquables tels que le tulipier, ou à feuillage élégant et gai, comme le vernis du Japon.

Placez ensuite un parterre de fleur devant l'entrée de l'habitation, et

faites-y briller les plantes les plus remarquables par la beauté de leurs couleurs. Si votre espace est très-borné, sans égard pour les personnes qui veulent du paysage jusque dans les cours, tracez un parterre de broderie dont le dessin pittoresque, les bordures et les allées parfaitement entretenues formeront un coup-d'œil agréable. Nous en avons présenté plusieurs modèles dans la planche 8.

La figure 1re représente un petit jardin régulier où des massifs d'arbrisseaux a fleurs brillantes remplacent les massifs de plantes herbacées, si on le veut et que le terrain ait une étendue suffisante. Dans ce cas, si on ne veut pas lui conserver le caractère d'un labyrinthe, qu'il a dans notre plan, où nous ne le représentons que comme scène particile d'une plus grande composition symétrique, on borde les allées de larges plate-bandes plantées de fleurs.

Les figures 2, et 3 représentent deux parterres entourés d'une haie d'arbrisseaux servant de cadre ou de palissades de verdure masquant des murs. Dans la figure 2, les allées a, a, sont dessinées en sables de couleur tranchant avec le vert du gazon b, b, dans lequel elles sont tracées. La broderie e, e, consiste en des sortes d'allées sablées de différentes couleurs, non pas destinées à la promenade, mais bien à recevoir les vases que nous avons figurés par des ronds plus ou moins grands. Ces vases contiennent des fleurs.

La figure 3 est dans le même genre, c'est-à-dire tracée avec des sables de différentes couleurs, entrecoupées de bandes de gazon.

La figure 4 représente un genre de parterre qui est spécialement distingué chez les étrangers par le nom de *parterre français*, et chez nous par le nom de *parterre de broderie*. Il est entièrement composé d'allées sablées de diverses couleurs, et de bandes de gazon artistement découpées. Au milieu est un bassin avec un jet d'eau; dans diverses parties, en a, a, a, a, sont des vases de marbres élevés sur des pieds d'esteaux; en o, o, o, o, peuvent être des statues, etc., etc. Autrefois le mauvais goût y faisait élever des rocailles composées de brillantes coquilles, de madrépores, etc., qu'aujourd'hui l'on doit absolument proscrire.

En présentant à nos lecteurs ces modèles de l'ancien temps, nous ne prétendons pas qu'on doive les imiter parfaitement. Nous pensons au contraire qu'on doit en proscrire les sables de couleur, et même les bandes de gazon que l'on remplacera par des plates-bandes cultivées; mais nous ne voyons pas pourquoi on n'adopterait pas la manière pittoresque dont ils sont desinés.

Si le jardin d'hôtel a quelque étendue, indépendamment du paterre que nous regardons comme indispensable, parce que la vue des fleurs plaît à tout le monde, on peut y placer quelques massifs d'arbrisseaux, et pour fabrique des vases de marbre, des statues et des berceaux ou cabinet de verdures; mais il faut rigoureusement s'abstenir de tout autre genre de fabriques, et surtout de celles qui, par leur caractère, appartiennent au genre paysager. Tout le monde concevra combien il serait ridicule de trouver dans un riche hôtel, sous ses croisées, une chaumière, une ruine, ou tout autre chose semblable.

Néanmoins, si l'architecte d'un jardin d'hôtel n'avait pas le courage de secouer le joug de la mode pour s'ouvrir une route nouvelle et raisonnable, il tâcherait, en traçant le gazon obligé en face du salon, en plantant l'arbre résineux que l'on voit constamment au milieu du tapis de verdure, en dessinant l'allée sinueuse et circulaire qui, indispensablement, entoure la composition, il tâcherait, dis-je, de sacrifier à la grace et au brillant, sans viser au pittoresque et au paysage.

§ XIII.

LE PARTERRE.

On distingue aujourd'hui deux sortes de compositions qui portent ce nom, le *parterre ancien* ou *de broderie*, qui appartient aux hôtels, et dont nous avons suffisamment parlé plus haut, et le *parterre moderne*, qui appartient à des habitations plus modestes, et dont nous allons nous occuper ici.

Le parterre est entièrement consacré à la culture des fleurs, et si quelques arbrisseaux de premier choix, tels que rosiers, grenadiers, orangers, myrtes, camellia, pivoines en arbre, rosages, azalées, magnoliers, etc., y occupent quelquefois une place, ce n'est jamais qu'isolés et pour marquer le centre d'une corbeille, les coins d'une plate-bande ou d'un carré, ou enfin pour occuper une place motivée par la régularité du dessin.

Le mérite du parterre consiste 1° dans le choix des fleurs rares ou éclatantes de beauté qu'on y rassemble, soit en mélange, soit en collections; 2° dans l'art avec lequel il est dessiné pour en rendre le coup-d'œil agréable; 3° dans son extrême propreté poussée jusqu'à la coquetterie, si je me puis servir de cette expression.

Les allées d'un parterre sont plus ou moins larges, selon la grandeur de la composition, avec laquelle elles doivent se trouver en harmonie sous ce rapport. Elles seront sablées convenablement et entretenues avec beaucoup de soins. On en trouvera de droites qui longeront les plates-bandes et les carrés, de circulaires qui entoureront les corbeilles, mais jamais de sinueuses, parce que le parterre est essentiellement symétrique. Toutes ne seront pas de la même largeur; les plus larges, ou principales allées, destinées à la promenade, seront les plus régulières, et c'est auprès d'elles que seront placés les massifs de fleurs les plus rares et les collections les plus brillantes. Les allées les plus étroites passeront derrière les plate-bandes et les petits carrés, afin de permettre aux curieux de voir les plantes de tous les côtés, et de pouvoir s'en approcher sans être obligé de passer dans les cultures.

Quelle que soit la grandeur d'un parterre, les plate-bandes n'auront jamais moins de quatre pieds de largeur, et jamais plus de six, par la raison qu'il faut pouvoir les arroser sans y entrer, et que les fleurs qui les parent doivent être à la portée de la vue la plus faible. La longueur de ces plates-bandes est illimitée, elles peuvent être en lignes droites ou en lignes circulaires, mais jamais irrégulièrement sinueuses.

Les corbeilles seront longues, ou polygones, ou en étoiles, ou même ovales. Leur diamètre ne doit jamais être tel que les yeux ne puissent saisir jusqu'aux plus petits détails de forme et de couleurs des fleurs qui seront au centre.

Les bordures forment une partie essentielle du parterre. On a essayé plusieurs plantes pour cet usage, mais le buis n'a.n a toujours prévalu sur toutes, et cela pour plus d'une raison. Il forme des lignes parfaitement nettes, grâce à la facilité que l'on a de le soumettre à la tonte; il est durable, d'un beau vert, soutient bien les terres, et cache peu d'insectes. La statice à tête, ou gazon d'Espagne, s'étale trop, et forme par conséquent des lignes beaucoup moins nettes, outre qu'elle attire et loge les limaces et autres petits animaux malfaisans. L'œillet mignardise s'étale encore davantage, et malgré tous les soins, forme des bordures très-inégales en largeur, et très-irrégulièrement fournies. Toutes les autres plantes que l'on a tenté d'employer à cet usage ont des défauts encore plus grands.

Les arbrisseaux que l'on destine à l'ornement d'un parterre doivent être soumis à la taille, et former des têtes régulières autant que possible; il n'est pas indispensable qu'ils soient en pleine terre, pourvu que leurs vases en marbre, en faïence ou en bois peint, soient d'une forme élégante. On aura soin d'entretenir scrupuleusement la propreté des caisses, et de leur donner une bonne couche de couleur à l'huile tous les ans.

Pour toute fabrique, le parterre ne souffre que les sculptures, et en petit nombre, les bassins, les jets d'eau et les serres.

Les statues seront disposées de manière à attirer l'attention sur les parties de la composition les plus riches en végétaux rares. Elles seront de bon goût, jamais groupées ni équestres, à moins que le parterre soit d'une très-grande étendue.

Les bassins, jets et jeux d'eau ne peuvent être trop multipliés. La planche 25 représente plusieurs exemples de la manière ingénieuse dont on peut combiner les jeux, et la planche 24 offre des modèles de plusieurs vasques élégantes à placer au milieu des petits bassins.

Les serres doivent être d'une architecture gracieuse, en harmonie avec celle de l'habitation, ou au moins dans un style pittoresque; les planches 74, 75, 76, 77, 78 et 79, en offrent plusieurs modèles, la plupart pris en Angleterre où l'on met une grande importance à ce genre de construction.

C'est dans le parterre que se trouve parfaitement placé le jardin d'hiver (pl. 74); mais il faut qu'on puisse y pénétrer par une porte communiquant dans un appartement de l'habitation, le salon s'il est possible. Dans notre planche nous figurons celle construite dans l'établissement marchand de M. Noisette, mais on peut, si on veut faire les sacrifices nécessaires, la faire d'une architecture agréable et légère. Les montans deviendront alors des colonnes élégantes; des statues se dessineront avec grace au milieu des masses de verdure, et des jets d'eau s'élanceront du milieu des bassins de marbre où nageront des poissons rouges. Dans le jardin de M. Boursault, à Paris, on voit un exemple peut être unique en Europe, du luxe et du goût que l'on peut mettre dans une telle construction. Au milieu de l'hiver le plus rigoureux, pendant que les glaçons et les frimats se sont emparés de la terre désolée, on ne saurait croire si on n'est allé se promener dans ce jardin, quelle sensation délicieuse on éprouve en retrouvant, dans une douce température, la riante verdure du printemps, le suave parfum des fleurs, et l'agréable murmure d'une eau limpide.

§ XIV.

JARDIN SYMÉTRIQUE-PITTORESQUE.

Voilà un genre de composition qui n'est avoué par personne, et que cependant l'on trouve partout, même dans les siècles reculés. Nous donnons ce nom à tous les jardins dans lesquels les genres symétriques et paysagers sont confondus de manière à démontrer clairement que l'architecte n'a voulu ou n'a su adopter aucune règle, et a renoncé à tout ce que nous appelons les convenances. Le symétrique-pittoresque est à l'art des jardins ce que le romantique est à la littérature; c'est-à-dire qu'il vise à l'effet, au brillant, à l'extraordinaire en employant tous les moyens, raisonnables ou non. Nous n'assignerons donc pas de règle à un genre qui n'en a pas, et nous nous bornerons, pour le faire clairement comprendre, à en montrer deux modèles très-remarquables, les jardins anciens de Tusculanum (pl. 9), tant vantés par les auteurs latins, et les jardins du harem de Constantinople (pl. 10). Nous allons décrire le premier dans tous ses détails.

1. Maison de campagne à Tusculanum, aujourd'hui Frascati, dans les environs de Rome.

2. Gymnase consacré à des courses de chariots.

3. Promenade plantée d'arbres, sur la terrasse formant une partie de l'enceinte de l'hippodrome.

4. Buis taillés en forme d'animaux, plantés sur la pente de la terrasse.

5. Xistus ou terrasses en partie couvertes, placées sur les côtés de la maison et en face du portique, lieu où les athlètes s'exerçaient, et servant en outre à se promener à couvert.

6. Hippodrome placé au nord de la maison. A Rome, on donnait ce nom à une arène consacrée aux courses de chevaux; c'est proprement un manége dans le genre de celui que l'on voyait au jardin de la Malmaison (pl. 14, a).

7. Plantation d'arbres taillés en palissade, formant l'enceinte intérieure de l'hippodrome.

8. Plantation de cyprès, formant la partie circulaire de la même enceinte. Ces arbres étaient très à la mode dans le temps de Pline, dont nous décrivons ici les jardins.

9. Cabinet de repos ou salle à manger, bâtie dans le jardin.

10. Plantation de buis nains que l'on taillait et plantait de manière à former les lettres d'une inscription entière.

11. Petit pré appartenant au jardin paysager.

12. Singulière composition placée au milieu d'un bosquet symétriquement dessiné. L'artiste a fait sur le terrain un plan topographique, dessiné avec des végétaux, et représentant la carte d'une contrée entière.

13. Promenade couverte de mousse et bordée d'acanthe.

14. Prairie arrosée par le Tibre.

15. Forêt composée d'antiques arbres, couronnant le sommet d'une montagne.

16. Bois taillis sur le penchant d'un côteau.

17. Terrain planté en vignes, occupant toute la colline.

18. Champs et terre labourées.

19. Le Tibre.

20. Temple dédié à Cérès, élevé dans une presqu'île au milieu d'un lac.

21. Une ferme avec toutes ses dépendances.

(66)

22. Parc renfermant un labyrinthe fait dans le genre de nos jardins français, des volières, des viviers, etc.

23. Un jardin potager.

24. Un verger avec une pièce d'eau au milieu.

25. Rucher pour des mouches à miel.

26. Colimaçonnière dans laquelle on engraissait des escargots pour la cuisine.

27. Glirarium, lieu dans lequel on élevait et engraissait des loirs, petits animaux ayant de l'analogie avec l'écureuil, et fort recherchés pour la cuisine dans les temps anciens.

28. Oseraie.

29. Aqueduc.

Le plan dont nous venons de donner la description, a été fait sur les rapports de Pline le jeune, de Félibien, et autres auteurs. Nous le donnons sur la foi de Castel.

Notre planche 10, représentant une partie des jardins du sérail du grand seigneur, à Constantinople, ne peut pas être non plus d'une justesse géométrique. Nous le donnons sur la foi de Kraafft, qui l'a dessiné de dessus un mur où il était grimpé pour le découvrir, au risque de sa tête. Tout ce que nous pouvons en dire, c'est que ce jardin abonde en bosquets, en grands arbres, en berceaux, en fabriques et en bâtimens, et qu'il est entouré de murs élevés qui empêchent d'en apprendre davantage.

§ XV.

LA FERME ORNÉE.

Ce genre de composition renferme ou peut renfermer un domaine entier et considérable, composé de terres labourées, de prairies, de vignobles, de bois et de forêts. Ici se trouvent deux considérations importantes à gar-

der, c'est de toujours sacrifier l'agréable à l'utile, quand cela est nécessaire, et de rendre toujours l'utile aussi agréable que possible. La ferme ornée ne se compose que de scènes champêtres et rustiques, d'un caractère riant, tranquille ou pittoresque. Voyez ce que nous avons dit de ces compositions, page 41 et suivantes.

Tout ce qui est prétentieux, tout ce qui vise au noble, au grand, au majestueux, ne peut y figurer avec convenance. Point de statues, point de vases de marbre, point de bronze, rien de ce qui sent le luxe et la richesse. Des monumens simples et gracieux, des fabriques motivées par l'utilité, voilà ce qui convient le mieux.

Cependant nous ne prétendons pas en bannir quelques fabriques d'architecture, tels qu'un belvédère ou un kiosque pour déterminer un point de vue, une rotonde, un tombeau, ou même un petit temple de Cérès, toutes choses qui peuvent se motiver assez aisément avec un peu d'art.

Un exemple suffira pour faire comprendre la manière de tracer cette sorte de composition, et nous le prendrons dans notre planche 11e, représentant le plan d'un jardin des environs de Lyon.

1. Maison d'habitation : la cour est grande, circulaire, entourée d'une plantation de grands arbres. En face, le corps de bâtiment avancé a est habité par le propriétaire, et les côtés b, b, par les domestiques cultivateurs. Les ailes c, c, comprennent les écuries et les granges; elles ont chacune une petite cour pour la volaille et quelques autres animaux domestiques.

2. Abreuvoir pour le bétail. Il a la forme d'un petit étang entouré de saules. Le ruisseau qui l'alimente traverse une oseraie, et prend sa source dans une rocaille artificielle, mais motivée par le mouvement du terrain, et dans laquelle on a pratiqué une petite grotte.

3. Verger planté d'arbres fruitiers à plein vent, conduisant au potager

par un chemin qui traverse un massif de noisetiers, de néfliers, de framboisiers et de groseillers. Le potager est mixte, c'est-à-dire qu'on y trouve non-seulement des légumes, mais encore des espaliers, des quenouilles d'arbres fruitiers, et des fleurs.

4. En face de la maison la vue se promène sur une vaste prairie, où çà et là sont jetés comme au hasard, mais cependant pour produire des effets bien calculés, quelques groupes d'arbres pittoresques, et des massifs d'arbrisseaux tant indigènes qu'exotiques. Ces massifs bordent en partie les chemins, afin de ne laisser échapper la vue que par des clairières ménagées avec art pour découvrir des parties pittoresques ou des perspectives intéressantes.

Au milieu de cette prairie, un mouvement naturel de terrain a permis de placer sur une petite hauteur une fabrique d'une architecture assez élégante, représentant à l'extérieur un petit temple de Cérès, et renfermant au dedans une bibliothèque ou un billard. On y arrive par une allée en colimaçon, e.

5. Banc circulaire, de pierre ou de gazon, placé dans un berceau ombragé par des peupliers.

6. Chaumière russe ou autre petite fabrique d'habitation, habitée par un garde.

7. Maison champêtre d'un vigneron. Elle est entourée d'un petit jardin potager rustique.

8. Partie plantée en vignoble.

9. Hautain ou hutin. On donne ce nom, dans quelques pays vignobles, à des cordons de vignes en espalier, soutenus par des perches, et de distance en distance par des arbres fruitiers à plein vent. L'entre-deux des cordons est cultivé en blé, en trèfle, ou en luzerne.

10. Terres labourables.

11. Massif d'arbres résineux et de peupliers d'Italie, destiné à fournir par la suite du bois de charpente.

12. Rotonde rustique, placée près de la lisière d'un bois ou d'une forêt.

13. Fabrique composée d'un pavillon, surmonté d'un pigeonnier.

Comme on le voit, le tracé de cette ferme ornée n'offre rien de bien prétentieux, et cependant l'architecte, qui n'était rien autre chose que le propriétaire du domaine, avait eu le talent de tirer un parti si avantageux du peu de mouvement de terrain, et de ses plantations, qu'il avait réussi à faire du tout une composition charmante à l'époque où je l'ai vue, quoique les plantations n'eussent encore qu'une dizaine d'années. Ce qui me surprit le moins après avoir parcouru avec autant de plaisir que d'attention ce vaste domaine, c'est que l'on m'apprit qu'en en faisant un jardin d'agrément, le propriétaire en avait augmenté le revenu.

Si le château du jardin anglais du petit Trianon, planche 12°, ne lui donnait un caractère mixte, on pourrait sans contredit le classer dans le genre de la ferme ornée, auquel il appartient par sa vaste étendue, par ses plantations, ses terres labourées, ses prairies, son potager e, ainsi que par la physionomie champêtre de la plupart de ses fabriques. On en peut assez juger par le plan que nous en donnons, sans qu'il soit nécessaire d'en faire une description détaillée.

Le jardin anglais de Carlsruhe, pl. 5, fig. 2, nous offre encore un modèle charmant de la ferme ornée, où l'architecte a jugé à propos de placer des fabriques d'un genre qu'il n'est pas toujours facile de motiver avec toutes leurs convenances.

La composition se trouve placée entre l'étang de Guillaume, 3, et un canal 4, qui la sépare de la forêt de Carlsruhe.

5. La métairie, habitée par les cultivateurs-laboureurs.

6. Un petit ermitage, placé à mi-côte d'une légère élévation plantée

d'arbrisseaux ; il est entouré d'un petit jardin cultivé en fleurs et en légumes.

7. Arc de triomphe dans le stile chinois, placé dans une île.

8. Rond-point formant une petite place dédiée à Minerve.

9. Labyrinthe dont les allées tortueuses conduisent à une fabrique placée sur une élévation.

10. Serre chaude, bâtie dans le centre du rond-point.

11. Maison du jardinier.

12. Île du roi ; on y arrive par un pont rustique en face duquel est un élégant pavillon.

13. Parnasse. Il consiste en une petite montagne qui s'élève au milieu d'un lac, et qui porte à son sommet un temple dédié aux Muses et à Apollon.

14. Maison de bain, entourée par un bras de la rivière.

15. Volière dans laquelle sont renfermés des oiseaux rares, domestiques ou sauvages.

16. Petit port couvert, pour abriter les bateaux pendant la mauvaise saison.

17. Salon pour reposer les promeneurs.

18. Maison de vigneron. Elle est placée sur un coteau planté de vigne, a, a, a.

19. Phare, ou tour élevée dominant sur l'étang ; elle est placée à l'extrémité d'un bassin.

20. Temple bâti sur le penchant du côteau.

21. Bâtiment où se trouve le pressoir, les cuves, et autres ustensiles propres à faire le vin.

22. Partie d'un parc où sont renfermés des cerfs, des daims, et autres animaux destinés au plaisir de la chasse.

En donnant cette composition comme un modèle de la ferme ornée, nous ne prétendons pas parler du caractère de plusieurs de ses fabriques. Nous la citons seulement pour sa distribution générale, et comme un des jardins célèbres de l'Allemagne.

§ XVI.

LE PARC.

Comme nous l'avons dit, le parc est pour nous ce que l'on nomme vulgairement le jardin chinois et anglais, et ce que plusieurs auteurs ont nommé la forêt, la carrière, le jardin agreste, etc. Ce genre de composition exige une nature pittoresque, un terrain d'une vaste étendue, et des mouvemens de terrain. Il peut renfermer tous les genres de scènes sans exception, et affecter tous les caractères ; mais il est fort rare que son étendue et les accidens du sol se prêtent à cela, et dans ce cas il faut que l'architecte se conforme aux circonstances, et borne le nombre et le caractère de ses tableaux.

En suivant moi-même cette indication, je trouve que dans le plus grand nombre de cas, un site ne peut guère offrir qu'un de ces deux caractères, la montagne ou la plaine, et en conséquence je dois sous-diviser le parc en deux sections qui nous offriront, 1° le parc de montagne ; sans doute ce que les auteurs nomment la carrière ; 2° le parc de plaine, auquel on donne plus spécialement le nom de jardin anglais. L'architecte, s'il est assez heureux pour rencontrer un site qui lui permette, sera toujours le maître de réunir le tout dans une composition unique.

Le parc de montagne est la composition qui prête le plus aux tableaux pittoresques de tous les genres, et si l'artiste a des eaux à sa disposition, il doit en faire un jardin charmant, digne de rivaliser avec tout ce que nous avons de plus remarquable dans ce genre. C'est là que les rochers, les cascades et les torrens se trouvent naturellement motivés, c'est là que les fabriques rustiques trouvent leur place comme les fabriques d'architecture. Toutes les scènes peuvent s'y rencontrer sans inconvenance, car il n'est pas une élévation, pas une colline, pas un coteau, qui ne puisse en motiver une qui se trouvera naturellement encadrée par le mouvement du terrain. Celles que nous avons qualifiées de majestueuses, de pittoresques, de mélancoliques, de tranquilles et de riantes, de romantiques, s'y trouveront préparées par le site, et il ne restera plus à l'artiste qu'à en prononcer le caractère en suivant les indications que nous avons données à chacun de ses articles, ou mieux encore les inspirations de son génie.

Le parc d'Ermenonville, planche 13, est le modèle le plus célèbre de ce genre de composition, et le doit autant à la nature qu'au talent de l'artiste qui l'a tracé.

1. Le Château. Il est bâti sur une petite presqu'île de la rivière, et dans une situation tellement heureuse, qu'il est pour ainsi dire au milieu du village, tout en étant absolument isolé. Cette partie de la rivière est couverte de plusieurs îles charmantes, dans lesquelles on parvient par des ponts plus ou moins pittoresques.

2. Le pont du diable, ainsi nommé parce qu'il rappelle, par la hardiesse de son architecture, le singulier pont de ce nom, que l'on voit dans les montagnes de la Suisse.

3. Cascade. Elle s'échappe d'un lac charmant, bordé de prairies, de peupliers, et renfermant deux îles d'un caractère mélancolique.

4. Île renfermant le tombeau de Meyer.

5. Île renfermant le tombeau de J.-J. Rousseau.

6. Maison de J.-J. Rousseau. Elle est située dans une partie des plus pittoresques, entrecoupée de collines et de coteaux romantiques.

7. Tente du huron. On a donné ce nom à cette cabane plutôt à cause du lieu sauvage où elle se trouve placée qu'à cause de la ressemblance qu'elle peut avoir avec la demeure d'un canadien.

8. Ermitage. Il est placé au milieu d'un riant bocage, près des bords fleuris d'un ruisseau.

9. Temple de la philosophie. On l'a élevé dans un lieu assez solitaire, propre à la méditation.

10. Temple rustique, placé dans l'intérieur d'un taillis.

11. Cabane arcadienne, placée dans une position charmante, dans un bocage entre un étang et de vertes prairies; on a cherché à lui donner cette physionomie pastorale qui nous rappelle les mœurs innocentes de ces bergers d'Arcadie, si vantés par les anciens poètes.

12. Cabane de pêcheur. Elle ne peut être mieux située qu'entre les bords opposés de deux lacs poissonneux.

Nous nous bornerons à cette description dans laquelle nous montrons la place que l'on a donnée à des fabriques d'un caractère si différent, et qui cependant se trouvent constamment en convenance avec les scènes de paysage dont elles font le premier agrément.

Le parc de la Malmaison, planche 14, nous offre un heureux modèle du parti qu'on peut tirer d'un site ayant les deux caractères de la plaine et de la montagne.

1. L'entrée principale donnant sur la grande route. Toute la partie que l'on traverse pour arriver à l'habitation, ayant peu de mouvement de terrain, a été consacrée au genre symétrique, le plus majestueux et le plus convenable pour conduire au palais d'une impératrice. Elle est plantée en larges avenues formant un hippodrome pour la promenade à cheval, et un manège a.

2. Le château offre un exemple fort remarquable de ce que peut faire un architecte habile. Au moyen de quelques plantations et de très-légères constructions, il a su établir dans la façade et dans l'ensemble une régula-

gularité que l'on n'aurait pas crue possible si l'on avait vu les bâtimens isolés.

3. Bosquet dans le style français, servant à de courtes promenades et à masquer le potager.

4. Jardin potager mixte, qui l'on cultivait à la fois des fleurs pour l'ornement du salon et des légumes pour la cuisine.

5, 6. Chemin qui séparait deux parties de jardins devant à la nature un caractère différent. La partie au-dessus, naturellement boisée, offre des scènes dans le genre du parc de montagne. La partie au-dessous est ce que nous avons nommé le parc de plaine. On y voit des fabriques d'un tout autre style, motivées par les bords riants d'une rivière et par de vertes prairies.

Les jardins de la Malmaison, dans le temps où ils étaient habités par l'impératrice Joséphine, renfermaient la collection de végétaux exotiques la plus riche qui peut-être fût en Europe, surtout en arbres de pleine terre, déjà parvenus à un grand développement.

Le *parc de plaine*, ayant un site beaucoup moins varié, se trouve aussi plus borné dans le nombre et la variété des scènes. Cependant il a souvent sur l'autre l'avantage des eaux abondantes, et dans ce cas il a beaucoup de charme. S'il vise moins au pittoresque, il rivalise au moins avec l'autre par l'élégant et le gracieux. Toutes les scènes peuvent y trouver leur place, à l'exception de celle que nous avons nommée terrible, et qui convient exclusivement à la montagne. Les temples, les tombeaux, les obélisques, les fabriques rustiques et champêtres s'y trouvent également bien placés; mais il faut en être économe, car le manque de mouvement dans le terrain rend plus difficile de les motiver et de les encadrer convenablement.

Nous en donnons deux modèles, l'un pris dans les environs de Bruxelles, pl. 15; l'autre dans les environs de Paris, pl. 16.

Le premier est remarquable par l'abondance de ses eaux et ses agréables prairies.

1. Maison d'habitation. Elle se trouve à quelque distance des bâtimens où sont les écuries et les logemens des cultivateurs, ce qui lui donne l'avantage d'être entretenue facilement dans un état parfait de propreté; mais cela ne laisse pas que d'avoir aussi ses inconvéniens.

2. Les écuries, basses-cours et logemens des cultivateurs.

3. Massif d'arbrisseaux de terre de bruyères.

4. Maison du garde, bâtie sur le modèle d'une chaumière russe.

5. Rotonde servant de pavillon de repos.

6. Temple chinois, sur une petite élévation d'où l'on jouit d'un beau point de vue.

7. Salle de verdure, meublée de tables et de siéges rustiques.

8. Tente turque ou arabe.

9. Maison de pêcheur, bâtie dans le style d'une chaumière : on l'a un peu éloignée du bord de l'eau, parce que la rivière qui traverse le jardin est sujette à déborder pendant l'hiver, et quelquefois elle inonde cette petite partie de prairie qui est très-basse.

10. Cabane où sont logées des mouettes, des sarcelles de la Caroline, et autres oiseaux aquatiques.

11. Tombeau de Médor. Nous ne donnons pas le tombeau d'un chien comme exemple d'une fabrique à élever dans un jardin; mais il existe dans la charmante composition dont nous donnons le plan, et nous l'y avons laissé. Il a été élevé pour satisfaire un enfant, et les parens, en faisant cette concession, ont en même-temps fait abattre le pont qui conduisait dans l'île.

La planche 16 nous offre l'exemple d'un parc de plaine dans un site uniforme et manquant d'eau, c'est-à-dire dans la situation la plus ingrate que l'on puisse trouver, et cependant l'artiste qui l'a tracé, M. Gabriel Thouin, a su en faire une composition fort agréable. Nous nous sommes permis de faire sur le plan un changement dont nous devons avertir nos lecteurs; nous avons remplacé un châlet suisse par un théâtre dont nous avons pris le modèle dans un jardin d'Orsay.

1. Château.

2. Jardin potager. Des bâtimens et du terrain appartenant à d'autres propriétaires ont forcé à le placer obliquement, mais ce défaut est si bien sauvé par la plantation du parc, qu'on ne s'aperçoit en aucune manière de la gêne où a dû se trouver l'architecte.

3. Massif d'arbrisseaux de terre de bruyères.

4. Banc de gazon dans un berceau de verdure.

5. Pavillon renfermant une bibliothèque.

6. Berceau couvert, avec un banc de pierre, où l'on peut venir faire la lecture.

7. Ermitage, ayant un petit jardin peuplé par des collections de tulipes, de jacinthes, et autres plantes liliacées. Comme il se trouvait assez rapproché du château, on l'en a éloigné artificiellement au moyen d'un chemin qui serpente dans un épais taillis.

8. Théâtre de verdure. Nous l'avons représenté en perspective dans la planche 19, fig. 2, et nous le décrivons au chapitre des végétaux, article du berceau.

9. Pavillon composé de petites rotondes dans le genre chinois, réunies par une galerie recouverte d'une tente tartare.

10. Salle à manger, affectant la forme d'un temple grec, dédié à l'amitié.

11. Mare conservant de l'eau toute l'année; on lui a donné la forme d'un petit étang, et l'on a figuré, en c, c, un ruisseau qui l'alimenterait et dont la source serait cachée dans un un massif touffu d'arbres et d'arbrisseaux. Des iris flambes, des nénuphars, des macres et autres plantes aquatiques, y entretiendront la limpidité de l'eau, au point que des tanches et des carpes y vivent très-bien.

§ XVII.

LE BOSQUET.

Je donne ce nom à toute composition dont l'étendue ne dépasse pas un à trois arpents, plantée dans le genre que nos jardiniers appellent anglais, et quelquefois chinois, ce qui frappe plus près du but, comme nous allons l'établir par notre planche 17.)

Cette planche donne le plan d'un jardin chinois, appartenant à un mandarin. Il existe à quarante-cinq lieues de Pekin, etc, et son authenticité est parfaitement établie par Kraaft (plans, etc., partie 2, planche 95), et par M. Loudon (an encyclopedia of gardening, etc., gardening in china, fig. 57.)

1. Arc de triomphe formant la première entrée de l'habitation.

2, 2. Bâtimens servant de logement aux domestiques.

3, 3. Places occupées par deux fontaines.

4. Porte d'entrée pour les grands personnages, ne s'ouvrant sans doute que les jours de cérémonie.

5, 5, 5, 5. Vases ou caisses dans lesquels sont cultivés des arbres rares.

6, 6. Bâtimens servant de logement aux officiers du mandarin.

7, 7. Antichambres ou salons dans lesquels se tiennent les officiers en attendant les ordres de leur maître.

8, 8. Place occupée par deux fontaines.

9. Résidence du propriétaire.

10, 10. Appartemens de la femme du mandarin.

11. Arc de triomphe placé dans une île.

12. Maison de bains.

13. Pavillon bâti dans un rocher.

14. Tir d'arc.

15. Salon de verdure.

16. Maison de plaisances, sans doute un pavillon d'habitation.

17. Pont de rocher sous lequel passe la rivière.

L'étendue des bâtimens, quelque grande qu'on la suppose, comparée au jardin, prouve toujours que ce dernier est renfermé dans un espace très-borné, d'où on peut conclure qu'en Chine comme en France, les architectes de mauvais goût ont la manie d'entasser les fabriques les unes sur les autres, sans égard pour les convenances et le caractère du site.

Nous ne recommanderons pas une semblable prodigalité de richesses qui prouvent incontestablement la pauvreté de génie de celui qui les emploie.

Le bosquet, comme nous l'entendons, ne peut accompagner qu'une maison bourgeoise. Son but est de procurer de l'ombrage et une promenade agréable, quoique d'une étendue bornée. Il ne peut présenter qu'une scène unique, et cette scène doit être dans un genre peu prétentieux. Le plus grand nombre des fabriques se trouve naturellement exclu de cette composition, parce qu'on ne peut les y motiver. Il ne serait rien de plus ridicule que de rencontrer dans un clos d'un ou deux arpens, une ruine, un ermitage, un châlet, un tombeau, ou tout autre chose semblable. A peine une petite chaumière rustique peut-elle s'y montrer, et encore il faut, pour être motivée avec une apparence de convenance, que le jardin ait au moins deux ou trois arpens, et qu'elle serve de vide-bouteille.

Mais les berceaux couverts par la bignone, le chèvrefeuille ou la vigne, les salles de verdure, et les vide-bouteilles, sont là dans toutes leurs convenances.

La promenade étant fort courte et nullement variée sous le rapport du site, il faut la rendre agréable par la rareté et la beauté des végétaux qui la dessinent. Vous rassemblerez donc, dans cette petite composition, tout ce que la végétation a de plus brillant, de plus capable d'arrêter un moment l'attention du promeneur. Les bords des massifs seront occupés par des roses, des pivoines en arbres, des rosages, des jasmins, des groseillers dorés, et autres arbrisseaux à fleurs ou feuillages remarquables. Plus loin vous planterez le tulipier, le ginkgo, le triacanthos, le julibrizin, le magnolier à grandes fleurs, etc., etc. Qu'aucun arbre indigène ne vienne montrer sa physionomie connue, à travers le feuillage étranger des végétaux de l'Amérique, du Japon, de la Chine et du Népaul, à moins que ce ne soit un arbre fruitier se trouvant là comme par hasard pour montrer le rouge éclatant de la cerise, le jaune doré de la poire et de la pomme, ou le rose velouté de la pêche.

Vous pouvez faire grimper une vigne autour d'un arbre à feuillage léger et donnant peu d'ombrage. Les groseillers peuvent se mêler aux rosiers sur le devant des massifs, et la fraise parfumée peut en tapisser les bords avec la violette et la pervenche.

Les allées ne doivent pas être trop tourmentées ; car rien ne peut motiver leur sinuosité, sur un terrain plat, que l'approche d'un berceau ou de tout autre petit tableau. Elles doivent être bien sablées et entretenues dans une propreté minutieuse. Les bordures eu buis nain seront régulièrement soumises à la toute, car elles doivent former des lignes très-nettes.

La planche 18 offre le plan d'un jardin n'ayant pas plus d'un arpent d'étendue, et renfermant néanmoins toutes les conditions du bosquet, il a été levé à Wissous, près Paris, où il accompagne la modeste maison d'un homme de lettres.

1. Cour séparée du jardin par une grille.
2. Maison.
3. Ecuries, remises, etc.
4. Petite promenade plantée en peupliers et en tilleuls.
5. Parterre consacré à la culture de plantes liliacées, tulipes, jacinthes, etc.
6. Serre chaude. On a indiqué la partie couverte de panneaux et s'avançant sur le parterre.
7. Salon donnant sur le jardin et ayant une autre entrée par les appartemens.
8. Gazon dessiné devant le salon pour donner de l'air et de la vue.
9. Cabinet de verdure avec table de pierre.
10. Autre cabinet de verdure avec table de pierre. Celui-ci est en treillage et couvert en bignone ou jasmin de Virginie.
11. Puits masqué par un massif d'arbrisseaux au milieu duquel il se trouve.
12. Divers berceaux de verdure, formés par des arbres et arbrisseaux exotiques, avec quelques noisetiers.
13. Berceau en vigne.
14. Grand salon de verdure.
15. Gradin pour oreilles d'ours, œillets et autres fleurs. Il est à l'exposition du nord et ombragé par une tente, afin de conserver plus long-temps la floraison des plantes que l'on y dépose.

16. Ruchier composé de trois compartimens : deux sur les côtés, où l'on place les ruches; un au milieu, qui reste libre et par lequel on peut voir ce qui se passe dans les autres, au moyen de deux petits regards vitrés.
17. Massif de plantes aromatiques et autres, dont les abeilles recherchent les fleurs.
18. Jardin potager de printemps et d'automne, à l'exposition du midi. Il est masqué de manière à n'être pas aperçu.
19. Jardin potager d'été, à l'exposition du nord, masqué comme le précédent.

On voit qu'on a cherché, dans cette petite plantation, à réunir l'utile à l'agréable, (ce que nous ne prétendons pas donner comme une règle à suivre dans tous les cas), et à mettre le jardin en harmonie non-seulement avec la modestie de l'habitation, mais encore avec les goûts et la fortune du propriétaire, convenances qui sont de première considération.

§ XVIII.

POTAGER PITTORESQUE.

Ce jardin, le plus commun dans les environs de Paris pour accompagner les maisons bourgeoises, est assez ordinairement le produit du caprice et du mauvais goût. Nous n'indiquerons aucune règle pour tracer une composition qui n'en a point, et nous nous en tiendrons à ce que nous en avons dit page 111; il en sera de même pour le paysager-verger.

CHAPITRE VI.

DE LA PERSPECTIVE ARTIFICIELLE.

Après avoir enseigné les règles que l'on doit mettre en pratique pour la composition des divers genres de jardins, nous devons parler des principes de perspective qu'il est indispensable de connaître, parce qu'ils s'appliquent à toutes les compositions.

Ici l'architecte de jardin devient peintre de paysage, et emploie les mêmes moyens, les mêmes artifices pour tromper l'œil du spectateur et lui dérober les distances. Tantôt il fera paraître un point de vue beaucoup plus éloigné qu'il ne l'est en effet ; tantôt il fera paraître un objet plus près qu'il ne l'est réellement, et tout cela en employant de certains procédés formant l'art de la perspective.

Mais l'architecte des jardins, beaucoup plus borné que le peintre dans l'application qu'il fait de cet art, n'a besoin d'en connaître que quelques règles fort simples, d'un emploi facile. Nous allons enseigner les principes d'optique sur lesquels elles sont établies.

1°. Un objet varie de grandeur apparente en raison du plus ou moins de distance où il se trouve de nos yeux. Plus il est près, plus il nous paraît grand ; plus il est éloigné, plus il nous paraît petit ; et enfin, à une grande distance, il finit par disparaître tout-à-fait.

2°. En raison du même phénomène, les formes d'un corps se dessinent à nos yeux avec d'autant plus de dureté que le corps est plus près de nous ;

mais à mesure que nous nous en éloignons, elles deviennent moins angu-leuses, moins prononcées ; elles s'arrondissent, se fondent dans la masse et finissent par disparaître entièrement, plus ou moins long-temps avant le corps lui-même, selon que leur grandeur comparative avec lui était plus ou moins considérable.

3°. Les couleurs varient aussi en raison des distances : d'abord parce que les teintes se fondant les unes dans les autres, donnent un ton grisâtre, et ensuite parce que la couleur bleue de l'air interposé entre l'objet et notre œil, devient d'autant plus intense que la masse d'air interposée a plus d'épaisseur. Il en résulte que plus un corps est rapproché de nos yeux, plus il nous pa-raît vivement coloré ; à mesure qu'il s'éloigne, il pâlit en passant au gri-sâtre, puis il se teint du bleu de l'air lorsqu'il est à une certaine distance ; et alors, en supposant que le vert soit sa couleur réelle, il paraît d'un gris verdâtre plus ou moins lavé de bleu. Enfin, quand il est à une distance très-grande, il devient entièrement d'un bleu pâle, et finit par se fondre avec l'azur de l'horizon. C'est un effet qu'il est très-facile d'étudier dans tous ses degrés sur le bord de la mer.

4°. On nomme plans, en peinture, les lignes horizontales supposées placées les unes derrière les autres, depuis le bas du tableau, en remon-tant jusqu'à la perspective la plus reculée. On ne compte pas les plans en raison d'une hauteur déterminée accordée à chaque ligne, mais en raison des objets principaux dessinés sur chacun. Faisons-nous comprendre par un exemple.

Prenons la planche 21, et supposons deux lignes tirées horizontalement, une le long du cadre, d'a, en b, l'autre de 1 en 1, passant au pied des premiers peupliers des deux avenues, et le long de la pièce d'eau, contre les piédestaux où sont les vases. Le terrain compris entre ces deux lignes sera le premier plan.

Tirons une seconde ligne de 2 en 2, passant au pied du second arbre de chaque rang de peupliers, et le terrain compris entre cette ligne et la ligne 1, 1, sera le second plan. Une autre ligne passant au pied du troisième peuplier de chaque rang, de 3 en 3, formera le troisième plan, et ainsi de suite, jusqu'aux montagnes qui se dessinent sur l'horizon et constituent le dernier plan.

A mesure que le terrain s'éloigne de notre œil, il semble s'élever, et les plans se rétrécissent. Pour les voûtes, le phénomène est le même, mais en sens inverse, et plus elles s'éloignent, plus elles s'abaissent.

Lorsque deux lignes parallèles s'éloignent de notre œil, elles paraissent se rapprocher, comme on le voit dans le bassin de notre planche, qui paraît beaucoup plus étroit vers la fontaine qui le termine, que sur son premier plan où sont placés les vases.

Tels sont les principes de perspective qu'il est indispensable à un architecte de jardins de connaître, parce qu'il trouvera souvent l'occasion d'en faire une heureuse application, et nous allons en prévoir ici quelques-unes, afin de faire parfaitement comprendre dans quel cas cette théorie peut être utile à la pratique.

Nous allons supposer que, pour créer un point de vue intéressant, on ait à planter une avenue semblable à celle de la planche 21, et que l'on voudra faire paraître beaucoup plus longue qu'elle le sera en effet.

Il faudra d'abord en tracer sur le terrain la perspective linéaire, selon les principes posés plus haut. On tracera d'abord sur le premier plan la largeur de la pièce d'eau aa, et des deux avenues de peupliers bb; puis les lignes sur lesquelles seront plantées les rangs d'arbres, et selon lesquelles le bassin sera creusé. Ces lignes devraient être parallèles, si on faisait une plantation ordinaire; mais, pour produire une perspective artificielle, on les rapprochera les unes des autres, à mesure qu'on s'éloignera du premier plan, de manière à ce que les avenues et le bassin aient réellement moins de largeur sur leur dernier plan que sur le premier.

Mais ici se trouve une pierre d'achoppement qu'il faut savoir éviter. C'est de ne pas rétrécir trop brusquement les avenues, car si l'on s'apercevait de l'artifice, la magie en serait détruite; et cependant il faut les rétrécir assez pour que l'effet en soit très sensible. On pourrait réduire ces dimensions à une règle positive; mais comme les calculs en seraient longs et assez difficiles, ce qui certainement les ferait négliger par les jardiniers, nous nous bornerons à indiquer une autre méthode. Elle consiste à planter des jalons à chaque place qui doit être occupée par un arbre, et cela suffira pour juger suffisamment.

Une fois les lignes tracées, il s'agira de marquer la place des arbres. Nous avons dit qu'à mesure que les plans s'éloignent, ils se rétrécissent progressivement, comme on le voit entre les lignes 1, 2, — 2, 3, — 3, 4. Il faudra donc, sur chaque rang, planter le 1er et le second arbre à une distance plus grande que le 2e et le 3e; le 3e et le 4e plus près; le 4e et 5e encore davantage, etc., jusqu'au bout de l'avenue.

Par exemple, si l'on a espacé de 20 pieds l'arbre b, de l'arbre c, de l'arbre c, l'arbre d ne le sera que de 19 pieds 6 pouces, l'arbre e, de 19 pieds, l'arbre f, de 18 pieds 6 pouces, etc., etc. On pourra peut-être les rapprocher progressivement un peu plus, si l'avenue n'a qu'une certaine longueur : c'est ce que l'expérience des jalons apprendra.

Tels sont les artifices de perspective linéaire, mais, pour qu'ils produisent l'effet désiré, il faut les mettre en harmonie avec des artifices de perspective aérienne, car ils ne produisent rien s'ils ne se prêtent mutuellement secours.

Nous avons dit que les formes étaient plus dures et les couleurs plus vives sur le premier plan. Il faudra pour produire cet effet, choisir dans les espèces de peupliers, celle qui aura les feuilles les plus foncées, les plus grandes, et dont le port sera le plus élevé, pour les planter sur le premier plan, b, b, b, b; pour le second plan c, on choisira des arbres moins élevés, à feuilles moins larges et moins foncées; pour le troisième plan e, de même, et ainsi de suite, en dégradant progressivement la hauteur des arbres, la largeur et la couleur de leurs feuilles. Les plus éloignés seront choisis dans les espèces dont le feuillage très-léger est d'un vert tirant sur le bleuâtre.

Dans cette plantation, on aura plus d'égards à l'ampleur et à la couleur du feuillage qu'à la grandeur des arbres, parce qu'au moyen d'une toute autre échelle on aura toujours le moyen de tenir chacun d'eux à la hauteur désirable. L'essentiel est que l'architecte ait des connaissances positives en dendrologie, afin qu'il puisse faire son choix avec discernement et en parfaite connaissance de cause.

Pour obtenir l'effet désiré, il ne faut pas que la vue puisse trouver à droite et à gauche des objets de comparaison capables de lui faire apprécier la distance réelle. On plantera donc de chaque côté des massifs 5, 5, dans les mêmes principes, c'est-à-dire avec des espèces élevées, ayant un feuillage étoffé et d'un vert dur sur les premiers plans, se dégradant de grandeur et de couleur à mesure qu'ils s'éloigneront, et devenant des arbrisseaux à feuilles légères et glauques sur les derniers plans. Si l'on veut rendre l'illusion complète, on ornera l'avenue de vases semblables, de statues ou de toute autre décoration se dégradant de grandeur graduellement selon la même règle.

Dans une prairie unie, découverte, où la vue ne se jalonne sur aucun objet, pas même un buisson, il est inutile de faire la plantation 5, 5, sur les côtés de l'avenue; mais ce qui est de rigueur, c'est que l'horizon se termine par un véritable lointain, des montagnes, par exemple, ou une plaine fort étendue et uniforme, qui ne laisse aucun moyen de découvrir l'artifice.

Nous avons dit que la voûte se dégradait à l'œil dans les mêmes principes, d'où il résulte que si l'on avait à faire une allée couverte et qu'on voulût la faire paraître plus longue qu'elle serait en effet, on abaisserait la voûte dans les mêmes proportions que l'on rapprocherait l'une de l'autre les lignes de côté, en détruisant leur parallélisme. On agirait de même pour la perspective aérienne, c'est-à-dire relativement à la couleur du feuillage.

Les mêmes principes de perspective artificielle peuvent trouver plusieurs autres applications, toutes les fois que le cadre du tableau n'en détruira pas l'effet, c'est-à-dire que les objets d'alentour ne révèleront pas l'artifice. Par exemple, si l'on veut faire paraître un gazon plus vaste qu'il n'est, on sème sur les premiers plans des graminées hautes et d'un vert très-prononcé, par exemple l'ivraie vivace ou ray-gras et la fétuque des prés. Sur les seconds plans, ou sèmerait des espèces d'un feuillage léger et d'un vert tendre, comme la fétuque ovine et la fétuque coquiole, et et enfin sur les derniers plans, des graminées basses et glauques, telles que la fétuque glauque. Pour rendre l'effet plus sensible, on entremêlerait quelques fleurs à travers le gazon; celles des premiers plans seraient hautes, à corolles rouges ou jaunes; celles des autres plans moins élevées, à corolles moins larges, et moins apparentes, et enfin celles des derniers plans seraient rampantes, à petites corolles bleuâtres. Il ne faut pas craindre d'être minutieux dans le choix que l'on fait des végétaux destinés à produire ces effets d'optique, car il en est de ceci comme d'un tableau, le moindre coup de pinceau peut détruire un effet ou le rendre énergique.

Il faut avoir soin de fondre parfaitement les espèces les unes avec les autres, en faisant le semis de manière à ne laisser apercevoir, dans la pièce de gazon, aucune zône désagréable.

Vallée simulée.

On parvient encore à tromper l'œil du promeneur au moyen de certains artifices d'optique qui doivent trouver place ici. Le plus généralement employé est la vallée simulée. Nous allons laisser parler l'habile dessinateur des jardins de Bruneault, M. le vicomte de Viard. « On peut fortifier en apparence, dit-il, l'élévation des collines, en plantant dans le bas, des arbres peu élevés, et en plaçant de plus grands à mesure que le terrain monte, et en couvrant le sommet des espèces les plus grandes. Il en est de même pour le vallon simulé. Dans un site absolument plat, on environne de bois, de chaque côté, une portion de terrain. Les arbres les plus grands sont plantés sur les bords, ceux de moyenne grandeur viennent ensuite, les petites espèces après, et enfin le centre de la vallée figurée ne sera couvert que d'arbrisseaux. Par le moyen de cette colline et de cette vallée simulée, par leurs combinaisons variées avec goût, l'artiste pourra, sur un terrain peu tourmenté, produire des effets pittoresques analogues à ceux d'un site montagneux.... Il faudra, pour que l'illusion se soutienne, faire un choix étudié des arbres, afin que leurs branches et leur feuillage se mêlent bien de forme et de couleur, et qu'on ne puisse pas, au premier coup-d'œil, reconnaître trop facilement la différence de leurs espèces, et par-conséquent leurs dimensions très-épaisses. »

Il n'est pas une composition où ces principes, si habilement posés par M. de Viard, ne puissent trouver une heureuse application. On aura le soin de faire ces plantations fort épaisses et surtout très-touffues dans le bas, près de terre, afin que l'œil ne puisse découvrir à la fois le sol et l'artifice.

Perspective et tracé des allées.

Ce court paragraphe contient les règles peut-être les plus essentielles à connaître pour faire une composition agréable, mais leur application n'en est

rien moins qu'aisée. C'est par la distribution des allées que l'on peut juger au premier coup-d'œil du bon goût et du mérite de l'architecte de jardin.

Considérées sous le rapport de la perspective artificielle, les allées demandent à être étudiées avec soin, parce qu'elles servent souvent à lier à la composition une scène extérieure qui lui est étrangère. Par exemple, dans la planche 2, l'avenue *n*, étrangère à la composition, paraît cependant lui appartenir, parce qu'elle semble un prolongement de l'avenue *f*, qui a été tracée dans cette intention. Quelquefois on ne peut établir une communication aussi directe; dans ce cas, au moyen d'une allée flexueuse qui va se perdre dans le feuillage sur les limites de la composition, on peut encore y rattacher un point de vue étranger, parce que cette allée se trouve uniquement motivée par ce point de vue et paraît y conduire. Supposons, par exemple, que la fabrique placée dans le lointain de notre jardin exotique, planche 1re, ne lui appartienne pas; l'allée flexueuse qui ne paraît avoir aucun autre but, il y rattache tellement, que le promeneur ne pourra en douter. Mais s'il prend et suit cette route, il sera détourné peu à peu du but où il tendait, et la rencontre fortuite d'un objet intéressant lui fera bientôt oublier le monument qu'il cherchait. C'est ainsi qu'un architecte habile doit à son gré fixer l'attention du promeneur sur un point, et la détourner sur un autre, selon les circonstances prévues.

Une allée doit toujours être motivée dans sa direction et ses inflexions, voici un principe établi sur les règles du bon sens et dont on ne peut s'écarter sans ridicule. La ligne droite est la plus courte pour conduire d'un but à un autre : l'instinct le plus grossier, dans les hommes et les animaux, suffit pour faire suivre et comprendre cette loi géométrique. Placez un homme au milieu d'une plaine unie, et montrez-lui un point à atteindre; sans réflexion, sans calculs, il s'y rendra par le chemin le plus court, la ligne droite. Si dans cette plaine vous placez des allées courbes, sinueuses, vous avez péché contre les règles du simple bon sens. Mais si cet homme rencontre dans sa marche des obstacles qu'il ne peut franchir, un buisson, un massif de bois, un ravin, un fossé, une haie, etc., il tourne cet obstacle et arrive à son but, après avoir parcouru une ligne d'autant plus courbe, d'autant plus sinueuse, qu'il aura rencontré des obstacles plus grands et en plus grand nombre.

Si vous placez le même homme dans un site montagneux, pour arriver à son but, il franchira les collines faute de pouvoir les tourner, mais il cherchera les moyens de faciliter son passage. Il tournera les mamelons en suivant le cours des vallées; quand il faudra nécessairement gravir une hauteur, il le fera en ligne oblique, pour en adoucir la pente. Si le coteau est extrêmement escarpé, il louvoiera et tracera une ligne en lacet, etc., etc.

Tels sont les principes sur lesquels il faut se régler pour tracer les sinuosités d'une allée. Les inflexions, pour avoir de la grâce, ne doivent jamais être trop brusques. Si vous ne pouvez les motiver par des mouvemens de terrain, vous le ferez par d'autres accidens que vous avez la possibilité de créer à volonté. Ici la route déviera de la ligne droite par la seule raison que le promeneur sera attiré sur un des côtés de cette ligne, pour visiter un objet intéressant quoique accessoire, un berceau, une chaumière, etc. plus loin, une nouvelle inflexion deviendra nécessaire pour lui faire trouver

le pont jeté sur la rivière qu'il ne peut franchir; ailleurs ce sera un étang ou un marais qu'il faudra cotoyer, etc., etc.

N'ouvrez jamais trop brusquement les enfourchures des routes, car toujours, en raison de cet instinct qui nous fait suivre la ligne droite, nous quitterons la route aussitôt que nous la verrons se détourner de notre but, et nous n'attendrons jamais pour cela que nous soyons obligés de la couper à angle droit.

La largeur de vos allées, comparativement entre elles, ne sera pas non plus la même. Il y aura de larges chemins qui conduiront aux fabriques les plus importantes, ce seront les allées principales, et elles devront être les moins sinueuses; les routes secondaires et tertiaires conduiront à des objets moins importans; elles seront plus flexueuses. Enfin, les simples sentiers menant à des bancs de gazon, des cabinets de verdure, etc., serpenteront avec grâce à travers les taillis, les massifs et les clairières.

Donnez-vous bien de garde, si vous voulez paraître naturel, de tracer vos allées avec deux lignes parallèles; au contraire, élargissez vos chemins dans la plaine, les clairières et autres endroits faciles; rétrécissez-les dans les montés escarpés, entre les rochers, dans les endroits rocailleux et d'un difficile accès. La nature vous en montre partout des exemples.

CHAPITRE VII.

DES VÉGÉTAUX.

Tous les matériaux qui sont à la disposition de l'architecte des jardins, pour orner et utiliser ses compositions, sont 1° les végétaux, 2° les eaux, 3° les rochers, et encore il n'y a que très-peu de cas où il puisse se permettre d'en employer de factices; 4° les fabriques. La nature emploie encore pour orner le paysage, les climats, les saisons, les effets de lumière et les sites, toutes choses que l'homme ne peut atteindre, mais dont il peut néanmoins tirer un immense parti en arrangeant ses matériaux de manière à faire valoir ceux de la nature, ou de manière à ce que ceux de la nature fassent valoir les siens.

Sans végétaux il n'y a point de jardins, point de nature; avec des végétaux on peut à la rigueur se passer des autres matériaux à la portée des hommes. Les végétaux étant donc les élémens indispensables, c'est par eux que nous devons commencer.

Les végétaux se divisent en : 1° *arbres*. Ceux-ci se subdivisent en arbres de première, seconde et troisième grandeur. Pour être mieux compris dans la suite de cet ouvrage, il est nécessaire de préciser mieux ces divisions.

Tout végétal ligneux, non grimpant ni sarmenteux, mais à tronc plus ou moins gros et vertical, dépassant plus de quinze pieds de hauteur, est un arbre. Beaucoup d'autres végétaux ligneux, atteignant quelquefois plus de quatre-vingt pieds de longueur, mais dont la tige grêle, sarmenteuse comme la vigne, volubile comme le chèvrefeuille, radicante comme le lierre, ou

grimpante comme la clématite, ne peut se soutenir seule et sans appuis, sont classés par l'usage parmi les arbrisseaux.

L'arbre est de troisième grandeur quand il n'atteint que de quinze à trente pieds; de seconde grandeur quand il atteint de trente à cinquante pieds, et de première grandeur quand il atteint de cinquante à cent pieds et au-delà.

2°. *Arbrisseau*. On donne ce nom à tout végétal ligneux, non grimpant, ayant de quatre à quinze pieds d'élévation; et à tous ceux qui sont grimpans, quelle que soit la longueur de leurs tiges.

3°. *Arbustes*. Végétaux ligneux, s'élevant depuis trois pouces de terre, comme le rosier de Laurence, jusqu'à quatre pieds.

4°. *Plante sous-frutescente*. Quand les tiges sont herbacées au sommet et ligneuses à la base, et qu'elles durent deux ou plusieurs années, mais moins que celles d'un arbuste ou d'un arbrisseau. Par exemple les chrysanthèmes des Indes.

5°. *Plantes herbacées*. Celles dont les tiges sont constamment herbacées dans toutes leurs parties, et périssent après un an ou deux, rarement davantage, surtout dans nos climats.

Les plantes herbacées se subdivisent en *annuelles*, quand elles germent, fructifient et meurent dans l'espace d'un an. *Bisannuelles*, quand elles germent, fructifient et meurent dans l'espace de deux ou trois ans. *Vivaces*, quand elles se conservent et fructifient plusieurs fois, pendant un plus ou moins grand nombre d'années.

Les plantes vivaces le sont par leurs racines, quand leurs tiges meurent chaque année et que leurs racines se conservent ; dans ce cas on les dit *fibreuses* si leurs racines sont fibreuses ; *tuberculeuses*, si leurs racines sont composées en grande partie de tubercules tels que ceux des dahlia et de la pomme de terre. Elles sont appelées *bulbeuses*, lorsque les tiges et les racines meurent, et que la plante ne se conserve que par un gemme ou bouton écailleux très-développé, vulgairement appelé ognon ; la jacinthe par exemple. Enfin une plante herbacée peut être vivace par sa tige, ses feuilles et sa racine, comme l'oreille d'ours, par exemple, et la plupart des plantes grasses.

L'artiste a plusieurs manières pour disposer la plantation des végétaux, et ses manières se qualifient ainsi.

I. Végétaux ligneux. 1° Le *quinconce*, l'*échiquier*, l'*avenue* l'*allée couverte*, le *berceau*, la *palissade*, le *rideau*, la *haie*, le *labyrinthe* ; 2° la *forêt*, le *bois*, le *bocage*, le *bosquet*, le *groupe*, le *massif*, le *buisson*, l'*arbre isolé*, l'*arbrisseau* ou l'*arbuste isolé*.

II. Végétaux herbacés. 1° La *prairie*, la *pelouse*, le *gazon*, le *tapis* ; 2° la *plate-bande*, la *planche*, la *corbeille*, le *massif*, la *contre-bordure*, la *bordure* ; 3° le *parterre*.

Le quinconce.

Il consiste en une plantation d'arbres de première grandeur, le plus ordinairement de tilleuls, de marronniers, de robiniers, espacés en losanges réguliers, et destinée à fournir une promenade ombragée.

Les auteurs modernes se déchaînent contre la symétrie des quinconces et les proscrivent sans autre forme de procès, ainsi que toutes les grandes plantations régulières, de leurs compositions qu'ils veulent toujours pittoresques. Mais le majestueux, la noblesse d'un jardin de palais, d'une promenade publique telle que les Champs-Élisés, à aussi son pittoresque, quoiqu'ils en disent, et pour des compositions semblables, il n'y a pas à balancer entre le symétrique et le paysager, sous peine de ridicule si l'on avait assez peu de goût pour choisir ce dernier.

Le quinconce demande à être entretenu avec beaucoup de soins. Il faut chaque année nettoyer les arbres des bois morts, des branches chancreuses ou diffuses, enfin balayer les feuilles mortes, et ràiser les herbes qui peuvent être dessous. Le màronnier d'Inde est un arbre magnifique, mais il a le défaut de laisser tomber à l'automne ses fruits et leurs enveloppes, de manière à salir beaucoup les allées.

L'échiquier.

Il ne diffère du quinconce que par la plantation qui est en échiquier et non en losanges. Du reste, il est propre aux mêmes genres de composition que le quinconce, exige le même entretien, et peut-être à moins de grâces.

L'avenue.

Comme les précédens, elle appartient aux compositions auxquelles on veut donner de la majesté et du grandiose. Rien ne peut la remplacer pour dessiner la perspective d'une façade de château ou du palais, et c'est en vain que le nieraient les amateurs exclusifs des jardins chinois et anglais, jardins dans lesquels on trouve, par parenthèse, des quinconces et des avenues, en Angleterre et à la Chine.

L'avenue est d'une grande ressource pour border une route, un canal (pl. 21), et surtout pour alonger artificiellement une perspective et faire paraître une composition plus grande qu'elle ne l'est réellement, comme nous l'avons dit à l'article *perspective artificielle*.

Toute sa beauté consiste dans sa largeur, sa longueur, et la grosseur des arbres dont elle est plantée : aussi, par cette dernière raison, il faut l'attendre pendant de longues années avant de jouir entièrement de son effet. Cependant cette considération, qui doit retenir la hache quand on en possède une toute formée, ne doit pas empêcher d'en planter de jeunes, car si on se sert de beaux sujets, déjà parvenus à une certaine grosseur, elles ne laisseront pas de jeter beaucoup d'agrément dans une composition, au bout de quelques années. Les avenues de peupliers sont celles qui se font le moins attendre, et peuvent produire beaucoup d'effet même pour conduire à l'entrée d'un château ou d'une élégante maison bourgeoise, comme on en voit beaucoup d'exemples dans les environs de Lyon et dans le département de l'Ain.

De toutes les avenues que j'ai vues, celle qui m'a le plus frappé d'admiration existe au château de Vougy, entre Roanne et Charlieux, sur les bords de la Loire. Elle peut avoir un demi-quart de lieue de longueur et se compose entièrement de chênes dont le moins haut passe quatre-vingts pieds, et dont le tronc du plus petit a au moins neuf pieds de tour à cinq pieds de terre.

L'avenue exige les mêmes soins de propreté que le quinconce : de plus on soumet ordinairement à la tonte les arbres qui la composent. Par exemple, si elle a quatre rangs d'arbres, ce qui est le plus ordinaire, les deux de chaque côté se taillent en voûte sur le trottoir, en mur perpendiculaire sur le côté extérieur, et en demi-voûte très-élevée de chaque côté de l'allée principale.

Il faut avoir grand soin, lors de la taille du printemps, d'abattre les branches et les brindilles mal placées, et surtout les chicots qui se forment à la longue par l'effet des tontes d'été.

Quand les arbres d'une avenue ou d'un quinconce ont atteint un âge très-avancé, ils sont ordinairement sujets à des chancres qui creusent leur tronc d'une manière fort dangereuse, parce que les eaux de pluies s'y ramassent, y croupissent et augmentent sans cesse le mal en portant la pourriture dans tout le corps de l'arbre. Pour arrêter les progrès de ces funestes maladies, il est un moyen facile et infaillible. Il ne s'agit que de boucher les petits trous avec du ciment à chaux et à plâtre, et de murer ceux qui sont très-grands.

L'allée couverte.

Elle a beaucoup d'analogie avec l'avenue, mais elle est moins large ; les arbres n'ont pas besoin d'atteindre d'aussi grandes proportions, et elle ne se compose ordinairement que de deux rangs.

Comme l'allée couverte appartient à des compositions d'un style moins majestueux et moins grand, sa longueur est toujours moins considérable que l'avenue, et comme rarement elle sert de ligne visuelle pour une perspective, elle n'a pas besoin d'être tracée en ligne droite.

Son principal charme consiste dans l'épaisseur de l'ombrage qu'elle procure ; aussi faut-il que son feuillage soit assez touffu pour ne laisser pénétrer aucun rayon de soleil. Quelquefois sa verdure commence ras-terre ; d'autres fois les arbres qui la forment, toujours plantés fort près les uns des autres, sont élevés à âge jusqu'à la hauteur de cinq ou six pieds, puis taillés en palissade droite jusqu'à six pieds plus haut, et ensuite se recourbent en voûte régulière et épaisse.

Quelques allées couvertes forment avenues ; alors elles en ont toute la largeur, et leur voûte peut être élevée de quarante à cinquante pieds. Rien n'est aussi beau que la magnifique allée de ce genre, qui existe à Wissous, dans le parc de M. Lesage. Sa voûte, impénétrable aux rayons du soleil, est élevée de soixante pieds au moins. On conçoit que pour obtenir ce ma-jestueux effet, il faut des arbres de première grandeur.

L'allée couverte demande le même entretien que l'avenue, les mêmes soins de propreté, et au moins deux toutes régulières par année. Elle s'allie fort bien à de certaines compositions de paysage, et convient parfaitement à tous les jardins symétriques, surtout à ceux qui ont peu ou point de pers-pective, car elle peut, sans manquer aux convenances, aboutir à un vide-bouteilles ou tout autre fabrique sans architecture, masquant la limite du jardin.

Le berceau.

Sous ce titre nous comprenons toutes les compositions en verdure, telles que reposoir, salle de danse, salle à manger, cabinet, théâtre, etc., (planche 19).

Le *berceau* proprement dit est une courte allée couverte, composée d'ar-bres de troisième grandeur, taillés depuis la terre en palissade épaisse, et s'arrondissant en-dessus en une voûte de verdure impénétrable aux rayons du soleil. C'est la miniature d'une allée couverte, que l'on plante quelque-fois en arbrisseaux grimpans, tels que chèvrefeuille, clématite odorante, brione radicante, etc., et que, dans ce cas, on soutient avec une légère charpente en lattes ou en fer. Le berceau est propre aux petites et aux grandes compositions, régulières ou pittoresques.

La *tonnelle* diffère du berceau en ce qu'elle est constamment soutenue par une charpente en lattes quelquefois artistement entrelacées, ou en ba-guettes et même en mailles de fer, et qu'elle affecte une forme circulaire recouverte par un petit dôme. Presque toujours elle est plantée en arbris-seaux grimpans.

Le *reposoir* est composé d'arbres à fleurs tels que lilas, cytises, merisiers à grappes, et autres dont les fleurs sont peu ou point apparentes, mais dont le feuillage touffu est d'un vert gai. Le dedans en est élagué proprement, et l'on y trouve des bancs commodes pour s'asseoir, une statue ou un buste. (pl. 19 fig. 1.)

La *salle de danse* consiste le plus souvent en un cercle d'arbres se tou-chant par leur feuillage, formant une rotonde taillée proprement en porti-ques, et couverte en tout ou en partie par une voûte ou une demi-voûte de verdure. Le terrain en est durci à la batte et recouvert d'une très-légère couche de sable, on y trouve un orchestre élevé pour les musiciens, et quelques bancs et sièges rustiques qu'on y porte quand on doit y danser. (pl. 19 fig. 4.)

La *salle à manger* ne diffère quelquefois en rien de la salle de danse (pl. 19 fig. 3). Mais cependant elle est le plus souvent entourée d'épaisses palis-sades de verdure, qui dérobent de joyeux convives aux regards de l'indiscrète curiosité (pl. 19 fig. 6). Si elle est plantée en arbres qui attirent les che-nilles ou autres insectes, on élève quelquefois au milieu de la table, un parasol en chaume qui abrite le couvert et les mets, des insectes qui pour-raient y tomber.

Le *cabinet de verdure* ne diffère de cette salle à manger que par ses di-mensions beaucoup plus petites. On y trouve quelquefois un banc de gazon ou de bois. Rarement une petite table de marbre.

Le *théâtre* est une des plus aimables compositions de ce genre (pl. 19 fig. 2). Nous en trouvons un plan dans la pl. 16, a.

Il est placé au milieu d'un massif de verdure qui en masque parfaitement le fond et les côtés. a est une place circulaire, formant l'orchestre, où l'on place des sièges rustiques pour les musiciens, parce qu'il faut qu'ils puissent les transporter et les changer de place pour la commodité de leurs divers instrumens. Autour de l'orchestre est un banc circulaire en bois (et non en pierre), représentant les premières loges; derrière est un gazon en pente douce, au-dessus duquel est un second banc circulaire pour le public choisi que le propriétaire veut bien admettre. La scène D est élevée de trois pieds, en terre, battue et sablée, les coulisses sont formées de palissades de charmes, d'ormes, de thuya ou d'ifs, élagués avec beaucoup de précision et soumis à une tonte régulière. Au moyen d'un sentier pratiqué autour des coulisses, les acteurs tournent aisément autour de la scène et peuvent faire leur entrée par où ils veulent. Derrière la palissade représentant la toile du fond est une petite fabrique dont l'intérieur divisé en trois petites pièces, offre un foyer ou chauffoir élégant, de chaque côté duquel une porte donne entrée à une chambre, pour les hommes à droite, pour les femmes à gauche, où l'on s'habiller les acteurs.

Le théâtre, tel que nous le représentons en élévation (pl. 19 fig. 2), est une des plus agréables fabriques que l'on puisse composer avec le seul secours des végétaux; il convient à tous les genres de compositions, pourvu qu'on le rattache à une habitation annonçant l'opulence.

Il n'est pas seulement utile aux amateurs de l'art des Talma et des Mars, mais encore aux jardiniers pour placer sous son ombre protectrice de charmans gradins de délicates plantes de terre de bruyères.

Nous rapporterons encore au berceau un singulier genre de fabrique, dont les modèles sont assez rares. Il consiste en une petite salle à manger, placée sur un arbre (pl. 19 fig. 5), et où l'on ne peut arriver qu'au moyen d'une échelle. Il y a quelques années que l'on en voyait un curieux exemple à la porte d'une guinguette de Montmartre. Dans le parc de Mont-Jean, il en existe aussi un fort joli modèle. Les sabotiers des forêts du Charolais font mieux; ils se construisent sur un arbre une maison assez grande pour loger une famille entière, ils y montent au moyen d'une échelle tournante composée de chevilles implantées dans le tronc de l'arbre, et ils entrent dans leur pittoresque cabane par une trappe consistant en une claie de feuillage.

On peut encore modifier de mille manières le berceau de verdure, en raison du caractère des scènes et du bon goût de l'architecte.

La palissade.

Je ne saurais mieux faire comprendre ce genre de fabrique, qu'en disant qu'il consiste en un mur de verdure. Le théâtre de la pl. 19 fig. 2, nous en offre des modèles dans ses coulisses.

La palissade était autrefois très à la mode, et on lui donnait vulgairement le nom de *charmille*, parce qu'elle était plantée en charmes, on faisait cependant quelquefois des palissades en ifs, mais rarement. On s'en servait pour des promenades ombragées, des labyrinthes et autres compositions dans le genre symétrique. On en plantait aussi le long des murs de clôture pour les masquer. Avec des charmilles on faisait des cabinets de verdure, des salles, des rotondes, etc.

Aujourd'hui on se sert encore de palissades, mais rarement et dans un petit nombre de cas : par exemple, si l'on veut masquer les limites d'un jardin, on peut y planter une palissade de huit à dix pieds de hauteur : les curieux du dehors ne pourront voir ce qui se passe en-dedans, et les promeneurs du dedans, au moyen d'ouvertures percées dans la palissade et nommées *haha*, verront ce qui se passe dehors. Une haute palissade, motivée avec art, peut encore servir à masquer la vue d'une fenêtre donnant sur une scène du jardin.

Pour qu'une palissade soit belle, il faut que son feuillage soit assez touffu pour ne laisser aucun passage à la vue, et que cependant elle n'ait que dix-huit pouces ou deux pieds au plus d'épaisseur.

Une allée en palissade de charmille ne doit jamais être couverte, par la raison qu'elle aurait une fraîcheur ou même une humidité dangereuse, et, qu'outre cela, elle deviendrait l'asilo favori d'une foule d'insectes et particulièrement de cousins dont la piqûre est au moins fort incommode. C'est en l'élevant à une certaine hauteur à-peu-près calculée sur l'obliquité du soleil aux heures de promenade, qu'on en obtiendra de l'ombre.

On donne quelquefois le nom de palissade à une haie (pl. 20 fig. 16, 17) taillée avec soin, et plantée en troène, en lilas, en syringa ou autres arbrisseaux remarquables par l'éclat ou la douce odeur de leurs fleurs. On taille ces palissades à trois ou quatre pieds de hauteur, et l'on s'en sert pour clore de petites scènes champêtres ou rustiques.

Toutes les palissades demandent de grands soins dans leur entretien. Il faut les élaguer chaque année au printemps, et les tondre au moins deux ou trois fois à la cisaille dans le cours de l'année.

La haie.

Elle devient d'autant plus importante dans nos nouvelles compositions pittoresques, qu'elle sert à la fois de défense et d'ornement. Aujourd'hui elle remplace les murs, si ce n'est pour l'enceinte de toute la composition, c'est au moins pour clore les scènes partielles. Dans un immense parc, ou tout autre genre de vaste jardin, l'utilité de la haie ne peut le disputer au mur, parce qu'il est impossible de l'entretenir assez bien pour qu'il n'y ait pas le moindre trou capable de donner passage aux animaux ou aux hommes. Et quand cela serait, un voleur peut toujours s'y frayer un passage au moyen de quelques coups de serpe ou d'une scie à main, et venir par-là dévaliser les meubles ou autres objets d'une fabrique éloignée de l'habitation.

Mais quand le jardin n'est que d'une médiocre étendue, que la surveillance peut aisément s'étendre dans tous ses contours, une bonne haie d'aubépine est, à notre avis, la meilleure clôture que l'on puisse employer. Elle a sur toutes les autres l'avantage inappréciable de se fondre dans la composition des scènes par la couleur de son feuillage; elle a encore ceux de ne point masquer la vue, et d'arrêter les limites sans les indiquer. Dans un site de plaine, il faut renoncer au point de vue si on n'exhausse le promeneur sur un tas de terre ridicule, ou renoncer aux murs et clore avec des haies.

La première qualité que doit avoir une haie, c'est d'être impénétrable par sa solidité et ses armes naturelles, c'est-à-dire ses épines. Pour cela on la plante avec des arbrisseaux choisis parmi les espèces les plus robustes, les plus épineuses et les plus touffues. Le houx, le genévrier commun, le robinier et quelques autres espèces ont été assez avantageusement employées, mais il n'en est point qui vaille l'aubépine (*crataegus oxiacantha* de Linnée) par sa force, son épaisseur, la diffusion de ses branches et ses épines nombreuses, longues et acérées. Une haie d'aubépine, lorsqu'elle a été plantée sur deux rangs, qu'on lui a laissé le temps de se bien garnir dans le bas en ne s'empressant pas trop de l'élever, forme une barrière impénétrable, plus difficile à franchir qu'une muraille.

Le rideau.

Il consiste en une grande tenture de verdure, servant à masquer ou à parer les murs d'une habitation. On le fait avec des arbrisseaux grimpans, remarquables par le brillant de leurs fleurs et de leur feuillage, ou utiles par leurs fruits; par exemple: la vigne, la vigne vierge, le jasmin de Virginie, la clématite, le lierre, etc., etc., et quelquefois on est obligé de les soutenir au moyen d'un treillage.

Dans un jardin de ville, il est indispensable d'employer le rideau de verdure pour masquer la triste vue des murailles noires et enfumées qui l'entourent le plus ordinairement, car, sans cette précaution indispensable, on détruirait tout le charme qu'il est possible de jeter dans ce genre de composition.

Le rideau produit toujours un agréable effet, quel qu'il soit, mais il devient tout-à-fait pittoresque lorsque l'on sait préciser ses convenances. Si l'on avait à décorer la façade élégante d'une maison bourgeoise, on emploierait la bignone radicante, dont les grandes fleurs tubuleuses et d'un beau rouge servent en Amérique de retraite aux colibris à la gorge dorée; le jasmin odorant ou les gracieux rameaux d'un rosier boursault. Pour la ferme ornée, où tout doit se rapporter à l'utile, un rideau de vigne dont les pampres laisseront pendre des grappes riantes, remplira mieux les convenances qu'un arbrisseau à éclatantes corolles. Contre la ruine romantique d'une vieille chapelle, d'une tour féodale, le lierre à la sombre verdure grimpera à travers les mousses, les giroflées jaunes et les chélidoines qui s'emparent des crevasses et montrent leurs pittoresques fleurs jaunes entre les créneaux.

On observera que lorsqu'il s'agira d'une scène de jardin paysager, où l'art ne doit jamais se montrer, on ne pourra se servir, pour tapisser une rocaille, un rocher, une ruine, ou même le tronc d'un vieil arbre, que d'un arbrisseau grimpant dont les rameaux seront garnis des vrilles, de racines ou de suçoirs, afin qu'ils puissent s'attacher et se maintenir seuls pour former le rideau.

Le labyrinthe.

Cette composition était tellement à la mode autrefois qu'on ne trouvait pas un jardin un peu important sans qu'il y eût le labyrinthe obligé.

Son mérite consiste à offrir une promenade dont les allées sont tellement disposées, que le promeneur s'y égare facilement et de manière à ne pas pouvoir se retrouver pour en sortir. Beaucoup d'architectes de jardin sont tombés dans un écueil en traçant des chemins mêlés, entrecroisés de mille manières pour former ce genre de composition. Le promeneur cherche un objet piquant qu'il sait être dans le labyrinthe, il s'y enfonce dans l'espérance de le trouver, et il en parcourt les sinuosités avec plaisir, sans fatigue, jusqu'à ce qu'il ait trouvé l'objet qu'il cherchait ; mais lorsque sa curiosité est entièrement satisfaite, qu'il sait par cœur votre labyrinthe sans cependant en connaître les issues, il désire voir d'autres objets, et s'il est forcé de se promener long-temps avant de pouvoir satisfaire sa nouvelle fan-

taisie, s'il est obligé de tourner et retourner vingt fois sur ses pas, l'impatience viendra, puis l'ennui, puis le dégoût, et vous aurez manqué votre but, celui de plaire, parce que vous l'aurez outrepassé. Arrangez donc vos plantations de manière à exciter son impatience pendant que durera le désir ; mais celui-ci une fois satisfait, montrez-lui le fil d'Ariane. Imitez le manége d'une femme qui connaît le cœur des hommes, et qui veut conserver un amant.

Les anciens, qui ne voyaient partout que la symétrie, avaient trouvé le moyen d'y soumettre jusqu'au labyrinthe, comme on peut le voir par le plan de celui des jardins de Versailles, pl. 17. Les statues d'Ésope et de l'Amour en décoraient l'entrée, sans doute parce qu'Ésope était, selon le dicton vulgaire, un grand *devineur* d'énigmes, et parce que rien n'égare plus que l'Amour. Soit dit en passant, ces prétentieuses niaiseries prouvent assez le mauvais goût de nos ancêtres, qu'il faut bien se garder d'imiter sous ce rapport, car rien ne découvre mieux le manque d'esprit que cette ardeur d'en montrer en toute occasion.

Le labyrinthe offrait à chaque embranchement de route une fontaine d'une architecture plus ou moins élégante, ce qui ne laissait pas que d'augmenter la monotonie de la composition, et, ce qui était mieux, un numéro d'ordre sur chacune. Au moyen de ce numéro, on se retrouvait et on sortait quand on était ennuyé de marcher sans objet.

Les modernes ont aussi fait des labyrinthes, et la plupart ont imité celui du jardin des Plantes (pl. 4, a), en colimaçon. Les paysagistes exclusifs le rejettent de leurs compositions, mais le plus grand nombre motive si mal les flexuosités des allées, qu'on ne peut expliquer ces courbes inutiles que par l'intention de former un labyrinthe. Les Chinois, surtout, donnent dans ce mauvais goût, comme on peut en juger par la planche 17, représentant un jardin des environs de Pékin.

On emploie, pour la plantation des labyrinthes, des arbres et des arbrisseaux, parce qu'il peut figurer également bien dans une forêt, un bois, ou un bosquet.

La forêt.

C'est une composition immense, ordinairement composée d'arbres indigènes à la France, quelquefois entremêlés d'espèces exotiques. Les végétaux en sont élevés, irrégulièrement plantés comme s'ils appartenaient à une forêt vierge, où la nature aurait tout fait.

Rarement un architecte des jardins se trouvera dans le cas de planter une forêt, mais il peut lui arriver assez souvent d'en avoir une ancienne à enclaver en tout ou en partie dans la composition d'un jardin paysager d'une vaste étendue, tel que le parc et la ferme ornée ; et dans ce cas, il faut qu'il sache en tirer le meilleur parti possible.

L'antiquité et la grandeur des arbres, les accidens pittoresques de leurs troncs, tels que les mousses et lichens, l'élégance, la couleur et l'épaisseur de leur feuillage, sont autant de qualités qui influent sur le caractère majestueux et sombre d'une forêt.

Avant de mettre la cognée dans une forêt, il faut en avoir étudié toutes les parties, connaître les mouvemens de terrain, les diverses sites qui la composent, afin de pouvoir se rendre un compte exact du parti qu'on peut en tirer, et de ne pas s'exposer à regretter plus tard les abattis irréparables que l'on aurait faits avec trop de précipitation.

La forêt a un caractère de majestueux et de grandiose qu'elle doit à son aspect sombre et sévère. Il faudra donc, pour suivre les règles de convenance que nous avons établies, n'y placer aucune fabrique d'un genre champêtre ou rustique. On n'y trouvera ni chaumière, ni châlet, ni pavillon: élégant, mais, sur le sommet d'une colline escarpée, les ruines d'un vieux château féodal (pl. 109, fig. 2 , 3), une tour fortifiée (pl. 26, fig. 2), ou

d'un ancien couvent. Au pied d'un massif de chêne séculaire, dans une sombre vallée, on verra cette *pierre levée*, ce monument druidique, où l'on croit que nos fanatiques et barbares ancêtres, les Gaulois, immolaient des victimes humaines à leur dieu Teutatès.

Dans une clairière, au bas d'une roche exposée au midi ou au levant tout près d'un chemin fréquenté, vous pouvez risquer un ermitage (pl. 108, fig. 1 , 3), mais il faut qu'il soit motivé par le récit d'un événement funeste arrivé à cette même place, et qu'il ait été bâti pour accomplir un vœu. C'est pour cela que vous placerez à côté, dans une niche placée sur le rocher (pl. 107, fig. 3), la statue de Notre-Dame-de-la-Roche ou de Délivrance. Vous pouvez encore, en le motivant de même, placer un ex-voto tel que ceux de la planche 107, fig. 1 , 2 , 5 et 6.

Dans une croisée de chemin, vous pouvez tracer un rond-point, et planter au milieu un obélisque (pl. 106, fig. 3 , 4 , 5 , 6), qui servira à marquer un rendez-vous de chasse; enfin, sur la lisière de la forêt, vous pouvez placer la maison pittoresque d'un garde (pl. 51, fig. 4, 5 6), à laquelle, si vous le voulez, vous donnerez la physionomie d'un cottage anglais (pl. 52, fig. 3, 4).

Si la forêt accompagne le palais d'un prince, et qu'elle soit destinée au plaisir de la chasse, il est indispensable d'y tracer en divers sens de larges chemins en lignes droites, afin que les chevaux puissent plus aisément suivre la chasse et devancer le cerf en coupant au plus court. Dans ce cas, vous y placerez un ou deux bâtimens d'une architecture plus ou moins riche, mais toujours élégante, servant de rendez-vous de chasse, dans lesquels vous logerez des gardes ou des inspecteurs. Dans ce cas, encore, vous aurez soin de placer sur tous les carrefours une colonne ou un obélisque, sur lequel sera écrit le nom des routes et celui de l'endroit où elles conduisent.

Dans toute autre circonstance, donnez-vous bien de garde des allées droites; il n'est rien d'aussi monotone, car nécessairement elles se ressemblent toutes et n'offrent aucun accident capable d'en varier agréablement l'aspect.

Vos chemins seront sinueux, mais les courbes qu'ils décriront seront toujours motivées par les accidens du terrain, ou du moins en auront l'air, car l'homme le plus borné sait que la ligne droite est toujours la plus courte pour aller d'un lieu à un autre, et jamais il n'en décira une autre pour se rendre à son but, à moins qu'il y soit forcé par le mouvement du sol ou par d'autres objets qui lui barreraient le passage.

Les chemins n'auront pas non plus la même largeur partout : ils s'élargiront en traversant les clairières, et se rétréciront dans les fourrés, au point de devenir de simples sentiers si vous ne les destinez pas au passage des voitures. Alors vous les ferez côtoyer les flancs d'un vallon, ou les bords d'un ruisseau paisible arrosant le fond des vallées.

Jamais un chemin ne doit être tracé au hasard. Il faut que toujours il conduise à un but digne d'être cherché par le promeneur. Tantôt ce but sera un endroit élevé de la forêt, d'où la vue, s'échappant à travers le feuillage de quelques arbres artistement clairsemés, ou planant par-dessus leur cime, s'étendra sur un horizon lointain et pittoresque; là seront quelques quartiers de roche couverts de mousses, jetés comme au hasard, et formant néanmoins des sièges commodes et ombragés. Pour que ces sièges soient agréables, il faut que l'art qui les a disposés soit si bien déguisé qu'il soit impossible de l'apercevoir, et que le promeneur ne puisse en attribuer la rencontre en ces lieux qu'au hasard et à la nature : c'est assez dire qu'ils ne figureront que dans un site rocailleux. En plaine, on les remplacera simplement par des bancs de gazon.

D'autres chemins conduiront à l'ermitage, à la ruine, ou à toute autre fabrique, mais, nous le répétons, ils seront toujours motivés, sous peine d'être ridicules.

L'aspect d'une forêt inspire assez souvent l'effroi, ou au moins l'inquié-tude, aux personnes faibles et qui ont peu l'habitude des bois. Il faut, en conservant le caractère sauvage de cette composition, lui ôter néanmoins cet inconvénient, et rien n'est si aisé que d'y parvenir. Pour cela, on ménagera de distance en distance des points de vue, dont la perspective se terminera sur une maison habitée. Par ce moyen facile, on ne craindra jamais de s'enfoncer trop dans la forêt, et de s'y égarer.

Nous avons dit que le caractère de la forêt devait être majestueux, et à la fois sauvage. Pour le lui conserver, il faut en écarter les arbres exotiques qui exigent de la culture, ou dont le feuillage et les fleurs annoncent une origine étrangère, et par conséquent la main du jardinier. Les arbres résineux, de la famille des conifères, peuvent être à la rigueur exceptés de cette exclusion, parce que leur port, quoique très-pittoresque, a cependant beaucoup d'analogie avec les espèces indigènes, et qu'il faut même quelquefois être un très-bon botaniste pour les en distinguer au premier coup-d'œil.

Cependant on peut dans de certaines scènes placer dans une forêt, sans manquer aux convenances, les espèces exotiques les plus tranchées par leurs faciès, les plus remarquables par leur feuillage, tels par exemple que les tulipier, magnolier, marronnier rubicond, et autres; des arbrisseaux charmans, tels que rosiers de bengale et autres, rosages, syringa, lilas, etc, Il ne faut que les motiver, et ils produiront alors un contraste charmant, inattendu, et du plus grand effet. Supposez le débris d'ermite amateur de fleurs, et son petit jardin abandonné peut encore vous montrer à travers les herbes et les buissons qui commencent à l'envahir les fleurs brillantes de la tulipe, des narcisses, des jacinthes, et de plusieurs autres plantes vivaces qui s'y sont conservées; vous y verrez sans étonnement, mais avec grand plaisir, les rosiers, les pivoines en arbres, les jasmins, ouvrir leurs séduisantes corolles.

Autour des ruines de la forteresse ou du château féodal, il sera tout simple de rencontrer encore les arbres exotiques, en quinconce ou en échiquier, qui jadis en ornaient les entours. Vous ne serez pas surpris de voir croître encore quelques fleurs et quelques arbrisseaux d'ornement sur l'emplacement du jardin, et même d'y rencontrer un vieux cerisier ou un antique poirier, se couvrant encore chaque année de bons fruits. Vous aurez mille fois plus de plaisir à les cueillir là que dans le plus riche verger; mais surtout que le jardinier, pour donner à ces tableaux toute leur vraisemblance, ait le soin minutieux de ne laisser aucun indice de culture, et de faire à ces arbres une taille tout-à-fait irrégulière, quoique dans les principes, afin de ne faire apercevoir aucune trace de serpette.

La décoration que formera la ligne extérieure de la forêt fixera toute l'attention de l'artiste. Les contours en seront sinueux, mais motivés, et il leur conservera le même caractère de sévérité qu'au reste de la composition. On n'y verra aucun arbre exotique, aucun arbrisseau à fleurs apparentes et prétentieuses. On y verra peut-être quelques buissons isolés d'églantiers ou autres roses simples, de cratægus, et autres arbrisseaux agréables et indigènes, mais rien qui sente la serre chaude, la bêche ou la serpette.

On appelle *clairière*, dans une forêt qu un bois, une partie plus ou moins vaste, entièrement ou presque entièrement dépouillée d'arbres, soit par un accident, soit à cause de la mauvaise qualité du terrain qui ne leur permet pas d'y croître. On pratique des clairières dans une forêt pour plusieurs raisons : la première est de varier le coup-d'œil ; la seconde de démasquer un point de vue pittoresque ; la troisième de ménager aux chasseurs un lieu de tir pour la perdrix et le faisan.

Lorsqu'une clairière est très-vaste, et qu'on y mène paître le bétail (ce qui ne devrait jamais être, mais ce qui arrive quelquefois dans les propriétés soumises à de certaines servitudes), on peut y motiver une petite cabane de berger. Si au contraire elle est dans un lieu sauvage et retiré, rien n'empêche d'y trouver la cabane de chaume d'un braconnier (pl. 105, fig. 5.)

Mais le plus ordinairement la clairière n'a besoin que des simples ornemens de la nature. C'est là que l'on peut placer un arbre isolé, choisi parmi ceux indigènes, dont le feuillage blanchâtre se détache d'une manière pittoresque sur la verdure plus foncée des autres arbres. Un cytis des Alpes, lorsque ses rameaux flexibles plieront sous le poids de ses magnifiques grappes jaunes et pendantes, offrira le coup-d'œil le plus gracieux et le plus agréable. La vue de la localité seule peut enseigner la manière la plus pittoresque d'y placer un arbre isolé.

Le bois.

Les arbres qui le composent sont moins élevés, plus touffus à la base que ceux de la forêt, et ils sont entremêlés de taillis et de futaies qui ne laissent au coup-d'œil qu'un espace très-borné; aussi le bois est-il propre à masquer l'étendue restreinte d'une composition, et à la lier avec le paysage extérieur.

Le bois doit être planté dans les mêmes principes que la forêt, c'est-à-dire irrégulièrement et comme au hasard ; et cependant ce prétendu hasard est un des effets les plus difficiles de l'art, car il n'est pas un arbre, un buisson, dont la plantation ne soit un sujet de combinaison, en harmonie avec les objets voisins.

Le caractère du bois est beaucoup plus modeste que celui de la forêt ; il ne vise ni au grand, ni au majestueux, ni au sévère, mais au gracieux et au pittoresque; quelquefois, si le site montagneux l'autorise, au romantique et au sauvage. Dans tous les cas, les fabriques peuvent y être d'un genre plus varié et d'un caractère moins sévère. L'ermitage, l'ex-voto, y trouvent leurs places comme dans la forêt, mais on peut y joindre, sans blesser les convenances, les cabanes, les chaumières, et même la maison rustique, pourvu qu'elles appartiennent à des scènes épisodiques qui les motivent. Par exemple, un kiosque, un belvédère, soit qu'on leur donne une physionomie chinoise, indienne ou autre, soit même qu'on les construise sur le plan élégant d'un petit temple de l'amour, me paraîtront toujours assez motivés, quand de là on aura un point de vue remarquable. Une chaumière russe ou un châlet ne me paraîtront pas déplacés sur la lisière du bois, s'ils sont habités par un garde ou un jardinier. Un cabinet de repos sera bien placé dans un vallon solitaire; une cabane d'affuteur près d'une garenne, etc., etc.

Le bois peut être divisé en deux espèces, le *taillis* et la *futaie*. Le premier consiste en un massif d'arbres et d'arbrisseaux ne dépassant jamais douze à quinze pieds de hauteur; la seconde, moins touffue et laissant pénétrer la vue à une certaine distance, se compose d'arbres s'élevant de vingt à quarante pieds, assez rapprochés pour mêler le feuillage de leur cime et former ainsi d'immenses voûtes de verdure. Rarement le taillis et la futaie sont isolés l'un de l'autre, surtout lorsqu'ils sont d'une certaine étendue : on est dans l'usage de les planter en mélange pour varier une composition.

Le taillis, comme mélange d'arbres élevés, s'il n'est d'une très-petite étendue, devient trop monotone; mais dans un espace borné, il peut être fort agréable, surtout s'il est percé avec goût. Dans un site montagneux, ayez la précaution de ne pas planter le taillis dans les vallées; car l'œil qui, en dominant par-dessus, découvrirait d'autres objets sur le penchant d'une colline placée derrière, jugerait mal de l'étendue des bois qu'il croirait beaucoup plus petits que dans la réalité. Plantez-le donc en amphithéâtre, sur le penchant des coteaux, et faites continuer la plantation jusqu'au sommet de la colline; dans cette exposition, qui met à la portée de la vue toutes les scènes qu'il renferme, il produit un effet charmant. Mais, dans ce cas, il faut que les fabriques se trouvant placées à la fois sous les yeux du spectateur, soient de genres très-diversifiés, peu nombreuses, peu entassées, pour ne pas produire le sentiment de la satiété. Là vous trouverez de frais ombrages, des points de vue nombreux, et toute la variété que l'on peut attendre des mouvemens de terrain.

Des allées agréables serpenteront en lacets sur les flancs des côtes ra-

pides, pour en adoucir la raideur. Ici elles se croiseront et s'entrecouperont les unes les autres pour faciliter une promenade délicieuse, et vous conduiront à des clairières habilement pratiquées, à des fabriques ou autres objets remarquables, car, nous le répétons, il faut qu'elles soient toujours motivées.

L'entrée d'un bois n'est pas indifférente; elle doit être très-pittoresque, parce qu'elle fait naître une première impression qui prévient toujours pour ou contre la composition entière. Elle doit être à proximité de l'habitation, et autant qu'on le pourra, s'ouvrir entre deux petites collines. Ecoutons le créateur des jardins de Bruneault, M. le vicomte de Viard, et, autant que nous le pourrons, suivons ses conseils dictés par le goût et l'expérience.

« Des lignes d'arbres, dit cet auteur, peuvent dès le commencement suivre
« quelque temps les sinuosités de cette route, en se développant avec elle
« sur le milieu d'une pelouse limitée de chaque côté par des bois touffus
« et dont les bords se fermeront au moyen de grands massifs séparés par des
« intervalles toujours moins étendus que la clairière où se dirige le chemin,
« afin de ne point distraire du trait principal. A mesure qu'on avance,
« les bois venant à se rapprocher, la ligne d'arbres qui faisait la bordure
« ira se perdre et se fondre dans celle du bois, qui servira pendant quelque
« temps de cadre à une avenue se dirigeant à l'habitation. L'espace s'élar-
« gira insensiblement et donnera naissance à plusieurs clairières qui s'en-
« fonceront de côté et d'autre dans le fourré, dont les entrées seront divisées
« tantôt par de petits massifs, d'autres fois par des arbres jetés en avant;
« mais toujours disposés de manière à ne point interrompre la marche de
« la route, surtout si elle est destinée à former avenue, mais plutôt à la
« déterminer. Si l'emplacement vient à s'élargir davantage, des groupes
« d'arbres d'un côté, un arbre isolé de l'autre, que quelque singularité
« fasse remarquer, ressortiront avec grâce sur la pelouse, et serviront à in-
« diquer la continuité du chemin. »

La ligne extérieure d'un bois demande à être tracée selon d'heureuses combinaisons. Si le terrain a du mouvement, rien n'est aussi aisé que de donner de la grâce et du naturel à ses inflexions, il ne s'agit que de reculer la lisière en dedans, dans les parties creuses ou les petites vallées, et de la faire saillir en dehors sur les parties élevées. Les enfoncemens seront d'autant plus profonds, que la vallée sera plus large et plus profonde: Sur un terrain absolument plat, il faudra encore faire des sinuosités, mais moins brusques, moins profondes, et dans les enfoncemens on simulera une petite vallée au moyen d'un artifice de plantation, dont nous parlerons plus loin.

Les enfoncemens qui auront quelque étendue deviendront le théâtre naturel de scènes champêtres ou rustiques, où des fabriques appropriées aux genres de tableaux que l'on créera trouveront à se placer avantageusement.

Le bocage.

Il faut à ce genre de composition de l'air, de la couleur, du ciel, de l'eau, de l'ombrage, de la fraîcheur, et le chant des fauvettes. Le bocage doit avoir le caractère d'une scène tranquille, plutôt mélancolique que riante et gaie, parce qu'il doit disposer l'âme à de douces rêveries. On aime à le trouver sur le bord des lacs, d'un étang; on aime à entendre murmurer les ondes limpides d'un ruisseau qui le traverse en serpentant; on aime à voir l'écrevisse à la marche insidieuse, ou la truite aux écailles couleur de rose, se promener sur le sable argenté ou entre les pierres mousseuses du fond d'une petite rivière, près d'une pittoresque cabane de pêcheur que la crainte d'une inondation aura quelquefois fait élever sur quatre troncs d'arbres (pl. 5 fig. 1, 3). Vous pouvez placer différens genres de fabrique dans le bocage, ou du moins à sa proximité: un moulin, un berceau, un obélisque, un vide-bouteilles, une salle de verdure; enfin tout ce qui n'est pas trop ambitieux peut y trouver ses convenances. Il n'est pas jusqu'à un tombeau qu'on ne puisse y cacher dans le fond d'une vallée solitaire, où le silence

mélancolique de la nature n'est interrompu le jour que par le chant lointain du pâtre ou du bûcheron, la nuit par le chant romantique du rossignol.

Le bocage attire le promeneur solitaire et l'y retient par les doux attraits de la méditation. On y vient admirer chaque matin le brillant réveil de la nature: on se plaît à y venir épier la fauvette lorsqu'elle secoue la rosée de la nuit attachée sur ses ailes légères; on aime à y méditer encore quelques instans après que le soleil a doré la cime des monts des derniers feux du jour. Il faut donc le placer à proximité de l'habitation.

On le composera de la réunion de plusieurs groupes irrégulièrement espacés mais laissant toujours entre eux de l'air et de la lumière, variés avec art dans leurs dimensions en largeur et en hauteur. Ils se trouveront naturellement réunis en une seule composition par l'unité de leur caractère, et les clairières qui les couperont dans tous les sens ne seront que les accidens divers d'un même tableau. Si une clairière se trouvait d'une trop grande étendue pour n'en paraître qu'un accident, on la fondrait aisément dans l'ensemble du tableau au moyen d'un arbre isolé, que l'on choisirait parmi les espèces dont le feuillage est très-remarquable, car sans cela, absorbé pour ainsi dire par les arbres voisins, son effet se réduirait à peu de chose ou à rien. C'est ainsi que l'on parvient à rapprocher artificiellement des parties trop éloignées, et que l'on paraît remplir les espaces vides.

Le choix des arbres en général, pour la plantation du bocage, doit être fait avec goût, mais sans prétention: les espèces qui offrent de la variété dans leur port et leur feuillage, mais de l'uniformité dans leurs couleurs, devront faire les frais de toute la composition. Le saule, le peuplier, l'aulne et les autres arbres des terres fraîches, se feuillant dès le commencement du printemps, me paraissent devoir y tenir le premier rang.

Il faut qu'un bocage ait de la grâce et de la légèreté. Pour atteindre ce double but, on espacera beaucoup les groupes les plus considérables, et l'on jettera dans les intervalles, mais çà et là, et sans aucun rapport entre eux, quelques petits groupes peu élevés, entourant quelquefois un grand arbre isolé, tel qu'un aulne ou un peuplier.

Ici point de larges allées, mais de simples sentiers, dont les nombreuses sinuosités seront motivées par un groupe qu'il faut tourner, une clairière à traverser, ou toute autre chose : l'essentiel est qu'ils aboutissent toujours à un objet méritant la peine d'être visité.

Si par hasard on avait à métamorphoser en bocage un bois déjà existant, on ne pourrait mieux faire que de suivre encore les conseils de M. de Viard. Voici ce qu'il dit : « Ce n'est alors qu'avec beaucoup d'étude, de travail et « de soin qu'il pourra (l'architecte de jardins) parvenir à produire l'effet « qu'on attend d'un bocage composé d'après ces principes ; mais aussi, s'il y « réussit, quelques printemps seulement suffiront pour garnir de jeunes « branches les arbres qui resteront, et pour procurer une jouissance qui « n'est ordinairement que le résultat d'une longue attente. L'attention se « portera donc d'abord sur les arbres dont se compose l'ancienne planta-« tion et sur les allées qui la divisent. On tâchera de faire entrer dans « l'abattis les arbres les plus gros et les plus volumineux en branches, sur-« tout s'ils sont placés sur la bordure des percées, en prenant toutes les « précautions possibles pour qu'ils ne cassent point les arbres qui devront « rester, qu'on choisira parmi les moyens et les plus jeunes que comprend « la plantation. Cette première opération faite, il faut chercher à former « des groupes avec les arbres restés sur pied, en suivant les principes géné-» raux ou particuliers du bocage, selon le cas demandé par le local, soit » en ôtant ceux qui seraient nuisibles, soit en plantant (où il serait néces-« saire pour donner à ces groupes les formes convenables) de ceux même « que l'on sera obligé de retrancher, s'ils sont assez jeunes ou d'une espèce « susceptible de réussir à la transplantation. Deux ou trois groupes bien « disposés, suffiront pour détruire les ouvertures en ligne droite, surtout si « l'on a abattu les bordures. Ces vides entreront aisément dans la composi-« tion des clairières qui, s'étendant de côté et d'autre sur la superficie « qu'occupait la masse du bois, en feront disparaître entièrement les an-« ciennes formes. »

Le bosquet.

Une connaissance parfaite de tous les végétaux de pleine terre est indispensable à l'architecte des jardins qui doit tracer un bosquet, car tous peuvent entrer dans sa composition. Il faut connaître leur port, leur hauteur, la forme et la couleur de leur feuillage, afin de juger par avance de l'effet comparatif qu'ils produiront dans leur âge adulte, et de pouvoir les combiner en conséquence, de manière à en tirer le parti le plus convenable. C'est l'histoire du peintre sur porcelaine qui juge de l'harmonie des couleurs sans les voir quand il les emploie, et qui ne peut apercevoir ses erreurs ou le résultat heureux de ses combinaisons, que lorsque son ouvrage a passé à la cuisson. Les gazons et les fleurs entrent aussi comme accessoires obligés dans la composition du bosquet, les premiers en s'étendant en agréables tapis, les secondes en parant de leur éclat le bord sinueux des sentiers.

Le bosquet peut figurer sans inconvenance dans tous les genres de composition, parce que la proximité de l'habitation suffit pour le motiver ; mille scène ne peut lui disputer en grâce et en coquetterie, nul tableau n'est aussi riche en détails agréables. A lui seul il renferme ce que les autres compositions ont de plus piquant. On y voit les massifs qui, par leurs diverses combinaisons, produisent des clairières pittoresques ; souvent leurs masses de verdure sont formées par le feuillage d'arbrisseaux ou d'arbres les plus rares, remarquables par la beauté de leurs fleurs. Ces massifs ont peu d'étendue vus de près, et forment autant de petits tableaux détachés; mais si on les regarde de la maison, et qu'ils aient été savamment combinés, ils se fondront ensemble, paraîtront réunis, et ne formeront plus qu'un ensemble plein de noblesse.

L'arbre isolé remplit une place distinguée dans les étroites clairières du bosquet. Là c'est un cèdre du Liban ombrageant un banc de pierre hexagone qui ceint son énorme tronc; plus loin c'est un magnolier aux larges fleurs qui élève sa tête étrangère au milieu d'une touffe de rosage; ailleurs le tulipier aux feuilles tronquées, ou le vernis du Japon, ou bien encore le sumac utile aux arts, se balancent dans les airs et attirent l'œil sur une pelouse qu'ils décorent.

Les sentiers seront ombragés par de petits groupes de trois à cinq arbres contrastant d'une manière pittoresque dans leur port et leur couleur; le noir cyprès, le hêtre rouge, le peuplier d'Italie, le cytis des Alpes et l'olivier de Bohême, s'étonneront alors de mêler leurs feuillages disparates.

Des buissons de rhododendron, de lilas, de rosiers et de pivoine en arbre parfumeront l'air de la suave odeur qu'exhalent leurs fleurs, et paraîtront dispersés au hasard le long des chemins.

Les fabriques élégantes y seront admises, mais avec discrétion, parce qu'il n'est pas toujours aisé de les y motiver.

C'est dans le bosquet, s'il est d'une certaine étendue, que l'on peut placer ce genre de scène que nous avons désigné sous le nom de bosquet d'hiver. Lorsque l'hiver offrira quelques beaux jours, ou bien au printemps, avant que les arbres aient développé leur riante verdure, on sera enchanté de retrouver dans une courte promenade, si ce n'est la parure verdoyante du mois de mai, au moins son apparence.

Le bosquet est entièrement planté d'arbres, d'arbrisseaux et d'arbustes dont les feuilles sont persistantes et résistent aux rigueurs de nos hivers. Quelques conifères clairsemés et choisis parmi les espèces dont le feuillage est d'un vert clair, y figureront, mais en petit nombre. Les alaternes, les lauriers-cerises, l'yeuse, le houx, et le pommier toujours vert, fourniront les principaux matériaux des massifs; l'arbousier, la buplèvre, le buis, le fra-

gon, le jasmin jaune, les lauréoles, les phlomis, le laurier-thym, et beaucoup d'autres arbrisseaux toujours verts occuperaient les lisières; les bruyères, les pervenches, la rose de Noël, le tussilage odorant et le galanthe perce-neige, montreraient leurs jolies corolles lorsque les neiges ne couvriraient pas la terre. Quelques fruits, tels que ceux du buisson ardent, du genevrier, de la symphorine à grappe, du houx, etc, resteraient pour égayer la scène.

Le groupe.

Il se compose de la réunion de trois arbres au moins, à vingt au plus, et encore dans ce dernier cas, si la plantation occupe un certain espace de terrain, et que les arbres ne soient pas d'une très-grande élévation, elle devient un massif. Il est une règle constante que l'on doit suivre pour caractériser le groupe et le montrer avec toute la grace et la légèreté qui en sont l'apanage; elle consiste à ne lui jamais donner plus de largeur que les arbres qui le composent n'ont de hauteur.

Jamais le groupe ne doit s'élever d'un buisson ou d'un massif d'arbrisseaux; il faut que les promeneurs trouvent toujours sous un ombrage un tapis de gazon prêt à les recevoir, il faut qu'ils puissent aisément s'y promener sans être gênés par des branches trop basses. Une fois la hauteur présumable des arbres connue, on déterminera l'étendue de terrain que doit occuper le groupe, et l'on espacera les arbres irrégulièrement, mais de manière à ce que leurs cimes se touchent et forment un dôme épais de verdure, au moins quand ils auront atteint leur grandeur moyenne.

Un groupe doit paraître un accident naturel, lorsqu'on l'emploie dans le jardin paysager. Il faudra donc, dans ce cas, le planter en arbres de même espèce, ou au moins ayant de l'analogie dans leur feuillage, car un contraste détruirait l'ensemble de la composition qui doit former un seul tout homogène. Dans ce cas, il produit un effet très joli placé près du bord de l'eau, sur le penchant d'un coteau, et en général dans toutes les scènes où il peut entrer, mais ce n'est qu'au milieu d'une clairière qu'il se montre avec tout son pittoresque.

Souvent le groupe devient une composition nécessaire, quand on veut ne laisser aucune place vide et cependant faire jouir le promeneur d'un point de vue agréable. On arrange la plantation de manière à ce que le regard puisse saisir la perspective entre les troncs nus des arbres composant le groupe. La même raison le fait employer pour orner la façade d'une fabrique que l'on veut couvrir d'ombrage sans la masquer.

On se sert encore du groupe pour lier les diverses parties d'une grande composition, pour attirer l'attention sur un objet pittoresque, ou pour masquer un lointain désagréable.

Le massif.

On donne ce nom à une plantation serrée, d'arbres, d'arbrisseaux, d'arbustes, ou même de fleurs. Le massif ne diffère du groupe que parce qu'il a plus d'étendue comparativement à sa hauteur qui n'est d'aucune considération, et parce que les végétaux qui le composent sont rameux dès leur base. Le massif peut être un composé de tous les genres de végétaux que nous venons de citer.

La masse de verdure qu'il offre à l'œil demande, au contraire du groupe, une grande diversité dans dans la forme et la couleur du feuillage. Aussi toutes les combinaisons qu'exige sa plantation se bornent à entremêler ingénieusement les espèces de manière à se faire valoir réciproquement par les contrastes. Par exemple, un arbrisseau d'un vert tendre et brillant sera très-bien placé devant un arbre d'un vert noirâtre et sombre, et s'en détachera fort agréablement. A côté vous en placerez un autre d'un vert rouge, puis un autre glauque, et enfin vous pourrez brusquement, par op-

position à ce dernier, revenir à un vert terne et foncé. Il en sera de même pour la forme des feuilles. Par exemple, les folioles nombreuses et délicates du julibrizin produiront plus d'effet par leur légèreté si vous les mettez en opposition avec les larges feuilles du broussonetier; les feuilles entières et ovales du magnolier trancheront d'une manière frappante avec les feuilles lobées du platane ou de l'érable, etc.

Il faut chercher la même opposition dans la couleur des fleurs, en observant de ne pas trop généraliser une couleur aux dépens des autres. Les fleurs les plus belles, les plus grandes et les plus éclatantes occuperont le premier rang, le bord du massif; celles qui, réunies en grappes, en thyrses ou en corymbes, sont très-apparentes par leur couleur et leur nombre, occuperont le centre.

Le massif appartient à tous les genres de composition, et convient surtout aux jardins d'une petite étendue. En mélange avec le groupe, il est très-pittoresque et peut jusqu'à un certain point remplacer le bois. C'est dans le bosquet qu'il jouit de tous ses avantages.

Le buisson.

Il se compose d'un ou deux arbustes ou arbrisseaux au plus, dont l'espèce doit se trouver en harmonie avec le caractère de la scène où il figure. Sa hauteur ne dépasse jamais cinq ou six pieds, et si l'on veut qu'il ait de la grâce et de la légèreté, sa largeur sera un peu moindre que sa hauteur, à moins qu'il ne s'étende un peu en longueur, et dans ce cas on diminue son épaisseur.

Dans un bosquet on donnera la préférence, pour former un buisson, à des arbrisseaux très-remarquables par leurs feuillages et leurs fleurs, par exemple, les rosages, les pivoines. Nous remarquerons en passant que la rose, peut avec convenance orner le buisson dans tous ses caractères, parce que toutes les fortunes, tous les sites, toutes les compositions se trouvent en harmonie avec l'arbrisseau qui la produit. Dans une scène d'un caractère champêtre ou rustique, on emploiera des arbrisseaux indigènes, mais agréables, tels que le baguenaudier, ou l'obier boule de neige ; dans une scène de paysage, les cratægus et autres arbrisseaux semblables mériteront la préférence ; enfin, dans un site sauvage et romantique, il faudra peut-être choisir le genévrier, le houx, ou la ronce épineuse, pour planter un buisson à la porte d'une caverne ou sur le bord d'un précipice.

Quoique le buisson ne se compose que de deux ou trois arbrisseaux au plus, il pourra quelquefois devenir avantageux de les faire contraster dans leur port et leur feuillage. C'est ainsi qu'un jasmin, un chèvrefeuille, une clématite odorante, ou un autre arbuste grimpant, peut entortiller avec grâce ses tiges sarmenteuses autour des branches d'un robuste arbrisseau et former autour de lui des guirlandes fleuries pleines d'élégance. D'autres fois on remplacera l'arbuste grimpant par un autre dont les feuilles lyrées ou déchiquetées se mêleront à des feuilles larges et entières, et dont les fleurs petites, vives et en grappes, le disputeront de beauté et d'odeur avec les grandes corolles blanches ou roses de son associé : le lilas de Perse à feuilles de persil, par exemple, avec un azalea ou un rhododendron.

On rencontre le buisson dans toutes les compositions, sur la lisière des bois, dans les clairières, au bord des chemins, contre les fabriques, autour des massifs, dans les bosquets, et jusque sur les vieux murs des ruines. Il entre pour beaucoup dans la composition d'un bocage.

L'arbre isolé.

L'arbre isolé est peut-être de tous les matériaux le plus difficile à employer avec ses convenances, et cependant c'est un de ceux qui produisent le plus d'effet quand il se trouve heureusement combiné avec les objets d'alentour. Il est agréable par la place qu'il occupe et par son faciès particulier.

Dans un bosquet d'une petite étendue, dans le jardin d'une maison bourgeoise, il est d'usage de le placer au milieu d'un gazon, et l'on est alors dans l'habitude de le choisir parmi les arbres résineux d'un port pyramidal. C'est ordinairement un sapin, un if. Dans un grand paysage, on l'emploie pour rapprocher et lier des parties séparées, pour rompre la monotonie de longues lignes droites, et souvent pour attirer l'attention sur un objet intéressant. Dans les grands espaces vides, on jette çà et là quelques arbres isolés pour en encadrer le nu. On en encadre des tapis de gazon, des prairies, des terres labourées, des lacs, et autres sites découverts ; dans ce cas, il faut beaucoup de goût pour les placer avec irrégularité, et cependant de manière à tracer nettement des contours quelquefois réguliers. On en borde les ruisseaux, les torrents, les rivières, et c'est dans ces occasions que leur effet est le plus naturel.

L'arbre isolé est indispensable sur la lisière d'un bois ou d'une forêt, principalement devant les enfoncemens afin d'en faire paraître la profondeur plus considérable qu'elle n'est réellement. Dans les bois, les bosquets et les bocages, on en plante sur le bord des chemins, et c'est alors qu'il faut bien se donner de garde de les placer en lignes, afin de ne pas donner à la plantation les apparences d'une avenue. Il est encore mille circonstances où l'arbre isolé doit figurer, et l'on suivra, pour lui choisir sa place, les inspirations résultant de la localité. Je me rappelle avoir vu dans mon enfance, sur les bords de la Saône, un peuplier d'Italie isolé, comme appuyé dans toute sa longueur le long des flancs perpendiculaires d'une roche immense et grisâtre dont il atteignait à peine la moitié de la hauteur. Si un léger vent n'eût fait jouer son feuillage, on aurait pu croire qu'il y était peint ou appliqué. Ce spectacle singulier m'a tellement frappé, quoique je fusse fort jeune, qu'après trente ans que je m'en souviens encore comme si c'était hier. Je ne cite ce fait que pour montrer quelle impression profonde on peut produire avec un arbre isolé placé dans de certaines positions pittoresques.

Indépendamment de sa place, un arbre peut devenir intéressant par lui-même, soit par la beauté résultant de son espèce, soit par la singularité des accidens qui peuvent se rencontrer dans quelques-unes de ses parties. Un tronc caverneux, ou couvert d'un épais tapis de lierre, ou courbé d'une manière bizarre, suffisent quelquefois pour le rendre très-remarquable. Quelques arbres portent des fleurs fort apparentes et produisant un effet admirable; mais cet effet ne dure que quelques jours. Il faut donc toujours, pour la plantation d'un arbre isolé, donner la préférence à celui dont le pittoresque est permanent.

L'arbrisseau isolé.

Dans une composition symétrique, au milieu d'une corbeille où brillent mille fleurs aux couleurs vives et variées, un arbuste ou un arbrisseau isolé deviendra une plantation de luxe dont le but sera d'attirer l'attention sur la charmante collection qu'il domine. Dans ce cas, il faut que la magnificence de sa parure le dispute à celle des renoncules, des jacinthes ou tulipes, au milieu desquelles il s'élève orgueilleusement. Un rosier choisi parmi les plus belles variétés, une pivoine en arbre, un rosage ou un magnolier, voilà les espèces auxquelles on donne ordinairement une juste préférence.

Telles sont approximativement toutes les conditions dans lesquelles on emploie les végétaux ligneux. Il nous reste à présent la tâche de faire passer sous les yeux de l'architecte toutes les espèces dignes d'être employées dans chaque genre de composition, et le nombre en est grand.

Nous allons en dresser des tableaux dans lesquels nous tâcherons de prévoir toutes les circonstances qui font varier le choix, et toutes les qualités nécessaires à chaque circonstance.

I. TABLEAU DES ARBRES ENTRANT DANS LA COMPOSITION DES FORÊTS ET DES BOIS.

A. ARBRES DE 1re GRANDEUR.

§ a. TERRES HUMIDES.

1o Indigènes.

AULNE COMMUN (*Alnus communis*). 60[1]. Fleurs non apparentes; plaine. Terres médiocres ou mauvaises. Port léger, pittoresque; tronc salué; feuilles deltoïdes, caduques.

CHÊNE À GRAPPES (*Quercus racemosa*). 100 à 120. Fleurs non apparentes. Plaines et collines. Terre franche, profonde; feuilles grandes, lobées, caduques; port majestueux. Croissance très-lente.

PEUPLIER D'ITALIE (*Populus fastigiata*). 100 à 130. Port élancé, pyramidal; feuilles d'un vert gai; plaine, bord des eaux; terre calcaire; croissance rapide.

— NOIR (*P. nigra*). 100 à 120. Très-droit; fleurs non apparentes; plaine et colline; bord des eaux; terre franche; feuilles jointues, grandes, d'un beau vert; croissance très-rapide.

(1) Le chiffre indique la hauteur, en pieds de roi.

PEUPLIER BLANC (*Populus alba*). 100 à 120. Port majestueux; feuilles en cœur, d'un vert foncé en dessus, blanchâtres en dessous. Collines et vallons; terres fortes. Croissance assez rapide.

— COTONNEUX (*P. nivea*). 90 à 100. Port pittoresque; feuilles trilobées, d'un vert foncé et grisâtre en dessus, d'un beau blanc en dessous. Plaines; terre franche, légère.

— TREMBLE (*P. tremula*). 100 à 120. Port pittoresque; feuilles légères, arrondies, d'un vert grisâtre, agitées au moindre souffle de vent; terres franches; plaines et collines. Croissance assez rapide.

PIN SAUVAGE (*Pinus sylvestris*). 60 à 80. Port pittoresque, ainsi que tous les arbres de son genre; feuilles linéaires, persistantes; fruit pittoresque, comme celui de tous les pins. Montagnes; terre granitique. Il se plait entre 1200 et 1800 mètres au-dessus de la mer. Croissance assez rapide.

— D'ÉCOSSE (*P. rubra*). 60 à 90. Feuilles linéaires, persistantes. Montagnes et collines. Terre légère. Il se plait aux mêmes hauteurs que le précédent.

— DE RUSSIE (*P. navalis*). 80 à 100. Feuilles linéaires, plus longues et plus vertes. Terre franche ou granitique.

— DE ROMANIE (*P. Romanie*). 70 à 80. Feuilles plus longues et plus larges. Terre granitique.

SAULE COMMUN (*Salix alba*). 60 à 70 pieds, quand on ne l'étête pas, ce qui est rare; dans ce cas, port pyramidal, élégant; feuillage léger, d'un vert gai et un peu glauque; plaine, bord des eaux. Tout terrain.

2°. Arbres exotiques.

BOULEAU MERISIER (*Betula lenta*). 60 à 70. Feuilles ovales, arrondies, d'un vert foncé; exposition aérée; terre sablonneuse et fertile. Beau port.

CHÊNE PRIN (*Quercus prinus*). 80 à 90. Tête vaste et touffue; feuilles dentées, ovales, glauques. Plaine. Terre franche.

ÉRABLE ROUGE (*Acer rubra*). 60 à 70. Beau port; tête large; feuilles cordiformes, lobées, blanchâtres en dessous; fleurs et fruits rouges. Collines et plaines. Terre substantielle.

MICOCOULIER DE VIRGINIE (*Celtis occidentalis*). 50 à 60. Port pittoresque; rameaux effilés et pendans; feuilles d'un vert jaunâtre. Plaine. Terre franche, profonde.

— A FEUILLES EN COEUR (*C. cordata*). 50 à 60. Port superbe; feuilles grandes, épaisses, d'un vert tendre. Collines et plaines. Terre substantielle, profonde.

PEUPLIER DU CANADA (*Populus canadensis*). 70 à 80. Beau port. Feuilles larges, un peu arrondies, d'un vert brillant. Plaine. Terre substantielle; bord des eaux.

— ARGENTÉ (*P. heterophylla*). 70. Tronc droit; port pittoresque. Feuilles grandes, cordiformes, blanches en dessous. Plaines et collines. Terre substantielle. Il faut l'abriter des grands vents qui le mutilent quelquefois.

PIN RÉSINEUX (*Pinus resinosa*). 70 à 80. Feuilles linéaires, persistantes; port majestueux. Collines et montagnes. Terres maigres et sablonneuses.

— DOUX (*P. mitis*). 50 à 60. Feuilles linéaires, persistantes, d'un vert sombre. Beau port. Terres maigres et sablonneuses. Collines et montagnes.

— RUDE (*P. rigida*). 70 à 80. Feuilles linéaires, persistantes; port pittoresque; tronc émettant de nouvelles pousses; montagnes; terres granitiques.

SAPIN NOIR (*Abies nigra*). 70 à 80. Feuilles linéaires, d'un vert sombre, persistantes; port majestueux; aspect triste. Terre profonde; collines et montagnes.

TAXODIER DISTIQUE OU CYPRÈS CHAUVE (*Taxodium distichum*). 100 à 120,

Feuilles linéaires, caduques. Port singulier. Il produit, autour de son tronc. des saillies ou chicots de trois à quatre pieds de haut, creux en dedans, d'un pied et plus de diamètre. Marais ou terre inondée. Plaine. Exposition chaude.

§ b. TERRES SABLONNEUSES.

1° Indigènes.

PIN MARITIME (Pinus maritima). 60 à 70. Port très-pittoresque, surtout dans sa vieillesse, et alors branches pendantes; feuilles linéaires, d'un beau vert, persistantes. Bords de la mer ou plaine.

— DE CORSE (P. laricio). 130 à 140. Feuilles linéaires, persistantes. Port majestueux. Terre profonde; montagnes.

— CULTIVÉ (P. pinea). 50 à 60. Feuillage en tête arrondie, d'un glauque bleuâtre; feuilles linéaires, persistantes; cônes très-gros. Terre profonde. collines à exposition chaude.

SAPIN COMMUN (Abies taxifolia). 100 à 140. Feuillage d'un vert sombre; feuilles linéaires, persistantes. Port majestueux et triste. Collines et montagnes, rochers.

2° Exotiques.

CYPRÈS FAUX THUYA (Cupressus thyoides). 70 à 80. Feuilles persistantes, plates, d'un vert foncé; port pittoresque. Terres marécageuses. Plaines ou vallées.

CÈDRE DU LIBAN (Pinus cedrus). 90 à 100. Port pyramidal, majestueux; feuilles d'un beau vert, linéaires, persistantes. Plaines et collines. Bonne exposition.

PIN DE TARTARIE (Pinus tatarica). 50 à 70. Feuilles linéaires, persistantes, glauques, port agréable. Collines et montagnes. Terres fertiles.

PIN D'EXCELSE (Pinus taeda). 80. Tronc droit; beau port. Feuilles linéaires, persistantes, d'un beau vert. Collines ou montagnes. Sol aride.

— DE MARAIS (P. australis). 60 à 70. Port très-agréable; feuilles linéaires, longues d'un pied, persistantes; d'un beau vert. Exposition abritée. Terres médiocres, sèches.

— DE LORD WEYMOUTH (P. strobus). 150 à 180. Tronc très-droit; port superbe; feuilles linéaires, persistantes, d'un joli vert. Plaines et collines. Terre médiocre. Un des plus aimables vieillards que je connaisse, M. le comte de Germonville, en possède plusieurs, dans son parc du château de la Cour-Roland, dont le tronc a plus de deux pieds et demi de diamètre, ils produisent un effet superbe.

§ c. TERRES FRAICHES.

1° Indigènes.

CHÊNE ROUVRE OU A GLANDS SESSILES (Quercus robur). 80 à 100. Feuilles moins découpées et tronc moins droit que le chêne à grappes. Croissance très-lente; variété panachée. Plaine et montagne. Terre franche, profonde.

— A GRAPPES (Q. racemosa). 100 à 120. Feuilles grandes, lobées; port majestueux; croissance très-lente; terre franche, profonde. Plaines et collines.

2° Exotiques.

ÉRABLE SYCOMORE (Acer pseudoplatanus). 60 à 70. Feuilles grandes, lobées, d'un beau vert. Port agréable. Collines et montagnes; réussissant en plaine. Terre profonde.

ÉRABLE DE VIRGINIE (Acer rubrum). 60. Beau port; tête large; feuilles lobées, cordiformes; fleurs et fruits rouges. Terre substantielle et profonde. Plaines et montagnes.

ÉRABLE A FEUILLES DE FRÊNE (*Acer negundo*). 60 à 70. Beau port; feuilles ailées, d'un beau vert. Croissance rapide; arbre cassant. Plaine abritée des vents, et collines; terres franches, substantielles.

PEUPLIER DE LA CAROLINE (*Populus angulata*). 80. Feuilles cordiformes, grandes; feuillage superbe, d'un beau vert. Port remarquable. Sensible aux grands froids. Cassant, dans sa jeunesse surtout. Plaine abritée des vents. Terre substantielle.

— DE VIRGINIE (*P. monilifera*). 100. Feuilles grandes, cordiformes, à pétioles rouges; beau port. Terre médiocre. Plaine et collines.

PLATANE D'OCCIDENT (*Platanus occidentali.*). 60 à 70. Feuilles grandes, lobées; beau port; plaines et collines; terre substantielle.

§ *d.* TERRE BONNE, SUBSTANTIELLE.

Arbres tous exotiques.

ÉRABLE A SUCRE (*Acer saccharinum*). 70 à 80. Feuilles grandes, lobées, quelquefois un peu incisées, légèrement glauques en dessous. Port de l'érable plane. Plaines et collines. Terre profonde.

NOYER PACANIER (*Juglans oliveeformis*). 60 à 70. Belle tête et beau feuillage; feuilles composées de treize folioles. Plaines ou collines abritées. Terre profonde, fertile.

— NOIR (*J. nigra*). 60 à 70. Port très-pittoresque; feuilles composées de quinze à dix-neuf folioles. Croissance rapide. Plaines et collines. Terre profonde et fertile.

— CENDRÉ (*J. cinerea*). 70 à 80. Port et feuillage du précédent; plus rustique. Plaines et collines. Terre profonde et fertile.

PEUPLIER D'ATHÈNES (*P. græca*). 90 à 100. Très-beau port. Feuillage d'un vert bleuâtre. Feuilles cordiformes, plaines. Bord des eaux. Terre médiocre.

§ *e.* TERRES MÉDIOCRES.

1° *Exotiques.*

BOULEAU A CANOT (*Betula papyracea*). 90. Port pittoresque; feuilles grandes, cordiformes, d'un vert foncé. Plaine. Terre légère.

CHATAIGNIER D'AMÉRIQUE (*Castanea americana*). 50 à 60. Beau port; feuilles grandes, ovales, alongées. Plaines et collines. Terres sablonneuses ou granitiques.

CHÊNE QUERCITRON (*Quercus tinctoria*). 80 à 90. Feuillage d'un vert un peu grisâtre; feuilles lobées, anguleuses. Collines et montagnes. Terres froides, granitiques.

2° *Indigènes.*

CHATAIGNIER COMMUN (*castanea vulgaris*). 80 à 90. Port majestueux; feuilles d'un vert gai, longues, dentées. Montagnes et collines. Terres profondes, granitiques.

MÉLÈSE D'EUROPE (*larix europaea*). 50 à 60. Port pittoresque. Feuillage d'un vert pâle; feuilles linéaires, caduques. Collines et montagnes; terres légères ou sablonneuses; exposition au nord. Il croît entre 1200 et 1800 mètres au-dessus du niveau de la mer.

§ *f.* TOUS TERRAINS.

1° *Exotiques.*

AYLANTHE VERNIS DU JAPON (*Aylanthus glandulosa*). 50 à 60. Beau

Port. Feuillage pittoresque, d'un vert gai; feuilles grandes, ailées. Croissance rapide. Terre légère, un peu humide. Exposition un peu abritée.

CHÊNE BLANC D'AMÉRIQUE (Quercus alba). 70 à 80. Tronc atteignant 6 à 7 pieds de diamètre. Port majestueux; écorce blanche; feuillage rougeâtre dans sa jeunesse, puis d'un vert tendre et luisant, et d'un violet clair à l'automne. Feuilles profondément lobées et divisées. Croissance rapide. Plaines et montagnes.

— A GROS FRUITS (Q. macrocarpa). 60 à 80. Beau port; feuilles ayant souvent plus d'un pied de longueur, lobées. Plaines et collines.

— OLIVIFORME (Q. oliveæformis). 60 à 70. Beau port. Feuillage d'un vert un peu glauque. Feuilles lobées. Plaines et collines.

— VELANI ou MIRASSON (Q. ægilops). 80 à 90. Port majestueux. Feuilles coriaces, d'un vert luisant, grisâtres en dessous. Plaines et collines; à exposition chaude. Il craint les gelées au-dessus du 45e degré.

— ÉCARLATE (Q. coccinea). 70 à 80. Port pittoresque; feuilles très-lobées, dentées, d'un vert luisant, rouges en automnes. Plaines et collines. Terres profondes.

— ROUGE (Q. rubra). 60 à 80. Port pittoresque. Feuilles lobées, longues, d'un vert luisant, rouges en automnes. Plaines et collines. Terres profondes.

— CHATAIGNIER (Q. castanea). 60 à 80. Port pittoresque; feuillage agréable; feuilles oblongues, lancéolées, dentées, d'un vert gai. Plaines et collines. Terre profonde.

— BICOLORE (Q. bicolor). 60 à 70. Feuilles d'un blanc argenté en dessous, d'un beau vert en dessus, pittoresques. Plaines et collines. Terres profondes.

— DES MONTAGNES (Q. montana). 60. Port pittoresque; feuilles blanches et cotonneuses en dessous, ovales, dentées. Collines et rochers.

CHÊNE SAULE (Quercus phellos). 50 à 60. Beau port; feuilles étroites, d'un vert luisant. Plaines et collines; terre humide.

FRÊNE COTONNEUX (Fraxinus tomentosa). 50 à 60. Feuilles longues de douze à quinze pouces, composées de trois à quatre paires de folioles. Plaines et collines. Terre fraîche.

HÊTRE FERRUGINEUX (Fagus ferruginea). 60 à 80. Port superbe; feuilles ovales, cotonneuses en dessous. Terre profonde. Exposition ouverte. Collines.

ORME D'AMÉRIQUE (Ulmus americana). 100. Port superbe; feuilles ovales, d'un vert luisant; jeunes rameaux arqués. Plaines et vallées. Terre profonde.

— ROUGE (Ulmus rubra). 60. Port pittoresque; feuilles grandes, d'un vert foncé et terne. Plaines et vallées. Terres profondes.

PEUPLIER FAUX-TREMBLE (Populus tremuloïdes). 90. Beau port; feuilles grandes, d'un beau vert. Plaines et collines. Terres fraîches.

PLATANE D'ORIENT (Platanus orientalis). 60 à 70. Port majestueux, superbe; belle tête; feuilles grandes, palmées, d'un beau vert. Variété à feuilles d'érable. Plaines et collines. Terre profonde.

SAPIN DU CANADA (Abies canadensis). 70 à 80. Port élancé; tronc droit; feuillage élégant; feuilles linéaires, persistantes, d'un vert gai. Collines et montagnes. Exposition au nord. Terre sablonneuse.

2° Indigènes.

FRÊNE COMMUN (fraxinus excelsior). 60 à 70. Beau port. Feuillage d'un beau vert, mais attirant les cantharides. Feuilles ailées. Beaucoup de variétés, parmi lesquelles on distingue les frênes : jaspé; à feuilles panachées de blanc; pendant; pleureur, ou en parasol, d'un effet très pittoresque; horizontal, etc. Plaines et collines. Terres fraîches, profondes.

HÊTRE COMMUN (*Fagus sylvatica*). 90 à 100. Port élégant, feuilles ovales, arrondies, d'un beau vert. Variétés : *à rameaux pendans*; *à feuilles d'un vert cuivreux*; *à feuilles panachées*; toutes fort pittoresques. Collines et montagnes. Terres profondes, un peu sèches. Croissance rapide.

ORME CHAMPÊTRE (*Ulmus campestris*). 60 à 100. Beau port; feuilles ovales, dentées, ridées, d'un vert foncé. Variétés : *à feuilles larges*; *à feuilles glabres et d'un vert noirâtre*; *à feuilles panachées*. etc. Plaines et vallées; terre profonde.

— PÉDONCULÉ (*U. pedunculata*). 70 à 80. Port comme le précédent, mais feuillage plus étoffé. Feuilles très-grandes, moins rudes. Plaines et vallées. Terre profonde.

SAPIN ÉPICÉA (*Abies epicea*). 90 à 100. Port pittoresque. Branches presque verticillées, souvent pendantes; feuilles linéaires, d'un vert sombre, persistantes. Montagnes et vallées. Terre profonde, humide.

B. ARBRES DE IIᵉ GRANDEUR.

§ a. TERRES HUMIDES.

1° Indigènes.

MICOCOULIER DE PROVENCE (*Celtis australis*). 40 à 50. Feuilles ovales, oblongues, obliques, d'un vert foncé. Variétés à feuilles panachées. Terre profonde, substantielle. Plaine abritée; exposition chaude.

SAULE ODORANT (*Salix pentandra*). 40 à 50. Port pittoresque; rameaux rouges; feuilles lancéolées, d'un vert luisant. Plaines et collines. Terre marécageuse.

— MARCEAU. (*S. caprea*). 40 à 50. Feuilles ovales, cotonneuses en dessous, d'un vert grisâtre. Variété à feuilles panachées. Plaines et montagnes. Terre substantielle.

2° Exotiques.

FRÊNE À FRUITS DE SUREAU (*Fraxinus sambucifolia*). 30 à 40. Feuilles composées, d'un beau vert. Port assez pittoresque. Plaines et collines. Terre profonde.

GINKGO A DEUX LOBES (*Salisburia adiantifolia*). 40 à 50. Port très-pittoresque, pyramidal; feuilles en faisceau, cunéiformes, d'un vert jaunâtre. Plaines. Terre profonde.

LIQUIDAMBAR COPAL (*Liquidambar styraciflua*). 30 à 40. Port pyramidal; tronc nu; feuilles palmées, rouges en automne. Plaine. Exposition chaude. Terre profonde.

— DU LEVANT (*L. imberbe*). 30 à 40. Port du précédent, plus touffu. Feuilles plus profondément lobées. Plaine; à toute exposition. Terre profonde.

PEUPLIER A GRANDES DENTS (*Populus grandidenta*). 50. Feuilles grandes, ovales, d'un beau vert. Plaine. Bord des eaux.

— LIARD (*P. viminea*). 50. Port pyramidal. Feuilles ovales oblongues, d'un vert grisâtre, blanches en dessous. Plaines et collines. Bord des eaux.

SAULE PLEUREUR (*Salix babylonica*). 30 à 40. Port très-pittoresque; branches et rameaux pendans; feuilles longues, lancéolées, d'un vert gai. Plaine; bord des eaux.

THUYA DU CANADA (*Thuya occidentalis*). 40 à 50. Port pittoresque; feuillage d'un vert roussâtre; feuilles persistantes. Plaine et collines. Terre substantielle. Il se prête fort bien à la taille et forme de belles palissades.

TUPELO AQUATIQUE (*Nyssa aquatica*). 40 à 45. Port très-pittoresque feuilles lancéolées, luisantes, un peu coriaces. Plaine. Terres marécageuses ou inondées.

§ b. TERRES SABLONNEUSES.

1° Indigènes.

CYPRÈS COMMUN (Cupressus sempervirens). 30 à 40. Port pyramidal; feuilles persistantes, imbriquées, d'un vert noirâtre. Plaine et colline; terre profonde.

PIN MUGHO (Pinus pumilio). 40 à 50. Il reste souvent un arbrisseau nain, dans de certaines localités. Port pittoresque; feuilles linéaires, persistantes. Collines et montagnes; terres profondes.

CHÊNE YEUSE (Quercus ilex). 30 à 40. Port pittoresque; tronc tortueux, très-branchu. Feuilles persistantes, coriaces, d'un vert foncé et luisant. Plaines; terre profonde.

2° Exotiques.

FÉVIER D'AMÉRIQUE (Gleditzia triacanthos). 30 à 40. Port très-agréable; feuilles légères, deux fois ailées, d'un vert gai. Plaine; mi-soleil; terre profonde.

— MONOSPERME (G. monosperma). 30 à 40. Port pittoresque; rameaux hérissés; feuilles légères, deux fois ailées. Plaines et abris pendant les grands froids, si on ne veut pas qu'il perde ses jeunes pousses pendant sa jeunesse.

— DE LA CHINE (G. sinensis). 30 à 40. Très-remarquable par son tronc hérissé d'épines longues de six pouces et en faisceaux. Feuilles légères, deux fois ailées, d'un vert gai. Plaine; mi-soleil; terre profonde.

§ c. TERRES FRAÎCHES.

1° Indigènes.

BOULEAU COMMUN (Betula alba). 40 à 50. Écorce blanche, satinée. Port très-pittoresque; feuilles deltoïdes, d'un beau vert; variétés: à feuilles panachées, pleureur. Plaines et montagnes; tout terrain.

ÉRABLE PLANE (Acer platanoïdes). 40 à 50. Tête arrondie; feuilles lobées, un peu glauques en dessous, d'un beau vert en dessus; plaines et montagnes. Terre substancielle.

§ d. TERRES FERTILES.

1° Exotiques.

CHÊNE A LATTES (Quercus imbricaria). 40 à 50. Port pittoresque; feuilles rapprochées, lancéolées, d'un vert luisant en dessus. Plaines et collines; terre profonde.

— VERT DE LA CAROLINE (Q. virens). 40 à 50. Tête large; feuilles persistantes, d'un beau vert, coriaces. Plaine sablonneuse; exposition chaude.

— AQUATIQUE (Q. aquatica). 40 à 50. Beau port; feuilles trilobées, cunéiformes. Plaines; exposition chaude. Il craint le froid au-dessus du 44e degrés.

ÉRABLE DE PENSYLVANIE (Acer pensylvanicum). 30 à 40. Tronc agréablement jaspé de blanc; feuilles grandes, à trois lobes. Plaines et collines? terre profonde.

NOYER BLANC OU IKORI (Juglans alba). 50. Port superbe; feuillage d'un très-beau vert. Plaines et collines; terre profonde.

PTÉROCARPA A FEUILLES DE FRÊNE (*Juglans pterocarpa*). 40 à 50. Tronc tortueux; feuilles ailées, d'un beau vert. Plaines et collines. Terre profonde.

§ e. TOUS TERRAINS.

1° Indigènes.

CHARME COMMUN (*Carpinus betula*). 40. Feuilles arrondies, d'un beau vert. Propre à faire des palissades, mais d'une croissance très-lente. Terre substantielle et fraîche. Plaines et montagnes.

2° Exotiques.

CHARME DE VIRGINIE (*Carpinus virginiana*). 30 à 40. Feuillage d'un beau vert. Plaine et colline; terre substantielle.

— D'ITALIE (*C. ostrya*). 30 à 40. Port pittoresque. Feuilles d'un vert plus prononcé. Plaine et colline. Terres médiocres; croissance moins lente.

CHÊNE ÉTOILÉ (*Quercus stellata*). 40 à 50. Feuilles oblongues, lobées, d'un vert un peu grisâtre. Plaines et montagnes. Terres profondes.

GENÉVRIER CÈDRE DE VIRGINIE (*Juniperus virginiana*). 40 à 45. Tronc à écorce rouge; branches horizontales; feuilles linéaires, persistantes, rougeâtres en hiver. Collines rocailleuses; terre profonde.

C. ARBRES DE IIIe GRANDEUR.

1° Indigènes.

BUIS TOUJOURS VERT (*Buxus sempervirens*). 15 à 25. Port pyramidal, très-pittoresque; feuillage d'un vert brillant et foncé; feuilles petites, ovales, persistantes. Plaine et colline. Tout terrain, mieux, calcaire et substantiel.

CHÊNE LIÉGE (*Quercus suber*). 25 à 30. Port d'un pommier; tronc pittoresque; feuilles persistantes. Terrain sablonneux; exposition chaude. Il craint le froid au-dessus du 44e degré.

ÉRABLE COMMUN (*Acer campestre*). 15 à 20. Tête étalée; écorce subéreuse; feuilles lobées, d'un joli vert. Plaines et montagnes; terre fraîche et profonde.

— DE MONTPELLIER (*A. monspessulanum*). 20 à 30. Tronc gros; feuilles petites, raides, à trois lobes. Plaine. Terre de bonne qualité.

— DE CRÈTE (*A. creticum*). 15 à 20. Il n'est probablement qu'une variété du précédent. Feuilles petites, persistantes, les unes entières, les autres trilobées. Plaines et collines. Terre fraîche et profonde.

FRÊNE A LA MANNE (*Fraxinus rotundifolia*). 25 à 30. Port pittoresque; feuillage d'un beau vert. Plaine; terre substantielle, humide.

GENÉVRIER COMMUN (*Juniperus communis*). 15. Port pittoresque. Feuilles linéaires, persistantes, d'un vert glauque. Plaines et collines; terre de bonne qualité.

— CADE (*J. oxicedrus*). 15 à 20. Pittoresque. Feuilles linéaires et persistantes. Plaine. Exposition abritée. Terre substantielle et chaude.

HOUX COMMUN (*Ilex aquifolium*). 20 à 25. Port pittoresque; feuilles ovales, anguleuses et épineuses dans la jeunesse de l'arbre, d'un vert foncé et luisant, persistantes. Plaines et montagnes; terre granitique.

IF COMMUN (*Taxus baccata*). 20 à 30. Port pittoresque, triste. Feuilles linéaires, persistantes, d'un vert moirâtre et luisant. Il se somet très-bien à la tonte. Variétés panachées en blanc ou en jaune. Plaines et collines. Toute terre, mieux, franche et profonde.

(103)

2° Exotiques.

BUIS DE MAHON (*Buxus balearica*). 15. Il diffère du buis commun par ses feuilles un peu plus grandes. Plaine; tout terrain.

BROUSSONETIER, MURIER A PAPIER (*Broussonetia papyrifera*). 25 à 30. Tête arrondie; feuillage étoffé, d'un vert poudreux et jaunâtre; feuilles les unes cordiformes et entières, les autres à trois lobes. Plaine; tout terrain.

ÉRABLE JASPÉ (*Acer pensylvanicum*). 25 à 30. Tronc agréablement jaspé de blanc; rameaux rougés; feuilles grandes, lobées. Plaine. Terre substantielle et bonne.

DE TARTARIE (*A. Tataricum*). 15 à 20. Pittoresque par ses fruits rouges. Feuilles cordiformes, un peu lobées. Plaine et colline; terre substantielle.

FÉVIER A GROSSES ÉPINES (*Gleditzia macrocanthos*). 20 à 25. Très-pittoresque; tronc armé de grosses épines rameuses et fort aiguës; feuillage léger, d'un vert gai; feuilles deux fois ailées. Plaine; terrain sablonneux.

DE LA MER CASPIENNE (*G. caspiana*). 25 à 30. Le plus beau et le plus pittoresque de son genre. Tronc couvert d'épines très-longues et recourbées; rameaux en zig-zag; feuillage gracieux, léger et d'un joli vert; feuilles d'un pied de longueur, bipinnées. Plaine. Terre légère ou sablonneuse.

VERDATRE (*G. subvirescens*). 20 à 30. Port pittoresque; feuillage léger. Plaine; terre sablonneuse.

FRÊNE A FLEURS (*Fraxinus ornus*). 30. Port élégant; feuillage d'un beau vert; fleurs blanches, ayant des pétales. Plaines et collines; bonne exposition. Terre substantielle et profonde.

GENÉVRIER CÈDRE D'ESPAGNE (*Juniperus thurifera*). 25 à 30. Feuilles opposées, linéaires, persistantes; port assez pittoresque, pyramidal. Plaine. Exposition chaude et abritée; terre substantielle.

CÈDRE DES BERMUDES (*J. bermudiana*). 25 à 30. Port pyramidal; feuilles très-rapprochées, linéaires, persistantes. Il craint le froid au-dessus du 44e degré. Plaine. Exposition abritée; terre fertile, substantielle.

MICOCOULIER DU LEVANT (*Celtis orientalis*). 25 à 30. Feuilles distiques, cordiformes, d'un vert mat. Plaine. Terre profonde et substantielle.

PLATANES A FEUILLES EN COIN (*Platanus cuneata*). 25 à 30. Feuillage d'un beau vert; feuilles lobées, dentées. Plaine et colline. Terre profonde et fraîche.

SAPIN BAUMIER (*Abies balsamea*). 20 à 30. Port pittoresque du sapin commun; feuilles linéaires, sur un double rang, persistantes. Collines et montagnes; terre granitique.

Tels sont les arbres qui peuvent entrer dans la composition des forêts, des bois, et en général de tous les tableaux qui demandent des effets pittoresques, naturels et sans recherche.

Mais pour la plantation des bosquets, des massifs, des avenues, et autres compositions qui exigent de la richesse et du brillant, on devra choisir les espèces qui joignent la beauté des fleurs au pittoresque du port et du feuillage.

Ici, comme la fleur est le principal objet à considérer, c'est dans l'ordre de la floraison que nous devons présenter les espèces de choix. Presque toutes croissent assez bien dans les terres fertiles, de quelque nature qu'elles soient, mais elles préfèrent cependant de certains sols que nous indiquerons.

II. TABLEAU DES ARBRES A FLEURS REMARQUABLES.

1re GRANDEUR.

a. FLEURS PARAISSANT AU PRINTEMPS.

CERISIER DE VIRGINIE (*Cerasus virginiana*). 80 à 100. Beau port et beau feuillage; à la fin de mai, fleurs blanches en grappes. Plaine et colline; terre légère.

MARONNIER D'INDE (*Æsculus hyppocastanum*). 50 à 60. Port majestueux; feuilles palmées, d'un beau vert tendre; en mai, fleurs blanches panachées de rouges, en grappes. Variété superbe à fleurs rouges; autre à feuilles panachées. Plaine; terre profonde.

ROBINIER FAUX-ACACIA (*Robinia pseudo-acacia*). 50 à 70. Tronc droit; feuilles ailées, d'un vert tendre; en mai et juin, fleurs blanches en grappes pendantes, odorantes. Bois cassant. Variétés nombreuses. Plaine et collines abritées de grands vents. Terre fraîche et légère.

SORBIER DOMESTIQUE (*Sorbus domestica*). 50. Beau port; feuillage pittoresque; feuilles ailées; en mai, fleurs blanches, en corymbes. Plaine et collines. Terre profonde, bonne et fraîche. Croissance excessivement lente.

b. FLEURS PARAISSANT EN ÉTÉ.

MAGNOLIER ACUMINÉ (*Magnolia acuminata*). 90 à 100. Port magnifique; feuilles de huit pouces de longueur sur cinq de largeur. Fleurs d'un jaune verdâtre, larges de trois à quatre pouces. Plaine. Exposition chaude; terre fraîche et fertile.

TILLEUL COMMUN (*Tilia europæa*). 60 à 70. Port majestueux; beau feuillage; en juin, fleurs jaunes, odorantes. Plaines et montagnes; terre fraîche et profonde.

— DE HOLLANDE (*T. mycrophylla*). 60 à 80. Même port; feuilles plus petites. Plaines et collines; terre fraîche et profonde.

— DU CANADA (*T. pubescens*). 70 à 80. Même port. Rameaux plus étalés; feuilles très-grandes. Plaines et collines; terre fraîche et profonde.

TULIPIER DE VIRGINIE (*Liriodendron tulipifera*). 80 à 100. Port superbe; feuillage pittoresque; feuilles tronquées au sommet, d'un vert jaunâtre; en juin et juillet, fleurs semblables à des tulipes, d'un jaune verdâtre avec une tache rouge. Plaine et collines; exposition au nord; terre profonde et fraîche.

IIe GRANDEUR.

a. FLEURS AU PRINTEMPS.

CORNOUILLER A GRANDES FLEURS (*Cornus florida*). 35 à 40. Port très-pittoresque pendant la floraison; feuilles assez grandes; en mai, fleurs jaunes enveloppées dans une grande collerette blanche. Plaine et colline; terre médiocre.

MERISIER A FLEURS DOUBLES (*Cerasus avium, var. flore pleno*). 40 à 50. Beau port et beau feuillage; en mai, fleurs blanches, doubles. Plaine et collines; tout terrain.

ROBINIER VISQUEUX (*Robinia viscosa*). 40. Port assez agréable; feuilles d'un vert tendre; en mai, fleurs blanches, en grappes pendantes.

b. FLEURS EN ÉTÉ.

BIGNONE CATALPA (*Bignonia catalpa*). 30. Tête superbe, arrondie;

feuilles grandes, cordiformes; en juillet ou août, fleurs en larges girandoles, blanches, tachées de pourpre et de jaune. Plaine et collines; terre franche, légère.

Bonduc ou chicot du Canada (*Gymnocladus canadensis*). 30 à 40. Tête régulière; feuilles bipinnées de deux ou trois pieds de longueur; en juin, fleurs blanches, tubulées, en grappes. Plaine. Exposition un peu abritée; terre franche, légère.

Magnolier a grandes fleurs (*Magnolia grandiflora*). 30 à 40. Port superbe; cime régulière, feuilles d'un beau vert tendre et luisantes; coriaces, persistantes, très-grandes, de sept à huit pouces de longueur; de juillet en novembre, fleurs de sept à huit pouces de diamètre, odorantes, d'un blanc pur. Plaine; exposition du sud-ouest; terre franche, profonde.

Plaquemikier de Virginie (*Diospyros virginiana*). 40 à 50. Beau port; feuilles grandes, assez semblables à celles du poirier; en juin et juillet, fleurs verdâtres. Baies assez grosses, jaunâtres et diaphanes. Plaine. Terre franche, fraîche et un peu légère.

Tilleul argenté (*Tilia argentea*). 40. Port superbe; feuillage grisâtre; feuilles cotonneuses et argentées en dessous; en août, fleurs jaunâtres. Plaine et collines; terre fraîche et profonde.

IIIe GRANDEUR.

1° Fleurs au printemps.

Alisier torminal (*Crataegus torminalis*). 20. Feuilles ovales, incisées; en mai et juin, fleurs blanches, en corymbes; fruits rouges. Plaines et montagnes; terre franche, légère.

— de Fontainebleau (*C. latifolia*). 23. Feuilles larges, arrondies; en mai, fleurs blanches en corymbes; fruits rouges, Plaines et montagnes; terre franche, légère.

Alisier alouchier (*Crataegus aria*). 20 à 30. Feuilles ovales, alongées, entières; fleurs blanches, en corymbes. Plaines et montagnes; terre franche, légère.

Cerisier a fleurs doubles (*Cerasus flore pleno*). 20 à 25. Joli port et joli feuillage; en avril, fleurs doubles d'un beau blanc. Plaine et colline; exposition du midi; terre légère.

— odorant ou mahaleb (*C. mahaleb*). 15 à 20. Feuilles ovales, d'un joli vert; en juin, fleurs petites, blanches, en corymbes. Plaines et montagnes; terre profonde.

Cytis des Alpes (*Cytisus laburnum*). 25 à 30. Port très-pittoresque, surtout pendant la floraison; feuilles d'un vert un peu grisâtre, à trois folioles; en mai, fleurs jaunes, en grappes pendantes. Plaines et montagnes; tout terrain sec, mieux, rocailleux et calcaire.

Gaïnier, arbre de Judée (*Cercis siliquastrum*). 20 à 25. Port irrégulier; feuilles d'un beau vert foncé, cordiformes, arrondies; en avril ou mai, fleurs d'un rose violacé, très-nombreuses, en petit bouquets sur le vieux bois et sur le tronc. Plaines et collines; terre légère.

— du Canada (*C. canadensis*). 15 à 20. Feuilles cordiformes, acuminées; en mai, fleurs plus petites. Plaines et collines; terre légère.

Laurier commun (*Laurus nobilis*). 20. Port pyramidal; feuilles ovales, persistantes, d'un vert noirâtre; en mai, fleurs jaunâtres et nombreuses. Plaine. Exposition abritée; terre franche, légère. Dans les environs de Paris, il craint un peu les fortes gelées.

Merisier a grappes (*Cerasus padus*). 15 à 20. Feuillage d'un vert foncé; feuilles ovales lancéolées; en mai, fleurs blanches, en grappes pendantes. Plaine; terre franche, substantielle.

Poirier cotonneux (*Pyrus poiveria*). 15 à 25. Pittoresque. Feuillage d'un vert blanchâtre et argenté; en mai, fleurs blanches. Plaine et montagnes. Terre fertile. On peut encore employer les espèces ou variétés *salicifolia*, *sinaïca*, panaché, biflore, etc.

Pommier a fleurs doubles (*Malus communis flore pleno*). 15 à 20. Port assez pittoresque ; en mai, fleurs blanches doubles. On peut tirer un parti assez agréable des espèces ou variétés : *spectabilis*, à fleurs semi-doubles, blanches, lavées de rose, fort grandes; *coronaria*, *sempervirens*, à fleurs roses et à feuilles persistantes; *baccata*, à fleurs assez grandes et odorantes ; *microcarpa*, à fleurs blanches et à fruits de la grosseur d'un pois et d'un beau rouge, etc. Plaines et collines ; terre fertile.

Prunier a fleurs doubles (*Prunus flore pleno*). 15 à 20. Au printemps, fleurs blanches, doubles. Les pruniers fournissent encore au jardin d'agrément les espèces *Cerasifera*, *Myrobolona* ; perdrigon à feuilles panachées ; *chamæcerasus*; *prostrata* ; *sinensis*; *incana* ; *spinosa flore pleno*. La plupart sont des arbrisseaux de quatre à quinze pieds. Plaine et montagnes ; terre fertile.

Robinier rose (*Robinia hispida*). 15 à 20. Si on ne le greffe pas sur une tige élevée, il n'atteint guère que sept à huit pieds. Port très-pittoresque; feuillage touffu, d'un vert frais ; tête arrondie ; en mai, et quelquefois en août et septembre, fleurs roses, en grappes. Bois très-cassant. Exposition abritée des vents; terre franche, légère.

— Sans épines (*R. inermis*). 15 à 20. Port très-pittoresque. Tête naturellement arrondie, très-touffue, d'un vert foncé ; les fleurs sont inconnues. Il reste arbrisseau s'il n'est greffé sur une haute tige. Plaines et collines ; terre franche, légère.

Sorbier des oiseaux (*Sorbus aucuparia*). 25 à 30. Tête large; feuilles ailées, grandes; en mai, fleurs blanches en corymbes; fruit d'un rouge de corail, d'un bel effet. Plaines et collines ; terre franche, légère et fraîche.

— Hybride (*S. hybrida*). 25 à 30. Même port; feuillage plus grisâtre; feuilles entières ou à moitié ailées; en mai, fleurs blanches en corymbes; fruits plus gros, lavés de rouge. Plaines et collines ; terre franche, légère et fraîche.

Sorbier d'Amérique (*Sorbus americana*). 20 à 25. Port droit ; feuilles plus étroites à leur extrémité; en mai, fleurs blanches, en corymbes; fruits d'un rouge plus foncé. Plaines et collines; terre franche, légère et fraîche.

2° Fleurs en été.

Chalef a feuilles étroites (*Elæagnus angustifolia*). 25 à 30. Port très-pittoresque; feuillage blanchâtre; feuilles lancéolées, argentées; en juin, fleurs nombreuses, petites, jaunâtres, odorantes. Plaines; exposition au midi; terre sablonneuse.

Magnolier parasol (*Magnolia tripetala*). 20 à 30. Port superbe; feuilles ovales, longues de quinze à vingt pouces; en juin, fleurs grandes, blanches, à neuf pétales au moins. Plaine. Exposition abritée; terre légère, fraîche. On peut encore risquer en pleine terre, à bonne exposition, les espèces *cordata*, *auriculata*, *thomsoniana*, *glauca*, *discolor*, etc.; mais quelques-unes pourront être atteintes par les gelées, dans les gros hivers. Il sera donc prudent de les en abriter.

Plaqueminier lotus (*Diospyros lotus*). 25 à 30. Feuilles lancéolées; en juin et juillet, fleurs dioïques. Plaine. Terre franche et légère.

Ptéléa a trois feuilles (*Ptelea trifoliata*). 15 à 18. Branches étalées; feuilles moyennes, à trois folioles, d'un vert gris; en juin, fleurs d'un jaune verdâtre, en corymbes. Plaine ; mi-soleil; terre franche, légère.

Sophora du Japon (*Sophora Japonica*). 25 à 30, et quelquefois beaucoup plus quand la localité lui plaît. Tronc droit; rameaux un peu pendans; feuilles ailées, légères, d'un joli vert. En août, fleurs en grappes, d'un blanc sale. Plaine; exposition chaude; terre franche.

VIRGILIER A BOIS JAUNE (*Virgilia lutea*). 15 à 20. Feuillage d'un vert un peu jaunâtre; feuilles ailées; en juin, fleurs blanches en grappes longues et pendantes. Plaine et colline; terre plutôt sèche qu'humide, fertile.

On possède encore un assez bon nombre d'arbres exotiques de pleine terre, mais les uns ne m'ont pas paru assez intéressans pour figurer ici, les autres sont encore trop nouveaux dans nos cultures pour qu'on puisse juger de leur effet dans le paysage. Jusqu'à ce qu'on connaisse leurs fleurs et leur port dans l'âge adulte, ils doivent rester dans les collections botaniques.

Quant aux arbrisseaux et arbustes, comme l'architecte peut juger chez le pépiniériste de l'effet qu'ils produiront, puisqu'on les y trouve toujours, au moins en échantillons, dans tout leur développement, nous avons jugé inutile de grossir ce volume de leur description, que l'on trouvera d'ailleurs dans notre *Art de cultiver les Jardins*, publié chez le même Libraire. Nous nous bornerons donc à en donner la nomenclature, classée en raison de l'emploi de chaque espèce. Il en sera de même pour les plantes herbacées.

III. ARBRES ET ARBRISSEAUX TOUJOURS VERTS, propres à la plantation des bosquets d'hiver.

A. ARBRES RÉSINEUX.

CÈDRE de virginie, id. du liban. — CYPRÈS commun, id. faux-thuya. — GENÉVRIER commun, id. d'Espagne, id. cade, id. de Phénicie, id. sabine mâle, id. sabine fenelle. — IF commun. — PIN sylvestre, id. d'Écosse, id. de Genève, id. de montagne, id. de Tartarie, id. de Russie, id. grand maritime, id. petit maritime, id. mugho, id. à feuilles divergentes, id. nain, id. maritime de mathiole, id. de romanie, id. à trochets, id. à pignons, id. de Corse, id. doux, id. résineux d'Alep, id. de virginie, id. blanc du Canada, id d'encens, id. rude, id. cembro. — SAPIN commun, id. du Canada, id. blanc du Canada, id. baumier, id. noir, id. épicéa. — THUYA d'Occident, id. de la Chine.

B. ARBRES ET ARBRISSEAUX NON RÉSINEUX.

ARBOUSIER commun, id. busserole. — BACCHANTE de virginie. — BADIANE à petites fleurs, id. unie. — BRUYÈRE cendrée, id. blanche, id. multiflore blanche, id. quaternée blanche, id. ciliée, id. de la Méditerranée, id. commune, id. à balais, id. multiflore rouge. — BUDLEIA globuleux. — BUPLÈVRE oreille de lièvre. — Buis ordinaire, id. à feuilles panachées, id. de Mahon. — CAMALÉE à trois coques. — CÉLASTRE grimpant. — CERASIER-laurier du Portugal, id. laurier-cerise, id. laurier du Mississipi. — CHÊNE yeuse, id. liège, id. au kermès. — CHÈVREFEUILLE toujours vert, id. de Minorque. — CLÉMATITE toujours verte. — FRAGON piquant, id. laurier-alexandrin. — FUSAIN toujours vert. — GALÉ à feuilles en cœur. — GENÊT blanchâtre. — HORTENSIA. — Houx commun, id. à feuilles panachées, id. de Minorque, id. du Canada. — JASMIN jaune. — LAURÉOLE commun. — LAURIER d'Apollon. — LIERRE grimpant. — NÉFLIER buisson ardent. — NERPRUN alaterne, id. alaterne panaché. — PHILARIA à feuilles épineuses, id. à feuilles obliques, id. à feuilles de romarin, id. à feuilles moyennes, id. à feuilles de buis, id. à feuilles d'olivier, id. à feuilles de troène, id. à grandes fleurs. — PHLOMIS fruticescent. — POMMIER toujours vert. — ROMARIN officinal, id. panaché. — ROSIER sempervirens. — RUE de montagne, id. commune. — SANTOLINE commune. — VIORNE laurier-thym. — YUCCA nain.

IV. ARBUSTES POUR BOSQUETS ET MASSIFS.

AIRELLE canneberge, id. anguleuse, id. ponctuée, id. veinée, id. de

Pensylvanie. — ARMOISE citronelle. — BAGUENAUDIER d'Ethiopie. — BOURREAU nain. — BRUYÈRES, toutes les espèces de pleine terre que nous avons mentionnées dans le tableau précédent. — BUGRANE frutescente. — CLÉMATITE droite. — CYTISE à feuilles velues. — DIERVILLE jaune. — EPHEDRA à un épi. — GERMANDRÉE à odeur de pomme, *id.* arbrisseau, *id.* de Marseille, *id.* jaunâtre, *id.* maritime. — LAURÉOLE mezereon. — PHLOMIS lichnite, *id.* frutescent. — POTENTILLE frutescente. — ROMARIN Pygmée, *id.* frutescent, *id.* de la Daourie, *id.* de la Chine, *id.* barbu. — SANTOLINE commune. — SPIRÉE à feuilles lisses.

V. ARBRISSEAUX POUR BOSQUETS ET MASSIFS.

a. FLEURS AU PRINTEMPS.

ALISIER amelanchier, *id.* à épis rameux. — AMANDIER panaché, *id.* à fleurs doubles, *id.* nain, *id.* panaché. — ARBOUSIER des Pyrénées. — ARGOUSIER du Canada, *id.* rhamnoïde. — ASTRAGALE adragant. — ATRAGÈNE du Cap. — AUCUBA du Japon. — BURACIER du Japon. — BUIS toujours vert, *id.* de Mahon. — CERISIER nain. — CHÊNE des teinturiers. — CHAMECERISIER xylosteon, *id.* de Tartarie, *id.* des Pyrénées. — CHÈVREFEUILLE des haies, *id.* des jardins, *id.* romain, *id.* toujours vert, *id.* glauque, *id.* d'Amérique, *id.* à fleurs blanches. — CLAVALIER à feuilles de frêne. — CLÉMATITE à feuilles entières, *id.* odorante. — COGNASSIER du Japon. — CORONILLE des jardins. — CYTISE à feuilles pliées. — FUSAIN commun. — GALÉ de pensylvanie, *id.* cirier, *id.* piment royal, *id.* à feuilles de chêne. — GATTILIER commun. — GROSEILLIER doré. — HALÈSIE à deux ailes, *id.* à quatre ailes. — KERMIE des jardins. — LAURÉOLE cneorum, *id.* mezereon, *id.* commun, *id.* garou, *id.* des Alpes, *id.* à feuilles d'olivier, *id.* à feuilles de citronnier, *id.* d'automne. — LILAS varin, *id.* commun, *id.* de Marly, *id.* de Perse. — NEFLIER cotonneux, *id.* azerolier, *id.* ergot de coq, *id.* à feuilles de sorbier. — ORME nain. — PALIURE épineux. — PAVIER de l'Ohio. *id.* nain, *id.* hybride. — PÉONIA à fleurs doubles. — PISTACHIER térébinthe. — ROBINIER caragana, *id.* féroce, *id.* satiné. — SPIRÉE à feuilles de sorbier, *id.* cotonneuses, *id.* à feuilles crénelées, *id.* à feuilles de millepertuis, d'orme, d'obier, de saule, de germandrée, *id.* à feuilles lisses. — STAPHILIER à feuilles ternées, *id.* à feuilles ailées. — SYRINGA odorant, *id.* pubescent, *id.* inodore. — Viorne laurier-thym, *id.* velue, *id.* boule de neige, *id.* raide, *id.* brillante, *id.* commune, *id.* rugueuse, *id.* à manchette, *id.* à feuilles de prunier, de poirier.

b. FLEURS EN ÉTÉ.

ACACIA de Farnèze. — ALHOUFIER glabre, *id.* officinal. — AMORPHA fruticueux. — ARMOISE en arbre, *id.* citronelle. — BAGUENAUDIER commun, *id.* d'Alep, *id.* du Levant. — CÉPHALANTE occidental. — CISTE pourpre, *id.* ladanifère, *id.* à feuilles de laurier, de peuplier, d'halime, de consoude. — CYTISE à feuilles sessiles, *id.* noirâtre. — EPHEDRA à deux épis. — FRISAIN galeux, *id.* toujours vert, *id.* noir pourpre, *id.* commun, *id.* à larges feuilles. — GENET d'Espagne, *id.* à fleurs blanches, *id.* blanchâtre. — HYDRANGÉE blanche, *id.* de Virginie. — STEWARTIA à cinq styles, *id.* à un style. — SUREAU commun, *id.* à grappes, *id.* du Canada.

c. FLEURS EN AUTOMNE.

ARALIE épineuse. — ARBOUSIER des Pyrénées. — DÉCUMAIRE sarmenteuse. — DIERVILLE jaune. — EPHEDRA à un épi.

d. FLEURS EN HIVER.

CALYCANTHE précoce. Les fleurs, d'un blanc sale, d'une odeur extrêmement agréable, paraissent de dicembre en février.

VI. ARBUSTES POUR MASSIFS DE TERRE DE BRUYÈRES.

Andromède caliculée, *id.* du Maryland, *id.* cotonneuse, *id.* marginée, *id.* en arbre, *id.* pulvérulente, *id.* à grappes, *id.* axillaire, *id.* luisante, *id.* à feuilles de cassiné, de pouliot. — Azalée à fleurs nues, et ses nombreuses variétés : blanche, rose, double-blanche, bicolore, *partita, carnea,* etc., *id.* visqueuse, et ses variétés *floribunda, glauca, tomentosa, virens, scabra, serotina, purpurea, nubervima* ; *id.* pontique, et sa variété *alba* ; *id.* tricolore ; *id.* éclatante, et ses variétés *crocea, insignis* ; *id.* des Indes. — Badiane rouge. — Céanothe d'Amérique. — Clethra à feuilles d'aulne. — Comptonia à feuilles de cétérac. — Consouille soyeux, *id.* rameux. — Epigée rampante. — Fothergilla à feuilles d'aulne. — Gaulteria du Canada. — Kalmia à feuilles étroites, et sa variété *oleifolia* ; *id.* à larges feuilles, *id.* glauque. — Lédon à larges feuilles, *id.* des marais, *id.* incliné. — Polygala à feuilles de buis. — Rosage en arbre (celui-ci souffre quelquefois des gelées), *id.* d'Amérique, *id.* de Catesby ; *id.* pontique, et ses variétés à fleurs blanches, *bullatum, undulatum, salicifolium, variegatum, semplenium* ; *id.* azaloïde, et sa variété *violaceum* ; *id.* ponctué, *id.* ferrugineux, *id.* velu, et sa variété *variegatum* ; *id.* à petites feuilles, *id.* du Caucase, *id.* de la Daourie. — Rhodora du Canada. — Zanthorriza à feuilles de persil.

VII. ARBRES ET ARBRISSEAUX A ISOLER.

a. Remarquables par leur feuillage ailé.

Aralie épineuse. 8 à 10. Feuilles tripennées. Fleurs en immense panicule, d'un blanc sale, à odeur de lilas.

Ailante vernis du Japon. 50 à 60. Feuilles ailées, à folioles nombreuses.

Amorpha frutiqueux. 6 à 8. Feuilles ailées, ressemblant à celles de l'indigo. Fleurs en épi, d'un bleu violâtre.

Bonduc ou chicot du Canada. 25 à 30. Feuilles bipinnées, longues de deux ou trois pieds.

Érable à feuilles de frêne. 60. Feuilles ailées, composées de cinq à sept folioles oblongues.

Frênes. La plupart des espèces, et particulièrement les frênes jaspés à branches et tiges rayées de jaune. — Doré, à branches et rameaux jaunes, et branches pendantes dans une sous-variété. — Parasol, à branches se recourbant en demi-cercle jusque sur la terre, de manière à former un horceau naturel. — Horizontal, dont les branches s'étendent horizontalement. — Frêne blanc, s'élevant à 80 pieds, à écorce blanche. Il est moins sujet que les autres à être attaqué par la cantharide.

Noyers d'Amérique. Tous sont assez remarquables, mais l'ikori l'est particulièrement par la grandeur et le ton de son feuillage.

Robinier, faux acacia. 50 à 70. Il est très-pittoresque ; mais comme il est extrêmement commun, on emploiera ses variétés.

Sophora du Japon. Il n'est point d'arbres d'un feuillage plus léger et plus pittoresque. Sa variété *pendula* est aussi agréable que singulière.

Sumac vinaigrier. 15 à 20. Feuilles grandes, d'un vert foncé, rouges en automne. Fruits d'un rouge éclatant.

b. Remarquables par la grandeur ou la singularité de leurs feuilles.

Magnolier à grandes fleurs. 80. Feuilles de six à huit pouces de longueur, persistantes.

— A grandes feuilles. 20 à 30. Feuilles de plus de deux pieds de longueur, ovales, caduques.

— Acuminé. 90 à 100. Feuilles de huit pouces de longueur.

— Auriculé. 20 à 40. Feuilles d'un pied de longueur.

GINKGO à deux lobes. 30 à 40. Feuilles cunéiformes, bilobées, larges de trois pouces, d'un aspect singulier.

TULIPIER de Virginie. 80 à 100. Feuilles grandes, en lyre, tronquées carrément au sommet, comme si elles avaient été pliées en deux et coupées avec des ciseaux.

YUCCA nain. 3 à 4 pieds. Port d'un petit palmier. Feuilles très-longues, piquantes, lancéolées.

TAMARISC de Narbonne. 10 à 12. Rameaux souples, grêles, garnis de feuilles très-menues et imbriquées.

c. REMARQUABLES PAR LEURS FLEURS.

MAGNOLIERS. Toutes les espèces.

TULIPIER de Virginie. Fleurs ayant beaucoup de ressemblance avec une 'tulipe.

LILAS. Toutes les espèces, et principalement les lilas varin et commun.

ARBRE DE JUDÉE, à fleurs d'un rose violacé, paraissant toujours sur le vieux bois.

PIVOINE en arbre. Arbrisseau de quatre à cinq pieds, ayant quelquefois des fleurs de six à huit pouces de largeur.

CYTISE des Alpes. Fleurs jaunes, en grappes grandes et pendantes.

ROBINIER faux-acacia ; ROBINIER rose.

MARRONIER rubicond. Charmante variété à fleurs pourpres.

OBIER boule de neige. Fleurs blanches, en boule sphérique de la grosseur de deux poings.

ALISIER. Toutes les espèces à fleurs blanches, roses, doubles ou simples.

ROSAGES. Toutes les espèces de pleine terre.

Et une foule d'autres dont les fleurs deviendront d'autant plus remarquables, que les arbres seront placés dans des positions capables de les faire valoir.

d. REMARQUABLES PAR LEUR PORT.

SAULE pleureur. Le plus pittoresque sur le bord des eaux et auprès des tombeaux.

BOULEAU pleureur. 40 à 50. Élancé, à rameaux longs et pendants, et écorce blanche. Feuillage léger, d'un vert agréable, plein de grace. Le plus pittoresque pour les clairières des bois et des forêts.

FRÊNE pleureur. D'un aspect extrêmement pittoresque à cause de ses branches dirigées d'abord vers le ciel, et se courbant ensuite vers la terre.

SOPHORA pleureur. Ses rameaux tout-à-fait inclinés vers la terre, et presque appliqués au tronc, produisent un effet très-singulier.

PEUPLIER d'Italie. CÈDRE du Liban, et presque tous les arbres de la famille des conifères.

Nous ne pousserons pas plus loin cette nomenclature, parce que nous en avons assez dit dans le premier tableau, et même dans les autres, pour que l'on puisse y faire un choix raisonné des espèces propres à être plantées isolément.

VII. ARBRES POUR QUINCONCES ET AVENUES.

Chêne commun. D'un effet majestueux, mais d'une croissance extrêmement lente. On peut également se servir pour avenues des grandes espèces d'Amérique.

Cyprès commun. D'un aspect mélancolique, soit par la couleur sombre de son feuillage, soit par le préjugé attaché à cet arbre.

Charme commun. D'un beau feuillage, mais passé de mode, parce que sa croissance est très-lente : il ne convient qu'aux avenues couvertes. Les charmes d'Italie et d'Orient peuvent avantageusement le remplacer, parce qu'ils croissent un peu moins lentement et qu'ils s'accommodent mieux des terres médiocres.

Érable sycomore. D'un beau port et d'une croissance assez rapide. Propre aux quinconces et aux grandes avenues, ainsi que l'érable plane.

Hêtre commun. Plus pittoresque que majestueux, il a le défaut de salir beaucoup la terre par les débris de ses fruits. Néanmoins, il est propre aux grandes avenues des jardins paysagers.

If commun. Autrefois on le plantait en quinconce et en échiquier, et on lui faisait prendre au ciseau les formes les plus bizarres ; ceci est aujourd'hui passé de mode. Son feuillage, d'un vert sombre, fait employer aux mêmes usages que le cyprès, dans les scènes mélancoliques.

Marronier d'Inde. Nul arbre ne lui disputerait pour les majestueuses avenues et pour les grands quinconces, s'il ne salissait la terre avec les débris de son fruit. Il a une variété charmante à fleurs rouges, que l'on entremêle avec lui pour varier les effets.

Micocoulier de Virginie. De 50 à 60 pieds. Élégant. Pour avenues et allées couvertes. Le micocoulier à feuilles en cœur est d'un port encore plus remarquable, et mérite la préférence par la couleur de son feuillage d'un vert tendre.

Orme champêtre et ses variétés. Pour quinconce dans les scènes champêtres et pour avenues le long des chemins et grandes routes; il a le défaut d'attirer les chenilles, ce qui le fait écarter des jardins.

Pavier jaune, charmant par ses fleurs rouges et ses feuilles composées. Propre à de petites avenues. Sa hauteur ne dépasse pas trente pieds.

Peuplier d'Italie. Très-pittoresque et fort propre aux grandes avenues qui longent le bord des rivières, des ruisseaux et des prairies. Toutes les grandes espèces de peuplier peuvent également être avantageusement employées à la plantation des avenues. Leur croissance est rapide, raison qui leur fera souvent donner la préférence.

Platane d'Orient. Port superbe. Propre aux avenues et aux quinconces les plus riches. On le remplace avec presqu'autant d'avantages par le platane d'Occident.

Robinier faux-acacia, acacia commun. Propre à faire des quinconces et des avenues, mais dans un genre plus pittoresque que majestueux. Son grand défaut est d'être facilement brisé par les vents.

Sorbier des oiseleurs. Fort agréable par ses fleurs, son feuillage, mais plus encore par ses fruits d'un beau rouge de corail. Il convient aux petites avenues, aux quinconces de peu d'étendue, et il fait un bel effet le long des routes et des chemins.

Thuya d'Occident. Port pyramidal. Propre aux allées couvertes et aux petites avenues, ainsi que le thuya de la Chine : tous deux ont un port très-pittoresque.

Tilleul commun , de Hollande, du Canada. Tous les tilleuls sont des arbres d'un bel effet, procurant un ombrage agréable sans humidité, et, lors de la floraison, exhalant une odeur douce qui ne porte jamais à la tête. Ces avantages leur font donner la préférence sur beaucoup d'arbres plus pittoresques.

Tous les arbres élevés, à feuillages touffus et à végétation vigoureuse, peuvent également être employés en avenues et en quinconces.

IX. ARBRES ET ARBRISSEAUX PROPRES A LA DÉCORATION DU BORD DES EAUX.

Airelle veinée, id. canneberge. — Aulne commun, id. maritime, id. à grandes feuilles. — Céphalanthe occidentale. — Chionanthe de Virginie. — Cyprès faux-thuya, id. chauve. — Dirca des marais. — Galé de Pensylvanie, id. piment royal. — Hamamélis à feuilles d'obier. — Hamamélis de Virginie. — Morelle grimpante. — Noyer noir. — Peuplier blanc, id. tremble, id. faux-tremble, id. d'Athènes, id. noir, id. pyramidal, id. du Canada, id. de la Caroline, id. de Virginie, id. argenté, id. liard, id. tacamahaca, id. à grandes dents, id. baumier. — Saule blanc, id. odorant, id. marceau, id. pleureur, id. pourpre, id. viminal, id. osier, id. argenté, id. à feuilles de myrte. — Taxodier distique. — Tupélo aquatique. — Tamarisc de Narbonne, id. d'Allemagne. — Viorne obier.

X. ARBRES ET ARBRISSEAUX POUR DÉCORER LES ROCHERS ET ROCAILLES.

Airelle myrtile. — Astragale adragant. — Baguenaudier ordinaire, id. du Levant, id. d'Alep, id. d'Ethiopie. — Caprier commun. — Cière au kermès. — Cytise noirâtre, id. des Alpes. — Fontanésia à feuilles de philaria. — Jasmin jaune. — Lycier d'Afrique, id. de la Chine. — Ronce commune et ses variétés à fleurs roses, doubles, etc.

XI. ARBRES ET ARBUSTES GRIMPANS.

1° à vrilles ou à radicules.

Astérie sarmenteuse. — Atragène des Indes, id. des Alpes. — Bignone à vrilles, id. de Virginie. — Décumaire sarmenteux. — Lierre grimpant ; id. de l'Archipel, d'une croissance moins lente ; id. à feuilles panachées. — Gelsemier luisant. — Ménisperme du Canada. — Mitchelle rampante. — Vigne vierge, ou cisse à cinq feuilles.

Ces espèces grimpent et se soutiennent seules contre les rochers et les murailles. Celles qui suivent ont besoin de supports et servent ordinairement à couvrir le berceau ou treillage.

2° à tiges grimpantes sans vrilles ni radicules.

Aristoloche siphon. — Célastre grimpant, id. de Virginie. — Chèvrefeuille des jardins, id. des haies, id. toujours vert, id. à petites fleurs r id. de Minorque, id. écarlate. — Clématite odorante, id. à fleurs bleues v id. viorne, id. de Virginie. — Glycine pubescente. — Grenadille bléne. — Jasmin ordinaire. — Linnée boréale. — Morelle grimpante. — Périploca de la Grèce. — Rosier de Macartney, id. noisette, id. de Banks, id. multiflore, id. sempervirens.

XII. ARBRES ET ARBRISSEAUX POUR HAIES ET PALIS-SADES.

Argousier rhamnoïde. — Buis commun, id. de Mahon. — Charme commun, id. à feuilles de chêne, id. panaché, id. d'Italie, id. de Virginie.

— CORONILLE des jardins. — FONTANÉSIE à feuilles de philaria. — GROSEILLERS de toutes les espèces, et particulièrement le doré dont les fleurs jaunes, semblables à celles d'un jasmin, exhalent une odeur suave. — HOUX commun, id. d'Amérique, id. panaché, id. du Canada, id. de Minorque. — IF commun. — JASMIN blanc, id. jaune — LILAS commun, id. varin, id. de Marly, id. de Perse. — LYCIET jasminoïde, id. de la Chine, id. jasmin d'Afrique. — NÉFLIER aubépine, le meilleur arbrisseau que l'on puisse employer pour faire des haies impénétrables; id. de Mahon, id. à fruits jaunes, id. très-odorant, id. azerolier, id. petit corail, id. buisson ardent, id. à feuilles panachées, id. à feuilles de Tanaisie. — NERPRUN alaterne, id. panaché. — PHILARIA à feuilles étroites, id. à grandes fleurs, id. à feuilles moyennes. — RONCE commune à fruits blancs, id. à fleurs doubles, id. à fleurs roses doubles, id. du Canada, id. du Nord, id. à feuilles panachées, id. à feuilles découpées. — ROSIERS, toutes les espèces et leurs nombreuses variétés. — SPIRÉE à feuilles de mille-pertuis. — SYRINGA pubescent, id. inodore, id. odorant, et ses variétés. — THUYA occidental, id. de la Chine. — TROÈNE commun, id. du Japon.

XIII. ARBRES ET ARBRISSEAUX A FEUILLAGE PLUS OU MOINS BLANCHATRE.

AMANDIER satiné. — CYTISE argenté. — GRAET blanchâtre, id. à feuilles de lin. — HIPPOPHAÉ rhamnoïde. — OLIVIER de Bohême. — PHLOMIS frutescent. — POIRIER d'Orient, id. à feuilles de saule. — ROSIER à feuilles soyeuses. — RUE commune. — SAULE blanc. — SORBIER de Laponie.

XIV. ARBRES ET ARBRISSEAUX PRODUISANT DE L'EFFET PAR LEURS FRUITS.

1° Fruits de formes singulières.

ARGALOU ou paliure épineux. Fruits en forme de chapeau. Arbrisseau piquant, de sept à huit pieds.

BADIANE rouge. Fruit en étoile, odorant.

BAGUENAUDIER ordinaire. Fruit vésiculeux, crépitant lorsqu'on l'écrase.

CÉLASTRE grimpant. Fruit rouge, à trois cornes, d'un effet singulier. Grand arbrisseau grimpant, dont les grosses tiges volubiles étranglent les arbres autour desquels il s'entortille. On le nomme aussi, pour cette raison, bourreau des arbres.

COROSSOL à trois lobes, ou assimilier de Virginie. Trois fruits oblongs, divergens, verts; mangeables et fondans.

ÉCCRÉMOCARPE A FRUIT RUDE. Arbrisseau grimpant; jolies grappes de fleurs rouges et orangées; fruit en forme de bouteille.

FOTHERGILLA à feuilles d'aulne. Fruits lançant leurs semences assez loin et avec bruit.

FUSAIN commun. Fruit en forme de bonnet de prêtre, à semences orangées et capsules rouges, laissant entrevoir les semences à la maturité.

GALÉ cirier. Fruits recouverts d'une couche de cire que l'on en extrait en les faisant bouillir dans de l'eau.

GINKGO à deux lobes. Noix ovale, charnue, de la grosseur d'une prune de damas. On en mange l'amande après l'avoir fait rôtir sur les charbons comme un marron.

Groseiller doré. Fruit ovale alongé, d'un noir violacé très-brillant, ayant une saveur aromatique qui plaît à quelques personnes.

Halésier à quatre ailes. Fruits pendans, à quatre ailes dans cette espèce, à deux dans l'halésier à deux ailes.

Pistachier cultivé. Fruit vert, renfermant une amande mangeable.

Staphilier à feuilles ailées. On fait des chapelets avec ses graines, arrondies, sèches et fort dures.

2°. Fruits remarquables par leur couleur.

a. Fruits rouges.

Airelle ponctuée. — Alisier terminal, id. alouchier, id. amelauchier, id. du Canada; id. de Fontainebleau. — Arbousier commun. — Chamæcerasier de Tartarie, id. symphoricarpos. — Cornouiller sanguin, id. mâle, id. à grandes fleurs. — Genévrier sabine femelle. — Houx commun. — If commun. — Jujubier cultivé. — Lyciet jasminoïde, id. de la Chine. — Michelia rampant. — Morelle grimpante. — Néflier buisson ardent, d'un rouge de corail et d'un effet charmant pendant l'hiver. — Pommier à petits fruits. — Prinos verticillé. — Sorbier d'Amérique, id. des oiseleurs. — Turélo blanchâtre. — Viorne obier.

b. Fruits noirs.

Airelle veinée, id. en arbre. — Alisier de Choisy, id. amelauchier. — Arbousier raisin d'ours. — Cerisier du Canada. — Lieret grimpant. — Lyciet d'Afrique. — Psilaria à feuilles étroites, id. à feuilles moyennes, id. à grandes fleurs. — Sureau à grappes. — Troène commun. — Viorne commune.

c. A fruits violets.

Cornouiller à feuilles alternes.

d. A fruits bleus.

Airelle corymbifère, id. myrtile. — Alisier amelauchier. — Cornouiller à fruits bleus. — Genévrier sabine mâle. — Turélo aquatique, id. des forêts.

e. A fruits blancs.

Symphorine à grappes; charmant arbuste dont les fruits d'un blanc de neige se conservent une partie de l'hiver. — Cornouiller blanc à grappes. — Houx commun; variété à fruits blancs. — Prinos à feuilles de prunier; variété à fruits blancs.

f. Fruits jaunes.

Audibertia à feuilles de tanaisie. — Bibacier ou néflier du Japon. Il ne donne des fruits en pleine terre que dans le midi de la France. — Houx commun, variété à fruits jaunes. — Lauréole paniculé. — Néflier azerolier. — Plaquemirier de Virginie.

2° Fruit décorant l'arbre pendant l'automne.

Alisier terminal, fruits rouges; id. de Fontainebleau, fruits rouges; id. blanc, fruits rouges; id. amelauchier, fruits noir; id. à épis, fruits rouges.

Arbousier commun, fruits rouges; id. busserole, fruits noirs dont les vignerons se servent quelquefois pour colorer leur vin. »

Cornouiller sanguin, fruit d'un rouge noirâtre; id. à fruits bleus, id. blanc, fruits blancs semblables à des perles; id. à feuilles allernes, fruits violets; id. à grandes fleurs, fruits rouges en grappes; id. du Canada, fruits rouges; id. paniculé, fruits rouges en grappes, persistans jusqu'au printemps.

Fusain commun, fruits rouges et orangés; id. à larges feuilles, fruits rouges et plus gros; id. toujours verts, fruits rouges couverts d'aspérités.

Néflier aubépine à feuilles de tanaisie, fruits jaunes; id. très-odorant, fruits rouges; id. azerolier, fruits rouges ou jaunes; id. petit corail, fruits d'un rouge de corail; id. ergot de coq, fruits rouges; id. buisson ardent, fruits d'un rouge très-vif et très-brillant.

Sorbier des oiseleurs, fruits rouges d'un bel effet; id. d'Amérique, fruits d'un rouge plus foncé.

Symphorine à grappes, fruits blancs.

Vinettier commun, fruits rouges ou violets; id. de la Chine, fruits d'un rouge jaunâtre.

Ici nous terminerons le tableau des arbres, arbrisseaux et arbustes classés selon leurs différens emplois. Nous ne prétendons pas le donner pour complet, mais pour suffisant à tous les besoins de l'architecte des jardins.

II. EMPLOI DES VÉGÉTAUX HERBACÉS.

Nous avons dit précédemment que les végétaux herbacés nous offraient 1° la prairie, la pelouse, le gazon, le tapis; 2° la plate-bande, la planche, la corbeille, le massif, la contre-bordure, la bordure; 3° le parterre.

La prairie.

Elle convient parfaitement à tous les grands jardins paysagers, et particulièrement à la ferme ornée, sous le double rapport de ses charmes et de l'utilité de ses produits. Sa place naturelle est au fond des vallées, le long des ruisseaux et des rivières, sur le bord des lacs. Ses contours doivent être pleins de grace et se fondre avec les bois ou les bocages qui l'entourent. Ses bords, qui pénètrent en serpentant dans les sinus des bois, seront ombragés par le peuplier, tandis que l'aulne et le saule paraîtront les rives fleuries de la rivière qui la traverse.

Sa surface doit être émaillée de fleurs, pour nous servir de l'expression des poètes, et ces fleurs doivent se succéder les unes aux autres, de manière à teinter de nuances variées le tapis de sa fraîche verdure. Dès les premiers beaux jours, la jolie petite pâquerette dessinera ses têtes d'un blanc de neige à travers le gazon naissant; le jaune doré de la primevère dominera ensuite, puis le rouge de la cardamine des prés, etc., etc.; laissez la prairie se vêtir d'une robe entière de fleurs indigènes; mais, si vous le voulez, enrichissez sa parure de l'éclat étranger de quelques plantes exotiques et précieuses. Que les amaryllis du Cap, les narcisses de Constantinople, les tulipes de Perse et les faux-jalaps d'Amérique, fassent briller leur or et leur pourpre, comme on voit briller de riches broderies sur la robe de gaze d'une femme élégante et jolie. Toutes les plantes liliacées de pleine terre, et beaucoup d'autres, conviennent très-bien à la prairie, mais cependant il ne faut pas trop les y prodiguer, car leur rencontre fortuite produira toujours un vif sentiment de plaisir que la satiété détruirait bientôt s'il se renouvelait trop souvent. Soyez plus prodigue de fleurs moins rares, mais odorantes, et ne craignez pas de jamais multiplier trop sur le bord des ruisseaux le narcisse argenté et la violette.

Il faut peu de soins pour l'entretien d'une prairie; cependant il ne faut pas se borner à la faucher une ou deux fois par an, et à entretenir la fraîcheur de sa verdure au moyen des irrigations; il faut encore ne pas la laisser envahir par les plantes parasites qui nuisent à la qualité du fourrage qu'elle doit donner, et qui, si l'on n'y prenait garde, finiraient par l'envahir entièrement. Pour faciliter cette extirpation, nous donnerons, à la suite du tableau des plantes propres à semer des prairies utiles et agréables, celui des plantes nuisibles que l'on doit empêcher d'y croître.

Plantes graminées propres aux prairies.

Agrostis dispar; terre humide. — Agrostis paradoxe; terre légère et fraîche. — Alpiste roseau; terre marécageuse. — Avoine élevée; terre fraîche. — Avoine pubescente; terre sèche. — Avoine jaunâtre; terre fertile. — Brome des prés; terre médiocre et fraîche — Brome sans barbe; même terre. — Brome gigantesque; terre humide. — Canche aquatique; terre marécageuse. — Crételle des prés; terre sèche et substantielle. — Dactyle pelotonné; terre sèche et médiocre. — Fétuque des prés; terre basse et fraîche. — Fétuque élevée; terre humide. — Fétuque flottante; terre marécageuse. — Fléole des prés; terre humide. — Fléole noueuse; terre un peu sèche. — Flouve odorante; tout terrain. — Houque laineuse; terre substantielle et fraîche. — Houque molle; terre sèche et sablonneuse. — Houque odorante; terre froide et humide. — Ivraie vivace, ou ray-grass; terre bonne et fraîche. — Mélique ciliée; terre rocailleuse. — Mélique élevée; terre bonne et élevée. — Millet herbe de Guinée; terre bonne et fraîche. — Moline bleuâtre; terre marécageuse. — Paturin aquatique; terre marécageuse. — Paturin commun; terre de toutes qualités. — Paturin des prés; terre humide. — Paturin des bois; terre bonne et fraîche. — Paturin des marais; terre très-humide. — Paturin à feuilles étroites; terre fraîche. — Paturin à crête; terre sèche et sablonneuse. — Paturin bleu; terre humide. — Vulpin des prés; terre humide. — Vulpin géniculé; terre marécageuse. — Vulpin des champs; terre sèche et médiocre.

Telles sont les plantes graminées que l'on doit employer au semis d'une prairie, si l'on veut réunir à la fois l'utile et l'agréable; dans le même but,

on pourra mettre en mélange avec elles les plantes suivantes, la plupart ayant des fleurs agréables, et toutes fournissant un fort bon fourrage.

1. *Terres marécageuses.* Berle blanche; beau feuillage; terre inondée. — Cardamine des prés; jolies fleurs roses ou rouges; terre tourbeuse. — Renouée bistorte; jolies fleurs lilas, en épis serrés; terre tourbeuse. — Spergule noueuse; feuillage très-léger; terre tourbeuse.

2. *Terres humides.* Gesse des prés; fleurs papillonnacées, légères, d'un rose violacé; toute terre. — Grand mélilot des bois; fleurs jaunes, feuillage charmant; port frutescent. — Lotier siliqueux; toute terre; fleurs jaunes. — Luzerne maculée; toute terre. — Trèfle filiforme; fleurs très-petites, jaunes; toute terre. — Trèfle hybride; toute terre. — Scabieuse des bois; fleurs en têtes, liliacées, assez grandes; toute terre.

3. *Terres médiocrement fraîches.* Astragale fausse réglisse; joli feuillage; toute terre. — Gesse tubéreuse; toute terre. — Gesse des bois; terre légère. — Grande pimprenelle; feuillage élégant; bonne terre. — Luzerne cultivée; terre profonde, fertile. — Sainfoin; bonne terre. — Scabieuse des prés; jolies fleurs en têtes; tout terrain. — Trèfle rampant; terre légère. — Trèfle des prés; toute terre.

4. *Terres sèches.* Anthyllide vulnéraire; joli feuillage; terre médiocre. — Coronille bigarrée; toute terre. — Lotier corniculé; variété fort jolie à fleurs orangées; terre médiocre. — Lupin blanc; terre graveleuse. — Luzerne jaune; terre médiocre. — Trèfle fraise, remarquable par ses têtes de fleurs ressemblant assez à une fraise; tout terrain. — Trèfle de montagne; tout terrain.

5. *Terres très-sèches.* Petite pimprenelle; joli feuillage; terre maigre. — Polygala commun; terre maigre. Petite plante charmante, à fleurs roses et violettes, ressemblant absolument à de petits papillons. — Trèfle nain; fleurs très-petites, jaunes; terre sablonneuse.

Plantes à détruire dans les prairies.

Nous ne mentionnons ici que les plantes qui nuisent à la qualité du fourrage et qui étouffent les bonnes herbes.

Achillée ; toutes les espèces. — Aigremoine. — Alchimille. — Angélique sauvage. — Arrête-bœuf ou bugrane. — Bétoines ; toutes les espèces. — Bardane. — Les campanules. — Petite centaurée. — Les choins. — Ciguë. — Coquelicot. — Les Chénopodes. — Les grande et petite consoude. — Cuscute. — Les épilobes. — Euphraise. — Les fougères. — Les Gaillets. — Gaude. — Les géranium. — Les iris. — Les joncs. — Les laiches. — Les marubes. — Les massettes. — Les mauves. — Les menthes. — Les ménianthes. — Numulaire. — Œnanthe. — Onoporde. — Origan. — Patience. — Potentilles. — Prêles. — Les renoncules. — Les renouées. — Rhinianthe. — Les roseaux. — Sanicle. — Salicaire. — Les seneçons. — Serpolet. — Spirée. — Serratule. — Tormentille. — Valériane. — Véroniques.

Parmi ces plantes il en est de charmantes par leur feuillage et leurs fleurs; par exemple, les spirées, les iris, les ménianthes, les rhinianthes, la salicaire, quelques seneçons, etc., on fera très-bien d'en conserver quelques pieds que l'on disposera le long des ruisseaux, dans les buissons et autres lieux où elles ne pourront être mêlées au foin lors de la coupe.

La pelouse.

Elle diffère totalement de la prairie, quoique cependant elle ne soit comme elle qu'un tapis de verdure. La place de la pelouse est sur le plateau des montagnes, dans la clairière d'un bois, sur la pente des coteaux. Elle manque d'eau, et son terrain maigre et sec est cependant couvert d'une verdure fine et serrée, produite par la fétuque ovine, couchée et rougeâtre, l'agrostis traçant, la mélique penchée, et autres graminées qui se plaisent dans les terres sèches et presque stériles. Ces plantes, qui ne s'élèvent jamais assez pour être abattues par la faux, sans cesse rongées par la dent du bétail ou des bêtes fauves, forment des touffes épaisses cachant la terre comme un épais tapis.

La pelouse exige des ornemens dont la prairie peut se passer. On aime à y rencontrer quelques groupes d'arbres épars çà et là ; un sapin, un hêtre, un bouleau isolé, et même un simple buisson, peuvent quelquefois composer de petits tableaux très-pittoresques. Si la pelouse est placée dans un lieu solitaire, près de la lisière d'un bois, vous pourrez y motiver une cabane de braconnier, la chaumière d'un charbonnier, ou même un ermitage. Si on la trouve au contraire rapprochée de l'habitation, une cabane ou un vide-bouteille rustique n'y seront pas déplacés. L'important est de donner aux fabriques que vous y montrerez un caractère champêtre et même un peu sauvage, mais jamais recherché. Une fabrique d'architecture serait en ces lieux un contre-sens intolérable.

Le gazon.

Il appartient à presque tous les genres de compositions symétriques et irrégulières, si l'on en excepte la ferme ornée où il est remplacé par la prairie. Le gazon employé comme objet principal, jette toujours de la grâce et de la fraîcheur dans un jardin; c'est une sorte de coquetterie qui plaît partout. Mais lorsqu'on s'en sert comme accessoire, comme moyen, il est tellement précieux, que souvent il serait impossible de s'en passer. Pour donner de l'air et de la lumière à la façade d'une habitation, vous ne pouvez employer que le gazon ; vous l'employez pour motiver un éclairci où l'œil va chercher une perspective intéressante ; vous l'employez pour découvrir le devant d'une fabrique, pour encadrer une sculpture, pour motiver une plate-bande de fleurs, et même pour composer entièrement des petites scènes, tels que gradins et bancs, qui ne sont qu'accessoires à de plus grands tableaux.

Un gazon, quelle que soit sa petite étendue, peut toujours être ombragé par un arbre isolé, car la mode l'a décidé; cet arbre est toujours choisi dans la famille des conifères, sans doute parce que son feuillage sombre se détache mieux sur le vert gai du gazon. Si celui-ci est d'une certaine étendue, on peut planter quelques groupes isolés d'arbres ou d'arbrisseaux, de petits massifs, même un bosquet s'il est d'une vaste étendue, mais il faut mettre beaucoup de goût dans la distribution de ces petites scènes.

Le gazon doit offrir un tapis uniforme et d'une surface aussi unie que possible, et en cela il diffère de la prairie. On doit donc le semer avec une seule espèce de graminée. On emploie généralement l'ivraie vivace ou ray-grass (*lolium perenne*), à cet usage; mais dans les terres très-sèches et graveleuses, on pourrait le remplacer avantageusement par la fétuque ovine ou la fétuque coquiole. Si on voulait l'émailler de quelques fleurs, l'usage autorise à y planter des crocus de diverses couleurs, des colchiques, des orchis et autres plantes très-basses, d'un aspect analogue. Pour qu'un gazon ait tout ses agrémens, il faut l'entretenir avec grands soins, le faucher au moins quatre fois par an, détruire scrupuleusement toutes les herbes parasites qui s'en emparent, et principalement les mousses.

Le tapis.

Il se compose de la réunion d'un plus ou moins grand nombre d'espèces de plantes, toutes à fleurs très-apparentes, remarquables par la grandeur et l'éclat de leurs corolles.

On le place sur le bord des ruisseaux, et sous l'ombrage des massifs, des bocages et des bois. Sous les arbres élevés d'une forêt, on étendra des tapis d'airelle myrtille, de pervenches, de pyrolles et autres plantes ne craignant pas la privation du grand air et des rayons du soleil; à l'ombre des bosquets, la violette, les arums, et quelques liliacées, cacheront le terrain. L'iris flambe, le nénuphar, la mâcre et les renoncules flottantes pareront les marais; les narcisses, la circé aux fleurs argentées, la grande et la petite consoudes, le myosotis souvenez-vous-de-moi, mireront leurs jolies corolles dans l'onde limpide d'un ruisseau, et embelliront les bords d'une rivière.

Il s'agit ici de varier le coup d'œil et d'employer pour cela toutes les couleurs, toutes les nuances que peuvent fournir non-seulement les fleurs exotiques, mais encore celles qui croissent spontanément dans nos campagnes, et qui, dans les situations que nous venons d'indiquer, produisent souvent un effet si pittoresque. Les lichens et les mousses, croissant naturellement autour des vieux arbres, le lierre qui se traîne sur la terre jusqu'à ce que, pour s'élever, il trouve un appui et un protecteur, mille autres végétaux qui deviennent pittoresques par les oppositions et les contrastes, trouveront une place heureuse dans ce genre de petite composition; mais il faut que l'art qui les a rapprochés reste entièrement caché et que ces tapis paraissent devoir tout leur charme au hasard et à la nature. C'est pour cette raison que vous n'y admettrez que peu de plantes exotiques, et seulement de loin en loin. L'effet ordinaire de ces brillantes étrangères est de faire deviner la main du jardinier, et lorsque l'art est aperçu, l'esprit devient exigeant.

Le massif.

Il appartient aux compositions symétriques, ainsi qu'aux jardins paysagers, mais dans ces deux cas il change entièrement de caractère. Dans les parterres réguliers, les plantes qui le composent sont plantées dans un ordre géométrique, en quinconce, en rangs ou en échiquiers; dans les compositions pittoresques, les fleurs sont jetées comme au hasard, mais toujours de manière à se faire valoir réciproquement.

Dans le jardin symétrique, les massifs occupent des places calculées; leurs contours sont réguliers et nettement dessinés par une bordure ; ils affectent la forme d'un rond, d'un ovale ou d'un polygone. Souvent les vases qui contiennent les plantes qui le forment se laissent apercevoir.

Dans le jardin paysager, les massifs sont dispersés çà et là, comme au hasard, mais cependant avec goût. Leurs contours sont irréguliers, mais sans ligne de bordure, et ils affectent toutes les formes. Si quelques fleurs exotiques délicates y font briller leurs vives couleurs, le vase qui les recèle est enterré de manière à ne pouvoir être deviné.

Dans l'un et l'autre cas, les plantes qui composent le massif doivent être à la fois remarquables par le brillant de leur feuillage et la beauté de leurs corolles. Il faut que le choix en soit fait d'une telle manière que les fleurs se succèdent les unes aux autres, de mois en mois, pendant la plus grande partie de l'année. Outre cela, elles seront placées avec tant d'art que l'une se trouvera en pleine floraison quand l'autre sera passée, et que leurs couleurs et leurs formes se feront réciproquement valoir. Quelques jardiniers intelligens calculent l'espace entre chaque plante, de manière, sans que le massif soit dégarni, à ce qu'ils trouvent de la place, en automne, assez pour transplanter des fleurs annuelles qu'ils ont semées et élevées sur couche, et qu'ils n'y apportent que lorsqu'elles sont dans tout leur éclat.

Il faut, en plantant le massif, avoir le soin de placer sur les bords les plantes les plus basses ; celles médiocrement élevées, sur le second et troisième rang ; les plus hautes dans le milieu. Par ce moyen elles ne se masquent pas les unes et les autres, et se font réciproquement valoir. On rend cette méthode d'une exécution plus facile, en exhaussant plus ou moins en dos d'âne le centre de la petite plantation.

Le parterre.

Pour nous conformer à l'usage, nous laissons le nom de parterre à cette portion du jardin fleuriste où les plantes les plus précieuses sont réunies et distribuées dans des compartimens réguliers. On ne confondra donc pas celui-ci avec le parterre formant genre, décrit page 63.

« Le parterre de broderies, dit M. Bailly, était celui où le dessin imitait des formes bizarres et variées, mais le plus souvent à parties parallèles semblables : il avait quelquefois la forme d'une fleur, d'une rosace accompagnée de fleurs, de volutes, de rinceaux, etc. Ces broderies étaient marquées sur le sol par des traits de buis ou de gazon ; le comble de l'élégance était de les détacher les uns des autres par des massifs de sable de diverses couleurs. On y faisait aussi entrer quelquefois de petits tapis de gazon, quelques corbeilles de fleurs et des plates-bandes.

« Le parterre à compartimens contient plus d'allées, il peut s'appliquer à un plus grand espace ; on peut réduire son explication, en disant qu'il est composé de plusieurs parterres à broderies symétriques, au moins pour ceux qui sont en vis-à-vis. Du reste, on y fait entrer les mêmes ornemens. Le talent de leur dessin consiste, en outre, au placement des allées qui sont toujours droites, mais tantôt en carrés parallèles à l'habitation, tantôt en triangles ou en diagonales.

« Le parterre à pièces coupées ne diffère des précédens qu'en ce que les allées tournantes et ordinairement fort petites suivent les contours même du dessin, et forment alors des plates-bandes et des corbeilles qu'on garnit de fleurs et de vases. Ce sont de vrais labyrinthes, et on doit les proscrire avec moins de rigueur que les autres. Lorsque le goût a présidé à leur dessin et que leurs découpures sont simples et peu chargées, ces parterres ont leur agrément et n'offrent pas les ridicules minuties des premiers.

« Il en est de même du parterre dit à l'anglaise, qui se rapproche encore davantage du jardin fleuriste. Il consiste presque exclusivement en un ou plusieurs tapis de gazon à découpures peu nombreuses et entourées d'une plate-bande où l'on place des fleurs, et dont les allées suivent le détours. »

Les auteurs modernes proscrivent les parterres dans leurs ouvrages, mais ils en tracent dans leurs jardins. Quant à nous, nous pensons que dans tous les arts comme en littérature même, le but principal est de plaire : si on y parvient nous trouvons qu'on a toujours bien fait, et pour cette raison nous ne proscrirons rien, pas plus le symétrique des jardiniers que le romantique des auteurs.

La plate-bande.

On nomme ainsi une plantation de fleurs ayant peu de largeur, une longueur plus ou moins grande, dessinée par deux lignes ou bordures parallèles.

La plate-bande peut être droite ou flexueuse; sa largeur n'est jamais moindre de quatre pieds et n'en dépasse jamais six. Ses bords, ordinairement formés par une ligne de buis ou de briques, sont de deux ou trois pouces plus élevés que le sol des allées, et le milieu de la plate-bande est plus ou moins exhaussé en dos d'âne, selon que le terrain craint plus ou moins l'humidité. Quelquefois on enlève d'une plate-bande un pied ou dix-huit pouces de terre, que l'on remplace par du terreau de bruyères pour cultiver des plantes de terre de bruyères.

La plate-bande appartient à tous les genres de compositions, mais dans les jardins symétriques seulement on peut l'isoler, c'est-à-dire lui donner une allée de chaque côté. Dans toute autre circonstance elle accompagne les gazons, les massifs, les bosquets, et en forme le bord.

On plante quelquefois dans la plate-bande, de distance en distance, des arbustes à fleurs, ou des arbres fruitiers taillés en quenouille ou en pyramide.

La planche.

La planche consiste en un carré long, plus large que la plate-bande, rarement élevé en dos d'âne dans le milieu, et servant ordinairement à cultiver des plantes de collection, telles que renoncules, tulipes, jacinthes, etc.

La planche peut être isolée, et dans ce cas elle est entourée de bordures; mais le plus souvent elle n'est qu'une simple division d'un grand carré.

La corbeille.

Ordinairement elle affecte la forme circulaire, mais quelquefois on la dessine en ovale, en polygone ou en étoile. Elle est toujours entourée d'une bordure qui en dessine nettement les contours ; le milieu est très-élevé, et ordinairement marqué par un arbrisseau isolé.

La corbeille est une petite composition ambitieuse, qui occupe une place choisie et dans laquelle doivent briller les fleurs les plus belles et les plus rares.

La bordure.

Elle n'est guère employée que dans les jardins symétriques, pour donner plus de netteté et de précision aux contours d'une composition quelconque. Elle doit être basse, bien garnie et tondue proprement, voilà toutes les conditions qu'elle exige aujourd'hui. Le buis nain est la seule plante qui remplisse toutes les conditions pour faire une bordure agréable, et toutes les plantes avec lesquelles on a voulu la remplacer n'ont pu remplir les mêmes conditions; cependant nous allons en donner la nomenclature.

1° Plantes annuelles.

Reine-marguerite; julienne de Mahon; dracocéphale d'Autriche; balsamine; pied-d'alouette.

2° Plantes vivaces, à fleurs remarquables.

Alysse saxatile ou corbeille d'or; fleurs très-nombreuses, petites, jaunes. — Anémone hépatique; fleurs charmantes, roses ou bleuâtres, paraissant dès les premiers beaux jours. — Auricule ou oreilles-d'ours; fleurs extrêmement variées, paraissant au printemps et en automne. — Ibéride toujours verte; fleurs blanches. — Jacinthe. — Tulipes. — Linaire à feuilles d'orchis. — Marguerite vivace ou pâquerette; fleurs simples ou doubles, de couleurs très-variées. — OEillet de la Chine, de poëte, de mai; jolies fleurs, mais feuillage un peu diffus. — Primevère; fleurs charmantes et très-variées. — Safran. — Saxifrage. — Statice ou gazon d'Espagne. — Violette.

3° Plantes vivaces, aromatiques.

Absinthe. — Anthémis odorante. — Hyssope. — Lavande. — Matricaire. — Mélisse. — Origan. — Romarin. — Sauge. — Thym.

Le fraisier forme aussi de jolies bordures, mais qu'il faut entretenir avec beaucoup de soin et renouveler tous les deux ans, si on veut en obtenir à la fois des fruits et de belles touffes de verdure.

La contre-bordure.

On appelle ainsi une ligne de fleurs d'un bel effet, dont on accompagne ordinairement la plate-bande, et que l'on plante ou sème parallèlement à la bordure, pour la trancher du carré ou du massif dont cette plate-bande fait partie.

Ordinairement la contre-bordure se fait avec des plantes annuelles, telles que linaire, pied-d'alouette, etc. Quand leurs fleurs sont passées, on repique à leur place d'autres plantes qui ont été semées sur couche pour fleurir à l'automne.

Nous ne donnerons point ici la liste des plantes herbacées dont les fleurs sont plus ou moins agréables, parce que l'on trouve cette nomenclature immense dans tous les ouvrages d'horticulture et dans tous les catalogues des jardiniers-fleuristes, et en outre, cela sort de la compétence de l'architecte des jardins, pour entrer dans celle du jardinier.

CHAPITRE VIII.

DES EAUX.

Après les végétaux, les eaux sont le plus bel ornement d'un jardin, de quelque genre qu'il soit. Il arrive quelquefois que la nature a fait les premiers frais d'une composition, en y plaçant des eaux abondantes et courantes; dans ce cas rien n'est aisé comme de s'en emparer pour créer de charmans tableaux. D'autrefois elles manquent, mais on peut en faire venir au moyen de canaux; alors il faut être économe et mettre beaucoup d'art dans leur distribution, afin d'en tirer le plus grand parti possible. Dans ce cas on se trouvera souvent dans la nécessité d'employer les machines dont nous donnerons la description à la fin de cet ouvrage.

Dans le genre paysager, on emploie les *eaux naturelles*, c'est-à-dire celles qui ne présentent dans leur cours que des accidens naturels ou paraissant tels. Dans les compositions symétriques, on emploie des *eaux artificielles*, c'est-à-dire dont le cours obéit à l'art pour former des nappes, des jets, des bassins, etc. Nous diviserons donc ce chapitre en deux paragraphes, dont l'un traitera des eaux naturelles et l'autre des eaux artificielles.

§ Iᵉʳ. DES EAUX NATURELLES.

Nous diviserons encore celles-ci en *eaux stagnantes*, qui nous donneront le *marais*, la *mare*, l'*étang*, le *lac* et la *rivière anglaise*, et en *eaux courantes*, qui fourniront la *source* ou *fontaine*, le *ruisseau*, la *rivière naturelle*, le *torrent* et la *cascade*.

1° *Le marais.*

On appelle marais une étendue de terrain plus ou moins grande, inondée de manière à la rendre impropre à la culture, sans que les eaux y soient assez profondes pour former un étang ou un lac. Les iris, les joncs, les roseaux, les butomes et un grand nombre de plantes aquatiques, s'y sont multipliés au point de cacher par leur feuillage la surface des eaux qu'elles habitent.

Les marais exhalent quelquefois des miasmes délétères qui compromettent la santé des habitans de leurs bords; mais pour cela il faut qu'ils soient nombreux et d'une vaste étendue. Dans ce cas, il est fort bien de tenter leur desséchement, et l'on doit de la reconnaissance aux personnes qui rendent à l'agriculture des terres inutiles, ou fournissant tout au plus de mauvais pâturage.

Mais dans un jardin, il faudra bien se garder de dessécher un marais, car on pourra en faire une composition des plus agréables. On le coupera par de nombreux canaux qui se croiseront dans tous les sens, et, en jetant la terre qu'on en sortira sur les îlots qui les sépareront, on les rendra propres à la végétation d'un grand nombre d'arbres et d'arbrisseaux dont les racines chercheront les eaux ou au moins l'humidité.

Ces petites îles, toutes de forme et de grandeur différentes, seront autant de cadres dans lesquels on placera des scènes charmantes. Ici un tombeau se montrera sous l'ombrage du saule de Babylone; plus loin la cabane d'un pêcheur; dans un autre un bocage d'aulnes et de peupliers, etc., etc.

Dans une barque légère, les promeneurs aimeront à parcourir cet archipel en miniature, tandis que la carpe et la tanche dorée mordront au perfide hameçon. Quelques parties de la composition, restées en marais, donneront un abri à la poule d'eau et à sa jeune famille, et l'habile chasseur prouvera son adresse en abattant la bécassine qui s'élance dans les airs du milieu des touffes de roseaux.

On verra flotter avec grâce, sur la surface des eaux profondes, la feuille large et luisante des nénuphars, à grandes fleurs jaunes et blanches; dans les endroits moins creux, les butomes aux ombelles roses, les massettes, les flambes et les renoncules aquatiques mêleront leur feuillage luisant. Les racines caverneuses de l'aulne soutiendront les terres du rivage, et le tupélo aquatique, le taxodier distique, mireront leur port étranger dans les ondes avec les saules, les osiers et les peupliers.

Nous avons dit que les îlots seraient de forme et de grandeur différentes; il en sera de même pour leur hauteur. On élèvera davantage les plus grands, et les plus petits resteront presque à fleur d'eau. Nous avons vu, à Tournus, dans le département de Saône-et-Loire, un modèle charmant de ce genre de composition, dont il est impossible d'apprécier tous les charmes si on n'a pas été à même d'en juger par ses yeux.

2° La mare.

Dans de certains sols extrêmement compactes, les eaux de pluie se ramassent dans une partie basse, y séjournent toute l'année faute de trouver un écoulement, croupissent et ne tardent pas à empester l'air aux environs. C'est ce que l'on appelle une mare.

S'il s'en trouvait une sur votre terrain, il ne faudrait pas la combler, car rien n'est plus facile que de rendre aux eaux toute leur limpidité et de les empêcher de se corrompre. Il ne s'agit pour cela que de nettoyer la mare de la vase infecte qui forme son fond, puis d'y planter des plantes aquatiques à feuillage flottant. Ces végétaux ont la propriété de s'emparer pour leur nourriture des gaz délétères qui empoisonnent l'eau, et par ce moyen, de rendre à celle-ci toute sa limpidité. Je dois la connaissance de ce fait à ma propre expérience, et je puis en garantir la vérité. Mais lorsqu'on se contente de jeter dans la mare quelques racines de plantes aquatiques, il arrive souvent que ne fournissant pas assez de feuillage la première année pour épurer l'eau, elle se corrompt pendant les chaleurs du mois d'août, et fait périr les racines qu'on y avait plantées. Il est un moyen infaillible, mais peut-être unique, de parer à cet inconvénient, c'est de jeter en automne, dans la mare, en raison de sept à huit par toises carrées, des fruits de la macre flottante. Ces fruits, que l'on mange comme des châtaignes, portent dans quelques provinces le nom de *cornua*, parce qu'ils sont armés de cinq cornes dures et piquantes; dans d'autres ils sont généralement connus sous le nom de *châtaignes d'eau*. Dès les premiers jours du printemps, ils germent et enfoncent leurs racines dans la vase; les tiges montent rapidement à la surface des eaux, et dès le mois de juin la couvrent de larges rosettes de feuilles très-élégantes et d'un beau vert.

Une mare peut devenir une composition très-pittoresque, si elle a quelqu'étendue, et que l'on sache en tirer parti. On donnera des contours gracieux à ses bords, que l'on ombragera avec des arbres dont les racines aiment à se baigner dans l'eau qu'elles assainissent. On lui donnera quelquefois la forme d'un petit étang, et l'on pourra dans ce cas simuler un ruisseau et une source dont elle paraîtra tirer ses eaux. Nous en offrons des exemples dans la planche 11-2, et dans la planche 16-11.

La mare sera parfaitement placée dans la ferme ornée, où elle pourra servir d'abreuvoir au bétail; mais elle sera beaucoup plus pittoresque dans une prairie, sur la lisière ou la clairière d'un bois, dans une vallée simulée, à laquelle elle donnera plus de vraisemblance, etc., etc. Si, selon nos conseils, ou y cultive la macre, ses eaux deviendront assez pures pour y nourrir du poisson.

3° L'étang.

Ce n'est rien autre chose qu'un petit lac artificiel dont on retire les eaux à volonté, en levant l'empellement ou la bonde placée dans la digue qui les retient. Ces eaux sont plus ou moins vite remplacées par celles d'une rivière ou d'un ruisseau qui les alimentent.

La chose essentielle dans un étang, c'est de donner à ses bords des inflexions naturelles. Expliquons ceci : pour faire un étang, il ne s'agit que de barrer le cours d'un ruisseau ou d'une rivière, au moyen d'une chaussée. Les eaux ne trouvant plus d'issues s'amassent contre l'obstacle qui les arrête, refluent en arrière et sur les côtés, et forment une nappe qui s'étend jusqu'à ce que, étant parvenues à la hauteur de la jetée ou de l'issue qui leur a été préparée, elles cessent de monter pour reprendre un cours naturel. Si la surface du terrain qu'elles ont envahi offre un plan régulier, les bords de l'étang seront peu ou point sinueux ; si au contraire il est irrégulièrement montueux, les eaux s'avanceront en forme d'anses dans les terres ; les parties hautes du rivage feront comme de petits caps se prolongeant au milieu des eaux. Telles sont les observations sur lesquelles on se basera rigoureusement pour tracer les sinuosités des bords.

Si la surface unie du sol n'offrait aucune indication naturelle pour des sinuosités, on y remédierait aisément en abaissant en pente douce les parties où l'on voudrait former des anses, en élevant celles que l'on voudrait faire avancer en forme de petits caps.

Dans un étang un peu grand, les vents ont quelque prise sur la surface des eaux ; ils y forment des vagues qui, en allant se briser contre un rivage élevé leur offrant de la résistance, le minent peu à peu par la base, et lui taillent un bord perpendiculaire nommé *falaise*. On peut, en suivant cette indication, escarper de certains endroits du rivage, et jeter ainsi de la diversité dans le coup-d'œil.

Un étang sans ombrage aurait peu de charmes. Il faut que l'œil enchanté voie le feuillage des aulnes, des saules et des peupliers se réfléchir, dans les ondes comme dans une glace. Il faut que les branches flexibles de l'osier se penchent sur les eaux et y mirent leur écorce d'or ou de corail ; il faut que le saule pleureur y baigne l'extrémité de ses rameaux pendans.

Tantôt un massif d'arbrisseaux ou un groupe d'arbres ombrageront une rive escarpée ; tantôt une verte prairie étendra en pente douce son tapis émaillé jusque vers la vague mourante. Ailleurs vous donnerez à une anse la forme d'un petit marécage où des plantes aquatiques fourniront une épaisse retraite aux sarcelles et aux poules d'eau. C'est là que vous pouvez montrer les larges fleurs du nymphéa, les rouges ombelles des butomes, et les jolies petites fleurs blanches de la macre se frayant un passage entre deux feuilles, pour venir ouvrir au soleil sa jolie corolle, et la replongeant ensuite dans les eaux pour toujours.

Rassemblez sur les bords, mais sans trop de profusion pour que l'art ne s'aperçoive pas, toutes les jolies fleurs indigènes qui se plaisent à l'ombre des frais bocages et le long des ruisseaux. Les primevères, les violettes, les narcisses sauvages, les consoudes, les iris, les myosotis, et mille autres, y produiront un effet aussi agréable que pittoresque.

Si l'étang est d'une assez vaste étendue pour qu'on puisse avec convenance y placer une petite île, on y en mettra une. Mais pour la dessiner, il faudra motiver ses contours de la même manière que ceux de l'étang, car ici l'île n'a pas le même mode de formation que dans la rivière. Aussi ne doit-elle pas affecter la forme allongée plus spécialement que tout autre forme.

La cabane couverte de roseaux, dans laquelle le braconnier vient s'em-

Jusquer avant le jour pour surprendre le canard sauvage, sera une fabrique fort bien appropriée à la scène. Une maison de pêcheur, telle que celles de la planche 51, fig. 1 et 3, produira un effet charmant.

Un étang appartient plus spécialement aux scènes champêtres et rustiques, mais cependant il peut être placé avec vraisemblance dans toutes. Seulement on modifiera son caractère propre de manière à le mettre en harmonie avec la composition générale.

Par exemple, dans un tableau pittoresque et sauvage, on lui donnera la physionomie d'un étang naturel, formé dans une gorge profonde par l'éboulement d'un rocher miné par les eaux et dont la chute arrêtera le cours d'un torrent. Mais ce genre de composition est fort difficile, et il faut que la nature en ait fait les premiers frais, circonstance fort rare, qu'il faut s'empresser de mettre à profit quand un heureux hasard la présente.

D'autres fois on peut donner à un étang d'une vaste étendue l'apparence d'un petit lac, et pour y parvenir il ne s'agit que d'en déguiser la chaussée au point de la rendre méconnaissable. Pour cela, il faut lui donner des contours irréguliers, une hauteur inégale, et l'établir en pente douce des deux côtés, de manière à lui donner l'apparence d'un accident de terrain. On la couvrira de plantations pittoresques; on masquera les déchargeoirs par des plantes aquatiques et des buissons d'aulne et d'osier, et la bonde ou l'empellement sera caché dans la maison d'un pêcheur, ou la cabane rustique d'un berger. Un des caractères de l'étang est de se prolonger en forme de queue marécageuse du côté du ruisseau qui l'alimente. On fera disparaître cette queue en l'élargissant brusquement dès son origine, et l'on masquera l'embouchure du ruisseau de la même manière que nous l'avons dit pour les déchargeoirs.

4°. Le lac.

C'est une nappe d'eau couvrant au moins plusieurs dixaines d'arpens de terrain, et quelquefois plusieurs lieues. Le lac ne peut jamais être creusé à mainsd'homme, à moins cependant qu'un puissant souverain voulût consacrer ses trésors à des travaux inutiles, et marcher sur les folles traces de ce monarque de l'antique Égypte qui, dit-on, fit creuser le lac Mœris.

Rarement un jardin paysager sera d'une assez vaste étendue pour renfermer un lac naturel dans son enceinte; néanmoins si cela était, on emploierait pour l'ornement de ses bords les mêmes moyens que ceux que nous avons indiqués pour l'étang.

Mais un jardin peut se trouver placé sur les rives d'un lac, et dans ce cas, le premier but que doit se proposer l'architecte est d'arranger les points de vue avec un tel art, que le lac paraisse appartenir à sa composition, en tout ou en partie. Il faut pour cela que ses fabriques et ses tableaux soient arrangés de manière à s'harmoniser avec la scène principale, et cette scène sera le lac lui-même.

5°. La rivière anglaise.

On donne ce nom à des eaux stagnantes que l'on a distribuées de manière à leur donner l'apparence d'une rivière. C'est la ressource des compositions où l'on manque d'eau naturelle, et où le sol est assez compacte pour retenir celles qu'on y amène au moyen de canaux souterrains et de machines.

Il faut de l'art pour tracer une rivière anglaise, et nous allons essayer de donner les principes d'après lesquels on agira pour lui donner un air naturel.

L'eau descend toujours : elle suit constamment la pente la plus raide, et pour cette raison la rivière doit parcourir la partie la plus basse du jardin. En raison de cette loi, on creusera son lit au fond des vallées. Si le plan du terrain était uni et uniformément plat, la rivière irait en ligne droite, parce que rien ne motiverait des contours sinueux : mais il n'en est jamais ainsi. Le sol présente toujours des inégalités, des monticules que l'eau est forcée de tourner, et de là naissent les sinuosités de son cours. Il faudra donc se baser sur cette observation pour tracer la rivière artificielle de manière à ce qu'elle paraisse tout-à-fait naturelle. Son cours commencera dans une des parties un peu élevées du jardin, il suivra le bas des pentes en le cotoyant et en suivant toutes les inflexions, et se terminera dans la partie la plus basse de la composition. Il en résultera que plus le site offrira d'accidens de terrain, plus la rivière sera sinueuse, tandis que ses inflexions seront moins nombreuses et moins répétées dans un sol presque plat. Surtout n'allez pas dans une prairie unie faire serpenter de mille manières, et sans motif, une rivière factice, comme on en voit trop d'exemples dans nos jardins. En laissant apercevoir l'art, et un art si mal raisonné, vous détruisez tous les charmes de la vérité.

Les bords d'une rivière ne sont jamais exactement parallèles. Dans les lieux plats, les eaux s'étendent plus à l'aise, la rivière est plus large et moins profonde; dans les endroits où son passage trouve de la résistance, par exemple entre deux petites collines très-resserrées, son lit se rétrécit. Vous pouvez donc adopter comme principe que la rivière sera large partout où ses bords seront plats ou en pente très-douce, que plus la pente deviendra raide, plus son lit se rétrécira, et enfin que les endroits où il sera le plus étroit, seront ceux où les rives seront le plus escarpées.

Il est une circonstance où les bords d'une rivière cessent d'être parallèles : c'est dans les coudes qu'elle forme. Le courant, avant de changer de direction, vient frapper la rive d'un côté; elle le repousse, mais elle ne laisse pas que d'en être minée à la longue. Là, vous élèverez le bord en falaise, vous élargirez la rivière, et vous laisserez l'autre rive beaucoup plus basse.

Il est très-indispensable pour donner un air naturel à la rivière, d'en masquer le commencement et la fin. Si le jardin est clos de murs, rien n'est si aisé. Vous pratiquez sous ce mur une voûte par où la rivière a l'air d'entrer dans le jardin, et pour mieux cacher l'artifice, vous adossez un pont contre le mur, afin d'assombrir la voûte en la rendant plus profonde. Vous employez le même procédé de l'autre côté pour figurer sa sortie.

Dans le cas où on n'a pas de murs, on perd les extrémités, soit dans un massif épais et impénétrable, soit derrière une élévation, soit enfin en les masquant avec une fabrique adossée à un bois.

On embellit les bords de la rivière anglaise de la même manière que ceux de l'étang et autres compositions de ce genre. Quant aux îles, on les crée dans les mêmes principes que ceux que nous établirons à l'article de la rivière naturelle.

Les eaux jettent de tels charmes dans un jardin, que souvent on sacrifie la vraisemblance pour en multiplier les effets, c'est à cela qu'il faut attribuer ces allées et ces venues, ces contours multipliés et sans fin que l'on fait faire sans les motiver aux rivières anglaises que l'on voit dans nos jardins. Si, pour satisfaire à l'exigence d'un propriétaire, l'architecte se trouvait dans la nécessité de se plier à ce mauvais goût, presque consacré par de nombreux exemples, il arrangerait ses tableaux de manière à masquer ces replis bizarres, et il arrangerait sa plantation en conséquence; il aurait soin de ne tracer aucun sentier parallèle au bord de l'eau, et le promeneur, ne pouvant suivre le rivage dans ses nombreux détours, s'apercevrait moins de leur inconvenance.

Nous venons d'indiquer le parti à tirer des eaux stagnantes, voyons à présent comment on agira quand on aura des eaux courantes à sa disposition.

6°. La source.

C'est toujours une eau qui s'échappe du sein de la terre pour former un ruisseau; mais tantôt elle jaillit au pied d'un rocher sauvage et se précipite de roc en roc, tantôt elle se montre entourée d'un bocage sur le penchant d'une montagne, et en descend avec un doux murmure; tantôt elle naît au milieu des pelouses tapissées de mousse, dans le fond des vallons où elle promène paisiblement ses eaux.

La source, dans ces diverses circonstances, et dans beaucoup d'autres qu'il serait impossible de prévoir, a un caractère particulier qui détermine des tableaux différens. C'est à l'architecte à prendre ses inspirations sur les localités mêmes, et à caractériser sa composition en conséquence.

Souvent une source, avant de former un ruisseau, rassemble ses eaux dans un bassin naturel, auquel on donne le nom de *fontaine*. Dans ce cas, sans changer la physionomie de ce petit tableau, on peut rendre ses traits plus saillans et plus agréables. Dans un site sauvage et montagueux, on pourra placer ce bassin à l'entrée d'une grotte, ou même le recouvrir d'une voûte de rocaille; mais prenez garde : ici l'art doit être tellement bien caché, que si l'on pouvait le soupçonner, votre composition passerait brusquement du pittoresque au ridicule. Je vous répéterai le même conseil que je vous ai donné dans le premier ouvrage que j'ai écrit sur cette intéressante matière: « Cette espèce de source, vous ai-je dit, paraît être celle « qui plaît davantage, car on cherche à l'imiter dans tous les jardins; et « presque dans tous, n'étant pas motivée par le caractère du site, elle est « mesquine et de mauvais goût. Un rocher artificiel s'élevant au milieu « d'une plaine où la nature n'a jamais montré une pierre, et laissant tomber « par un tuyau de plomb un filet d'eau dans un bassin en stuc et en rocaille « dans lesquels sont maladroitement incrustés des coquillages marins pêchés « dans la mer des Indes, tel est à peu près le modèle ridicule que l'on ren- « contre dans beaucoup de jardins modernes, et que l'artiste évitera scru- « puleusement d'imiter. »

Nos pères, lorsqu'ils trouvaient une source pittoresque dans un site sauvage, étaient toujours disposés à donner des vertus miraculeuses à ses eaux froides et limpides, et les moines ne manquaient jamais de découvrir dans les archives de leur couvent une vieille légende qui expliquait, souvent par une histoire très-piquante, l'origine du miracle. Alors on mettait la fontaine sous la protection d'un saint ou d'une madone, et on plaçait sa statue dans une niche ou un autre petit monument gothique, le plus ordinairement d'un effet très-pittoresque. La figure 3 de la planche 107 nous en offre un exemple.

Dans les mêmes sites, sur le penchant d'un vallon, soit que la source ait un bassin, soit que ses eaux s'éloignent de suite en murmurant, vous placerez près de l'endroit où elle jaillit un banc de gazon ombragé par l'alisier, le bouleau et autres arbres à feuillage pittoresque, en en exceptant néanmoins le saule pleureur, car son port étranger annonce toujours un art un peu prétentieux, et le bocage de la source doit appartenir entièrement à la nature. Si un rocher naturel se trouve heureusement placé là, vous ferez grimper contre ses flancs mousseux le lierre au feuillage luisant, et la grande pervenche rampera sur la terre aux environs. Vous pourrez réunir là quelques fleurs, mais choisies seulement dans les plantes indigènes.

Dans la plaine, la source se fait moins remarquer par elle-même, aussi a-t-elle besoin de plus d'ornemens accessoires. Son bassin doit être plus large, et ses eaux limpides doivent reposer sur un sable pur. Vous pouvez encore y placer un ex-voto, et lui conserver alors sa physionomie naturelle; mais dans quelques circonstances, vous pouvez montrer un art rustique tendant à l'utile. Dans la ferme ornée, par exemple, vous resserrerez ses eaux sans inconvenance dans un second bassin auquel vous donnerez la forme d'un lavoir, et vous recouvrirez le premier bassin d'une voûte gothique.

Dans ce cas, le saule et le peuplier d'Italie encadreront très-bien cette petite composition, d'où vous éloignerez les arbres exotiques à fleurs apparentes, et tout ce qui sent la richesse et le luxe. En un mot, vous arrangerez toujours la source de manière à la mettre en harmonie avec le caractère général de votre composition.

6°. Le ruisseau.

De toutes les eaux naturelles ce sont celles-là qui plaisent davantage et le plus généralement. On aime, dans une douce rêverie, suivre le cours d'un ruisseau, et s'égarer avec lui dans les attrayantes solitudes qu'il parcourt. Il semble que le murmure un peu monotone de ses eaux ait un charme particulier en harmonie avec les plus douces émotions de l'âme, avec les rêveuses méditations de l'esprit.

Il faut que le ruisseau ait de la grace dans ses contours, que ses sinuosités soient constamment motivées par les mouvemens du terrain, et surtout que ses bords rians et fleuris soient ombragés par une verdure fraîche et gaie.

Dans la plaine, s'il parcourt une prairie, vous le laisserez découvert dans beaucoup de parties, et vous ombragerez les autres avec des massifs d'arbrisseaux et des groupes d'arbres placés principalement aux coudes de chaque sinuosité. En agissant ainsi, vous jalonnerez son cours, pour ainsi dire, sans présenter à l'œil une plantation uniforme et en ligne.

Dans les sites montagneux, dans les rochers, il faut le couvrir davantage, mais sans pour cela que les plantations lui fassent une espèce de bordure ; tantôt elles s'approcheront tellement de ses bords, que les arbres baigneront leurs racines dans ses eaux, tantôt elles s'en éloigneront et formeront une sorte de petite clairière. Le sentier ne suivra pas plus uniformément son cours ; il sera tracé de manière à s'enlacer avec la ligne de plantation, et il se rapprochera du cours de l'eau dans les endroits les plus pittoresques.

Dans les sites tourmentés et rocailleux, quelques obstacles naturels, ou paraissant tels, peuvent se rencontrer sur la route d'un ruisseau et le forcer à diviser son lit en deux branches qui vont se réunir un peu plus loin, ou à se précipiter en petites cascades d'un effet charmant. Rien n'est plus pittoresque et plus propre à caractériser des scènes gracieuses et romantiques.

Au-dessous de ces petites chutes, élargissez et creusez une sorte de petit bassin qui paraîtra résulter des efforts que les eaux font en tombant, et peuplez-le d'écrevisses si les eaux sont assez fraîches et assez limpides pour qu'elles puissent y vivre.

7°. La rivière.

« Si le fond des vallons où coulent les rivières, dit M. le vicomte de Viard, n'est pas exactement plat et formant une prairie de niveau, mais qu'il arrive que les pentes du terrain continuent d'un et d'autre côté jusqu'au milieu du vallon, la rivière alors prend sa direction au bas du coteau qui offre la pente la plus rapide, en passant alternativement d'un côté à l'autre de la vallée pour suivre le pied de ces coteaux où le terrain est ordinairement le plus bas. Plus les rivières sont étendues en largeur, plus cet effet est sensible, et les bassins des grands fleuves nous en offrent fréquemment l'exemple. »

Nous ne répéterons pas ici les principes que nous avons enseignés à l'article de la rivière anglaise (page 125), principes dont on trouvera déjà l'application faite par la nature, si le cours des eaux d'une rivière n'a pas été antérieurement détourné pour les besoins de l'agriculture.

Les rives d'une rivière sont plus parallèles que celles d'un ruisseau, et son cours est moins sinueux par la raison que ses eaux formant de plus grandes masses, ont plus de force pour vaincre et surmonter les petits obstacles qui auraient pu embarrasser et détourner leur cours. Ceci sera d'autant plus sensible, que sa largeur sera plus grande et ses eaux plus abondantes ; mais si la rivière rencontre un grand obstacle, ses eaux se divisent en deux bras, tournent l'obstacle de deux côtés, puis se réunissent après, et voilà l'origine des îles élevées qu'il faut distinguer des îles d'attérissement, comme nous le dirons plus loin.

Nous avons dit à l'article de la rivière anglaise quelles sont les causes qui rompent ordinairement le parallélisme des bords : ici quelques autres viennent s'y joindre et concourent beaucoup au pittoresque de la rivière naturelle. Par exemple, une digue ou chaussée jetée en travers pour former l'écluse d'un moulin ou de toute autre usine. Dans ce cas, l'eau tombant en large cascade des déchargeoirs, en bondissant sur les roues, ne manque jamais de se creuser au-dessous un large bassin où elle bouillonne en tourbillons avant de prendre son cours ; là elle a dépouillé des quartiers de rochers à fleur d'eau contre lesquels elle lutte en vain ; ici elle s'est creusé un trou caverneux sous les racines d'un aulne ; plus loin elle a miné sous les racines d'un vieux saule, dont le tronc, presque déraciné, s'est penché sur le lit du torrent. Mille effets pittoresques résultent de ce genre charmant de composition, dont on trouve de jolis modèles autour de presque tous les vieux moulins.

Outre que les bords de la rivière ne sont pas toujours parallèles, chacun d'eux a encore de petites inflexions, des accidens, qui lui sont particuliers ; une falaise occasionée par un coude ou par un banc de terre très-dure, un rocher, quelquefois une simple touffe de roseau ou la racine d'un arbre s'avançant au milieu d'un courant. Ces minuties ne sont pas à dédaigner, car c'est par elles que l'on donne un air naturel à la composition, et qu'on en détruit la monotonie.

Les plantations qui doivent accompagner la rivière sont dirigées sur les mêmes principes que celles de l'étang, du lac et du ruisseau. Elles doivent être en harmonie avec les diverses scènes que la nature a déjà esquissées, ou prononcer le caractère d'un tableau rustique, champêtre, etc., que vous créerez. Un moulin, une maison de pêcheur, un bocage et un berceau, et plusieurs autres genres de fabriques, pourront très-bien se motiver sur une rivière, mais c'est principalement avec le pont que l'on produira des choses agréables.

De l'île.

Nous en traiterons ici parce qu'elle convient particulièrement à la rivière, quoiqu'on la rencontre aussi sur le lac et l'étang. Nous avons dit plus haut qu'il fallait distinguer deux sortes d'îles. Celles que nous appelons *élevées*, dont nous avons dit l'origine, et celles d'*atterrissement* résultant d'un amas de terre et de sable élevé par les eaux.

L'île *élevée* peut, dans ses contours, affecter diverses formes. Elle peut être ovale, triangulaire, etc., mais cependant elle sera toujours plus longue dans le sens du courant de la rivière, que large en travers de ce courant. La raison en est de ce que les eaux minant sans cesse ses bords sur les côtés, finissent toujours par gagner du terrain et par la rétrécir.

Cette île pourra renfermer un site plus ou moins plat ; plus ou moins tourmenté ; et si elle est très-vaste, on pourra y établir les scènes appartenant à tous les genres de compositions, caractérisés par la plaine ou par la montagne. Il en résulte que ses bords seront décorés en raison de ses scènes, et selon les mêmes principes que ceux de l'étang. Là vous pourrez motiver tous les genres de fabriques sans exception.

Quant à l'île *d'atterrissement* ou d'alluvion, il n'en est pas de même. Sa forme est invariablement déterminée par son origine. Elle doit être longue, étroite, c'est-à-dire que sa longueur sera égale à trois ou quatre fois sa largeur, pour le moins. Sa tête, c'est-à-dire la partie opposée au courant, sera arrondie et émoussée par le choc des eaux, sa queue pourra au contraire se prolonger un peu en pointe. Elle s'élargira plus ou moins dans le milieu, mais néanmoins cette largeur ne pourra jamais dépasser deux fois celle de la tête. Ses bords seront par conséquent elliptiques dans leur contour, et ils offriront peu ou point de sinuosité.

Cette île n'étant que le résultat des sables et des vases déposés peu à peu par le courant pendant les inondations, n'offrira que peu ou point de mouvement de terrain, et sera toujours tapissée par une prairie. Ses bords seront couverts d'osier, de saule, et autres arbres et arbrisseaux aquatiques propres à retenir les terres; jamais ils ne seront escarpés et coupés en falaise, mais le plus ordinairement ils descendront en pente douce.

Tels **sont** les caractères rigoureux de l'île, et il faudra l'y soumettre dans la composition des scènes que l'on créera pour son ornement. — Quoique ce cadre paraisse borné, au premier coup-d'œil, il offre cependant une assez grande marge à l'homme de goût pour en varier les effets. Tantôt une belle avenue de peupliers y offrira une promenade symétrique et agréable; une autre fois, une allée sinueuse, sous l'ombrage des saules, conduira le promeneur à une scène mélancolique caractérisée par un tombeau. Ailleurs ce sera la cabane d'un pêcheur qui décorera le tableau, etc.

8°. Le torrent.

On appelle ainsi un cours d'eau impétueux, qui se précipite de roc en roc, de chûte en chûte, sur un plan très-incliné. Les eaux renversent sur leur passage tous les obstacles qui s'opposaient à leur cours, et se creusent un lit profond à travers les rochers qu'elles minent par leurs bases. Ces ravins, qui coupent les collines et les bois, ont quelquefois une telle profondeur, et leurs bords sont tellement escarpés, qu'ils forment d'effrayans précipices, sur lesquels un pont jeté avec hardiesse caractérise une de ces scènes que les auteurs nomment terribles. Voyez la planche 34, fig. 4, 5, 6, et la planche 26, fig. 4 et 6.

Il n'est pas à la disposition de l'homme de créer un torrent. Cette scène appartient tout entière à la nature, et il serait même ridicule de chercher à l'imiter; elle se rencontre très-rarement, et seulement dans les sites montagneux d'un caractère âpre et sauvage. Si l'architecte en avait un dans le

paysage mis à sa disposition, il faudrait en éloigner les fabriques d'un genre champêtre ou gracieux, et même toute habitation. La seule chose qui pourrait convenir, après le pont, serait une croix ou un ex-voto placé sur le bord effrayant de l'abîme, et marquant la place d'un événement funeste.

La plantation, si la nature n'en a pas fait les frais, conservera le caractère sauvage du lieu, et c'est là que les cèdres et les sapins produiront tout leur effet. Il est permis cependant d'adoucir un peu la sévérité du coup-d'œil au moyen d'un objet agréable, pourvu qu'il soit très-pittoresque. C'est ainsi qu'un cytise, suspendu par ses racines dans la fissure d'un rocher contre son flanc le plus escarpé, sera d'un effet très-remarquable lorsque son tronc incliné sur le précipice donnera naissance à des branches chargées d'une gaie verdure, et à des belles grappes de fleurs jaunes et pendantes. Un sapin, un bouleau, ou tout autre arbre ainsi penché sur l'abîme, produiront toujours le tableau le plus pittoresque.

9°. La cascade.

Cette composition est toujours d'un grand effet lorsqu'elle appartient à la nature. Nous en donnons plusieurs modèles dans la planche 26, et tous ont été copiés sur la nature; aussi leur simple inspection inspirera-t-elle mieux nos lecteurs que tout ce que nous pourrions leur dire à ce sujet. La figure 6 représente une cascade copiée en Suisse, sur le chemin de Weggis au Righi; la figure 4, la cascade de Chède, dans les environs de Chamonix, mais nous y avons ajouté un pont; la figure 5 représente la cascade de Barberine, dans le même pays.

On voit que la cascade, pour figurer dans les scènes majestueuses et terribles, doit être l'ouvrage de la nature; mais dans des tableaux d'un genre moins sévère, il est quelquefois possible à l'art d'imiter la nature et d'obtenir des effets tout aussi agréables, quoique moins grandioses. Si l'on avait un cours d'eau dont la pente fût assez rapide pour fournir les moyens de former une cascade, il faudrait s'empresser d'exploiter cette heureuse circonstance. Ceci demande beaucoup d'art, et n'est d'une exécution facile que pour un dessinateur habitué à comprendre la physionomie caractéristique des objets, et à la rendre avec vérité dans ses tableaux. Sans cela vous entasserez des pierres les unes sur les autres, et ce vain étalage laissera toujours deviner la main de l'ouvrier.

Pour cette raison, vous ne laisserez paraître de votre rocher factice, que le moins possible, les parties seulement qui se trouvent en contact avec les eaux. Vous masquerez les autres au moyen d'arbrisseaux grimpans, tels que le lierre, la clématite, etc.

Un seul quartier de rocher, jeté en travers du courant, et par-dessus lequel les eaux se précipiteront dans un bassin creusé par elles, pourra quelquefois suffire pour un tableau fort agréable. Si vous avez une masse d'eau assez considérable, vous pourrez, pour rendre la cascade plus pittoresque, la diviser en deux nappes au moyen d'un rocher qui divisera le courant au point où commence sa chûte, ou même un peu plus bas, ce qui sera mieux encore.

Si vous avez une hauteur suffisante, vous augmenterez beaucoup les charmes de votre composition en arrangeant, mais irrégulièrement, plusieurs chutes les unes sur les autres.

C'est manquer au goût et aux convenances que de placer une cascade en rocaille dans un jardin symétrique, et dans tout genre de jardin, près de l'habitation. Certes, le bruit des eaux qui écument et blanchissent en se précipitant, a des charmes lorsqu'on n'est pas obligé de l'entendre longtemps, mais à la longue il devient d'une monotonie insupportable, et cette raison seule serait suffisante pour éloigner la cascade de l'habitation, quand même il n'y en aurait pas d'autres.

Mais cette composition a en outre un caractère inhérent qui ne la met en convenance qu'avec les sites boisés, les bocages solitaires et même un peu sauvages.

Il est une observation à faire quand on ordonnera les plantations qui doivent accompagner la cascade ; c'est de laisser toujours celle-ci former la perspective d'un point de vue assez éloigné, sans néanmoins que cela paraisse un résultat combiné. Du reste les groupes, les massifs, et autres genres de plantation y trouveront naturellement leur place.

Une autre observation essentielle est de faire paraître la chûte d'eau aussi haute et même plus haute qu'elle n'est. Pour cela il ne faut pas avoir la maladresse de l'écraser par l'ombrage d'arbres de première et seconde grandeur. On ne l'entourera au contraire que de grands arbrisseaux ayant un port arborescent, et d'arbres choisis parmi les plus pittoresques d'une troisième grandeur. On conçoit assez sur quelles raisons nous établissons ce principe sans qu'il soit nécessaire de les déduire ici.

§ II.

DES EAUX ARTIFICIELLES.

Nous avons dit que nous entendions par eaux artificielles celles qui, prisonnières dans des bassins ou des tuyaux, obéissent à l'art qui les dirige selon son caprice. Nous les diviserons en *eaux plates* et en *eaux jaillissantes*.

Les eaux plates nous fourniront le *bassin*, la *pièce d'eau*, le *canal* et le *puits*. Les eaux jaillissantes nous donneront la *cascade artificielle*, la *cascatique*, la *fontaine*, le *jet d'eau* et les *jeux d'eau*.

Les eaux naturelles, dont nous nous sommes occupés jusqu'à présent, appartiennent exclusivement au jardin paysager. Celles dont nous allons parler appartiennent aussi exclusivement aux compositions symétriques.

1. Le bassin.

On donne ce nom à une pièce d'eau ordinairement ronde, ou polygone, dont les bords sont en pierre de taille ou en marbre, avec une moulure sculptée, plus ou moins riche. Dans les compositions les plus élégantes, le centre du bassin est ordinairement occupé par un jet ou une gerbe d'eau, ou par une vasque, ou enfin par une statue jetant de l'eau par la bouche, par une conque ou par un vase renversé.

Le bassin, quand il n'y en a qu'un, doit occuper le centre d'une composition régulière; s'il y en a plusieurs, on les place symétriquement et en pendans, mais chacun doit occuper le centre d'une composition partielle.

2. La pièce d'eau.

On donne ce nom à toute composition ayant les mêmes ornemens et les mêmes convenances que le bassin, mais n'en ayant ni la forme circulaire, ni la richesse. Souvent les bords d'une pièce d'eau ne sont soutenus que par un mur ordinaire, et embellis que par une bordure de gazon.

La pièce d'eau ne figure que dans les jardins bourgeois du genre mixte, et dans la ferme ornée. Dans le premier cas elle est ordinairement consacrée à la conservation du poisson pour l'usage de la cuisine; dans le second, sa principale utilité est de servir d'abreuvoir pour le bétail.

Quelquefois ses bords sont ornés de quelques plantations, et dans ce cas elle n'est pas sans agrément, mais elle se confond avec la *mare* dont nous avons traité dans le chapitre précédent.

3. Le canal.

C'est une pièce d'eau régulière, à bords parallèles, et dont la longueur indéterminée ne peut néanmoins jamais être moindre que six fois sa largeur.

Le canal, planche 21, lorsqu'il est accompagné d'une double avenue d'arbres, forme toujours une très-belle perspective. Dans les grandes et riches compositions, c'est ordinairement une sorte de gymnase destiné à la natation et à l'exercice du bateau. Pour la première raison ses ondes doivent être pures et limpides, et son fond net et parfaitement nettoyé d'herbes.

Quelquefois sa perspective se termine par une élégante fontaine, comme dans notre planche 21, ou par des rochers et une grotte, comme on en voit deux exemples fort jolis dans le parc d'un vieillard aimable, M. Lesage, à Wissous (pl. 26 fig. 1).

Le puits.

Si ce n'est pas la plus agréable des pièces d'eaux, c'est au moins la plus utile, et pour cette raison la plus répandue. Dans toutes les compositions prétentieuses le puits ne peut pas figurer, et l'on est dans l'usage de le rejeter dans les parties cachées des bâtimens, ou de le masquer s'il existait déjà.

Mais dans le potager, le jardin mixte, ou même le petit fleuriste bourgeois, on le tolère en lui donnant un entourage plus ou moins élégant ou pittoresque. La planche 22, en présente plusieurs modèles; dans le genre orné, (fig. 1, 2, 3) rustique (fig. 4, 5, 6).

Nous avons monté (fig. 6) par quel moyen aussi simple qu'ingénieux, on peut du premier étage d'une habitation tirer de l'eau d'un puits qui serait séparé de la maison par un chemin. La vue de la double poulie (fig. 7) suffit pour faire comprendre le mécanisme.

4. La cascade artificielle.

De toutes les compositions qui ont pu passer par la tête des architectes, voilà sans contredit la plus bizarre, celle qui se prête le moins à une analyse raisonnée. A moins qu'un artiste ait eu l'intention de réaliser un rêve ou une scène de conte de fée digne du Petit Poucet, je pense qu'il serait difficile de motiver, même dans un jardin symétrique de palais, ces eaux qui tombent, qui jaillissent en sifflant, qui se précipitent avec fracas, qui bondissent et s'élancent en nappes, en gerbes, en torrens, en écumes, à travers des Thétis et des dragons, des nymphes et des dauphins, des dieux et des poissons, des serpens et des tritons, le tout de beau marbre blanc, ainsi que les escaliers, les vases et les bassins.

Et cependant je n'ai jamais vu jouer les eaux de Saint-Cloud et de Versailles sans éprouver un sentiment d'admiration, qui, à la vérité naît plutôt de l'étonnement que du plaisir. Je le pense, car cette admiration a toujours été suivie d'un petit mouvement de regret pour les sommes énormes qui sont consacrées annuellement par l'Etat à ces brillans joujoux.

N'imitez pas ces compositions, d'abord pour avoir plus de grâce et plus de naturel, car l'art, même le plus recherché, a aussi son naturel; en second lieu pour ne pas faire d'un bel escalier de marbre une cascade bizarre, et invraisemblable, ce qu'on ne vous pardonnerait pas aujourd'hui; Puis ensuite pour ne pas vous ruiner, quelle que soit votre fortune, car il faut que ces compositions portent le cachet de la grandeur pour n'être que bizarres et de mauvais goût.

5. La vasque.

Si vous voulez absolument faire tomber des nappes d'eaux en cascades artificielles, faites-le au moyen d'une vasque placée dans la niche d'une élégante fontaine (pl. 23 fig. 1, 3) ou, ce qui sera d'un effet plus riche encore, placée au milieu d'un bassin de marbre. Alors le sculpteur rivalisant de talent avec l'architecte, vous obtiendrez des effets aussi riches qu'élégans. Nous en offrons plusieurs modèles dans la planche 24.

La vasque convient bien à l'ornement d'un grand bassin, et alors sa base étroite (fig. 4) s'élève du milieu de la nappe du bassin. Mais elle convient également à la décoration d'une fontaine publique, ou de jardin, et alors son bassin sera plus étroit (fig. 1, 2, 3, 5, 6) et pourra laisser tomber l'eau par des robinets (fig. 1, 2) qui la rendront plus facile à prendre dans des seaux ou des arrosoirs.

On peut encore, en se conformant aux usages de l'Orient, placer une vasque au centre d'un pavillon d'été, afin d'y jeter de la fraîcheur.

6. La fontaine.

Comme la vasque, la fontaine ornée appartient aux compositions symétriques ayant plus ou moins d'élégance. Elles sont tout-à-fait de la compétence de l'architecte en bâtimens lorsqu'elles tiennent à l'habitation, mais c'est à l'architecte de jardin qu'il appartient d'en indiquer la place si elles doivent entrer dans sa composition.

La planche 64, fig. 3, représente la jolie fontaine du Luxembourg, ouvrage de Jacques de Brosse. Elle fut érigée par l'ordre de Marie de Médicis il y a un peu plus de deux cents ans. Ce petit monument, qui avait acquis chez les architectes une grande célébrité, comme un modèle charmant de l'ordre toscan, a été réparé dans le commencement de ce siècle.

La planche 23 offre des modèles de divers genres de fontaines, la plupart exécutées à Paris et dans ses environs.

7. Le jet d'eau.

Cette composition est le luxe des jardins symétriques les plus riches et les plus élégans. Son caractère est toujours noble et gracieux, mais il devient quelquefois majestueux quand son jet s'élève à une grande hauteur, comme par exemple celui de Saint-Cloud.

Le jet d'eau (pl. 25 fig. 1), se place toujours au milieu d'un bassin dont la largeur doit être en harmonie avec sa hauteur; sans cela les eaux jaillissantes, détournées de la ligne verticale par le moindre vent, pourraient retomber hors du lit qu'on leur circonscrit.

La place du jet d'eau et en général de toutes les eaux jaillissantes, doit être choisie de manière à occuper le centre d'une composition générale ou partielle, et en même temps à former perspective.

Quand on a des eaux abondantes, on peut réunir plusieurs jets et en former une gerbe (pl. 25 fig. 2) telle que celle du jardin du Palais-Royal à Paris.

8. Les jeux d'eau.

Ce sont des jets que l'on plie à des formes bizarres et quelquefois gracieuses, au moyen d'ajutages de diverses sortes. Il existe un assez grand nombre de manières de varier le coup-d'œil des jeux d'eau, et toutes n'ont pas encore été mises en pratique, mais l'homme de goût qui voudra cousacrer quelques soins à ce genre de composition n'en sera que plus flatté en trouvant des combinaisons neuves et agréables.

La cloche (pl. 25 fig. 3), se fait en ajustant au jet d'eau un tube a, se terminant par un petit chapeau en forme de dôme, b, qui retient l'eau et la force à retomber en une nappe formant une cloche et ressemblant à un cylindre de verre recouvrant une pendule.

Quelquefois la cloche est tellement bien formée qu'une bougie allumée et placée dessous sur un petit support mis à cet effet, s'éteint promptement faute d'air.

On peut aussi donner du mouvement aux pièces d'ajutage et former ainsi un soleil (pl. 25 fig. 4), ou une double girandole (fig. 5). Les tuyaux a, a, sont courbes; l'eau en s'en échappant avec violence fait effort contre leur courbure et les fait tourner sur leur axe mobile par les mêmes raisons physiques qu'un soleil en pyrotechnie.

Nous ne nous étendrons pas davantage sur un art qui n'est que très-accessoire à notre sujet. Et ici nous terminerons notre chapitre des eaux. A la fin de notre ouvrage nous indiquerons et décrirons les machines les plus avantageuses pour élever les eaux et, par ce moyen, de les conduire où on le voudra.

CHAPITRE IX.

LES ROCHERS.

Ce chapitre sera court, par la raison qu'en débutant nous posons pour principe qu'un architecte de bon goût ne doit jamais se permettre un rocher artificiel. Ceci posé, il ne nous reste plus qu'à donner des conseils sur la manière de tirer parti de ceux que la nature a placés dans un paysage.

Un rocher ne se trouve jamais isolé et jeté comme une pierre lancée du ciel, au milieu d'une plaine sablonneuse; il appartient toujours à une chaîne de montagnes plus ou moins considérable, et les mêmes raisons qui ont découvert son flanc grisâtre ont aussi mis à jour d'autres parties des roches auxquelles il tient par sa base. Il en résulte que les rochers ne caractérisent jamais une scène partielle, mais la composition tout entière, et même quelquefois un paysage considérable.

Les rochers sont toujours très-pittoresques, mais quelquefois, par l'âpreté et l'énormité de leur masse, ils constituent, dans une composition, les caractères majestueux, sauvage, terrible, etc. C'est à l'artiste placé sur les localités à sentir et apprécier ces nuances pour mettre ses tableaux en harmonie avec la physionomie du site.

Mais si on ne peut faire des rochers, on peut au moins arranger ceux que l'on a, et même en transporter quelques fragmens, pour les replacer ailleurs et en tirer un effet pittoresque. On peut aussi découvrir ou même déterrer leur base pour les rendre plus propres à produire de certains ef-

fets; enfin on ouvre dans leur sein des grottes et des cavernes artificielles qui, avec du goût et de l'art, peuvent imiter parfaitement la nature.

Lorsque les rochers sont entassés en masses énormes, taillés à pic et s'élevant à une hauteur considérable, lorsqu'ils offrent de profondes fissures, des pentes raides ou escarpées comme les bords d'un précipice, c'est alors qu'ils ont un caractère sauvage qu'on ne peut changer et qu'on doit même ne pas chercher à adoucir.

Là vous pourrez placer pour fabrique un pont hardi, servant à franchir une énorme fissure, un torrent ou un précipice. Nous en donnons des modèles planche 26, fig. 4 et 6; — pl. 28, fig. 1, 3; — pl. 29, fig. 3; — pl. 30, fig. 1; — pl. 31, fig. 5 — pl. 34, fig. 4, 5, 6.

Ailleurs, vous vous emparerez d'un accident singulier pour établir une scène caractérisée d'une manière particulière, par la nature et l'art réunis. Nous allons en chercher des modèles dans la réalité et non dans des spéculations de phrases qui nous feraient beaucoup moins bien comprendre. Prenons la planche 34.

La figure 1, représente la porte de rochers dans le Righi. Rien n'est plus pittoresque que ce chemin longeant le rocher et allant passer dans un trou formant une porte naturelle sous de gigantesques masses de roches. Un petit châlet placé à droite adoucit un peu la sévérité du site. Dans la fig. 2, représentant le chemin de Weggis au Righi, un sentier raide et difficile monte le long d'une roche escarpée, et serpente, pour ainsi dire, sur les bords effrayans des précipices; mais un garde-fou d'une construction rustique et solide garantit le voyageur d'une chute mortelle. Dans la figure 3, le rocher bizarre d'Altwindstein s'élève comme les ruines d'un vieux château, et ce qui contribue encore à lui donner cet aspect singulier, ce sont les véritables ruines qui sont à sa base.

Les figures 4, 5, 6, nous offrent des scènes d'un caractère plus grand. Dans la figure 4, on voit le pont de Perseval jeté sur un précipice du Simplon. Quelques chaumières habitées par des pâtres et des chasseurs de chamois, animent un peu cette scène pittoresque. Le cours de la Massa, fig. 5, roulant ses ondes bouillonnantes au fond d'un noir abîme, appartiendra aux scènes terribles; le pont effrayant consistant en un sapin renversé et dépouillé de ses branches, ne contribue pas peu à caractériser ce tableau. Bien n'étonne plus le voyageur que de voir avec quelle hardiesse un pâtre hasarde sa vie sur cette étroite et frêle construction, que ses chèvres franchissent néanmoins en se jouant. Le pont, fig. 6, sur la route du simplon, quoique d'une architecture commune, ne détruit pas le caractère sauvage et romantique du paysage.

Dans les tableaux du genre de ceux dont nous venons de montrer des modèles, les plantations seront en harmonie avec le paysage. Les arbres de première grandeur, et surtout ceux de la famille des conifères, y figureront au premier rang; le sapin couvrira le flanc des rochers dont le mélèze occupera la cime, le bouleau croîtra sur les plateaux à mi-côte, les pins et les cèdres formeront d'épaisses forêts sur les revers opposés au nord, et le chêne peuplera les vallées. Si vous hasardez quelques arbres et arbrisseaux à fleurs apparentes, vous les choisirez dans les espèces les plus pittoresques de notre pays, telles par exemple que le cytise des Alpes, le baguenaudier, le sureau à grappes, etc., etc.

Mais il arrive fort souvent qu'un paysage peut être couvert de rochers sans avoir pour cela le caractère des scènes de la Suisse et des Alpes. Dans ce cas les roches sont éparses çà et là sur la crête ou le penchant des collines. Vous harmoniserez vos plantations en conséquence, et le choix de vos arbres sera moins sévère, quoique toujours fait dans les espèces indigènes.

Dans ces sortes de sites, vous établirez des scènes d'un style moins sauvage et plus gracieux, et vous pourrez motiver des fabriques de tous les genres. Tantôt ce sera la cabane d'un bûcheron, la chaumière d'un charbonnier ou le châlet d'un pâtre; tantôt, sur une élévation, un kiosque ou un belvédère élégant, un temple, et même la ruine d'un ancien château féodal; la fig. 2 de la planche 26, représentant la tour du charmant parc de Mont-Repos, en est un modèle fort joli.

Quant aux rochers eux-mêmes, on peut sans inconvénient leur faire subir quelques altérations pour rendre leur caractère plus piquant dans de certaines circonstances. Par exemple, au moyen de la mine, on peut, dans quelques endroits, rendre leur flanc plus perpendiculaire, et même creuser un peu leur base, pour les faire paraître prêts à s'écrouler. On détruit l'uniformité d'une plate-forme, d'un bloc; on amincit et on déblaie un pic, afin d'augmenter sa légèreté et sa hauteur, etc., etc. On tapisse avec des plantes grimpantes les surfaces larges et montrant peu d'accidens, et même quelquefois on ouvre des fissures artificielles, que l'on remplit de terre de bruyère pour suspendre un arbrisseau dans une partie verticale.

La caverne

Appartient aux scènes sauvages et terribles. Son entrée, cachée dans une sombre allée, sera en outre encombrée par les ronces et les arbrisseaux épineux; à peine un sentier frayé par les bêtes sauvages ou les malfaiteurs sera-t-il assez large pour laisser le promeneur arriver jusqu'à elle. N'allez pas en changer le caractère, mais suivez au contraire les conseils que je vous ai donnés dans mon premier ouvrage : « Lorsque l'on est assez heureux pour posséder une caverne, vous ai-je dit, on se gardera bien de toucher à ces brillantes cristallisations affectant les formes les plus bizarres, qui presque toujours décorent les parois de ces fabriques naturelles. Surtout on n'en élargira pas l'entrée, et même on la rétrécira au besoin, pour conserver à l'intérieur ces épaisses ténèbres qui jettent l'effroi dans le cœur et caractérisent le genre terrible et mystérieux de ces voûtes effrayantes. On s'appliquera à en rendre l'approche âpre et sauvage. Des ronces, des plantes grimpantes et parasites, des mousses, des lichens placés avec beaucoup d'art, tapisseront le passage et auront l'air de l'obstruer. Ces objets sont nécessaires pour préparer l'esprit aux émotions fortes qu'il doit recevoir, lorsque le promeneur, muni d'une torche enflammée, pénétrera avec courage dans ces voûtes souterraines, et, pour satisfaire sa curiosité, ira troubler dans leur demeure habituelle la chauve-souris aux ailes livides, et les oiseaux nocturnes dont le cri sinistre interrompt par intervalle le silence de la nuit. »

Le caractère de la caverne est dans ses grandes dimensions. Elle est composée de plusieurs sombres voûtes se succédant d'une manière irrégulière et paraissant toujours l'ouvrage de la nature. Mais ces voûtes mystérieuses peuvent avoir été le refuge de proscrits ou le repaire de brigands. On pourra donc y montrer tout ce que l'art a pu grossièrement inventer pour leur rendre cette retraite plus commode.

Des ouvertures trop étroites, communiquant d'une voûte dans l'autre, auront été agrandies; d'autres, au contraire, auront été bouchées; des piliers massifs soutiendront les parties de rocs qui menaçaient de se détacher. Des lianes, et même des lits pourront être taillés dans le roc, etc. Avec ces caractères, une ancienne carrière pourra très-bien représenter une caverne,

et les travaux qui annonçaient la main des hommes, se trouvront suffisamment motivés.

La grotte.

Cette composition a tant de charme pour le commun des hommes, que malgré son inconvenance dans un grand nombre de sites, on la rencontre partout. Je pense que dans Paris et ses environs, pays peut-être le moins rocailleux de la France, on trouverait au moins cinq ou six cents grottes, dont la plupart dans des jardins de dix mètres carrés, au milieu de la capitale.

Ce n'est point ainsi que nous entendons la grotte; pour nous, si elle n'est l'ouvrage de la nature, il faut au moins qu'elle en ait l'air, et qu'elle soit motivée par la physionomie du site.

La grotte est bien moins sévère que la caverne, et le caractère sauvage de celle-ci se change dans celle-là en pittoresque. Cependant elle n'est bien à sa place que dans les solitudes écartées, loin du bruit et des lieux fréquentés. Son entrée peut se trouver auprès d'un ruisseau, ou d'une pièce d'eau, comme dans la planche 26, figure 1, représentant la grotte du parc de M. Lesage, à Wissous, et fig. 3, où nous avons représenté l'entrée de la fameuse grotte de Lahalme, une des sept merveilles du Dauphinois.

D'autres fois, la grotte pourra prendre la physionomie d'un souterrain ayant anciennement servi d'issue secrète à un château féodal, comme au pied de la tour de Mont-Repos, fig. 2 de la même planche.

On pourra encore, avec quelques ornemens disposés à son entrée, lui donner l'aspect d'ermitage, ou même de l'habitation d'un malheureux cultivateur et de sa famille. Les bords de la Loire offrent mille exemples de ce genre de composition. Dans l'un et l'autre cas, on pourra sans inconvénance y déposer quelques meubles grossiers et rustiques, tels qu'il pouvaient convenir à un saint anachorète ou à une pauvre famille.

Ordinairement l'entrée de la grotte est d'un abord facile et d'une largeur suffisante pour laisser entrer de la lumière dans l'intérieur. Si elle a été habitée par un ermite, vous pouvez encore y trouver son lit de mousse et de feuilles sèches, la petite table sur laquelle il déposait son bréviaire, et l'éclat du rocher qui lui servait de banc.

Si la grotte est assez éloignée de l'habitation du maître ; si elle se trouve placée dans un endroit sauvage et solitaire, vous pourrez, au moyen d'un petit jardin où l'ermite cultivait des fleurs et des légumes, former un contraste fortement heurté, mais d'un effet très-attrayant. On sera fort agréablement surpris de rencontrer au milieu des rochers et des sapins au feuillage terne et sombre, la rose aux doux parfums, la tulipe éclatante, et quelques autres fleurs choisies parmi les plus belles et les moins rares.

La grotte, si elle ne peut être bâtie à main d'hommes ; peut au moins être agrandie et même entièrement creusée par l'art. Afin de faire paraître cet ouvrage naturel, il faudra en incliner les parois dans le sens indiqué par les fissures de la roche. Il n'est pas nécessaire que sa profondeur soit considérable, mais cependant il faut qu'elle soit au moins trois fois égale à la hauteur de sa voûte, si on veut qu'elle n'ait pas l'air d'une sorte de niche à saint. On évitera de donner une forme régulière à l'entrée, quand même celle-ci devrait être en partie murée pour faire un ermitage ou une habitation.

Les grottes sont principalement destinées, dans les jardins, à fournir un lieu de repos attirant par sa fraîcheur autant que par son aspect agréable. Si on avait de l'eau à sa disposition, on ferait donc très-bien d'en amener un filet dans la grotte, de l'y faire tomber en petite cascade dans un étroit bassin, d'où elle s'échapperait en murmurant, en forme de ruisseau. La grotte de M. Lesage, à Wissous, jouit d'une fraîcheur délicieuse en été, parce qu'elle a ce précieux avantage.

Surtout, n'allez pas vous amuser à faire d'une composition naturelle et pleine de grâce, un jouet d'enfant tapissé de cristaux et de coquillages, comme ce n'est que trop l'usage chez les gens qui manquent de goût.

CHAPITRE X.

DES FABRIQUES.

Nous avons traité jusqu'à présent des matériaux fournis par la nature pour la composition des jardins, et de la manière d'en tirer un parti avantageux; il nous reste à énumérer les matériaux qui appartiennent tout entiers à l'art, et que l'on a l'habitude pour cette raison de désigner sous le nom de *fabriques*.

Nous diviserons les fabriques en deux grandes sections. La première renfermera les fabriques d'utilité, telles que les habitations, les ponts, les serres, etc., etc.; la seconde se composera des fabriques d'ornement, dont le principal but sera de fournir des décorations pittoresques ou agréables à différentes scènes.

§ Ier.

FABRIQUES D'UTILITÉ.

1° Les ponts.

Il n'est rien de plus pittoresque que les ponts, rien qui offre plus de variété pour caractériser des scènes de tout genre, rien qui soit plus facile à motiver, car il ne s'agit que de conduire un chemin, un simple sentier, sur le bord d'un ruisseau ou d'une rivière, pour qu'on puisse conve-

nablement y placer un pont. Cependant, quoique cette fabrique soit la seule qui puisse se présenter plusieurs fois dans une composition sans inconvénances, il ne faudrait pas trop la multiplier sous peine de tomber dans la monotonie, même alors que toutes se trouveraient suffisamment motivées.

Nous diviserons les ponts, en raison de leurs caractères, en *passerelles*, *ponts rustiques*, *ponts pittoresques*, *ponts suspendus*, *ponts de fils de fer et ponts d'architecture.*

La *passerelle* appartient plus particulièrement aux scènes champêtres de la ferme ornée. C'est le plus simple de tous les ponts, et le plus ordinairement il n'est propre qu'au passage de l'homme. Quelquefois il ne consiste qu'en un tronc d'arbre jeté en travers d'un ruisseau, ou en une simple planche posée en travers et munie d'une perche formant garde-fou. Mais quelquefois aussi on complique un peu sa fabrication pour la rendre plus pittoresque. Dans la fig. 1, la passerelle est placée sur la queue marécageuse d'un étang, et elle est assez large pour qu'on puisse la passer avec un cheval. Dans la fig. 2, elle consiste simplement en deux longues pierres plates posées par un bout sur le bord d'un ruisseau, et par l'autre sur une autre pierre jetée au milieu du ruisseau. Dans le paysage où nous l'avons copiée, elle produit un effet plus agréable qu'on ne saurait imaginer. La fig. 3 représente une autre passerelle du même genre. Pour qu'elles aient tout leur charme, il faut qu'elles soient jetées sur un ruisseau ou une rivière d'une eau fort limpide, et qu'elles soient accompagnées d'un ou deux groupes au moins, de saules, d'aulnes, ou d'autres arbres aquatiques d'un port pittoresque.

La passerelle de la figure 6 est dans le genre de la première. Elle est également placée sur une rivière un peu marécageuse.

La fig. 5 représente une sorte de passerelle, ou plutôt de pont couvert, sur lequel est un bâtiment servant à une usine. Lorsque nous l'avons dessiné, le moulin n'existait plus, mais la maison n'en était pas moins très-pittoresque.

Le *pont rustique* est composé de bois brut, c'est-à-dire encore recouvert de son écorce. Cette petite composition convient parfaitement aux scènes rustiques, mais elle peut également bien figurer dans les paysages. Nos planches en contiennent plusieurs modèles.

Dans la planche 26, fig. 4, un pont rustique est jeté d'une manière hardie d'un rocher à l'autre, sur le lit d'un torrent, et quoiqu'il soit un peu orné dans sa construction, il ne s'harmonise pas moins bien avec l'aspect un peu sauvage de la scène.

La planche 27, fig. 4, représente un pont rustique d'une construction très-solide, conduisant à une usine ayant l'aspect pittoresque d'un châlet. Ce tableau se lie très-bien avec l'aspect montagneux du paysage, rappelant certains sites de la Suisse.

Nous trouvons d'autres modèles de ponts rustiques, pl. 28, fig. 4, 5 ; — pl. 30, fig. 3. Celui-ci a été copié à Ermenonville.

Les *ponts pittoresques* sont ordinairement en charpente, mais d'une forme irrégulière, plutôt appropriée aux localités où ils se trouvent qu'aux principes sévères de l'architecture. Les montagnes de la Suisse en offrent de nombreux exemples.

Nous en donnons des modèles assez remarquables, presque tous dessinés d'après nature, planche 26, fig. 6 ; — pl. 28, fig. 2, 3, 6 ; — pl. 29, fig. 3.

Il est une autre sorte de ponts pittoresques qui appartiennent à des petites compositions élégantes, et auxquels on a cherché à donner toute la grâce et la légéreté dont ce genre de fabrique est susceptible.

Tel est le pont, pl. 29, fig. 1, exécuté sur la Bièvre, à Lay, près Bourg-la-Reine, dans la propriété de M. de Bronzac ; celui de la fig. 4, auquel on a donné une forme gothique ; celui de la fig. 5, d'une architecture simple, mais de bon goût et fort élégante.

La planche 31 nous offre encore deux modèles très-remarquables de ce genre, l'un fig. 2, d'une forme assez bizarre ; l'autre fig. 3, jeté avec autant de grâce qu'il est de bon goût dans ses simples ornemens, consistant en un garde-fou en chaînes de fer.

La figure 2 de la planche 30 représente un pont entièrement construit en fer, et aussi remarquable par la hardiesse et la grâce de sa composition que par la valeur de la matière.

Les *ponts suspendus* peuvent appartenir à des paysages de caractères bien différens, comme on va le voir.

Dans les montagnes de la Suisse, les pâtres et les chasseurs, pour franchir un torrent et souvent un précipice d'une profondeur effrayante, ont la hardiesse de passer sur un pont composé de deux cordes, sur lesquels des branches d'arbres et des fascines jetées en travers forment un plancher qui se balance dans les airs au moindre vent, qui tremble et se courbe sous le poids d'un homme ou d'un animal. Nous en donnons un modèle pl. 30, fig. 1.

Les Américains, aussi hardis, mais plu ingénieux, ont un moyen fort singulier de franchir dans les airs l'espace quelquefois très-considérable qui sépare deux rochers, pl. 31, fig. 5. Ils tendent autant que possible un câble très-fort d'une roche à l'autre. Sur ce câble roulent deux poulies tenant aux cordes d'une sorte de petite nacelle qui y est suspendue. Pour traverser ce pont aérien, on entre dans la nacelle, puis on tire à soi une seconde corde, ce qui force la poulie à rouler sur le câble, et la nacelle à avancer, jusqu'à ce qu'elle soit parvenue à l'autre rive.

Nous mettrons, dans la classe des ponts suspendus, le petit pont tournant, pl. 31, fig. 4, mobile et placé en équilibre sur un pivot; la force d'un homme ordinaire suffit pour le faire tourner sur lui-même. Son extrémité va s'appuyer sur l'autre rive, et alors le passage est libre. Lorsque l'on est rentré dans le jardin ou dans la composition dont il fait partie, on lui fait faire le mouvement contraire, et le passage se trouve interrompu, comme nous le montrons dans notre figure.

Les ponts de fil de fer, autres ponts suspendus, ont été inventés en Amérique, et ont été apportés en Europe, où ils ont subi une modification quand il a fallu les faire d'une grande dimension. Les cordes de fil de fer ont été métamorphosées en massives chaînes.

Ces ponts sont pleins d'élégance et de légèreté, d'une construction facile et peu coûteuse, aussi en voit-on déjà sur toutes les principales rivières de la France. Cependant, tout ainsi que nous sommes des utiles innovations, nous trouvons à celle-ci deux inconvéniens dont le premier surtout nous paraît fort grave. Les chaînes qui les soutiennent, exposées aux intempéries de l'air se dégraderont tôt ou tard, puis se rompront tout-à-coup quand le pont se trouvera surchargé, et tout tombera dans la rivière, hommes, chevaux, voitures et pont. Nous ne voyons pas comment ces ponts pourraient avoir une autre fin, car la dégradation est imperceptible et ne peut par conséquent se réparer, et il ne faut qu'une étincelle électrique qui agisse sur un anneau, un seul anneau, ou une oxidation résultant d'une paille qui se trouverait dans le fer, pour que cet accident arrive tout-à-coup de la manière la plus imprévue.

Supposons qu'on visite la chaîne très-souvent et avec beaucoup d'atten-

tion, le fera-t-on anneau par anneau, et avec assez de soin pour les examiner, les sonder tous les uns après les autres, avec toute l'attention nécessaire pour pouvoir s'assurer, si cela est possible, que tous sont intacts?

Voici un autre inconvénient : ces ponts ne dureront pas plus que les concessions que le gouvernement accorde à leurs constructeurs, d'où il résulte le peuple payera toujours pour le passage des rivières un impôt qu'il aurait vu disparaître peu à peu, si on n'eût accordé des concessions que pour des ponts de pierre qui sont d'une durée sans fin. Mais laissons ce sujet, tout important qu'il est, pour revenir aux décorations des jardins.

Dans la planche 32, nous donnons deux modèles fort jolis de ponts de fil de fer. Le premier (fig. 1) a été copié à Passy, dans la propriété de M. Benjamin Delessert, et nous n'y avons fait que de très-légers changemens, excepté néanmoins que nous avons fait passer une rivière dessous. Le second (fig. 2) a été copié avec quelques modifications sur celui qui aboutit à la place de Grève, à Paris.

Parmi les modèles que l'on peut visiter aux environs de Paris, nous citerons ceux des jardins du duc d'Orléans, à Neuilly, de M, le duc de Larochefoucault, de M. le duc de Plaisance, etc.

Pour l'ornement des jardins, on trouve deux avantages à ces constructions. Le premier, c'est qu'elles sont très-pittoresques; le second, c'est qu'elles se coûtent qu'un cinquième de ce qu'elles coûteraient si on les construisait en charpente.

Ponts d'architecture. Nous donnons ce nom à toutes les constructions de ce genre élevées en maçonnerie. Quelquefois on peut donner à ces ponts un aspect fort piquant et appartenant au caractère champêtre ou même rustique, il ne faut pour cela que les représenter dans un état de ruine, avec quelques ornemens rustiques, ou quelqu'autre chose de singulier et de champêtre. Nous en offrons deux modèles, un fig. 2, pl. 29, l'autre fig. 5, pl. 30.

Le pont de pierre peut aussi prendre un caractère sauvage, quand il en reçoit l'empreinte d'une localité de ce genre. Ceux de la planche 28, fig. 1, et de la planche 34, fig. 6, en sont des exemples. D'autres fois, il devient pittoresque lorsqu'il affecte une architecture étrangère et un peu bizarre, comme le pont de Martorell, en Espagne, devant lequel se trouve la ruine d'un arc de triomphe romain, élevé jadis à la mémoire d'un conquérant (pl. 29, fig. 6).

Dans de certaines circonstances, un pont se compose de deux rangs d'arches les unes sur les autres, soit pour former un aqueduc, soit pour établir une route de communication entre deux montagnes très-escarpées (pl. 31, fig. 6). On en voit un exemple sur la route de Paris à Fontainebleau, près du village de la Cour-de-France.

Dans les compositions symétriques, ou même d'un genre moins ambitieux, mais élégantes, un pont d'une jolie architecture produira toujours un effet plein de grace et de noblesse. Tantôt une lanterne chinoise (pl. 30, fig. 4), ou un obélisque (pl. 31, fig. 1), placés au milieu, y formeront un effet autorisé par l'usage et le bon goût.

D'autres fois, un pont placé près d'un palais, peut déployer une richesse d'architecture et de sculpture, qui le mettront en harmonie avec la majesté d'une magnifique façade, sans pour cela que son coup-d'œil en soit moins piquant; celui que nous présentons pour modèle (pl. 30, fig. 6) existe près du palais de Calsruhe, en Allemagne.

Dans tous les cas, quel que soit le parti agréable que l'on puisse tirer d'un pont, il faudra qu'il soit rigoureusement motivé, car rien n'est plus ridicule qu'un pont sans eau ou au moins sans une nécessité indispensable, comme celle par exemple de passer sur un précipice, ou sur un ravin très-escarpé.

Il y a plusieurs considérations à garder dans la construction de ces fabriques. Si on veut qu'un pont ait de la légéreté et de la grace, il faut que sa longueur soit au moins deux fois égale à sa largeur. S'il est jeté sur une rivière ou une pièce d'eau portant bateau, la hauteur des arches ou au moins de celle du milieu, sera calculée de manière à ce qu'un homme debout, dans une embarcation, puisse y passer sans être obligé de se courber. Du reste, ceci s'entend pour le minimum des petites constructions, car la hauteur des arches, relativement aux autres proportions du pont, est déterminée par des règles sévères d'architecture, dont l'homme de goût ne doit jamais s'écarter s'il ne veut tomber dans le lourd ou le bizarre.

Il faut que les abords d'un pont soient très-faciles et n'offrent pas une pente très-raide. Il doit être muni de parapets ou garde-fous d'une hauteur et d'une solidité suffisantes pour écarter jusqu'à l'apparence du danger; enfin il est indispensable de le réparer chaque fois qu'il a subi quelques dégradations, afin que son passage ne soit jamais dangereux.

A la suite de l'article des ponts, vient naturellement celui des bateaux : nous en allons traiter dans un court article.

2°. Des embarcations.

Nous avons placé les embarcations parmi les fabriques, parce qu'elles servent non-seulement à procurer le plaisir de la promenade sur l'eau, mais encore à produire un coup-d'œil agréable, très-propre à animer le paysage.

Les premières choses à observer dans la construction d'une embarcation, c'est la grandeur et la solidité. Lorsque, sous l'un et l'autre de ces rapports, elle n'offre pas aux promeneurs une sécurité entière et parfaite, le danger ne fût-il même qu'apparent, elle doit être rejetée. Un homme timide, une femme, loin d'éprouver du plaisir dans une promenade sur l'eau, ressentiront la douleur poignante et réelle de la frayeur, si par inconsidération ou pour affecter une audace qu'ils n'ont pas dans le cœur, ils se sont embarqués dans une nacelle trop légère; et, si ce n'était une imprudence impardonnable, ce serait au moins une cruauté que d'abuser de la faiblesse de quelqu'un en s'amusant de sa frayeur, fût-elle sans le moindre fondement.

Une embarcation peut, jusqu'à un certain point, entrer en harmonie avec le caractère d'une scène. Sur un lac ou un étang d'une vaste étendue, une petite chaloupe ou un canot à voile (pl. 33, fig. 4), conviendra parfaitement. Sur une rivière navigable, à la porte d'un château, vous attacherez le yacht indien (fig. 1). Le bateau chinois (fig. 3) et la gondole vénitienne (fig. 2), figureront très-bien sur les ondes stagnantes des canaux, des petits étangs et des rivières anglaises.

Du reste, on peut varier beaucoup la forme des embarcations, et même les orner de peintures à l'huile, ayant le double but de les préserver de l'atteinte de l'humidité, et de les rendre d'un effet plus agréable et plus brillant. On aura la précaution de les tenir enchaînées dans un petit port disposé pour cela, afin que d'imprudens enfans ne puissent se hasarder dedans et exposer leurs jours.

3°. Les habitations.

Dans les précédens chapitres, nous avons dit comment on devait mettre l'habitation en harmonie avec le caractère du site, quand cela était possible, et comment il fallait mettre le jardin en harmonie avec l'habitation quand celle-ci existait déjà. Nous ne reviendrons plus sur cette matière, et nous nous bornerons à faire, par des exemples, l'application des principes que nous avons posés au chapitre des convenances. Les habitations sont de plusieurs sortes, que l'on peut classer ainsi : 1° le château; 2° la maison et ses dépendances.

Le château.

Dans la planche 35, figure 1, le château est d'une architecture riche et élégante, qui ne permet à l'architecte des jardins qu'une composition d'un genre symétrique ou mixte, dans laquelle il pourra cependant créer un paysage riche de points de vue et de fabriques ornées, devant à l'art toute leur beauté, comme on le voit par la fontaine et le jet d'eau que nous avons placés à gauche et à droite de cet élégant édifice. Il en est de même pour les châteaux d'une architecture noble, quoique moins sévère, tels que ceux figurés planche 36, figures 4, 5, 6; planche 37, figures 2 et 3.

La figure 3 de la planche 38 représente l'élégant château de ce genre, dans la vallée du Loup, près de Paris, et appartenant à notre écrivain célèbre M. de Chateaubriant.

Les Anglais donnent quelquefois à leurs châteaux une physionomie gothique, n'étant pas sans agrément, et produisant toujours un effet très-pittoresque. C'est chez eux que nous avons choisi les modèles pl. 35, fig. 2, et pl. 37, fig. 1. Assez ordinairement ils annoncent les compositions de ce genre dès la porte du parc, où ils placent des tours à créneaux, des portes à herse de fer, et autres objets du même caractère. Selon eux, la porte du parc de Dublin, en Irlande, est un modèle parfait de ces sortes de fabriques. Nous en donnons le dessin planche 37, figure 4.

Nous avons encore pris chez eux les modèles d'un genre d'habitation moitié château, moitié cottage (pl. 35, fig. 3).

Le château gothique, dans notre pays, n'affecte pas toujours la forme féodale d'une petite forteresse, quoiqu'on y trouve cependant, comme dans nos anciens romans, la tour du nord et la tour de l'ouest. Il en existe encore un grand nombre en France, mais nous irons en chercher un modèle à Ferney, non pas qu'il soit célèbre par ses constructions, mais bien parce qu'il a été une des habitations favorites de Voltaire (pl. 38, fig. 1.)

La maison de maître.

Il faut qu'elle soit en convenance non-seulement avec le genre de la composition, mais encore avec le caractère, le goût et les habitudes de celui qui l'habite.

Un philosophe comme J.-J. Rousseau méprise les ornemens qui sentent la richesse et le luxe, ou du moins il en fuit le semblant. Vous lui élèverez dans un paysage charmant, une maison simple et commode, sans prétention à une architecture élégante, tel enfin que celle que cet écrivain avait choisi pour sa demeure à Montmorency (pl. 38, fig. 2). Mais si cette habitation philosophique est plus douce, plus poétique, vous donnerez aussi à l'habitation une tournure plus pittoresque, et vous la placerez dans un site romantique. La maison de Bernardin de St-Pierre, à Essonne, vous mettra sur la voie (pl. 38, fig. 4).

Mais dans les circonstances ordinaires, vous vous bornerez à donner à l'habitation une grandeur et une élégance proportionnées à la richesse du propriétaire, tout en ne négligeant pas néanmoins d'en adapter les caractères aux autres convenances. Nous offrons plusieurs modèles de ces habitations planche 36, figures 1, 2, 3. Celles-ci figureront très-bien dans un jardin d'une petite étendue, d'un genre mixte. Sous Louis XIV et Louis XV, les jeunes seigneurs de la cour possédaient, hors des murs de Paris, ou au moins dans un faubourg retiré, un jardin et une habitation semblable, à laquelle on donnait le nom de *petite maison*. Il était très à la mode alors de paraître un libertin, un *roué* pour me servir de l'expression du temps, et d'avoir en conséquence une *petite maison*.

La *maison bourgeoise* tient un peu du château par la grandeur qu'on peut lui donner et par les ornemens, les marbres et les statues dont on peut l'orner; mais elle est d'une architecture moins sévère et souvent plus gra-

cieuse. Les Anglais font leurs maisons bourgeoises moins élégantes que les nôtres, mais ils savent mieux en varier les formes et le coup-d'œil. Voyez la planche 39, figures 1, 2, 3, 4, 5.

Notre planche 40 offre un des plus jolis modèles qu'on puisse trouver de la maison bourgeoise. Elle a été bâtie par un artiste distingué, M. Delaunay, habile fondeur de la colonne de la place Vendôme. Nous la représentons vue de face figure 1, et vue sur le côté figure 2. Elle est, comme on le voit, accompagnée de dépendances d'un même style.

La planche 41 offre des modèles de maisons bourgeoises dans le goût hollandais et belge. Les figures 1, 2, 3, ont leurs modèles en Hollande, la figure 4 dans les environs d'Anvers, et les figures 5 et 6 en Belgique.

Les communs d'un château ou d'une maison bourgeoise, c'est-à-dire les bâtimens qui s'y rattachent et qui renferment les logemens de domestiques, les écuries, etc., doivent affecter le même caractère que l'habitation principale, nous en donnons plusieurs modèles dans les planches 42 et 43.

La figure 1, planche 43, sera une écurie attachée à une maison bourgeoise élégante, ainsi que la figure 2. Les figures 3 et 4 se trouveront mieux en convenance avec la ferme ornée, ainsi que la figure 4 de la planche 42.

Cette planche 42 nous offre en outre des modèles de communs pour un château (fig. 1 et 2), et pour une habitation dans le genre gothique (fig. 3).

Les maisons de genre.

Nous donnons ce nom à des habitations faisant tout-à-fait fabriques, et ayant été construites absolument pour faire tableau dans une composition pittoresque. Pour vous faire mieux comprendre, nous dirons que dans les constructions dont nous avons traité plus haut, le jardin était une dépendance de la maison ; ici l'habitation sera une dépendance du jardin. On trouve peu de maisons de ce genre en France, mais en Angleterre elles sont assez communes.

La planche 44 représente des *cottages*, nom sous lequel les Anglais désignent positivement nos maisons de genre. Dans les figures 1 et 2, l'habitation a une physionomie champêtre qui peut parfaitement convenir à une ferme ornée. La figure première affecte un peu la forme d'un chalet, et la figure 2 la physionomie d'un monument gothique.

Les figures 3 et 4 ont l'aspect de monumens religieux, et semblent être d'anciens ermitages ou prieurés. En Angleterre, ces sortes de fabriques sont motivées par l'histoire, et il n'est pas rare de trouver, encore aujourd'hui, un fermier logé dans une antique abbaye, un paysan dans un prieuré, et un bûcheron dans un ermitage. Lorsque la religion catholique fut bannie d'Angleterre, les propriétés des moines tombèrent entre les mains de laïques qui, sans scrupules, logèrent leurs cultivateurs dans les saintes maisons, et quelquefois même leurs chevaux dans les chapelles et les églises romaines.

La *maison rustique*, planche 45, est d'un caractère qui plaît à tout le monde, pourvu qu'elle soit riche en détails pittoresques. C'est la construction qui se trouve le mieux en harmonie avec le jardin paysager. Son caractère est tout-à-fait rustique dans les figures 1, 2, 4; il s'harmonise mieux avec les scènes champêtres et riantes, dans les figures 3, 5, 6.

Les Anglais, que nous avons jusqu'à ce jour regardés comme nos maîtres dans la composition des jardins paysagers, et cela par la seule raison qu'ils ont été nos devanciers; les Anglais, dis-je, ont des cottages d'une physionomie toujours singulière, et quelquefois d'une architecture de très-bon goût (pl. 43, fig. 1), soit dans un genre moderne et européen, soit dans le genre asiatique (pl. 47, fig. 2).

La planche 46 représente quatre formes ornées, que nous leur avons empruntées; elles ont le caractère champêtre dans les figures 1 et 2, et le caractère gothique dans les figures 3, 4.

Mais c'est lorsqu'ils construisent un cottage pour servir d'habitation au maître, que les architectes anglais s'abandonnent quelquefois à des conceptions bizarres, qui, tout extraordinaires qu'elles sont, ne produisent pas moins des effets pittoresques. Nous en montrons pour exemple les figures 3 et 4 de la planche 47, et les figures 1, 2, 3 et 4 de la planche 48. La figure 2, surtout, est fort remarquable par son originalité, et cependant elle est d'un aspect on ne peut plus pittoresque.

Maisons de domestiques.

Nous entendons parler ici, non pas d'un commun, mais de ces fabriques plus ou moins isolées de l'habitation principale, que l'on construit pour produire un effet dans une scène détachée, et que l'on utilise en y logeant un concierge, un jardinier, un garde, ou même un cultivateur.

La maison du concierge, placée soit à l'entrée d'un parc, et dans ce cas isolée, soit près de l'habitation, doit toujours avoir un air de propreté et d'élégance qui prévient au premier coup-d'œil en faveur de l'habitation. Si elle en est assez éloignée, il n'est pas nécessaire qu'elle ait le même caractère d'architecture, et alors on pourrait la construire sur les modèles de la planche 49, fig. 1, 2, 3, 4.

Si elle est en vue de l'habitation, il sera bien de la mettre en harmonie avec elle. C'est ainsi que la figure 1, planche 50, accompagnera très-bien un château; la figure 2, une maison bourgeoise; la figure 3, une ferme ornée, et la figure 4, une maison gothique.

La maison de garde se trouve toujours rejetée dans une place éloignée de l'habitation, aussi joue-t-elle, dans une composition, un rôle plus pittoresque que celle du concierge. Sur les bords d'un étang dont la pêche est surveillée, le garde pourra habiter la maison planche 51, fig. 1. ou fig 3.

Au coin d'un parc défendu par un saut-de-loup, on pourra lui bâtir une maisonnette dans le même genre que celle du parc du Mont-Jean, à Wissous (fig. 2). A l'entrée d'un parc pittoresque, il habitera une chaumière bâtie contre une ancienne tour (fig. 6). Ou enfin, dans une clairière, une maison rustique (fig. 4), ou une chaumière (fig. 5).

Mais quelquefois on place un garde dans un jardin symétrique ou mixte, et alors on ne peut pas toujours donner à son habitation un caractère rustique. Dans ce cas, on pourra le loger avec convenance dans un des cottages (pl. 52). La figure 1 convient à un jardin symétrique riche d'ornemens; la figure 2, à un jardin mixte; et les figures 3 et 4, au plus grand nombre des compositions.

Si, dans un paysage, on voulait donner à une scène une physionomie étrangère, la maison du garde ou d'un cultivateur pourrait prendre le caractère d'une chaumière russe (pl. 53), ou d'un chalet suisse (pl. 54).

4°. Ornemens divers des habitations.

Il ne suffit pas que l'architecte mette en harmonie les habitations avec le caractère des scènes auxquelles elles appartiennent; il faut encore que cette harmonie règne dans tous les détails de la composition, et surtout dans ceux qui, au premier coup-d'œil, paraissent accessoires, tels que marbres, escaliers, balcons, etc., etc. Nous allons donner plusieurs modèles de ces divers ornemens, et en enseigner l'emploi.

1°. *Marbres et statues.* Les ornemens de sculpture ne trouvent leur convenance que dans le palais, le château, la maison bourgeoise d'une architecture riche et élégante, et dans le jardin symétrique public, de palais ou de château. Partout ailleurs ils sont superflus, et peuvent même manquer de

convenance. Nous allons parler ici de ceux que nous offrons pour exemple, et de leur convenance.

Planche 55, figures 1 et 2, deux groupes de marbres, représentant deux chevaux fougueux retenus par deux hommes. Ces deux morceaux, admirés pour le mérite des formes et la beauté de l'exécution, étaient jadis dans le parc de Marly, d'où on les a tirés pour les placer de chaque côté de l'entrée des Tuileries par la place Louis XV. Leur place, de chaque côté d'une magnifique grille, est très-bien motivée.

La figure 3 de la même planche représente un sphinx jetant de l'eau par la bouche. Ces sortes de compositions appartiennent autant aux promenades publiques qu'aux jardins de palais.

Figure 4. Ce sanglier, fort estimé des connaisseurs, est placé au jardin des Tuileries sous un massif de tilleuls et de marronniers d'Inde.

Figure 5. Ce vase, de bon goût et d'une jolie forme, a été copié au Luxembourg; celui de la planche 56, figuré 6, quoique dessiné dans un jardin privé, ne lui cède en rien ni pour l'élégance ni pour le fini.

Figure 6. Hébé tenant une coupe d'ambroisie.

Figure 6. Jupiter olympien. Nous avons trouvé ce modèle dans un bas-relief antique. Une statue de ce genre peut trouver sa place dans un temple de style grec ou romain, et peut par conséquent, ainsi motivée, figurer dans un jardin paysager.

Il en sera de même de la figure 1, de la planche 56, représentant une statue de l'Amour.

Planche 56, figure 2. Un lion placé au bas des marches qui conduisent du vestibule du château au jardin des Tuileries. L'artiste a exprimé avec plus de sentiment que de vérité la beauté mâle et la force invincible de ce fier animal, qui pourrait du reste ressembler un peu plus à un lion.

Figure 3. Un Horace, placé au jardin du Luxembourg.

Figure 4. Une muse, Euterpe, dessinée au jardin des Tuileries.

Figure 5. Statue antique, représentant une Vénus accroupie. Ce morceau, d'origine grecque, est admiré par les artistes.

Figure 7. Une Flore, de Coysevox, dessinée aux Tuileries.

Figure 8. Bacchus jeune, tenant une grappe de raisin. En le dessinant, aux Tuileries, nous avons oublié le jeune satyre qui est à ses pieds.

Figure 9. Therme représentant une Flore, déesse du printemps. Elle se voit au jardin des Tuileries.

Figure 10. Une vestale, par Legros ; au jardin des Tuileries. L'ancienne académie des inscriptions et belles lettres nomma ce chef-d'œuvre la Vénus rêveuse, et on la désignait encore sous les noms de *Vénus du Liban*, *Vénus à la triste pensée*.

Figure 11. Cérès. Cette statue est remarquable par la beauté de ses draperies. On la voit au jardin du Luxembourg.

Les lieux où j'ai placé ces statues indiquent assez leurs convenances. Nous dirons seulement que rien n'est mesquin comme ces plâtres ou ces statues, avec lesquels on prétend imiter le marbre, et qu'il vaut beaucoup mieux, en fait de statues, n'en point avoir que d'en avoir de médiocres.

2°. Les *escaliers*, surtout ceux des terrasses, fournissent un ornement précieux pour caractériser le genre noble et majestueux de l'habitation d'un prince. Notre planche 57 en offre quatre modèles qui, ce nous semble, produiraient un effet remarquable.

Dans la planche 58, nous avons donné la coupe de plusieurs escaliers intérieurs, pouvant convenir à plusieurs genres d'habitations. Les figures 1 et 2 conviendraient au château et à une riche maison bourgeoise. La figure 3 à une maison plus modeste, mais élégante. Pour monter dans une tour ou un observatoire, on pourrait employer l'escalier figure 4; mais celui de la figure 5, aujourd'hui très à la mode à Paris, a le grand avantage de n'occuper presque pas de place, et de faire meuble, pour ainsi dire, de manière

à pouvoir être placé dans une antichambre, dans une salle de billard, et même à la rigueur dans une salle à manger, sans une trop grande inconvenance. On en voit aujourd'hui des modèles dans presque tous les salons des restaurateurs de Paris.

3°. Les *lanternes*. On donne ce nom à des sortes de petites tourelles qui font saillie à l'angle d'un mur de parc, et même quelquefois d'une maison ou d'un château. Ces lanternes servent à la fois de pavillons d'ornement et de ha, ha, par lesquels la vue peut s'étendre sans efforts jusque sous les murs de clôture.

On donne à la lanterne le caractère d'une petite scène, et en conséquence on peut la construire dans le genre gothique (pl. 56, fig. 1 et 2), chinois (fig. 3 et 4), ou de tout autre goût (fig. 5 et 6), mais toujours d'une manière élégante. C'est surtout du dehors que la lanterne produit un effet charmant, qui prévient beaucoup en faveur de la composition.

4°. Les *fenêtres* d'une fabrique d'habitation contribueront beaucoup à donner de l'élégance à la construction si elles sont ornées avec richesse et avec goût, ce sont elles qui caractérisent le genre d'architecture avec le plus d'énergie. Nous en donnons des modèles (pl. 60, fig. 1, 2) dans le style gothique, (fig. 3) dans un style plus moderne.

La planche 61 représente des riches balcons de différens genres d'architecture, indiquant plusieurs époques, depuis les siècles gothiques (fig. 1) jusqu'à nous (fig. 6).

5°. Les *portes* seront caractérisées comme les fenêtres, et pour les mêmes raisons. Nous en offrons plusieurs modèles dans le style moderne, pl. 62, fig. 1, 2, 3, et dans le style gothique, pl. 63, fig. 1, 2, 3.

Dans la planche 64, nous donnons les modèles de deux portes, fig. 4 et 5, fort propres à décorer l'entrée d'un monument.

6°. Les *niches à statues et les péristyles* forment le plus riche ornement d'une fabrique, mais il faut qu'ils soient distribués avec goût, de manière à faire autant valoir l'élégance d'une habitation que sa richesse. Pl. 65, fig. 1, 2, 3.

7. *Les grilles* forment le plus bel ornement de la première entrée d'un château, d'une maison, d'un parc ou d'un jardin. Devant un château, elles seront en fer et riches d'ornemens dorés, pl. 65, fig. 4, 5, 6, 7. Devant une maison bourgeoise, elles deviendront d'un style plus modeste, sans pour cela cesser d'être élégantes. Pl. 66, fig. 1.

8. *Barrières.* La grille, devant une fabrique d'habitation de genre, prendra le caractère de la composition qu'elle accompagne, et deviendra une barrière en bois plus ou moins ouvragée.

Tantôt elle affectera une physionomie moderne, pl. 66, fig. 2; tantôt un caractère gothique, pl. 66, fig. 3. D'autrefois elle accompagnera un pavillon turc, et en aura le style fig. 4.

Pour accompagner une composition d'un style champêtre, la barrière rustique sera pittoresque, pl. 67, fig. 1, 3, 4, et pour les fabriques tout-à-fait rustiques, on pourra la construire avec des branches d'arbres entièrement brut, fig. 67, mais choisies et entrelacées avec goût.

9. *Les bancs et les meubles* que l'on place dans un jardin ou dans une fabrique, doivent aussi concourir à caractériser le genre de la composition. Dans un jardin de palais ou de château, les bancs de marbre enrichis de sculpture, fig. 1, 2, 3, 3-*a*, seront en harmonie avec la richesse du château; des bancs de pierre ou de marbre, mais d'un goût plus simple, fig. 4, 5, 6 et 6-*a*, figureront dans un jardin mixte; ou pourra leur donner le caractère gothique d'une scène partielle, s'il en est besoin, fig. 7 et 7-*a*.

Des bancs de fer, à baguettes plus ou moins riches en sculpture, ou simples, mais ingénieusement entrelacées, conviendront dans tous les bosquets, fig. 8, 9, mais il faudra recouvrir d'une planche le fond sur lequel on s'assied, fig. 9-*a*.

10. *Meubles rustiques.* Les bancs dont nous avons parlé plus haut sont fixés en place, ceux de la planche 69, fig. 5 et 10, sont portatifs et doivent par conséquent figurer au nombre des meubles. Celui de la fig. 5, ainsi que le fauteuil fig. 8, et la chaise fig. 7, appartiennent aux fabriques champêtres, tandis que le banc fig. 10, et la chaise, fig. 9, appartiennent aux scènes tout-à-fait rustiques.

Les tables, fig. 1, 2, se placent avec convenance dans les chaumières et autres fabriques d'habitation; toutes deux sont en bois et demandent à être abritées des intempéries de l'air. La première est entièrement composée de baguettes de châtaignier couvertes de leur écorce et artistement ajustées.

Celles figures 3, 4 et 6, sont en pierre ou en marbre, destinées à être en plein air dans des berceaux de verdure formant vide-bouteille ou salle à manger. La seconde, n° 4, est placée auprès d'une chaise pittoresque, taillée dans le tronc d'un arbre. La troisième, fig. 6, a au milieu un petit cadran solaire fort ingénieux. Veut-on se servir de la table à une chose quelconque, le gnomon *a*, se baisse au moyen d'une charnière, et se couche dans l'entaille *b*, creusée à sa mesure, de manière que la surface de la table est lisse et uniforme. Veut-on savoir l'heure qu'il est, on redresse le gnomon, et son ombre marque les heures sur la table.

11. *Treillages.* Nous donnons ce nom à ces petites compositions souvent gracieuses, toujours pittoresques, composées de lattes, de baguettes de châtaignier, et quelquefois de gros bois recouvert de son écorce, dont on forme de jolis dessins en les entrelaçant ou les combinant avec art.

On se sert de ces sortes d'ouvrages pour former des berceaux et des barrières dont on entoure les petites scènes partielles, tels qu'une basse-cour, une cabane et un petit parc pour des animaux paisibles, etc. etc.

Ou peut combiner ces barrières de manière à former mille figures élégantes, gracieuses, bizarres, ou même de genre. Nous avons donné dans les planches 70, 71, 72 et 78, cinquante-et-un modèles des plus agréablement combinés.

5. *Les serres.*

Ces constructions, à la fois utiles et agréables, peuvent entrer en convenance avec tous les genres de jardins; seulement, dans le paysager, il faut les motiver par une apparence de fabrique, si elles se trouvent placées hors de la dépendance du fleuriste ou même du potager de l'habitation. C'est ainsi que les serres, pl. 75, fig. 1, et pl. 79, fig. 4, figureront des monumens gothiques; celles de la planche 78, fig. 1, 2 et 3, des pavillons ou autres constructions de divers caractères.

Les serres se divisent en 1° serres chaudes, 2° serres tempérées, 3° orangeries.

Les *serres chaudes* sont consacrées à la culture des végétaux originaires des contrées brûlantes de la terre, et les plantes que l'on y renferme n'en sortent en aucune saison. Ces serres sont chauffées avec des couches, des tannées et des fourneaux. Elles sont entièrement vitrées, ou au moins en dessus et du côté du midi.

Il n'est guère possible de leur donner un autre caractère que celui qui leur est propre et qui indique leur destination; mais on peut mettre leur architecture en harmonie avec toutes les compositions symétriques ou mixtes.

La planche 75, fig. 2, représente une serre chaude demi-circulaire, adossée à un monument d'une architecture riche et élégante. Elle convient à la décoration d'un jardin fleuriste ou mixte, accompagnant une maison bourgeoise. On en voit une analogue dans le jardin botanique de Louvain.

La planche 76, fig. 1, en représente une autre, fort élégante, adossée à l'aile d'un château ou d'une maison bourgeoise, et dans laquelle on peut pénétrer par une porte donnant dans un salon de l'habitation. Comme dans la précédente, sa monture est entièrement en fer. On en voit le modèle en Angleterre, chez M. Russel, où elle a été bâtie par l'architecte Bayley, de Londres.

Nous ne connaissons à Paris qu'un seul exemple de serre qui communique avec les appartemens, et nous l'avons vu dans le magnifique jardin de M. Boursault.

La fig. 2, de la même planche 76, représente trois serres chaudes, destinées à trois genres différens de cultures, adossées contre l'aile d'un bâtiment. La serre *a*, placée en face du midi, sera consacrée à protéger des plantes tropicales; la serre *b*, au couchant, renfermera une collection de plantes grasses; la serre *c*, regardant l'orient, servira à la culture des ananas. Nous n'avons pas besoin de dire que nous ne spécifions ces trois genres de culture que par supposition et pour exemple. Ce qu'il y a de remarquable dans ces trois serres, c'est qu'elles jouissent toutes du soleil du midi, et qu'elles peuvent se chauffer à l'aide de la vapeur à l'aide d'un seul fourneau.

La planche 77 représente quatre superbes serres chaudes, à montures de fer. La première, fig. 1, se voit chez M. Loddiges, près de Londres. Elle a 120 pieds de longueur, 20 pieds de largeur, et 18 de hauteur. La fig. 2, représente une double serre du jardin de la société d'horticulture de Londres. Le côté *a* regarde le midi, et sert à la culture des plantes équatoriales. Les ouvertures *c*, *c*, servent à retirer les vieux fumiers des couches et à en faire passer de plus chauds, sans être obligé d'ouvrir la serre et d'exposer les plantes à des coups d'air, on seulement à renouveler l'air en les ouvrant quand la température le permet. Le côté *b*, séparé de l'autre par un mur qui divise la serre en deux dans toute sa longueur, est exposé au nord. Il sert à cultiver les plantes délicates de terre de bruyère, qui craignent à la fois l'excès du chaud, du froid, et qui aiment l'ombre. Cette partie de serre n'est jamais chauffée qu'au même degré qu'une orangerie.

La fig. 3, de la même planche, représente une serre chaude à ananas, construite dans les mêmes principes que la précédente, chez sir André Knigt, président de la société d'horticulture de Londres.

La fig. 4 représente une magnifique serre à dôme, que l'on voit chez M. J.-R. Beaumont, à Bretton-Hall, en Angleterre. Le dôme est soutenu intérieurement par un rang, circulaire de colonnes légères. La serre a 66 pieds de diamètre, et 40 pieds d'élévation, mais comme elle est isolée et que la lumière n'y est réfléchie par aucun abri, on ne peut guère y maintenir la chaleur qu'au degré d'une serre tempérée.

Jusqu'ici les serres chaudes que nous avons montrées sont en fer cintré, formant la voûte, et nous ne pensons pas qu'il en existe encore de semblables à Paris. Ce sont cependant les plus élégantes, et celles qui conviennent le mieux aux grandes et riches compositions. Néanmoins, il en est d'autres qui peuvent encore y figurer avantageusement.

Dans la planche 76, fig. 3, nous montrons la coupe et l'intérieur d'une de ces serres chaudes à vitreaux cintrés.

Dans un fleuriste élégant, en France, nous n'avons encore vu figurer que des serres-chaudes à panneaux de bois. Les plus élégantes se composent de deux rangs de panneaux, pl. 75, fig. 3, dont le premier a, peu incliné, a trois ou quatre pieds de hauteur, et porte les grands panneaux b. On pratique quelquefois au sommet de la serre une galerie pittoresque c, servant à faciliter l'entretien des verres, de leur propreté, le placement des paillassons, etc.

La fig. 5 de la même planche représente une serre chaude à ananas, composée de deux rangs de panneaux comme la précédente, mais le rang inférieur a est placé dans une position verticale.

La fig. 4 offre une autre serre chaude dont les deux rangs de panneaux a, b, ont la même inclinaison.

Les conditions essentielles qu'un architecte doit toujours avoir présent dans la construction d'une serre chaude, sont 1° qu'elle soit à exposition aussi chaude que possible et tournée au midi; 2° qu'elle ait autant de lumière que possible; 3° qu'on puisse en renouveler l'air à volonté; 4° qu'elle soit très-sèche à l'intérieur; 5° que les fourneaux soient calculés de manière à pouvoir y faire monter et y maintenir la chaleur pendant les plus grands froids, à 25 degrés Réaumur, au moins, pendant le jour, et entre 15 et 20 pendant la nuit.

Les serres tempérées ne diffèrent des serres chaudes que par la température plus basse, qu'on maintient entre 8 et 15 degrés pendant l'hiver, et parce qu'on y cultive des plantes croissant dans des pays chauds, mais en deçà et en delà des tropiques, d'où il résulte qu'elles peuvent passer l'été en plein air à la latitude de Paris.

La serre tempérée étant libre pendant une grande partie de la belle saison, peut alors se métamorphoser en une agréable salle de danse, en un cabinet de repos, un salon de lecture, ou une salle à manger. Il sera donc bien de lui donner un caractère en harmonie avec une scène, et alors on pourra en faire un salon gothique, pl. 75, fig. 1; ou chinois, pl. 79, fig. 1; ou turc, même planche, fig. 2. L'essentiel est de lui donner autant de lumière que possible.

Du reste, ainsi que toutes les serres, elle demande, à la chaleur près, les conditions de sécheresse et d'air que nous avons dit pour les serres chaudes. Dans la planche 75, fig. 6, nous en figurons une à voûte cintrée, dont on voit plusieurs modèles en Angleterre.

L'orangerie est une serre tempérée où les végétaux ne restent que pendant la saison des gelées et n'ont besoin, pour s'y conserver, que d'être dans une température entre o et 5 degrés du thermomètre de Réaumur. Comme la plupart des plantes d'orangerie perdent leurs feuilles pendant l'hiver, la lumière leur est généralement moins indispensable qu'aux autres, mais cependant il faut qu'elles en aient, et plus on leur en donnera mieux ce sera. On placera donc l'orangerie dans une fabrique sans panneaux, mais où des fenêtres grandes et nombreuses se trouveront naturellement motivées.

Dans le jardin pittoresque d'un palais, ce sera la composition chinoise, pl. 78, fig. 1, et la rotonde placée au milieu de la façade, étant entièrement vitrée, pourra devenir une serre chaude ou tempérée, où, pl. 79, fig. 4, un monument gothique, dont les deux côtés *a*, *a*, pourront être utilisés si l'on veut en bibliothèque ou autre chose.

Dans les jardins moins riches, l'orangerie sera très-bien placée dans les pavillons de genre, pl. 78, fig. 2 et 3.

A l'orangerie appartient le genre de composition que nous avons nommé *jardin d'hiver*, et dont nous avons déjà parlé. On peut faire un jardin d'hiver en votre cintrée, comme nous représentons une serre tempérée; pl. 75, fig. 6; ou d'une architecture élégante; ou tout simplement comme celui de M. Noisette, pl. 74, fig. 1, s'il ne s'agit d'accompagner qu'une maison bourgeoise.

Le jardin d'hiver, qui communique toujours à un appartement de l'habitation, est destiné, pendant que la terre est couverte de frimats, à fournir une promenade charmante, dans une température douce et au milieu de la verdure et des fleurs du printemps.

Un jardin d'hiver, quel que soit le genre de son architecture, doit être assez grand pour fournir une promenade aisée, dans une allée au moins, et il sera parfait si on peut y motiver un banc sous un berceau de camellia en fleur, comme nous le figurons en *a*, dans le plan, fig. 2. Dans une grande composition on ferait très-bien, à l'imitation de M. Boursault, de l'enrichir de statues et de jets d'eau.

Mais l'indispensable est de le défoncer à trois pieds de profondeur, d'en enlever la terre, et de la remplacer par du terreau de bruyère ou autre

terre légère préparée à cet effet, comme nous le figurons dans la coupe de la fig. 1, en B, B.

La *bâche* est une sorte de serre tout à fait consacrée à l'utile, dans laquelle on cultive des primeurs en légumes, en fruits et en fleurs. Pour qu'elle conserve mieux sa chaleur, qui, souvent ne résulte que de ses couches, on est assez dans l'habitude de l'enterrer presque jusqu'au niveau des panneaux, comme on le voit en *b*, *b*, fig. 3, pl. 79. En *c*, nous faisons voir son tuyau de chaleur, pour indiquer la place où l'on est dans l'usage de le passer, quand on ne le place pas sous un des sentiers, comme cela arrive souvent dans les autres serres.

La bâche, ainsi que les châssis qui sont de la compétence du jardinier seulement, ne peut figurer que dans le jardin potager.

Du chauffage des serres.

Les serres se chauffent au charbon, au bois, à la vapeur, et au moyen des couches.

La houille ou charbon de terre sera employée à cet usage quand on ne pourra pas faire autrement, car sa vapeur est extrêmement contraire aux plantes. Si l'on était cependant forcé de s'en servir, on distribuerait les fourneaux comme nous le dirons pour le bois.

Le chauffage par le moyen des couches étant une simple manutention de culture, nous ne devons pas nous en occuper ici, parce que cela concerne la pratique du jardinier. Il nous reste donc à nous occuper des chauffages au bois et à la vapeur.

1° Du fourneau. Il doit être d'une grandeur proportionnée à celle des serres qu'il doit chauffer. Sa gueule sera toujours placée hors de la serre, afin qu'aucune fumée ne puisse atteindre les plantes. En cas de nécessité absolue, on peut la placer en plein air; mais ceci offre tant d'inconvéniens qu'il faut, toutes les fois qu'on le pourra, la placer dans un cabinet ou tambour fermé, placé à l'entrée de la serre.

Ce tambour offre encore un avantage, celui de pouvoir s'introduire dans la serre, pendant les plus grands froids de l'hiver, sans exposer les plantes à un coup d'air, car on a le soin de fermer la porte du tambour, avant d'ouvrir celle de la serre.

Le fourneau est en maçonnerie de terre et de briques. Pour perdre moins de chaleur, son corps entier est dans la serre, et l'ouverture de la gueule, seulement dans le tambour.

Les tuyaux de chaleur sont en fonte ou en terre, mais ceux en terre sont généralement plus estimés que ceux en fonte. A partir du fourneau, ils passent sous un des sentiers de la serre, comme on le voit pl. 75, fig. 4 et 5, ou contre un des murs, où ils sont agriffés avec des crampons de fer et du plâtre, à la place indiquée pl. 75, fig. 3, et pl. 79, fig. 3. Après avoir longé le mur dans toute sa longueur, ils vont ressortir à l'autre extrémité, où ils décrivent un coude, en dedans ou en dehors, pour porter la fumée à une certaine hauteur, afin qu'elle ne puisse pas être incommode.

Quelquefois une serre est trop grande pour pouvoir être chauffée avec un seul fourneau. Dans ce cas on en construit deux ou même davantage, disposés de manière à ce que la chaleur se répande le plus également possible.

Le chauffage à la vapeur, quoique assez nouvellement importé d'Angleterre en France, est tellement avantageux qu'il se répand avec une grande rapidité, mais, chose singulière, plus généralement dans les ateliers pour le chauffage des appartemens, que chez les jardiniers.

Les avantages qu'offre ce genre de chauffage sont incontestables et nombreux. Non-seulement il y a économie de bois, mais encore l'expérience a prouvé que la chaleur moite de la vapeur convient beaucoup mieux aux plantes que la chaleur sèche d'un poêle. Au potager de Versailles, il faut

une heure pour que les tuyaux à vapeur répandent dans la serre une chaleur sensible, mais elle dure plus long-temps. Enfin, un des premiers avantages de cette méthode est de pouvoir chauffer à la fois ou séparément, au moyen d'un robinet, plusieurs serres avec le même appareil, fussent-elles à une grande distance les unes des autres. Il a été prouvé, par l'architecte anglais M. Bayley, que la chaleur avait le même degré d'intensité aussi loin que la vapeur pouvait s'étendre dans un tuyau, sans se condenser, et qu'ainsi on pourrait la conduire à 1600 mètres de distance pour le chauffage d'une serre. « Dans l'établissement de M. Loddiges, dit cet architecte, les » tuyaux à vapeur comprennent l'espace d'un mille, ou 1609 mètres de » longueur. Chez M. Gray, la vapeur est conduite sous terre, le long de la » rampe d'une colline, à une distance de plus de 500 pieds. » Plus loin le » même auteur ajoute : « Les avantages attachés à ce mode de chauffage » sont, économie de combustible et facilité de service des serres. M. Loddi- » ges avait précédemment à entretenir 38 feux qui, comme ceux des serres » chaudes en Hollande, devaient être alimentés plusieurs fois dans les nuits » d'hiver. Aujourd'hui il lui suffit d'un seul feu, qui exige un approvision- » nement de 120 mesures de charbon désulfuré (ou coke), et il lui reste suf- » la plupart du temps une grande quantité de ce charbon pour l'année sui- » vante. »

Les personnes qui désireraient s'instruire à fond sur cette intéressante matière, peuvent consulter une petite brochure intitulée *Traité sur le chauffage des serres et des habitations*, au moyen d'appareils à la vapeur, traduit de l'anglais de M. Bayley.

La planche 74, fig. 3, 4, représente un termosiphon ou appareil à l'eau chaude, dans le genre de ceux qui sont employés au potager de Versailles. Ici c'est avec de l'eau et non avec sa vapeur que l'on chauffe les serres.

La fig. 3 représente la chaudière qui doit être en cuivre ou en fonte, et qui contient depuis un arrosoir d'eau jusqu'à un tonneau.

Cette chaudière est à double parois , fig. 4, et reçoit l'eau par le tuyau a, que l'on bouche avec un tampon de bois. On fait du feu sous la chaudière c, c; l'eau chauffée à un certain degré passe par le tuyau d, d; parcourt avec lui toute la serre, et rentre dans la chaudière par le tuyau e, e, ce qu'elle fait aisément, parce que celle du bas n'étant pas aussi chaude que celle du haut, n'est pas dans un état de dilatation assez grand pour la repousser. Par ce moyen, l'eau est dans un état continuel de circulation, et revient acquérir dans la chaudière la chaleur qu'elle a perdue en la répandant dans la serre.

Cet appareil, comme l'expérience l'a démontré, ne peut pas remplacer la vapeur, car son effet, bien moins considérable, n'a même pas pu suffire seul pour garantir les serres pendant les fortes gelées; mais nous croyons qu'avec le même appareil, en remplaçant le tampon de bois a par une soupape de sûreté, et en ne remplissant d'eau la chaudière que jusqu'où nous indiquons en o, o, on obtiendrait, avec la vapeur figurée en i, les mêmes effets qu'avec un appareil plus compliqué et par conséquent beaucoup plus dispendieux.

Quoiqu'il en soit, nous donnons, pl. 80, la figure d'un appareil (fig. 1) servant à chauffer les serres à primeurs, chez M. Stephen Grey, près de Londres. La fig. 2 nous offre la coupe d'une chaudière double : a, tuyau à vapeur; c, c, trou aux cendres; d, d, chaudières; e, e, soupape de sûreté; f, tuyau commun aux deux chaudières, portant la vapeur dans le tuyau de conduite a. La fig. 3 représente une autre chaudière; a, tuyau par lequel l'eau condensée est évacuée; b, tuyau pourvoyeur; c, robinet. La fig. 4 représente les tuyaux de conduite : ils sont en fonte et ont quatre pouces de diamètre. Quelques-uns sont un peu courbes, a, a, pour faciliter l'ajutage dans des angles très-ouverts, d'autre, b, c, d, sont courbés à angle droit, pour les coudes brusques et réguliers. Tous sont terminés à chaque bout par un rebord plat, servant à les ajuster les uns aux autres au moyen de vis. Nous renvoyons, pour plus de détails, à l'ouvrage cité,

6. Les glacières.

Une glacière ne devient fabrique que lorsqu'on déguise son but d'utilité... Si on la creuse dans une montagne , contre une pente escarpée, on peut donner à la porte l'aspect d'un tombeau, et alors rien n'est aussi aisé que de lui faire produire un effet pittoresque. Mais en plaine , comme il faut ordinairement élever un monticule de terre pour la dérober aux chaleurs de l'été, ce monticule lui-même ne peut se motiver que par la glacière. On peut cependant en détourner l'attention du promeneur, au moyen d'une plantation faite en sens opposé de la vallée artificielle. Pour cela, on plante de grands arbres au pied du monticule, de manière à le masquer, puis des arbres qui décroissent de grandeur à mesure qu'ils se rapprochent du sommet, qui n'est plus couvert que d'arbrisseaux bas et très-touffus. Par ce moyen, le monticule ne paraît plus qu'un groupe d'arbres très-serrés et impénétrable.

D'autrefois on motive le monticule par un point de vue intéressant, et on y place un kiosque ou une autre fabrique du même genre , comme dans la fig. 1 de la planche 81.

Cette figure représente une glacière ordinaire, construite en maçonnerie : a, première porte d'entrée, donnant dans le tambour b. Pour ne pas laisser pénétrer la chaleur dans la glacière, on ferme cette porte derrière soi, avant d'ouvrir celle c, qui donne dans la glacière même. Celle-ci est creusée dans la terre, et ses parois d, d, sont soutenues par un mur en maçonnerie, qui vient former la voûte en dessus, en e. Au fond, f, est un puisard donnant passage aux eaux des glaces qui fondent. On remplit la glacière avec des glaçons aussi épais qu'on peut se les procurer, et on ne l'ouvre qu'avec précaution et seulement quand cela est nécessaire.

La fig. 2 représente une glacière américaine, d'une construction beaucoup moins dispendieuse. Elle est couverte en chaume, et son toit est percé au sommet, en a, par un trou de six pouces de diamètre, servant de ven-tilateur. En b, est un tambour servant au même usage que dans la figure précédente. La glacière est creusée dans la terre, et ses parois sont soute-nues par des murs d, d. Une cage en bois e, formée de petites planches transversales, a dix pieds de hauteur et à peu près autant de largeur, plus ou moins, selon la volonté; elle est portée par huit pieds en bois e, e, et appuyée sur les côtés par des traverses f, f. L'intervalle entre la cage et les murs g, g, large de deux pieds, est rempli de paille.

La cage est fermée par une couverture de planches h, et par une porte i. La couverture porte deux pieds d'épaisseur au moins de paille bien tassée, et la porte est recouverte d'épais paillassons. En k est un puisard pour laisser échapper les eaux.

7. Fabriques de gymnastique.

Nous classons les fabriques des planches 82 à 84 parmi celles d'utilité, parce que nous regardons comme un premier besoin d'entretenir et d'exer-cer, dans les jeunes gens surtout, cette force et cette agilité qui consti-tuent la santé. Or, rien n'est capable de conduire mieux à ce but, que les exercices modérés d'un gymnase où l'on réunirait les jeux que nous avons représentés.

Pl. 82 fig. 1. Bascule à tête de bélier; 2, le pivot sur lequel elle joue. Fig. 3, balançoire à fauteuil, placée entre deux poteaux, et non comme on a la mauvaise habitude de le faire, entre deux arbres qui ne tardent pas à périr à force d'être ébranlés. Fig. 4, montagnes russes, en charpentes, d'une petite dimension. M. Deconclois, rue de l'Ouest, n° 4, construit de petites montagnes russes, depuis 40 pieds de longueur jusqu'à de très-grandes proportions, pour un prix très-modéré, celles de 40 pieds ne dé-passant pas 300 francs. Fig. 5, jeu du chandelier. Avec le feutre d'un vieux chapeau, on fait une sorte de chandelier a, de huit à dix pouces de hau-teur. On le place sur un trou creusé dans la terre b, ayant trois pouces de diamètre, et l'on pose à son extrémité c, la pièce de monnaie, un sou double d. On s'éloigne à cinq ou six pas, et avec un bâton de 18 pouces de longueur e, que l'on jette avec adresse, on tâche de renverser le chapeau de manière à ce que le sou ne tombe pas dans le trou b. Mais, comme que l'on fasse, on ne peut y parvenir, à moins que le bâton ne touche positive-ment le sou lui-même, ce qui est fort rare.

Pl. 83. Nous avons représenté deux balançoires, fig. 1 et 2, d'un mo-dèle élégant, propre à figurer dans les compositions les plus gracieuses et les plus riches. La fig. 3 est le profil de la balançoire n° 2.

La planche 84 fig. 1, représente un petit jeu de palet; très en usage à Paris, et fort propre à exercer l'adresse des jeunes gens. Les fig. 2 et 3 re-présentent deux jeux de bagues, avec des chevaux pour les messieurs et des fauteuils pour les dames. La fig. 4 est un casse-cou. Comme ce jeu d'adresse est peu ou point connu dans les environs de Paris, nous allons en donner l'explication.

Les poteaux a, a, sont solidement fixés dans la terre. Ils portent une traverse de bois cylindrique e, e, qui est mobile et tourne avec une grande facilité, comme un pivot, dans ses ajustages bien savonés. A chaque extré-mité de cette traverse est ajustée une planche triangulaire, de dix-huit pou-ces de longueur d'un angle à l'autre, fixée solidement à la traverse et tournant avec elle. A chaque angle de ces planchettes, est tendu un cable i, i, i.

On monte sur la machine par l'escalier h, on pose les deux pieds un de chaque côté sur les cables d'en bas, et l'on se place à cheval sur celui d'en haut que l'on tient avec les deux mains. Il ne s'agit plus que de tenir parfaitement l'équilibre et de marcher ainsi jusqu'à l'autre bout du casse-cou. Mais la chose est excessivement difficile, car pour peu que vous ap-puyez plus un pied que l'autre ou que vous penchiez le corps à gauche ou à droite, la traverse tourne dans ses ajustages et vous êtes brusquement renversé sur un tas de sable ou de paille disposé sous le casse-cou pour vous recevoir.

8. Cabanes pour animaux.

Rien n'est plus pittoresque, dans une scène champêtre ou rustiqué, que ces petits parcs de verdure, clos par un treillage artistement entrelacé, laissant voir des animaux à demi-domestiques et la cabane qu'ils habitent aux heures de repos. Le jardin des Plantes à Paris offre les plus jolis modèles que l'on puisse voir dans ce genre, aussi les avons-nous tous dessinés.

Pl. 85 fig. 1, chaumière dans le genre gothique. Nous y avons vu le mulet d'un âne et d'un zèbre. Fig. 2, chaumière pour des moutons étrangers. Fig. 3, petit pavillon d'architecture, habité par des cerfs de la Louisiane. Fig. 4, chaumière russe habitée autrefois par des kanguroo. Fig. 5, chaumières russes fort pittoresques, pour loger des mouflons de Corse. Fig. 6, construction composée d'une tour dans le milieu, et de quatre ailes qui y sont attachées. Elle sert à loger plusieurs sortes d'animaux.

Pl. 86 fig. 1. Elle représente une cabane en paille. La fig. 2, une écurie dans laquelle était des chameaux. La fig. 8, une cabane en forme de grande ruche. La fig. 4, une chaumière pittoresque. La fig. 5, le logement d'une biche. La fig. 6, celui d'un casoard, sorte de gros oiseau ayant, par sa taille, de l'analogie avec l'autruche.

Pl. 87 fig. 1. Petite tour rustique, logeant des boucs de cachemire. Fig. 2, chaumière appuyée contre une ruine. Le bas est occupé par des oiseaux aquatiques, et le haut par des poules, paons, etc. Fig. 3, petite écurie pour des chèvres étrangères. Fig. 4, jolie petite fabrique d'architecture, servant à des cerfs. Fig. 5, logement de deux axis. Fig. 6, logement de quelques moutons d'Astracan.

9. Volières.

Rien n'est agréable comme le chant des oiseaux qui peuplent et animent les bocages; rien n'est plus amusant que d'étudier les mœurs et les amours de ces jolis habitans de l'air; mais pour qu'ils aient tous leurs charmes, pour qu'ils contribuent puissamment à l'embellissement de vos bosquets, il leur faut la liberté. Pour moi comme pour beaucoup de gens, un oiseau en cage et une fleur cueillie, n'ont plus d'attraits.

Empêchez sévèrement qu'on détruise ou épouvante les oiseaux dans une composition pittoresque, n'eut-elle que deux ou trois arpens; protégez leur jeune couvée contre les entreprises des enfans, et vous êtes sûr qu'elle se peuplera de rossignols, de fauvettes, de pinsons, et autres chantres des bocages, que vous reverrez chaque année venir faire leur nid dans vos bosquets.

Cependant, une volière pittoresque, renfermant des oiseaux rares et d'un plumage brillant, sera toujours une fabrique agréable. Nous en donnons plusieurs modèles dans la planche 88.

10. Pigeonniers.

Dans les grandes compositions, le pigeonnier affecte la forme d'une tour romantique, et accompagne l'habitation, pl. 64, fig. 1 et 6; mais dans un petit jardin, on peut avoir un petit pigeonnier qui occupera une place pittoresque près de la modeste maison bourgeoise. Dans la pl. 89 fig. 4, 5, nous en avons dessiné deux, simplement faits avec des tonneaux et un toit de chaume, devant à une peinture à l'huile une partie de leur physionomie originale, mais agréable. Les pigeons de volière, connus sous les noms de mondains, romains, pattus, capucins, et autres, selon leur variété, se plaisent beaucoup plus dans ces petits pigeonniers que dans les grands colombiers.

11. Salles de bains.

Si, dans une composition pittoresque du genre paysager on est assez heureux pour avoir de grandes pièces d'une eau propre et limpide, on ne perdra pas l'occasion d'y construire une petite maison de bains. Nous disons une maison, et non une salle, parce que si votre tableau est loin de l'habitation, il faut qu'il y ait au moins, outre la salle de bain, une petite chambre avec un lit, afin que, en cas de maladie, on puisse prendre quelques heures de repos avant de s'exposer à l'air pour regagner l'habitation. La même raison engagera l'architecte de jardin à placer les bains le plus près possible de la maison, si les eaux le lui permettent.

Dans la planche 89, fig. 1, nous avons dessiné la maison de bains d'Eynard à Beaulieu, près Rolle; et dans la fig. 2, les bains d'Astor, à Genthod, tous deux sur les Lords du lac Léman.

Quelquefois une simple source, une fontaine, peut engager à construire sur place où elle se trouve une petite salle de bains. Dans ce cas elle ne peut se motiver par son propre caractère, parce qu'on ne voit pas les eaux qui la mettraient en convenance avec la scène. On pourra donc la déguiser sous l'appareil d'un petit monument, fig. 3, dont nous avons pris le modèle dans le parc de M. Lesage, à Wissous.

12. Théâtre.

Cette composition n'appartient qu'aux palais et aux châteaux, mais cependant elle peut se placer avec les mêmes convenances dans un jardin paysager que dans un jardin symétrique. Dans la planche 89, fig. 6, nous avons représenté la façade de celui de Saint-Cloud, et dans la pl. 64, fig. 2, la façade d'un petit théâtre surmonté par un observatoire.

13. Ruchier.

Ce genre de fabrique ne convient qu'aux scènes rustiques et champêtres de la ferme ornée. On peut donner à un ruchier plus ou moins d'élégance, pl. 90, fig. 1 et 2, mais il faut toujours l'éloigner d'une allée fréquentée, pour éviter des accidens.

14. Niche à chiens.

L'attention de l'architecte de jardin doit ne rien laisser échapper, se porter vers les plus petits détails, et jusqu'à une simple niche à chien. Dans la cour d'une maison élégante, une niche en chêne peint à l'huile, avec une porte de fer, pl. 90, fig. 3, sera la moins élégante qu'on puisse y mettre avec convenance, tandis que dans la ferme où à la porte d'une habitation rustique ou champêtre, un simple tonneau recouvert d'un toit de chaume, fig. 4, sera un logement convenable pour le plus aimant et le plus fidèle des animaux.

La figure 5, de la même planche, représente le riche intérieur d'une laiterie de palais.

§ II.

FABRIQUES PITTORESQUES.

Celles-ci sont entièrement de luxe, car, quoique pouvant cependant être utilisées, leur but principal est l'ornement.

1. Les temples.

Ils ne peuvent jamais se motiver que par une scène gracieuse où l'on veut, par une fiction agréable et légitimée par l'usage, transporter en pensée les promeneurs, dans ces lieux et ces temps héroïques où la superstition, loin d'avoir un masque ignoble et vulgaire comme aujourd'hui, se parait des graces poétiques du génie.

Un temple égyptien, pl. 90, fig. 6, nous reportera aux premiers siècles de la civilisation, et nous aimerons à chercher la trace d'une pensée éteinte depuis plus de deux mille ans, dans ces hiéroglyphes mystérieux qui ont devancé la sublime invention de l'écriture.

D'autre fois un temple d'une architecture moins pittoresque, mais plus élégante, pl. 91 et 92, nous rappellerons la belle époque de Périclès à Athènes et celle plus brillante encore du règne d'Auguste à Rome.

Quelquefois, un temple placé sur une hauteur d'où l'on jouit d'un point de vue intéressant, affectera la forme d'une rotonde, pl. 91, fig. 1, et remplacera le kiosque ou le belvédère. On pourra si on veut en rendre le coup-d'oeil plus piquant, y placer une statue, par exemple celle de l'Amour, pl. 92, fig. 1, et le dédier au dieu malin de la jeunesse et des aimables folies.

Plus ordinairement le temple renfermera un salon de repos, pl. 91, fig. 2, 4, 5, ou une bibliothèque, fig. 3, pl. 92, et alors on le dédiera aux Muses; une salle de danse ou de concert, fig. 3, pl. 91, et fig. 5, pl. 92 ; ou enfin une salle de spectacle, pl. 93, fig. 2 et 4, et alors on mettra sa façade en harmonie avec ce genre de composition.

Si vous voulez transporter la pensée du promeneur dans des régions loin-taines et lui montrer des monumens consacrés à d'autres superstitions, mon-trez-lui un temple indien, pl. 93 fig. 1, servant à la fois au culte de la di-vinité et à recevoir les malheureux sur la côte de Coromandel; le temple de Mahá-Déva, fig. 2, à Bombay; celui de Poulear, dieu des voyageurs, fig. 3, dans les mêmes contrées; ou seulement la pagode de ce dieu hospi-talier, fig. 5; et si vous voulez encore rattacher à ces fabriques de grands souvenirs, si vous voulez rappeler un grand homme à la manière de l'Inde, montrez, fig. 4, le pavillon d'une mosquée bâtie à Aureng-Abad par le célèbre Aureng-Zeb.

Il arrive par fois que l'architecte, s'abandonnant aux inspirations d'un génie créateur, abandonne les traces de ses devanciers, et construit un tem-ple dont il a puisé le modèle dans son imagination seulement, et souvent ces constructions sont pleines de bon goût et de grace. Nous en offrons des exemples dans la pl. 94, fig. 1, 2, 3 et 4.

2. Les rotondes.

Ce sont des constructions pittoresques, d'une forme circulaire, plus ou moins ornées, qui appartiennent également aux jardins synétriques et paysagers. Seulement, pour les premiers, on leur donne une architecture plus sévère, pl. 95, fig. 4, et pl. 96, fig. 2, tandis que dans le paysage on vise davantage à leur donner un aspect pittoresque, pl. 95, fig. 1, 2, 3, 5, et pl. 96, fig. 4.

3. Les pavillons.

Dans un jardin symétrique, il suffit de la nécessité de cacher un angle désagréable, de motiver une allée, pour motiver un pavillon. Dans un jar-din de promenade, il faut un point de vue, ou un accident pittoresque. Dans la composition régulière, un pavillon d'architecture sera parfaitement en convenance, pl. 96, fig. 1, 3, pl. 97, fig. 1, 2, 3, et, pour terminer la perspective d'une avenue, on pourra même lui donner l'apparence d'un petit arc de triomphe, pl. 97, fig. 4.

Mais dans un jardin paysager ou mixte, on pourra, si on veut le rendre plus pittoresque, le bâtir dans le genre chinois, planche 98, figure 1, 2, 3, 4.

4. Le kiosque.

C'est le nom que les Turcs donnent à ce que nous appelons belvédère ; ainsi le kiosque aura donc toujours la physionomie de son pays, planche 99.

Ainsi que le belvédère, le kiosque ne se place que sur un mamelon de montagne, une pique de rocher, ou au moins une élévation remarquable, d'où la vue peut se promener sur un vaste horizon. Il appartient également aux jardins mixtes, symétriques ou paysagers, mais d'une vaste étendue, à moins qu'il soit tellement bien motivé par une hauteur qu'on lui trouve une place pour ainsi dire préparée par la nature.

5. La tente.

Le plus souvent on lui donne le caractère turc ou tartare pl. 100 fig. 1, 2 mais quelquefois aussi la forme bizarre d'un parapluie, fig. 3, ou la physionomie d'une décoration gothique, fig. 4.

La tente, étant censé portative, et une sorte de meuble de campement, peut aisément se motiver partout. Auprès d'un accident pittoresque, ce sera la tente du dessinateur; auprès d'un étang ou d'une rivière, la tente des baigneurs; sous un groupe d'arbres auprès d'une route ou d'un chemin, la tente du voyageur, etc., etc. L'essentiel est qu'elle soit très-élégante, richement peinte et même dorée. Quoique bâtie en bois et en tôle, sa construction doit être légère et jouer la draperie.

6. Le belvédère.

Ainsi que les kiosques, les belvédères ne peuvent être motivés que par un vaste point de vue, et occupent les plus hauts sommets des coteaux. Cependant, si la forme légère du belvédère plaisait au point qu'on voulut en avoir un dans une plaine, on le pourrait, mais alors il prendrait le nom de guérite (pl. 101, fig. 1). Pour la hausser, sans cependant la placer sur une butte de terre ridicule, on pourrait la construire sur un pont très-arqué. La guérite doit aussi être motivée par un point de vue agréable, quoique moins étendu.

Dans la même planche nous donnons, figures 2, 3, 5, des modèles de différens genres de belvédères, et figure 4, celui du jardin des Plantes construit au sommet de la butte que l'on nomme le labyrinthe.

7. Pagodes.

On nomme ainsi des monumens indiens consacrés, non au dieu unique des musulmans, mais aux anciens dieux du paganisme indien. Cela n'empêche pas que les architectes de jardins donnent le nom de pagodes à tous les monumens religieux ou autres, dont la physionomie porte le caractère de l'architecture indienne. Comme cette erreur n'a aucune conséquence dans un ouvrage comme celui-ci, nous la faisons connaître sans la relever et nous nous soumettons à l'usage reçu.

La pagode, comme le kiosque, se placera dans les lieux élevés, non-seulement pour voir, mais pour être vue, si je puis me servir de cette expression. Son mérite consiste non-seulement dans cet aspect pittoresque, mais encore dans un caractère d'architecture vrai et appartenant incontestablement aux contrées dont elle nous rappelle le souvenir. Si vous lui donnez ce mérite réel, mais difficile, vous serez sûr qu'elle intéressera tout le monde, même les personnes les plus indifférentes à l'art des jardins, car elle piquera la curiosité de tous.

Celles que nous offrons aux artistes comme modèles (pl. 102 et 103), ont du mérite. La figure 1, planche 102, représente la mosquée d'Aureng-Zeb à Aureng-Abad. Nous en avons déjà donné un fragment planche 93, figure 4. La figure 3 représente un ouçour dans le Maïssour.

La figure 1 de la planche 103 représente une véritable pagode de la côte de Coromandel, ainsi que la figure 3. Celle-ci est consacrée au dieu Djagrénat,

8. Les minarets.

Ce sont, dans les contrées envahies par la religion de Mahomet, des espèces de tours ou clochers, surmontés par une guérite de laquelle un Iman appelle le peuple à la prière.

Un minaret se trouvera très-bien placé dans un lieu où il sera nécessaire d'élever beaucoup le spectateur pour lui faire découvrir un point de vue intéressant, qui serait perdu sans cela. Il peut figurer d'une manière pittoresque au milieu d'un rond-point, et en général on le motive de la même manière que l'obélisque et la pyramide. Quand le minaret perd son caractère d'islamisme, il prend le nom d'*observatoire*.

Il est à remarquer que les Musulmans, en s'emparant des diverses contrées où ils ont porté leur religion, ont rarement eu le bon esprit de conserver les monumens des peuples vaincus; cependant ceci est arrivé quelquefois, et nous en apporterons pour preuve le minaret du palais de Bangalore (pl. 103, fig. 2).

La planche 104 représente, figures 1, 2, des minarets turcs; figure 3, un minaret égyptien; figure 4, un observatoire dans le style gothique.

9. *Vide-bouteille.*

On donne ce nom à une petite fabrique, quelquefois consistant en une sorte de petite construction élégante (pl. 105, fig. 3), ou rustique (fig. 1, 2, 4, 6), ou enfin en un simple berceau en treillage, destiné à se reposer quelques instans en vidant une bouteille de bierre ou de vin, ou à aller prendre une tasse de lait.

Le vide-bouteille ne convient qu'aux jardins mixtes et paysagers. Il se trouve aisément motivé dans les scènes gaies et champêtres d'un jardin paysager, et on peut le placer sans inconvenance, et même le multiplier jusqu'à un certain point, en variant sa physionomie dans les compositions les plus bornées sous le rapport de l'étendue.

10. *L'obélisque.*

Nous avons figuré (pl. 102, fig. 2), un des obélisques peut-être les plus curieux qui soient au monde; c'est celui de Mourbedry, près de Mangolor, dans la Kânara; il est d'un seul bloc de granit, et a 52 pieds 6 pouces de hauteur.

Les obélisques conviennent également aux jardins symétriques et paysagers, mais ils appartiennent plus particulièrement aux premiers. On s'en servait beaucoup autrefois dans les parcs géométriquement percés pour la chasse; dans les rond-points, les carrefours, pour indiquer des rendez-vous de chasse. Ils produisent un effet très-pittoresque, surtout vus de loin, quand on aperçoit leur sommet percer à travers une voûte de verdure.

On peut donner à un obélisque la forme d'une aiguille égyptienne (pl. 106, fig. 1, 2), ou celle d'un monument moderne plus élégant et moins singulier (fig. 3, 4, 5, 6).

11. De l'ex-voto.

On dit qu'il est arrivé parfois des accidens épouvantables à des voyageurs égarés ou imprudens, et qu'ils ne se sont tirés de quelque péril affreux que par l'intercession d'une madone ou d'un saint auquel ils s'étaient recommandés dans le moment du danger. Leur reconnaissance pour l'assistance miraculeuse, les a engagé à élever sur la place même où s'est passé l'événement malheureux, un petit monument auquel on donne le nom d'*ex-voto*, parce que le plus ordinairement il résulte d'un vœu prononcé dans le fort du péril : mais on a donné de l'extension à ce mot.

Dans les scènes d'un caractère sauvage et terrible, au milieu d'une sombre forêt, sur le penchant d'un précipice, parmi les âpres rochers, un architecte de jardin peut toujours motiver un ex-voto, et il fera preuve de goût en mettant son monument en harmonie avec le site, et surtout, si cela est possible, en le rattachant à une vieille légende du pays.

Dans un carrefour au milieu d'une sinistre forêt, il montrera un petit périptère logeant une vierge-Marie, bâti par les Moines de Cluny, positivement où le diable, en habit rouge, monté sur un grand cheval noir, a tordu le cou à un comte de Mâcon, parce qu'il voulait rétracter la donation qu'il avait faite de ses biens à la célèbre abbaye (pl. 107, fig. 1). Il pourra encore élever une croix dans ce lieu, pour rappeler un assassinat commis par d'insignes brigands (fig. 2).

Ailleurs, une madone sera placée au-dessus d'une fontaine dont les eaux auront une vertu miraculeuse pour guérir de la fièvre, depuis que saint Pancrace, comme dans le village de Saint-Albin, sera venu y laver sa chemise (fig. 3). A l'entrée d'un hameau, vous pourrez placer sur une colonne élevée la statue de la sainte à laquelle il sera dédié; et pour peu qu'il y ait un riche ermitage aux environs, la statue ne tardera pas à faire des mira-

cles, si vous êtes en Espagne. Dans la figure 4, nous donnons la vue exacte de l'ermitage et de la miraculeuse statue de sainte Eulalie, à Mérida.

Dans la même circonstance, mais dans une scène plus rustique, la sainte sera nichée dans le tronc d'un vieil arbre, et l'ermitage ne sera encore qu'une chaumière (fig. 5).

Enfin, si vous voulez rappeler ces horribles montagnes de la Sierra-Morena, où le poignard de l'assassin, par une liaison bizarre, se trouve souvent caché sous le scapulaire du fanatisme, vous élèverez une chapelle rustique où vous placerez une madone (fig. 6).

12. De l'ermitage.

Il est peu de fabriques qui prêtent autant que celles-là au pittoresque : mais aussi il en est peu qui soient aussi mal motivées dans le siècle où nous vivons. Néanmoins, on est presque convenu tacitement de manquer à la vraisemblance, sous ce rapport, pour embellir un site boisé, solitaire et même sauvage, car c'est là seulement que l'ermitage se trouve parfaitement motivé.

Il peut affecter différentes physionomies. Tantôt, adossé à une colline, dans un site solitaire et montagneux, on lui donnera l'aspect pittoresque de l'ermitage des jardins de Carlsruhe (pl. 108, fig. 1); ou, dans la clairière d'un bois, celui de la fabrique rustique des mêmes jardins (fig. 3). Dans un site moins sauvage, on pourra le placer sur le plateau d'un monticule rocailleux, près des bords d'une petite rivière, et l'adosser à une chapelle rustique (fig. 2.).

Enfin, on pourra même placer l'habitation de l'ermite dans les ruines d'une ancienne chapelle (fig. 6), ou même dans une fabrique d'un caractère moitié rustique, moitié religieux (fig. 5).

13. De la chapelle.

En Angleterre, la chapelle est un monument aussi à la mode dans les jardins paysagers que l'ermitage l'est chez nous, et toujours elle affecte une forme gothique (pl. 108, fig. 4): mais elle y est toujours placée comme fabrique d'ornement.

En France, une chapelle, auprès d'un château habité par une famille pieuse et catholique, peut être bâtie pour l'utile, et doit pour cela être construite dans un goût sévère, en harmonie avec l'architecture du château.

14. Les ruines.

Rien n'est plus pittoresque qu'une ruine naturelle, pourvu que l'on retrouve dans ses débris quelques souvenirs de grandeur et de noblesse, car dans ce cas seulement sa vue élève l'âme à de hautes méditations philosophiques. L'aspect d'une ruine commune, celle d'une maison bourgeoise, par exemple, n'inspire aucun intérêt. C'est ainsi qu'il faut de hautes infortunes pour émouvoir le cœur des hommes, et qu'il reste froid pour les misères vulgaires.

N'allez donc pas épuiser des combinaisons pour tirer parti d'une bicoque ruinée, et encore moins mettre votre esprit à la torture pour construire une ruine toute neuve, car, quoique vous fassiez, vous n'enfanterez que du ridicule.

Mais si le hasard vous a assez favorisé pour mettre à votre disposition une véritable ruine d'un beau caractère, profitez de votre bonne fortune et mettez tous vos soins pour la faire valoir. Si un mur d'un effet pittoresque est prêt à être renversé par les ans, soutenez-le par des réparations indis-

pensables, mais employez tout l'art possible pour cacher vos travaux. Semez dans les endroits trop ras la giroflée jaune, le muflier rubicond et les jolies linéaires; plantez des sédum et des joubarbes; faites fleurir l'iris de Germanie dans la même fissure où le câprier sera suspendu par ses racines. Tapissez les vieilles voûtes avec le lierre et la clématite des bois, et laissez les ronces et les prunelliers sauvages disputer à quelques vieux figuiers les décombres amoncelés dans les cours solitaires.

Si le hibou, l'effraie, la cresserelle et le martinet noir, se sont emparés de trous percés dans les vieilles tours, ne dérangez pas leurs tristes habitudes, car le cri des oiseaux funèbres est la mélodie des ruines, auxquelles est attaché le prestige d'une superstition mystérieuse.

L'Alsace est un pays riche en vieux châteaux féodaux démantelés par le temps, c'est là que vous pourriez trouver à chaque pas des inspirations romantiques, et c'est là aussi que j'ai été chercher une partie des modèles de la planche 109. La figure 1 représente les ruines du château de Gessler, près de Kussnacht; la figure 2, celles du château d'Arnsbourg; la figure 3, celles du château de Sœneck; la figure 4, celles du château de Neuwindstein; la figure 5, celles du château de Spesbourg; et enfin, la figure 6, la ruine du château de Haut-Barr, au milieu de laquelle se trouve la ruine plus moderne d'un ermitage jadis habité par des moines qui étaient venus remplacer les seigneurs suzerains.

15. Les tombeaux.

Ce sont les fabriques les plus énergiques pour caractériser les scènes mélancoliques. Les tombeaux doivent, comme nous l'avons dit ailleurs, se placer loin de l'habitation, dans un lieu solitaire et silencieux. Ils sont tout-à-fait bien placés dans une petite île ombragée par le saule pleureur et le cyprès, les deux arbres qui sont en possession de les accompagner.

L'architecture d'un tombeau sera toujours en harmonie avec l'importance de celui à la mémoire duquel il sera consacré, et l'on évitera dans ce genre de composition des inconvenances qui, loin d'ouvrir l'âme à la tristesse, pourrait au contraire éveiller la raillerie.

Vous pouvez, près d'un monument gothique, élever un tombeau dans le même genre d'architecture, à la mémoire d'un ancien personnage remarquable étant né, ou au moins ayant habité le même lieu. Le monument d'Héloïse et Abélard (fig. 1, pl. 10), vous en offre un modèle qui jouit de quelque célébrité.

Si vous voulez honorer la mémoire d'un militaire dont le nom s'est inscrit dans les fastes de la gloire, vous pourrez déployer dans la construction de son tombeau tout le luxe des marbres et des sculptures. C'est ainsi qu'une famille éplorée a payé au maréchal Suchet une bien petite partie des dettes que la patrie avait contractées avec lui (pl. 110, fig. 2).

Le planche 111 vous offre plusieurs modèles de ces monumens, parmi lesquels vous remarquerez, figure 2, celui du célèbre Monge, et, figure 5, celui du comte Ribes.

Le tombeau d'un homme moins célèbre, mais qui n'en a pas moins rendu des services à ses concitoyens, pourra de même former monument, mais d'une architecture moins ambitieuse. Celui du docteur Chaussier (pl. 112, fig. 3), en est un modèle fort remarquable.

La *pierre tumulaire* est le plus simple des monumens, c'est aussi celle qui parle le plus à l'âme, et son effet peut être aussi pittoresque que celui d'un grand monument, si elle est placée dans une localité préparée avec art. La planche 113 en offre plusieurs jolis modèles.

Les inscriptions sont la grande difficulté des tombeaux, car elles peuvent entacher un monument d'un ridicule qui, prêtant à rire, détruit tout le charme mélancolique d'une composition. J'ai dessiné, au cimetière du Père-Lachaise, tous les tombeaux que je donne dans cet ouvrage; certes, si j'avais voulu donner aussi des modèles d'épitaphes, j'en aurais trouvé là de fort touchantes, mais en bien plus petit nombre que de ridicules. Il est peu de marchands de bois, de fabricans de bas, etc., qui ne soient tentés de faire un prospectus d'une épitaphe, et quelques-uns ont succombé à la tentation en annonçant le genre de leur commerce et donnant leur adresse.

Il faut que votre inscription soit courte, simple, touchante, sans affectation et sans ambition. Parmi celles que j'ai remarquées, deux m'ont touché.

Les voici : sur la tombe d'une petite fille, on lit « Pauvre enfant ! ! » Sur celle d'une jeune épouse, le mari a fait graver : « Attends-moi.... demain « peut-être ! »

CHAPITRE XI.

MACHINES HYDRAULIQUES.

Il arrive quelquefois qu'avec des eaux abondantes on ne peut que produire fort peu d'effet, parce que ces eaux se trouvent dans la partie la plus basse de la propriété. Il s'agit d'employer des moyens pour la faire remonter dans les parties hautes, et pouvoir ainsi la distribuer partout où on le jugera convenable.

On emploie pour cela un assez grand nombre de machines, choisies en raison des circonstances et des localités. Nous allons donner celles qui nous ont paru les plus avantageuses et d'un emploi le plus général.

Planche 114, figure 1, *roue à seaux.* Nous supposons que l'on ait, pour mettre en mouvement une usine, une roue à aubes A B, mue par un courant d'eau allant de *c* en *d*. On adapte à cette roue des seaux *e, e*, mobiles et suspendus à des boulons de fer traversant un rang de jantes appartenant à la roue *f, f*, et un autre qu'on y ajoute, *g g*.

Les seaux plongés dans le courant avec la roue, en *h, h,* se rempliront d'eau, et, comme ils conservent leur position verticale, ils la conserveront jusqu'à ce qu'ils soient parvenus au sommet où une barre *i* les forcera de s'incliner et de verser leur eau dans l'auge *k*, destinée à la recevoir. Cette auge est percée d'un trou *n*, où l'on adapte un tuyau ou conduit *o*, qui dirige et conduit les eaux où l'on desire.

Comme on le voit, cette machine peut élever les eaux à une hauteur de quelques pieds, égale à un peu moins que son diamètre.

Figure 2 de la même planche. *Chapelet mû par les ailes d'un moulin à vent.* Une charpente solide *a , a, a*, soutient un cylindre fixe *b*. A ce cylindre est ajusté un châssis *c, c, c, c*, qui est mobile et tourne autour de lui comme autour d'un pivot. Une girouette en planchettes légères *d*, ajustée au châssis, ainsi que les ailes *f* et la manivelle *c*, forcent l'appareil à tourner et prendre le vent.

La manivelle *c*, tournant avec les ailes, élève et abaisse une tringle de fer *h* qui, à son tour, fait tourner une seconde manivelle *i*.

Cette seconde manivelle met en mouvement la lanterne *k*, à laquelle elle sert d'arbre, et sur laquelle s'enroule le chapelet *l*, qui monte l'eau et la verse dans l'auge *n*, d'où elle s'écoule par le conduit *o*.

Cette machine, s'adapte très-bien dans un puits. En M nous donnons le détail de la manivelle *e*.

On peut, avec la même machine, mettre en jeu une pompe, à laquelle la tringle *h* servira pour mettre en jeu le piston : il ne s'agit pour cela que de la placer perpendiculairement sur un puits ou une rivière.

Planche 115, figure 1, *Bascule à épuisement.* Une boîte à rebords *a* est boulonnée entre deux pieux *b*, *b*, et reçoit un mouvement de haut et de bas au moyen de la bascule *c*, *c*, que l'on fait agir par le moyen de la corde *d*. Quand la boîte est baissée, elle se remplit de l'eau du bassin *f*; et, lorsqu'elle est levée, l'eau s'écoule par le conduit *e*. La seule inspection suffirait pour faire comprendre cette machine fort simple, employée pour les épuisemens.

La figure 2 de la même planche représente une *pompe à chapelet.* Elle est composée d'une roue dentée *a*, qui est mue par un cheval, et qui engrène avec une autre roue verticale *b*. Celle-ci porte à l'extrémité de son arbre une lanterne *g* sur laquelle est posée la chaîne *d*, qui passe dans un corps de pompe.

Cette chaîne se compose de rondelles en cuir, serrées entre deux autres plaques de fer un peu plus étroites qu'elles, et attachées les unes à la suite des autres au moyen d'une anse et d'anneaux de fer. Les rondelles doivent être taillées fort juste sur le diamètre du tube du corps de pompe, de manière à le remplir fort exactement.

On fait entrer la chaîne dans le corps de pompe qui descend jusqu'au fond de l'eau, et on la fixe autour de la lanterne. Lorsque la machine est mise en mouvement, les rondelles sont accrochées par les barreaux de la lanterne, de sorte que la chaîne est entraînée et monte continuellement dans le corps de pompe; les cuirs qui pressent légèrement contre les parois intérieurs de la pompe soulèvent l'eau, et la versent par le goulot *c*.

La planche 116, figure 1, représente un moulin à vent pittoresque, construit dans le jardin Beaujon, à Paris, et servant à mettre en mouvement plusieurs corps de pompe A, au moyen desquels on élevait l'eau à une hauteur suffisante pour la distribuer ensuite dans tout le jardin. Cette machine se construit sur les mêmes principes que ceux de la figure 2, planche 114.

La figure 2, de la même planche, représente une *noria* fort simple, en usage dans la Suisse. Un encaissement *a* reçoit d'une rivière les eaux destinées à la machine, et par un empellement *e*, les verse sur les ailes de la roue *f*, qu'elles mettent en mouvement. Au milieu de cette roue est un tambour à barreau, en partie plongé dans une auge *c*, constamment remplie d'eau au moyen du tuyau *d*, qui les lui apporte de l'encaissement.

Sur ce tambour est passée la corde *h*, portant des godets de cuir, figurés en B. Elle passe ensuite sur un autre tambour *i*, auquel elle communique le mouvement qu'elle reçoit de la roue *f*.

Les godets de cuir, en passant dans l'auge *c*, se remplissent d'eau qu'ils vont vider dans le réservoir *k*, d'où on la distribue où l'on veut, au moyen de tuyaux ou siphons *l*.

La planche 117, figure 1, représente la fameuse *vis d'Archimède*, si généralement employée pour les épuisemens. Elle est tellement connue, que nous ne la décrirons pas dans tous ses détails.

Cette machine se compose d'un cylindre *a*, dans lequel est un axe *b* entouré d'une crête ou surface courbe *c*, *c*, etc., qui suit les développemens d'une hélice tracée sur l'axe même. Le tout, renfermé dans un cadre fixe, tourne au moyen de la manivelle *d*.

La machine placée dans une position inclinée, l'eau monte en suivant les filets de la vis que l'on fait tourner, comme sur un plan incliné, et se rend à l'extrémité supérieure d'où elles sort pour tomber dans le conduit *e*.

La figure 2 représente un *moulin à épuisement* qui, au moyen de la girouette *a*, tourne à tout vent sur son pivot *b*. Le châssis oblique *c*, *c*, ainsi que les ailes de moulin à vent *d*, et la roue *e*, tournent ensemble, et le pivot *f* reste seul immobile.

Les ailes, mues par le vent, font tourner l'arbre *h*, et par conséquent la roue *e*. Celle-ci ramasse l'eau dans ses angets, et va la vider hors du bassin en *i*.

Nous n'avons pas besoin de dire que ce bassin doit être circulaire pour que la roue puisse s'y promener sans obstacle. Cette machine ne nous paraît pas une des plus utiles.

La figure 3 représente le *bélier hydraulique* de Mongolfier, et nous allons en emprunter la description au *Traité élémentaire des machines* de Hachette.

« L'eau de la source arrivée en A, avec une vitesse acquise due à la hauteur de la chute, s'écoule par un tuyau de conduite A, qui est évasé en A, et incliné de manière que la pente soit au moins de 27 millimètres par deux mètres; elle s'échappe par un orifice C, qu'on peut fermer à volonté au moyen d'une soupape. »

« Un réservoir d'air F s'unit par un ajustage cylindrique *a b c d* au tuyau de conduite A B D; sur le milieu du fond de ce réservoir F est un orifice circulaire auquel s'adapte un petit support cylindrique, dont l'extrémité E est garnie d'une soupape *e*. Sur le côté gauche de ce petit support, est une autre soupape *s*, destinée à entretenir d'air le réservoir F et l'espace *m n* compris entre l'ajustage *a b c d*, et le petit support E de la soupape *e*. G I H est un tuyau d'ascension qui prend naissance en G dans le réservoir d'air F.

« On nomme le tuyau A B, B C, par lequel l'eau de source s'écoule, *corps du bélier*; le tuyau G I H, par lequel l'eau s'élève au-dessus de la source, s'appelle *tuyau d'ascension*. Des deux soupapes D et *e*, qui ferment les orifices C et E, on nomme la première *soupape d'écoulement* ou *d'arrêt*, et la seconde *soupape d'ascension*. Ces soupapes sont des boulets creux D et *e*, qu'on retient par des muselières, et dont l'épaisseur est telle, qu'ils ne pèsent pas plus de deux fois le volume d'eau qu'ils déplacent. On donne à l'extrémité du corps du bélier, qui porte les soupapes et le réservoir d'air F, le nom de *tête du bélier*.

« Voici maintenant les effets principaux de cette machine mise en mou-

vement. L'eau, en s'écoulant par l'orifice C, acquiert la vitesse due à la hauteur de la chute; elle oblige le boulet D à sortir de sa muselière et à s'élever jusqu'à l'orifice C; cet orifice est terminé par des rondelles de cuir ou de toile goudronnée, contre lesquelles le boulet s'applique exactement. Aussitôt que l'écoulement par cet orifice s'arrête, l'eau soulève le boulet *e*, qui ferme l'orifice E du réservoir d'air F; elle s'introduit en même temps, et dans ce réservoir, et dans le tuyau d'ascension G I H, et enfin elle perd la vitesse qu'elle avait à l'instant où l'ouverture C s'est fermée; alors les boulets D et *e* retombent par leur propre poids, l'un sur sa muselière, l'autre sur l'orifice E; l'eau de la source recommence à s'écouler par l'orifice C; la soupape D se ferme de nouveau, et les mêmes effets se renouvellent dans un temps qui, pour un même bélier, ne change pas sensiblement.

« La révolution d'un bélier commence lorsque la soupape d'arrêt D cesse d'être appliquée contre l'orifice G; elle finit lorsque cette soupape revient à la même position; il faut distinguer dans cette révolution quatre époques : dans la première, l'eau, en s'écoulant par l'orifice C, acquiert une partie de la vitesse due à la hauteur de la chute, et la soupape d'arrêt D se ferme; dans la deuxième, beaucoup plus courte que la première, les soupapes d'arrêt et d'ascension sont fermées; les corps élastiques, métaux ou air, sont comprimés; dans la troisième époque, la soupape d'ascension s'ouvre; l'air du réservoir F est comprimé; l'eau s'élève dans le tuyau montant G ; la soupape d'ascension se ferme, et la soupape d'arrêt ne s'ouvre pas encore. Enfin, dans la quatrième époque, les corps élastiques comprimés à la deuxième époque réagissent; la soupape d'ascension reste fermée, et la soupape d'arrêt, qui cesse d'être appliquée contre l'orifice d'écoulement C, tombe sur sa muselière. »

Lorsque l'on possède une chute d'eau pour mettre un bélier hydraulique en action, c'est, à notre avis, la meilleure machine pour élever les eaux à une grande hauteur, et celle qui exige le moins d'entretiens et de réparations dispendieuses. On en fait de toutes les dimensions.

11

La planche 118, figure 1, représente le *bélier-siphon*, décrit par le même auteur. « Soit A L C R le siphon qui transporte l'eau de A en R. Sur la longue branche R B est une tête de bélier portant les deux soupapes C et E d'écoulement et d'ascension, et un réservoir d'air F; on place un robinet en R et une soupape en K, qui s'ouvre et se ferme au moyen d'un levier dont l'extrémité est fixée en L, lorsque cette soupape est ouverte. Pour amorcer le siphon, on ferme le robinet R et la soupape K; on verse de l'eau par l'ajutage D; l'air sort par le même ajutage, et de la branche verticale R B, et de la branche inclinée à l'horizon D L. Après avoir fermé l'ajutage D par un bouchon, on ouvre le robinet R et la soupape K; l'eau qui s'écoule par le siphon de A en R ferme la soupape d'écoulement C, ouvre la soupape d'ascension E, et s'échappe en M en jets d'eau, ou s'élève dans un tuyau d'ascension vissé sur le réservoir d'air F.

La figure 2 de la même planche représente la *fontaine de Héron*, portant le nom de celui que l'on croit l'avoir inventé il y a 1900 ans.

Cette machine se compose de trois bassins : un supérieur et découvert I N A B; un intermédiaire Q P E; et le dernier inférieur S R V.

Un tube B Z D communique du bassin supérieur à l'inférieur; un autre tube H E F du bassin inférieur au bassin intermédiaire; et enfin un troisième tube C K K traverse le bassin supérieur et se trouve plongé dans le bassin intermédiaire.

On remplit d'eau les bassins supérieur et intermédiaire, en ôtant le bouchon A que l'on remet quand ils sont pleins. Il ne faut pas cependant que le second bassin soit assez rempli pour que l'eau puisse entrer dans l'ouverture supérieure du tube H. Elle ne peut non plus pénétrer dans le bassin inférieur qui reste vide tant qu'on n'ouvre pas le robinet Z.

Pour mettre en jeu la machine, on ouvre ce robinet Z, et alors l'eau du bassin supérieur se précipite dans le bassin inférieur. Mais à mesure qu'elle monte dans ce bassin et qu'elle le remplit, l'air contenu dans sa capacité

S R est comprimée et forcé de monter dans le bassin intermédiaire où il comprime à son tour la surface de l'eau du tuyau C, et l'eau comprimée dans le bassin i n entre dans le tuyau C K K, et en sort en jet L.

Cette machine joue jusqu'à ce que le bassin inférieur soit rempli d'eau. Alors on le vide par un robinet placé en V, et l'on recommence à faire jouer la machine en remettant cette eau dans le bassin supérieur, comme nous l'avons dit.

La fontaine de Héron peut être modifiée de manière à devenir utile à la décoration d'un salon d'été.

La figure 3 de la même planche 118 représente la *machine des Schemnitz* en Hongrie, qui n'est rien autre chose qu'une application de la fontaine de Héron, faite en grand par Hell, et perfectionnée par Boswell.

Je suppose que le grand récipient B soit plein d'air, et que le robinet e placé au bas du récipient soit ouvert; le poids de l'eau à élever, dont le niveau est en L L, ouvre la soupape K; le récipient G s'emplit d'eau; l'air qu'il contient s'échappe par le tube h h g, et sort par le robinet e; on ferme ce robinet; le vase R se vide par le siphon x; le poids 2 descend; les soupapes 3 et c s'ouvrent; alors l'eau du réservoir A sort en même temps par l'orifice 4 pour emplir le vase V, et par l'extrémité b du tube b b pour emplir le grand récipient B; l'air de ce grand récipient presse l'eau contenue dans le récipient C, et l'oblige à ouvrir la soupape z pour s'élever jusqu'au niveau n O. Le vase V et le récipient B étant pleins d'eau, le flotteur P ferme l'orifice g du tube h h, et l'eau du vase V s'écoule par le siphon t t dans le vase R, dont le poids, tant soit peu augmenté, entraîne le contrepoids 2 et oblige les robinets 3 et c à se fermer; l'eau du vase R s'écoule dans le vase S qui descend en même temps que le vase R, et fait tourner la tige du robinet e; enfin, le robinet y du vase S, toujours ouvert, ne dépense d'eau que ce qui est nécessaire pour conserver à ce vase l'excès de poids qui tient le robinet e ouvert, jusqu'à ce que le poids du vase R, en remontant, ferme de nouveau ce dernier robinet.

Tandis que l'eau du grand récipient B s'écoule par l'orifice d du tube d d, la soupape z, pressée par la colonne d'eau z n, se ferme; l'air comprimé dans le tube h h se dilate, et neanmoins presse l'eau du récipient B dont elle accélère l'écoulement par le tube d d; en même temps la soupape k s'ouvre, et le récipient C s'emplit de l'eau du réservoir L L. Le récipient B et le vase V se vident dans le même temps. Dès que le siphon t t ne fournit plus d'eau au vase R, ce vase et son inférieur S perdent l'excès de poids qui avait déterminé la fermeture des robinets 3 et c; le contrepoids 2 redescend et ouvre de nouveau ces mêmes robinets; le récipient B et le vase V se remplissent, et les mêmes effets recommencent.

La planche 119, fig. 1, représente une *pompe à bascule* d'une construction fort simple : a a, corps de pompe ordinaire, auquel on ajoute un tuyau pour conduire les eaux où l'on veut. La verge c qui porte le piston, est garnie d'un cylindre plein, de fonte ou de fer d, d'un poids de 245 livres; il est destiné à former contrepoids au seau e, et à refouler le piston dans la pompe, quand le seau devient plus léger que lui en vidant.

Le seau est placé sous un tuyau d'eau courante, il se remplit, et alors entraîne par son poids la bascule f. Celle-ci lève la verge du piston et le cylindre auxquels elle est attachée par la chaîne g. Une soupape, placée au fond du seau, s'ouvre au moyen de la corde h qui y est attachée ainsi qu'à la traverse i; quand le seau est baissé jusque près de terre. L'eau s'écoule et le seau, devenu plus léger, est à son tour entraîné par le poids du cylindre d. Le mouvement opposé recommence quand le seau est de nouveau rempli, et ainsi de suite, alternativement.

La fig. 2 représente une *noria à bras*, dont la construction est aussi simple que peu dispendieuse. Un homme, au moyen de la manivelle a, fait tourner le tambour b, qui communique le mouvement aux roues c et d. Sur cette dernière tourne une chaîne de godets en ferblanc, A B, e, f, qui se vident dans le conduit h, d'où on conduit les eaux où l'on désire.

La planche 120, fig. 1, représente une *roue à bascule*. Elle a été observée par M. le comte de Lasteyrie, dans le Tyrol.

Elle consiste en une grande roue à palette, a, portée par un cadre de bois b, b, qui est placé en équilibre sur une traverse c, implantée dans un mur au-dessus du courant d'une rivière. Un pieu très-fort d, implanté solidement dans le fond de la rivière, sert, au moyen de la cheville e e, à donner plus ou moins d'élévation à la roue, selon que les eaux sont plus hautes ou plus basses, ou que l'on veut arrêter la machine.

Les palettes portent des seaux i, i A, qui se remplissent dans le courant et vont se vider dans une auge ou un conduit o o, destiné à recevoir les eaux et à les diriger.

La fig. 2 de la même planche représente une *noria catalane*. B, manége auquel on attèle un cheval ou un âne pour mettre la machine en mouvement; a, roue horizontale, à dents, s'engrenant dans la roue verticale b, et lui communiquant le mouvement.

Cette roue b est plongée inférieurement dans l'eau d'un bassin ou d'un puits disposé en conséquence; les godets qu'elle porte S c, s'y remplissent d'eau qu'ils viennent verser dans l'auge d, où l'on ajuste des tuyaux en e, pour la diriger à volonté.

FIN.

TABLE DES MATIÈRES.

		Pages
INTRODUCTION	. . . . . .	v
CHAP. Ier.	Histoire des jardins. . . .	9
CHAP. II.	Des divers genres de jardins. .	17
	Tableau des jardins. . . .	20
CHAP. III.	Des travaux préparatoires. . .	24
§ Ier.	Choix du terrain. . . .	ibid.
§ II.	Tracé du jardin . . .	29
§ III.	Préparation du terrain. .	31
§ IV.	De la plantation. . .	33
CHAP. IV.	Des convenances et des scènes. .	35
§ Ier.	Des convenances. . .	ibid.
§ II.	De la composition des scènes. .	38
	1. Scènes majestueuses .	39
	2. Scènes terribles . .	ibid.
	3. Scènes pittoresques .	40
	4. Scènes rustiques . .	41
	5. Scènes exotiques . .	42

		Pages
	6. Scènes champêtres. .	44
	7. Scènes mélancoliques. .	45
	8. Scènes tranquilles. .	46
	9. Scènes riantes. . .	47
	10. Scènes romantiques .	ibid.
	11. Scènes fantastiques .	48
CHAP. V.	Composition des jardins .	50
§ Ier.	Du verger.	ibid.
	Tableau des meilleurs arbres fruitiers.	ibid.
§ II.	Du potager. . . .	52
§ III.	Du marais. . . .	53
§ IV.	Du potager mixte. . .	ibid.
§ V.	Du jardin marchand. .	54
§ VI.	De la pépinière publique. .	55
§ VII.	De l'école de botanique. .	56
§ VIII.	Du jardin de médecine. .	57
§ IX.	Du jardin public. . .	58

	Pages
§ X. Des promenades publiques . . .	59
§ XI. Du jardin de palais . . .	ibid.
§ XII. Du jardin français. . . .	61
§ XIII. Le parterre. . . .	63
§ XIV. Jardin symétrique pittoresque.	65
§ XV. De la ferme ornée . . .	66
§ XVI. Du parc. . . .	68
§ XVII. Du bosquet. . . .	71
§ XVIII. Du potager pittoresque. .	73
CHAP. VI. De la perspective artificielle.	74
Vallée simulée. . . .	77
Perspective et tracé des allées.	ibid.
CHAP. VII. Des végétaux . . .	79
I. Végétaux ligneux . . .	80
Le quinconce. . . .	ibid.
L'échiquier. . . .	ibid.
L'avenue . . .	ibid.
L'allée couverte . . .	81
Le berceau. . . .	82
La palissade. . . .	83
La haie. . . .	84
Le rideau . . .	ibid.
Le labyrinthe . . .	85
La forêt. . . .	86
Le bois. . . .	88
Le bocage . . .	90

	Pages
Le bosquet. . . .	91
Le groupe . . .	92
Le massif . . .	93
Le buisson. . . .	ibid.
L'arbre isolé . . .	94
L'arbrisseau isolé. . . .	95
Tableau des arbres entrant dans la composition des forêts et des bois. . . .	ibid.
II. Emploi des végétaux herbacés. .	115
La prairie. . . .	ibid.
Plantes graminées propres aux prairies.	116
La pelouse. . . .	117
Le gazon . . .	ibid.
Le tapis. . . .	118
Le massif . . .	ibid.
Le parterre. . . .	119
La plate-bande. . . .	120
La planche. . . .	ibid.
La corbeille. . . .	ibid.
La bordure. . . .	ibid.
La contre-bordure . . .	121
CHAP. VIII. Des eaux. . . .	122
§ Ier. Des eaux naturelles . . .	ibid.
Le marais . . .	ibid.
La marre. . . .	123
L'étang . . .	124

	Pages
Le lac	125
La rivière anglaise . .	ibid.
La source . . .	126
Le ruisseau. . .	128
La rivière. . .	ibid.
De l'île. . .	129
Le torrent. . .	130
La cascade. . .	ibid.
§ II. Des eaux artificiles. .	131
Le bassin . .	132
La pièce d'eau. .	ibid.
Le canal. . .	ibid.
Le puits. . .	ibid.
La cascade artificielle .	133
La vasque . .	ibid.
La fontaine. . .	ibid.
Le jet d'eau . .	134
CHAP. IX. Les rochers. . .	ibid.
Les jeux d'eau. .	135
La caverne . . .	136
La grotte. . .	137
CHAP. X. Des fabriques . .	139
§ 1er. Fabriques d'utilité. .	ibid.
1°. Les ponts. . .	ibid.
2°. Les embarcations .	142
3°. Les habitations .	143

	Page.
Le château . . .	143
La maison de maître . .	144
La maison de genre. .	ibid.
La maison de domestique. .	145
4°. Ornemens divers des habitations.	146
1. Marbres et statues. .	ibid.
2. Les escaliers. . .	147
3. Les lanternes. .	ibid.
4. Les fenêtres . .	ibid.
5. Les portes. . .	ibid.
6. Les niches à statues. .	ibid.
7. Les grilles. . .	148
8. Les barrières. . .	ibid.
9. Les bancs et les meubles.	ibid.
10. Les meubles rustiques. .	ibid.
11. Les treillages. . .	ibid.
5°. Les serres. . .	149
Du chauffage des serres. .	151
6°. Les glacières. . .	153
7°. Fabrique de gymnastique .	154
8°. Cabanes pour animaux. .	155
9°. Volières. . .	ibid.
10°. Pigeonniers . .	ibid.
11°. Salle de bains . .	156
12°. Théâtres . . .	ibid.
13°. Ruchier . . .	ibid.

	Pages
14°. Niche à chiens.	156
§ II. Fabriques pittoresques	ibid.
1. Les temples.	157
2. Les rotondes	ibid.
3. Les pavillons	ibid.
4. Les kiosques	158
5. La tente.	ibid.
6. Le belvédère	ibid.
7. Pagodes	ibid.

	Pages
8. Les minarets	159
9. Les vide-bouteilles.	ibid.
10. L'obélisque.	ibid.
11. L'ex-voto	160
12. L'ermitage.	ibid.
13. La chapelle.	161
14. Les ruines.	ibid.
15. Les tombeaux.	ibid.
CHAP. XI. Les machines hydrauliques	163

FIN DE LA TABLE DES MATIÈRES.

IMPRIMERIE DE CARDON. — TROYES.

FRONTISPICE.

Nouvelle Serre du jardin des plantes, à Paris.

Rohault fils, architecte

Baronne du

Touquet sc.

Je désire que toutes ces planches ainsi que les membres de cet ouvrage soient absolument semblables à celui vendu vendu 8 chez les et de ces parties mêmes qui sont imprimées partout.

Château de Lewins ; (Angleterre.)

III

Château de Castle-Eden (Angleterre)

Lejeune sc.

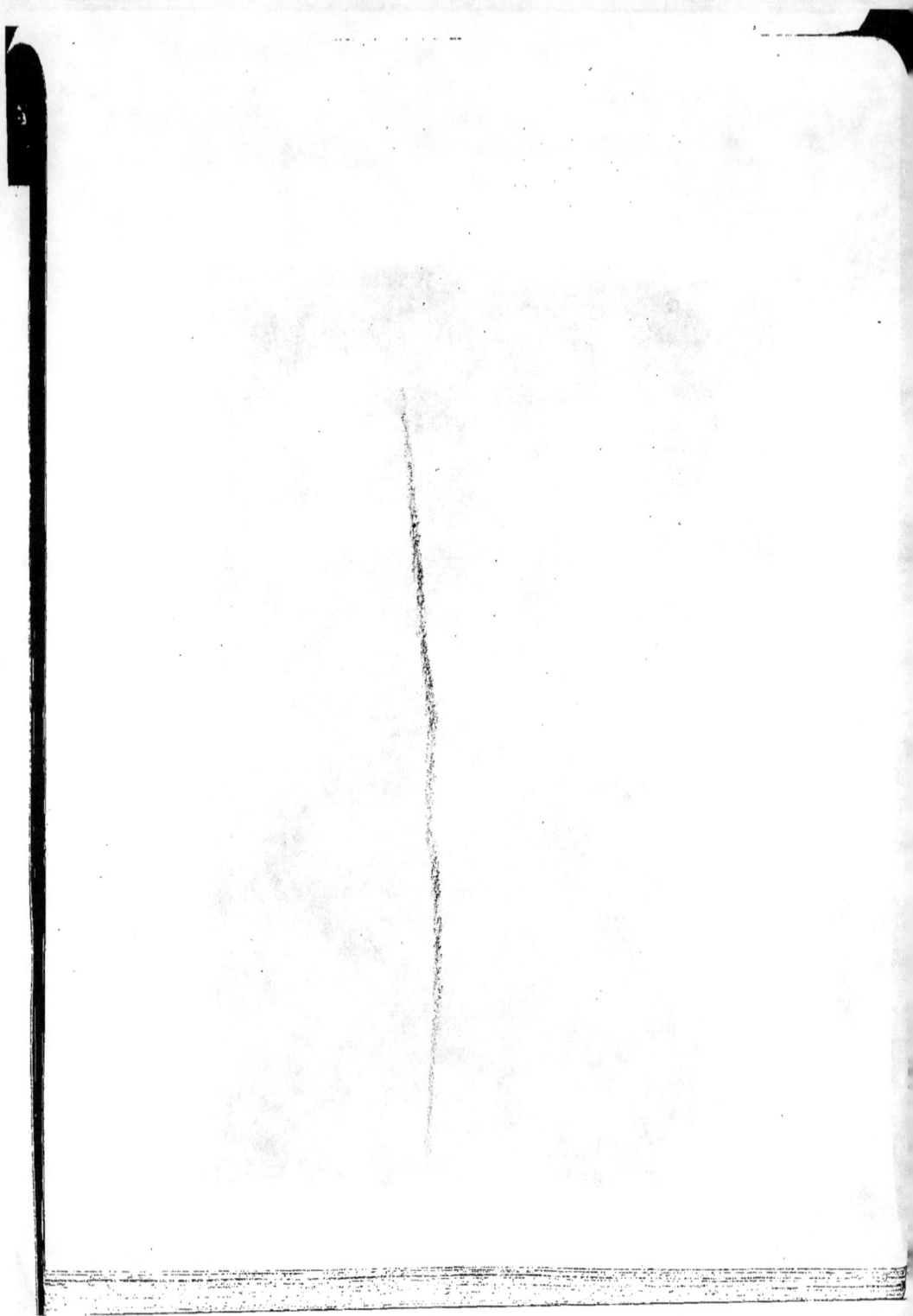

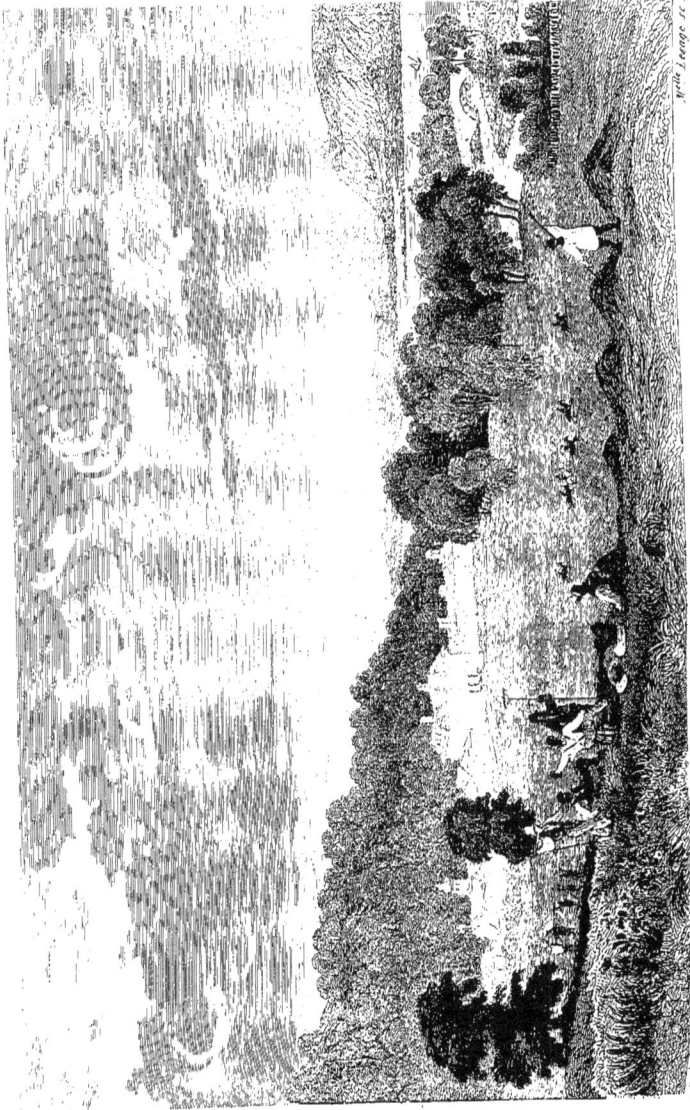

Tour de Dallam : (Angleterre)

Château de Wynyard. (Angleterre)

VI.

Château de Corby; (Angleterre)

VII.

Lac et Village de Rydtal (Angleterre)

Château de B. C. (Angleterre)

Mme Dumoncel sc.

Bourgoin del.

IX

Mme Dumoura sc.

Un Château, côté du Parc. (Angleterre)

Berrourier del.

X.

Bac sur le Lac Windermere. (Angleterre)

M.me Dumousa. sc

Dubourg del.

Mme Dumoulin sc.

Maison près Manchester, (Angleterre)

Château près Manchester, (Angleterre)

Pl. 1ère

Jardin exotique.

Boitard del.

Tracé d'un Jardin.

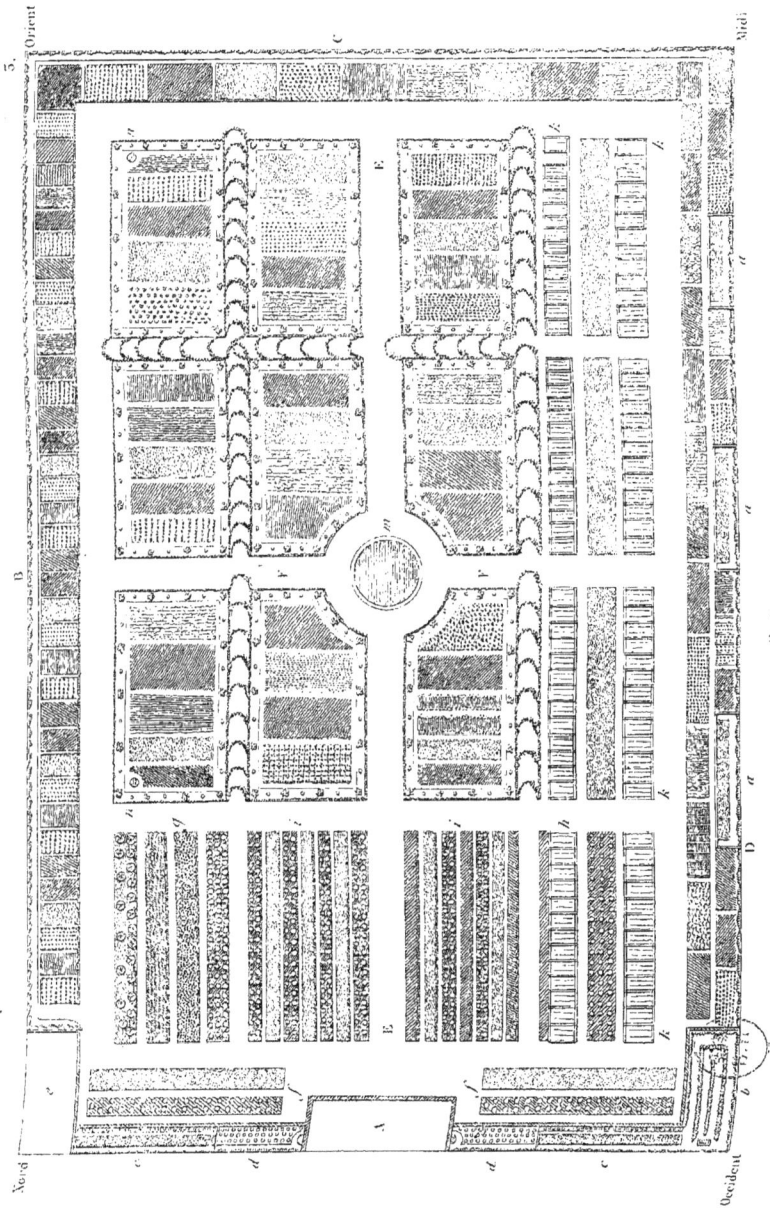

Potager.

Plan du Jardin des plantes à Paris.

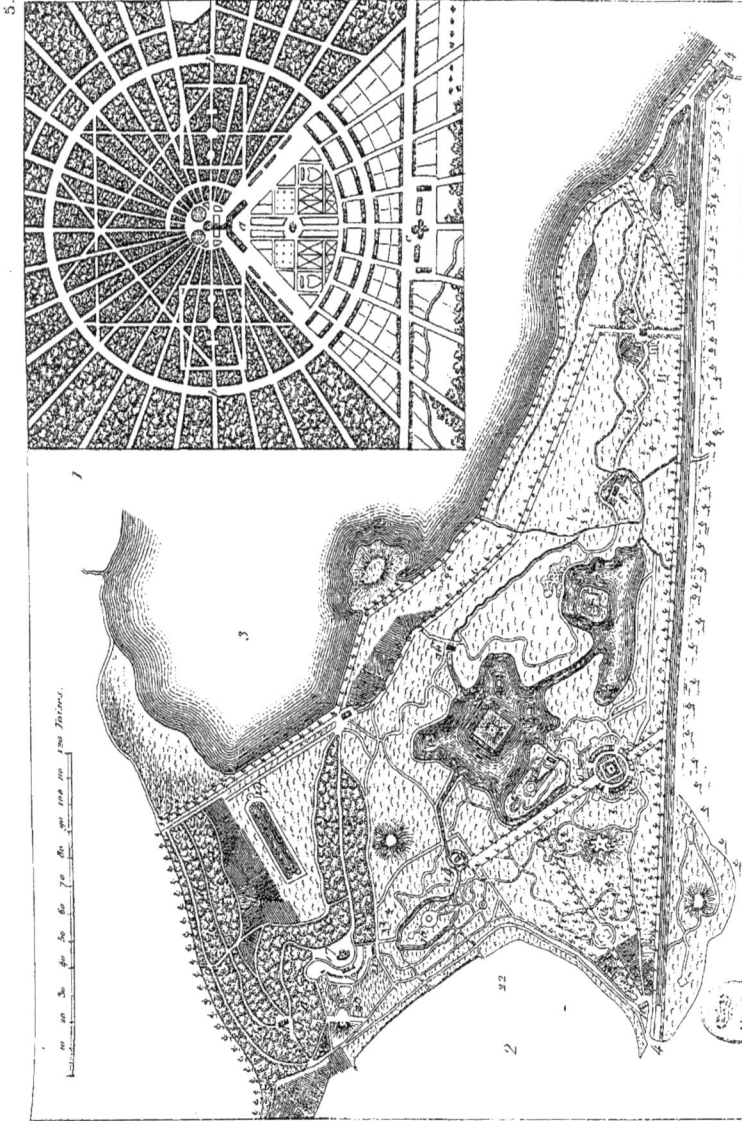

1 et 2. Jardin public et jardin anglais de Carlsruh.

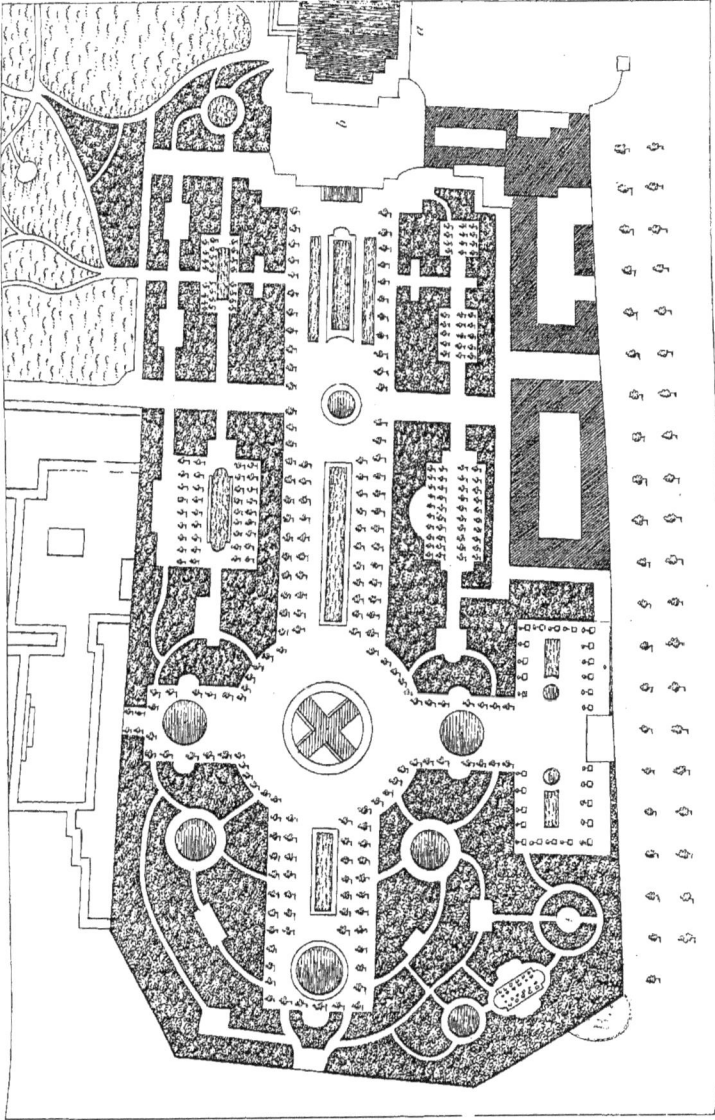

Jardin, français, du petit Trianon.

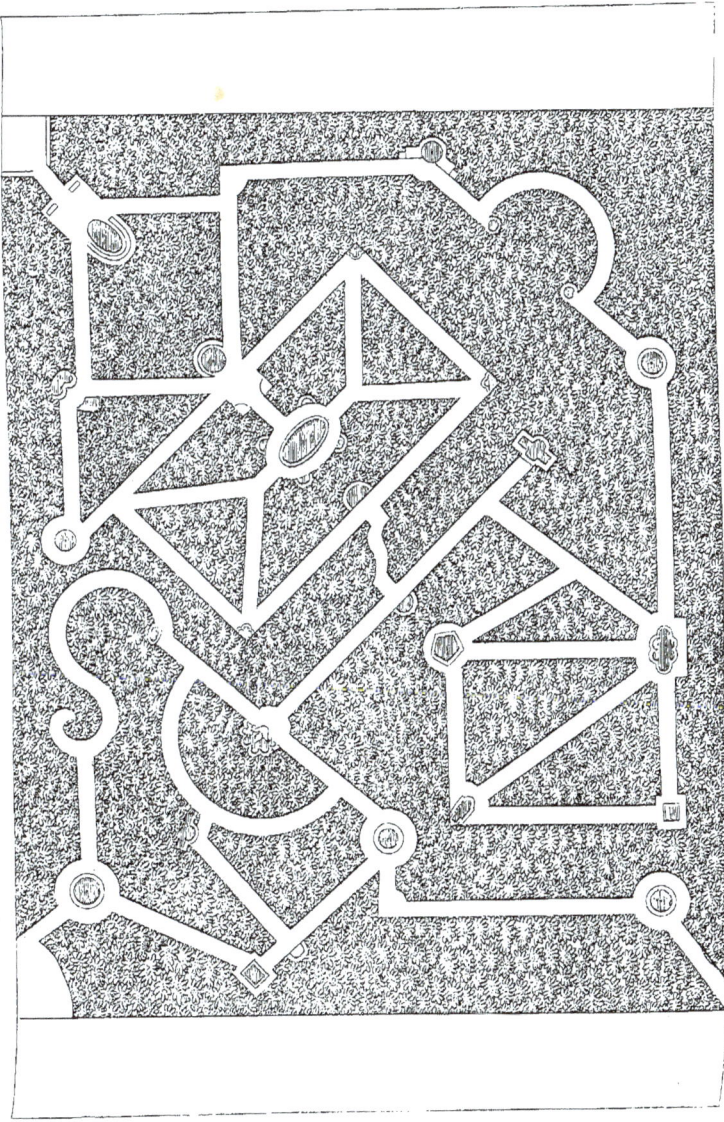

Labyrinthe de Versailles.

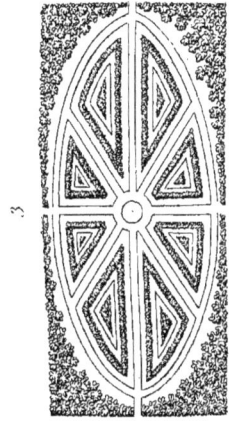

Parterres de broderie.

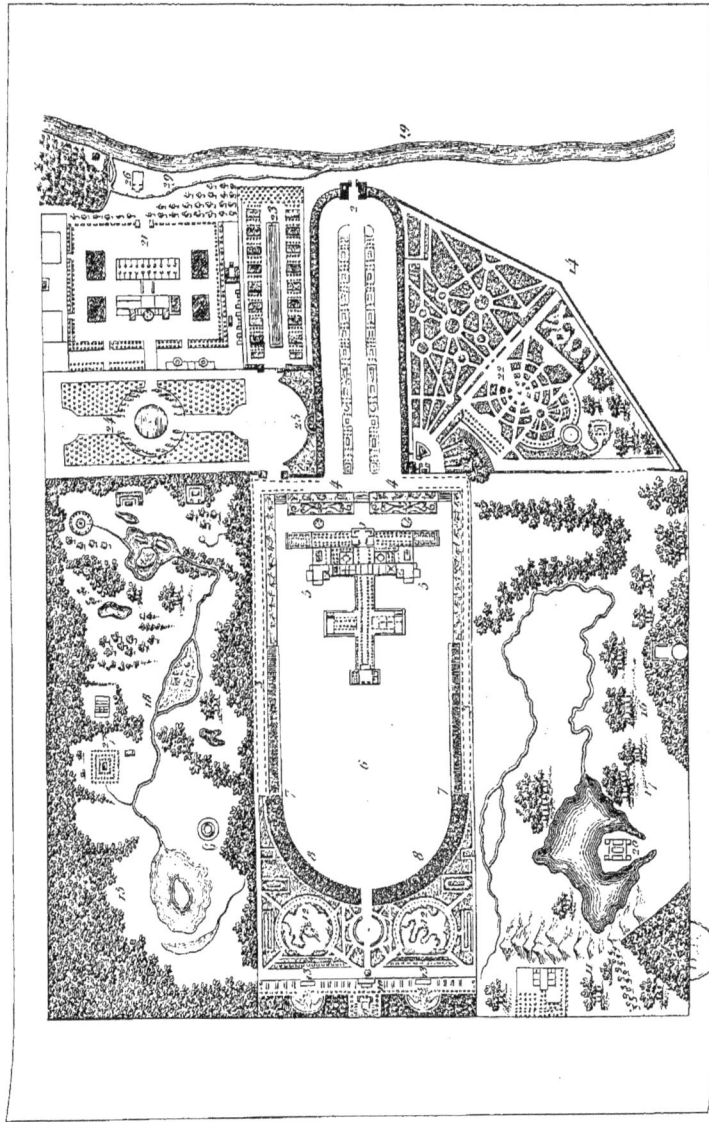

Jardins de Tresvelanum.

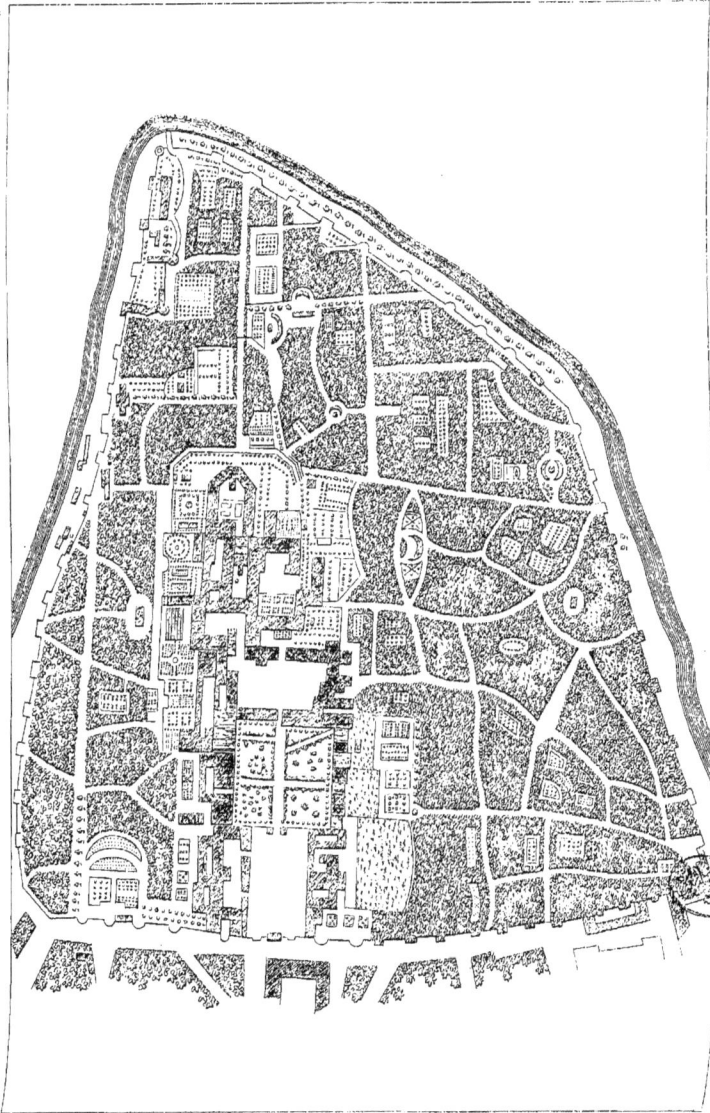

Jardins du grand seigneur, à Constantinople.

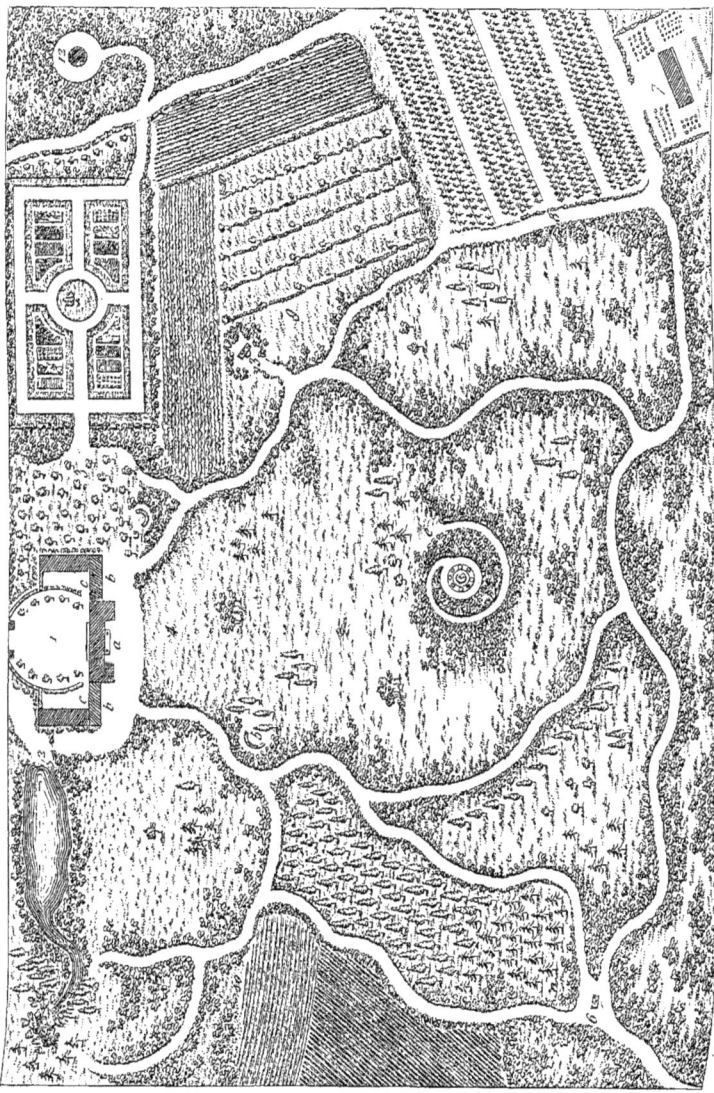

Ferme ornée.

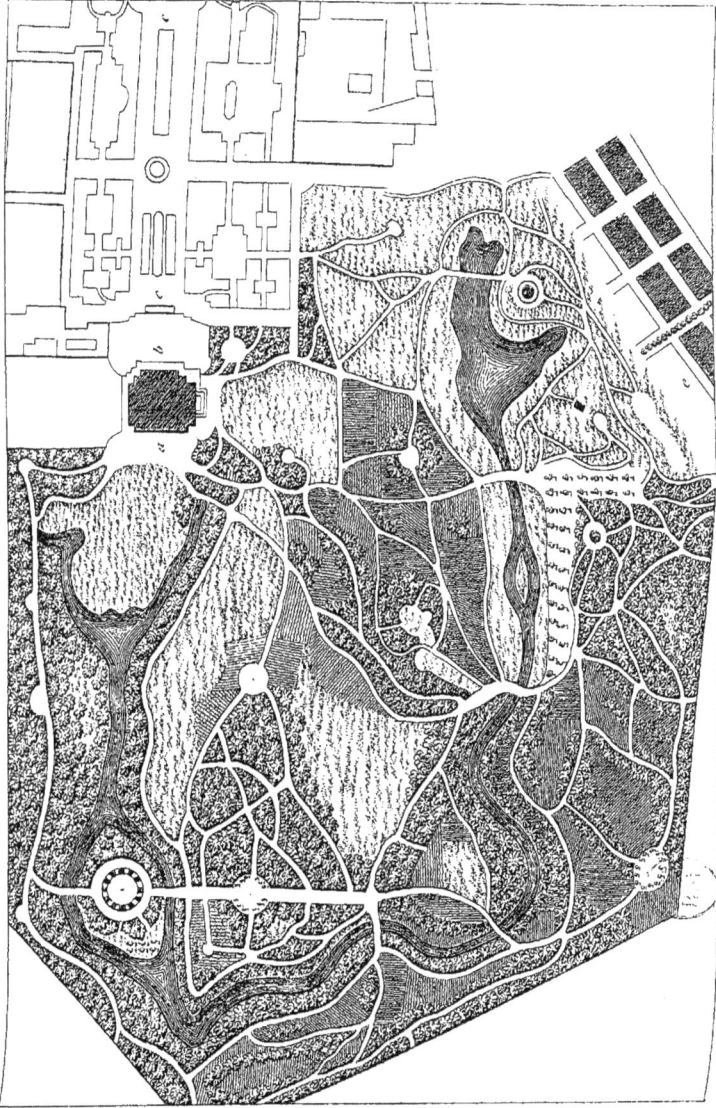

Jardin anglais du petit Trianon.

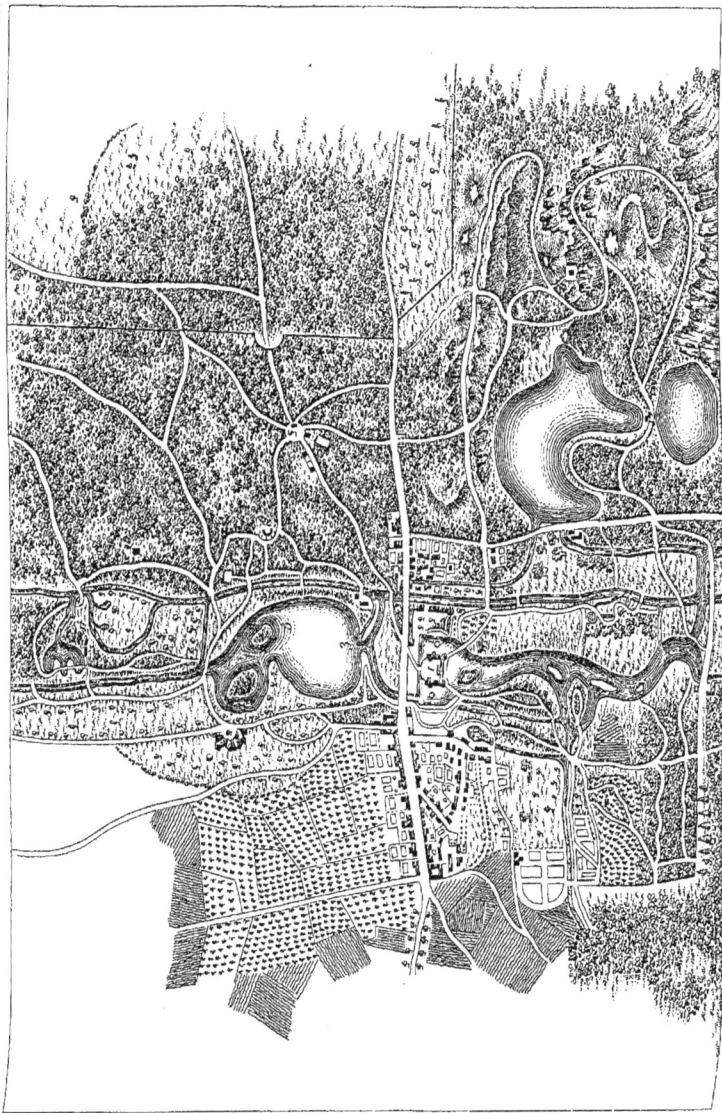

Parc d'Ermenonville.

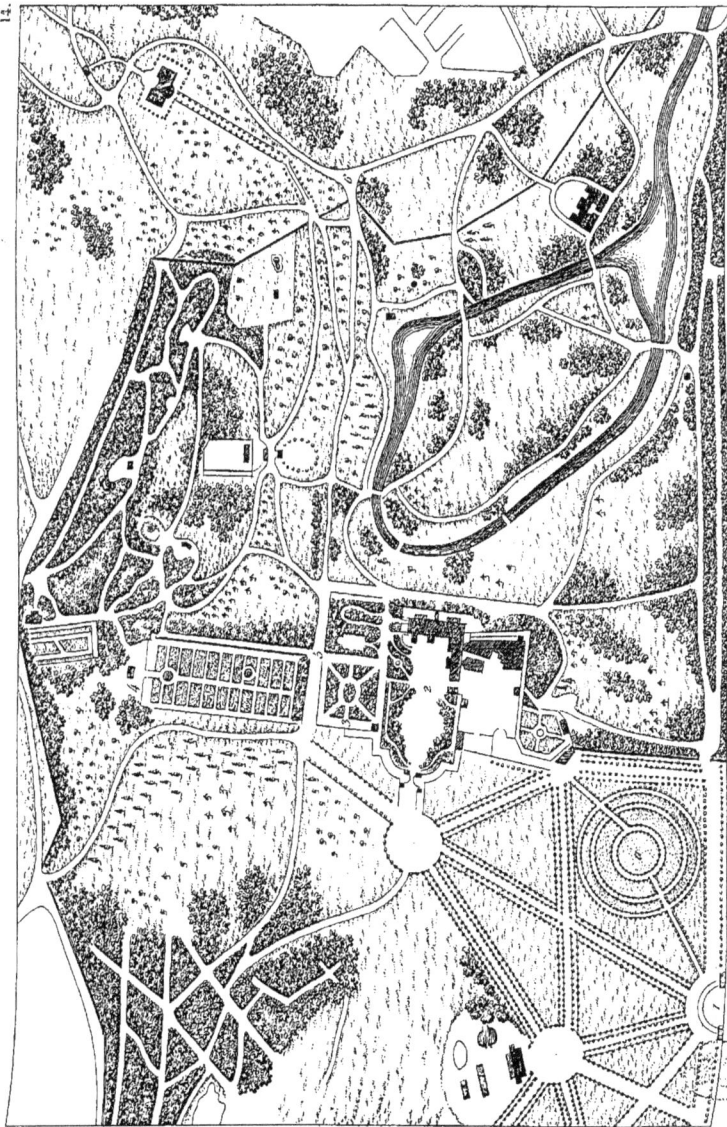

Parc de la Malmaison .

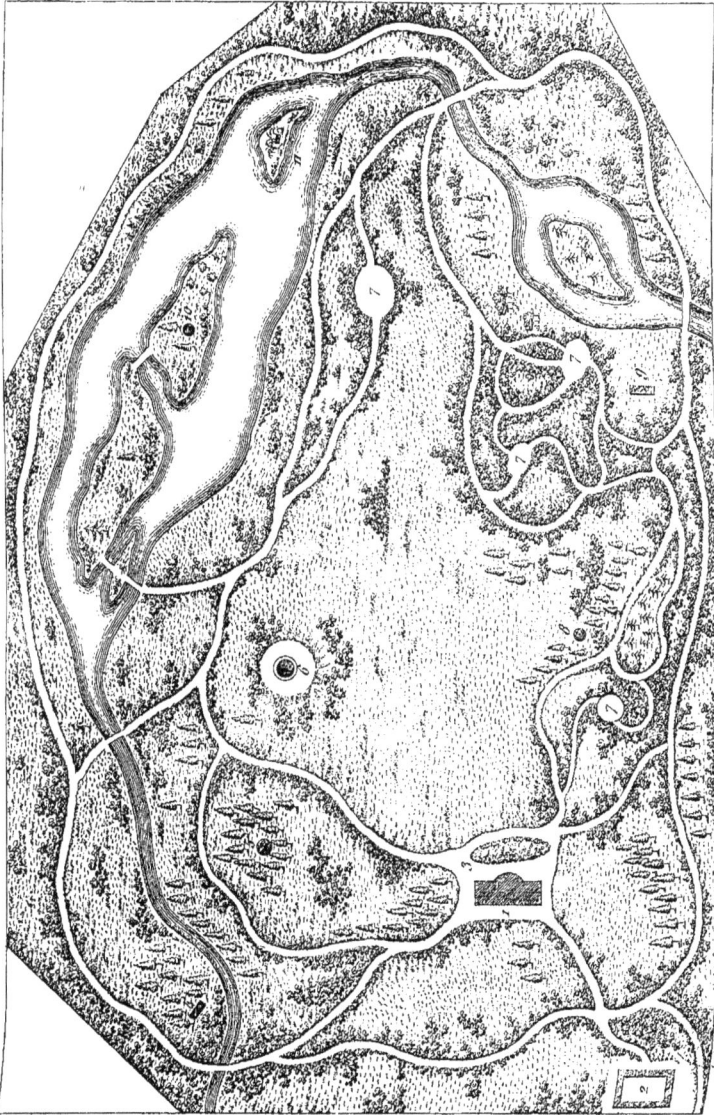

Parc des environs de Bruxelles.

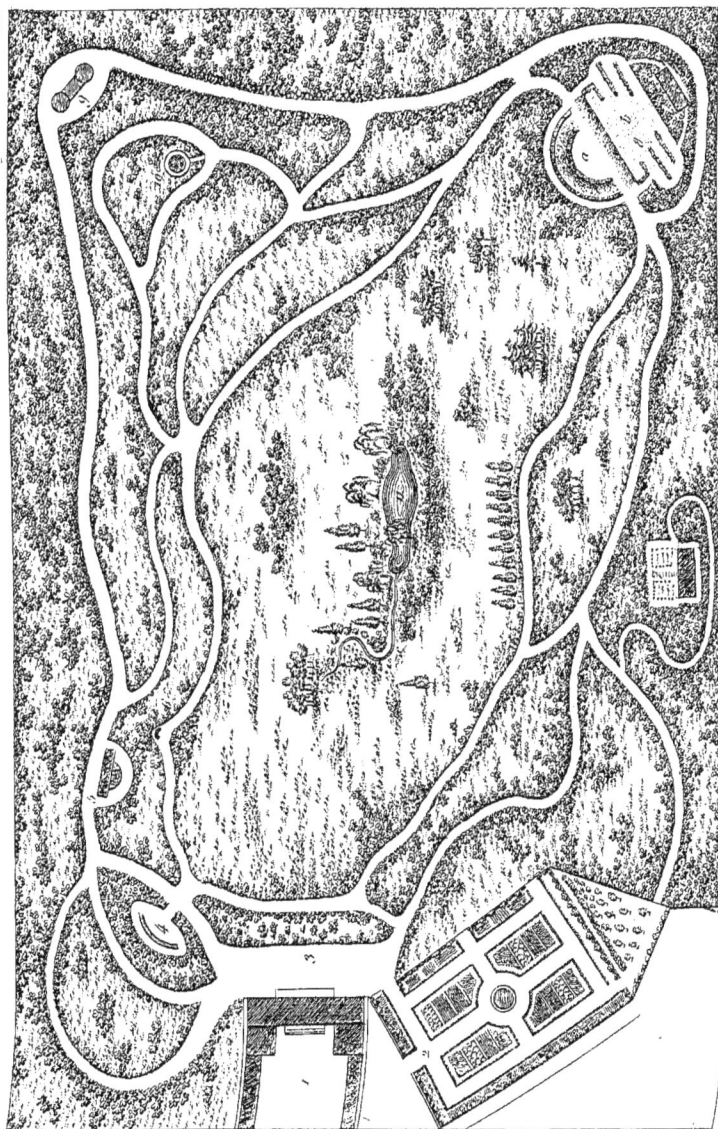

Parc des environs de Paris.

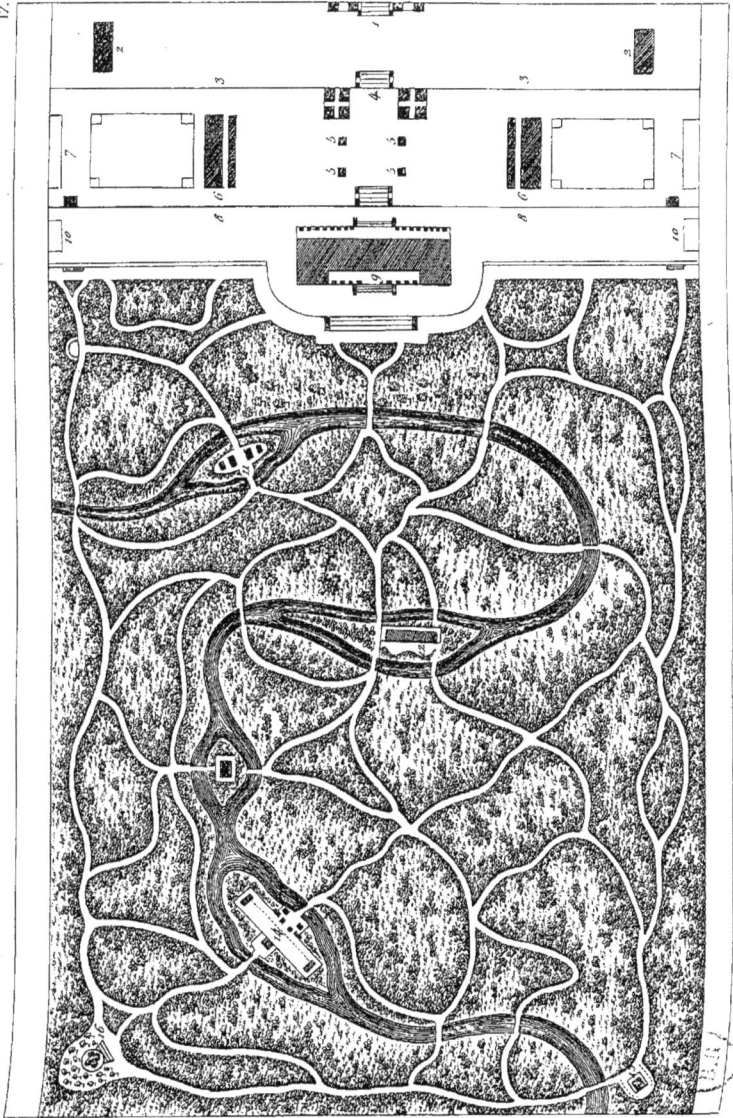

Jardin chinois des environs de Pékin.

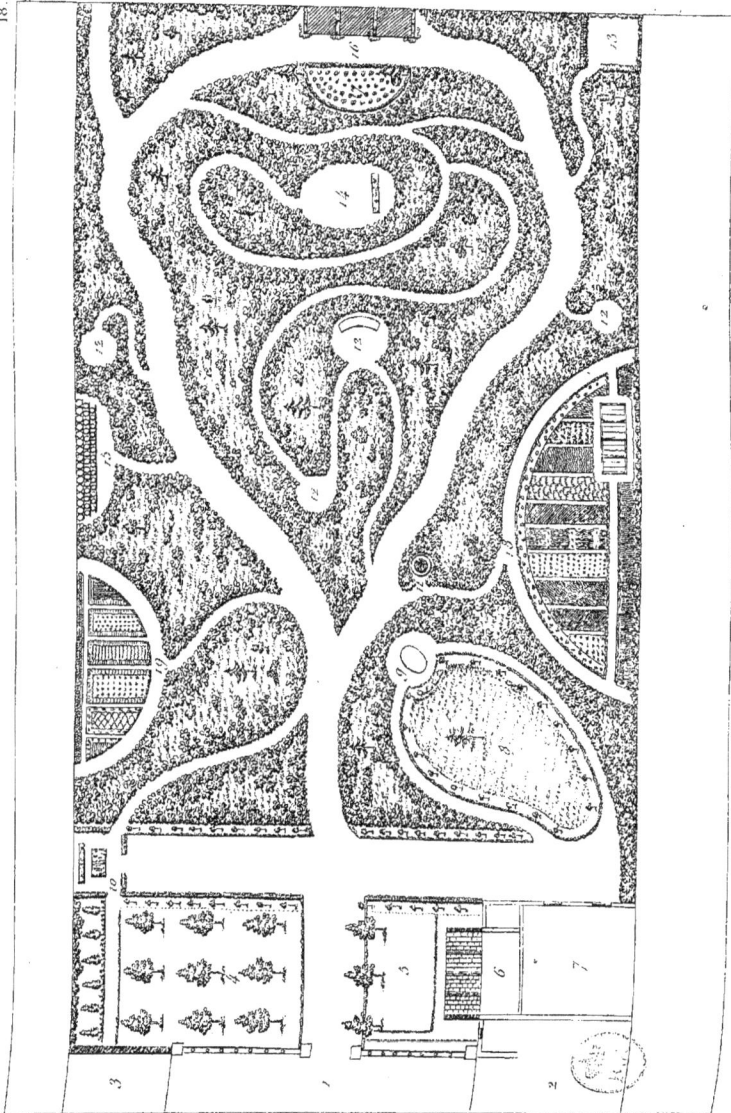

Bosquet accompagnant une maison bourgeoise.

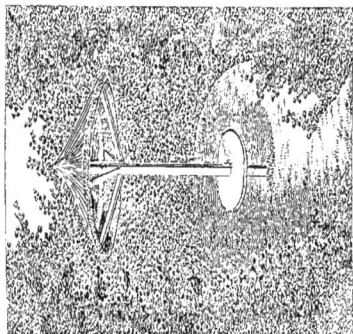

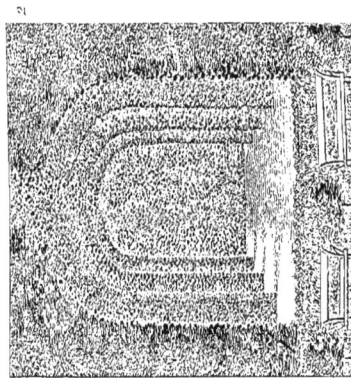

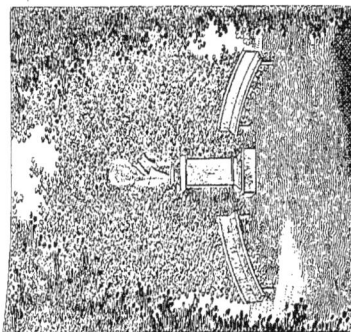

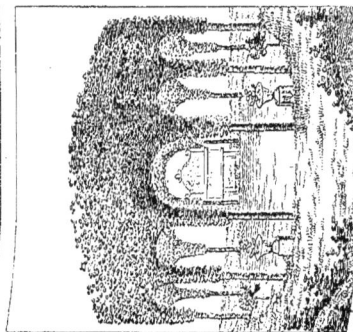

Berceaux de verdure.

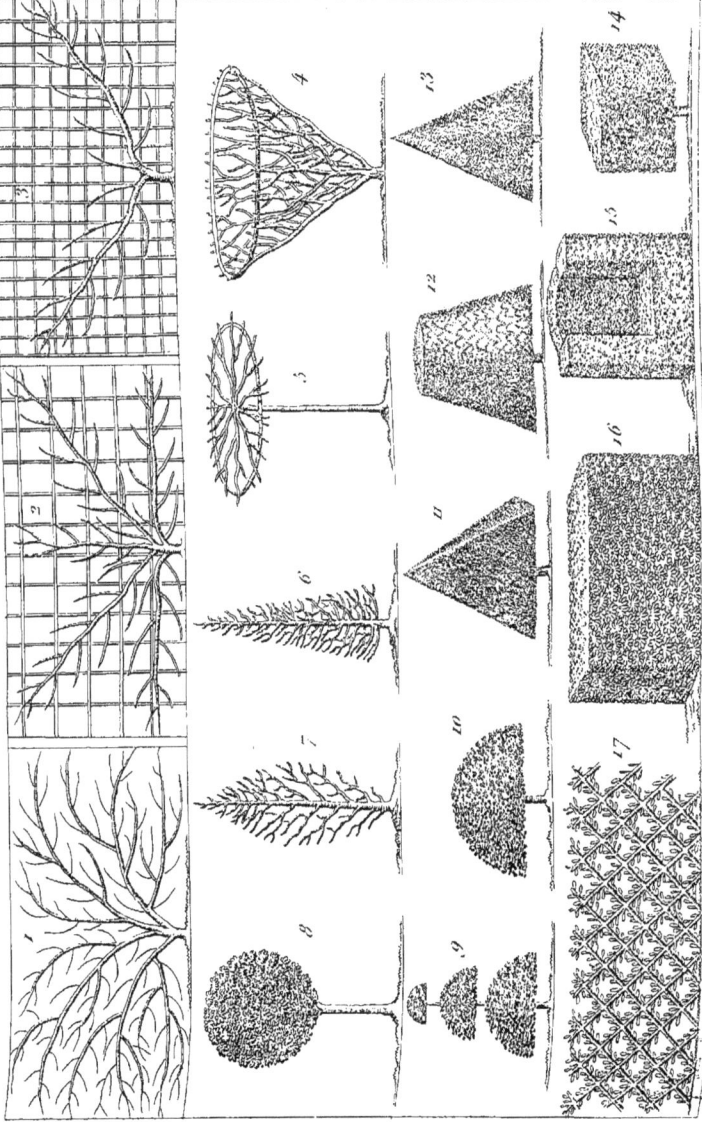

Taille des arbres.

Perspective artificielle.

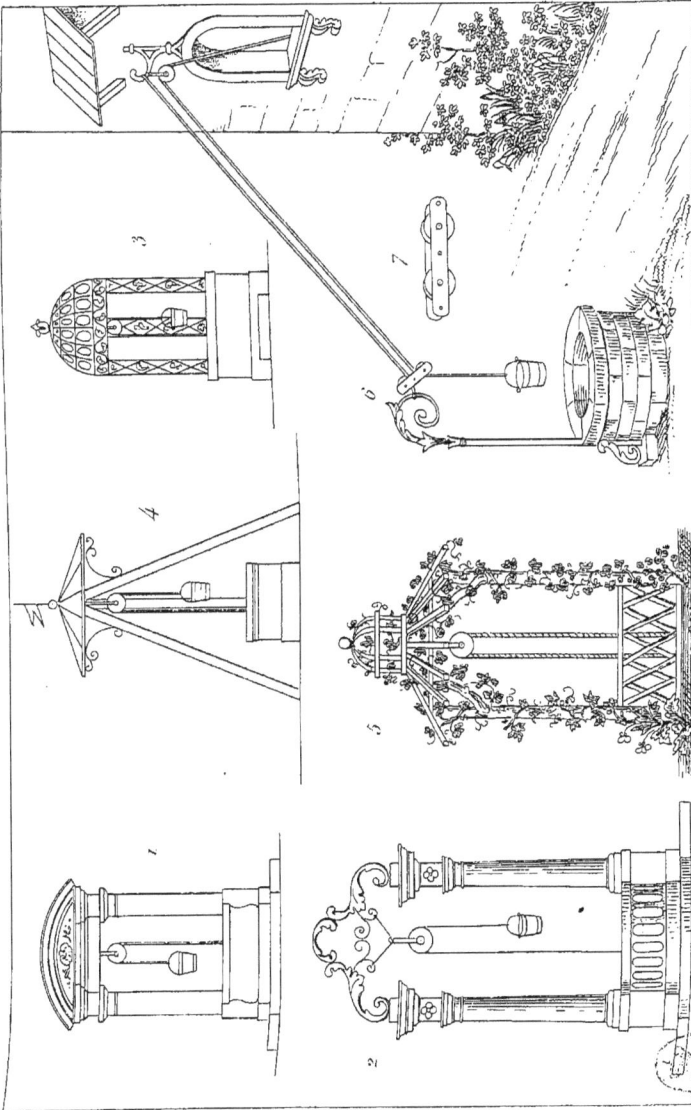

Puits ornés.

Fontaines d'architecture.

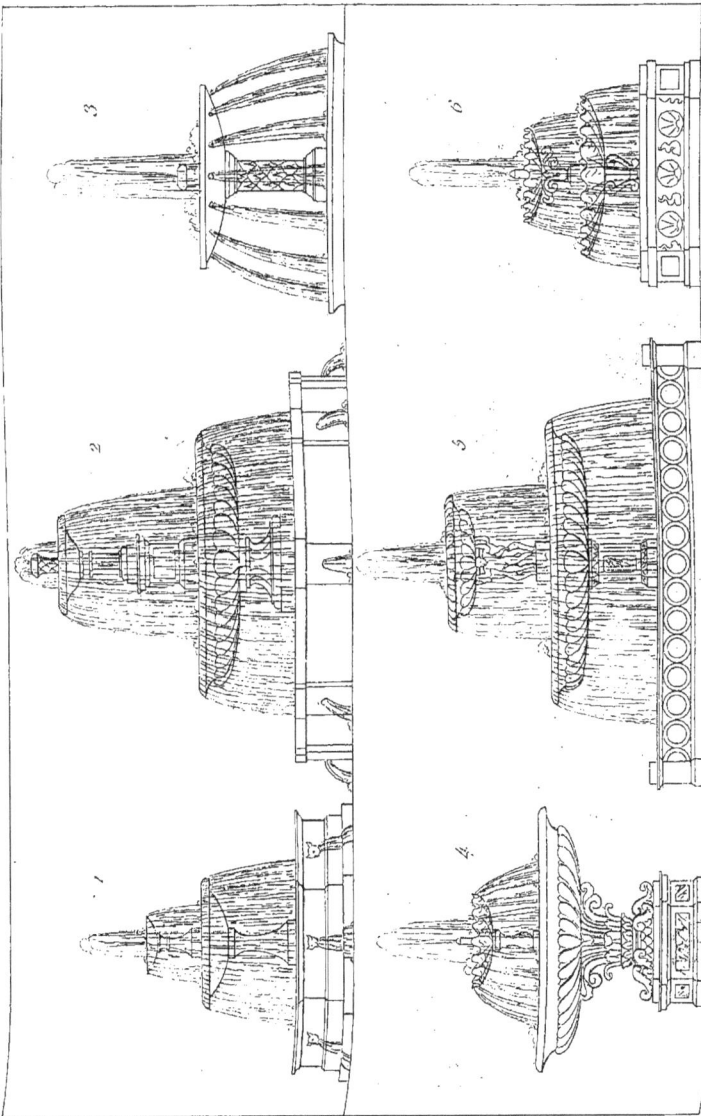

24.

Vasques.

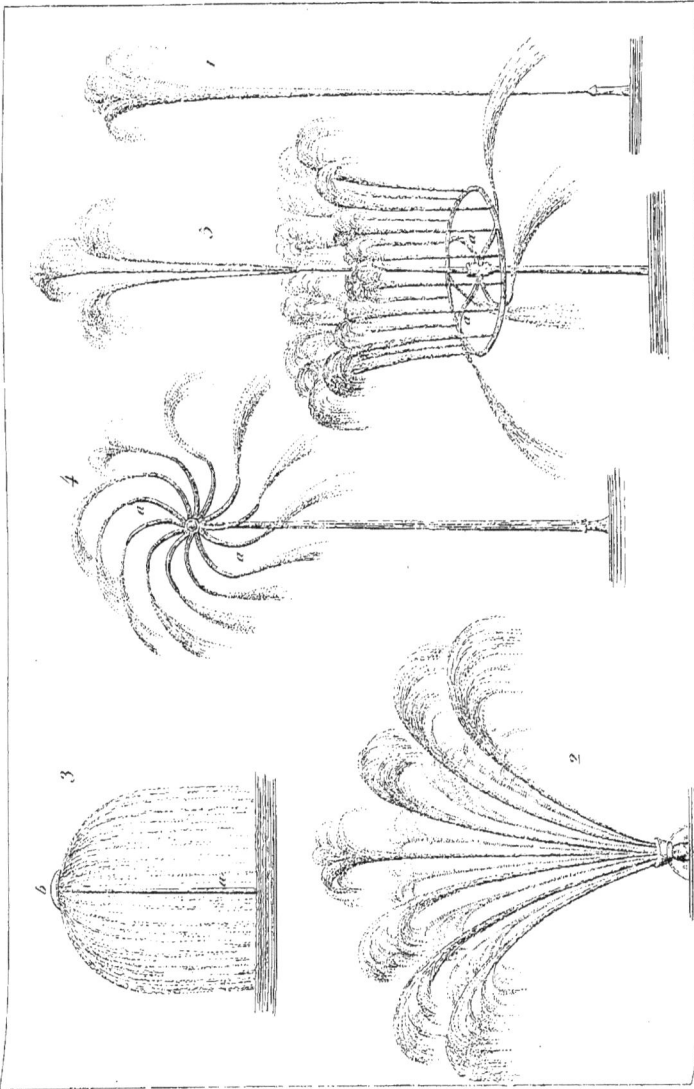

Jeux d'eau.

Grottes et cascades.

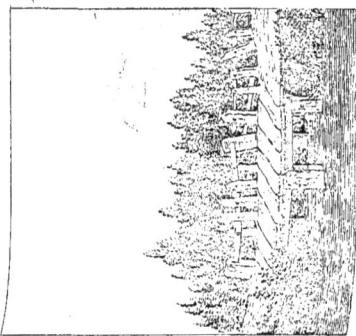

Passerelles et ponts.

Ponts pittoresques et rustiques.

29.

Ponts pittoresques.

30.

Ponts pittoresques.

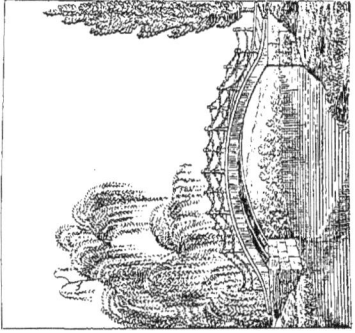

Ponts pittoresques.

32.

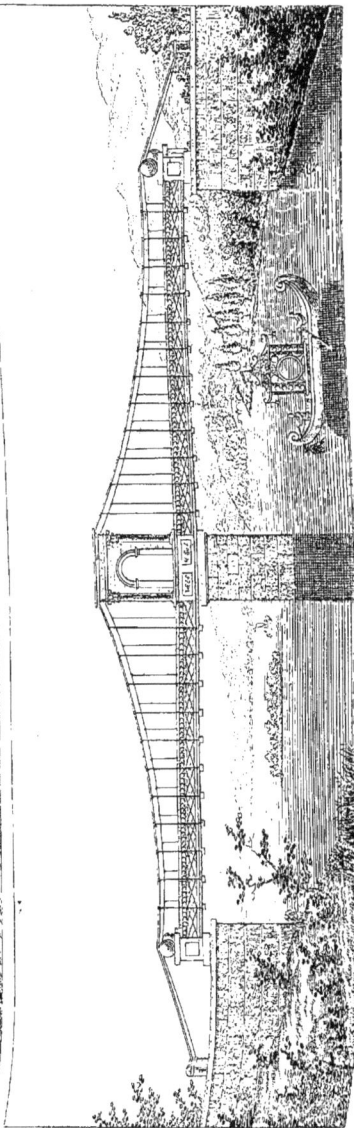

Ponts de fil de fer.

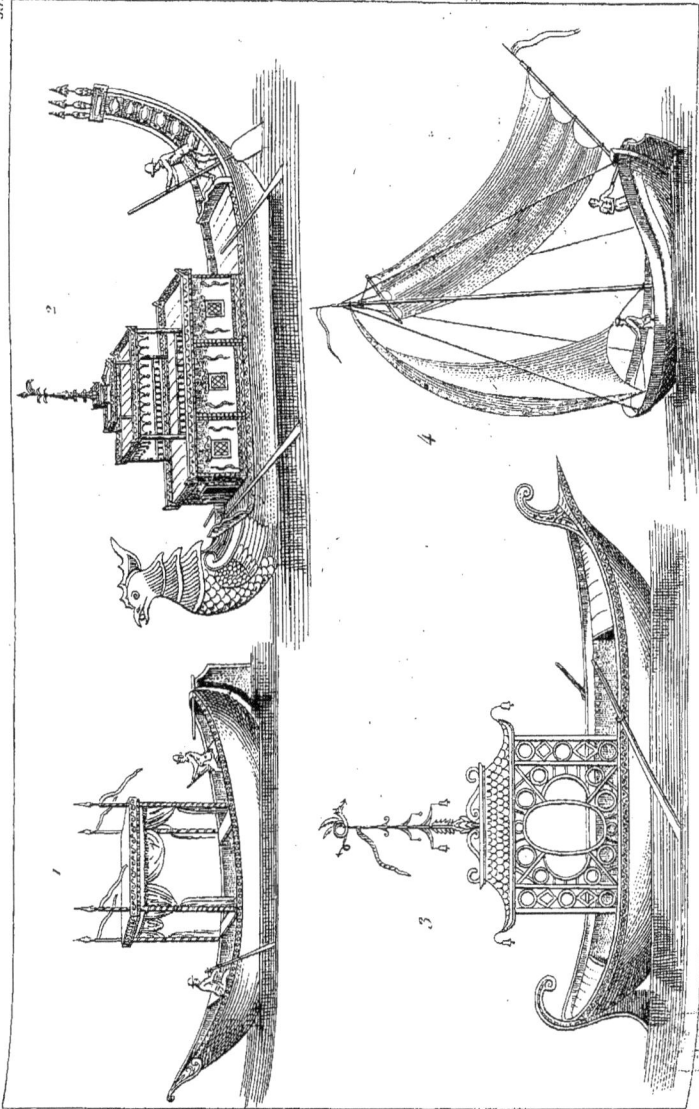

Embarcations.

34.

Rochers.

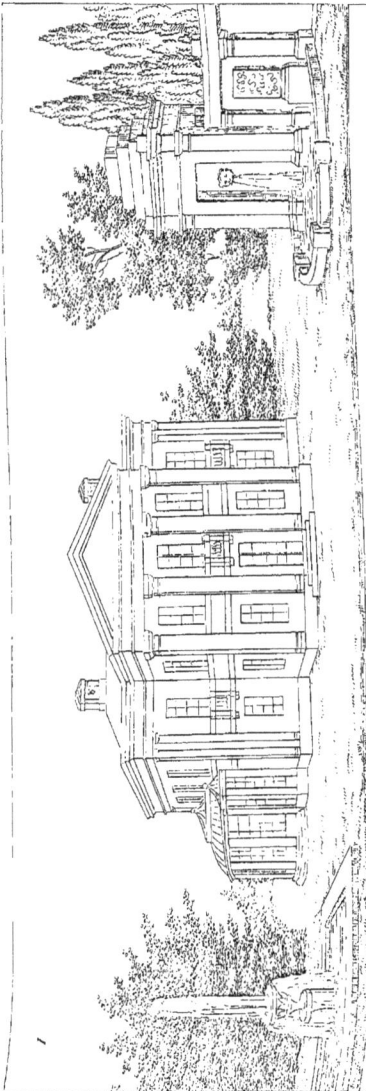

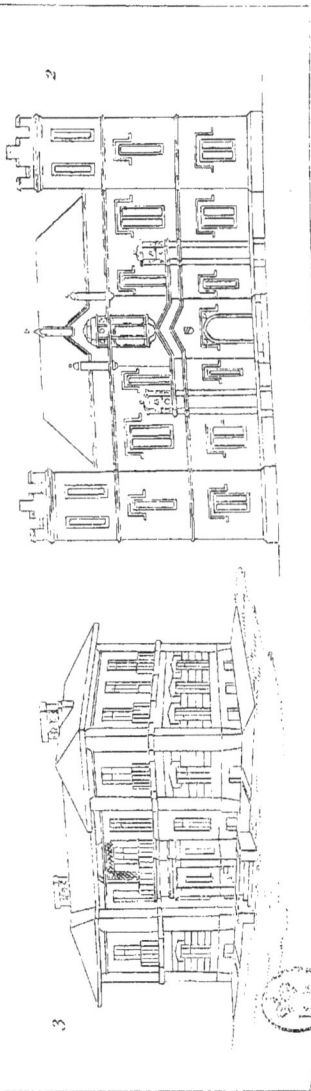

35.

1

2

3

Château.

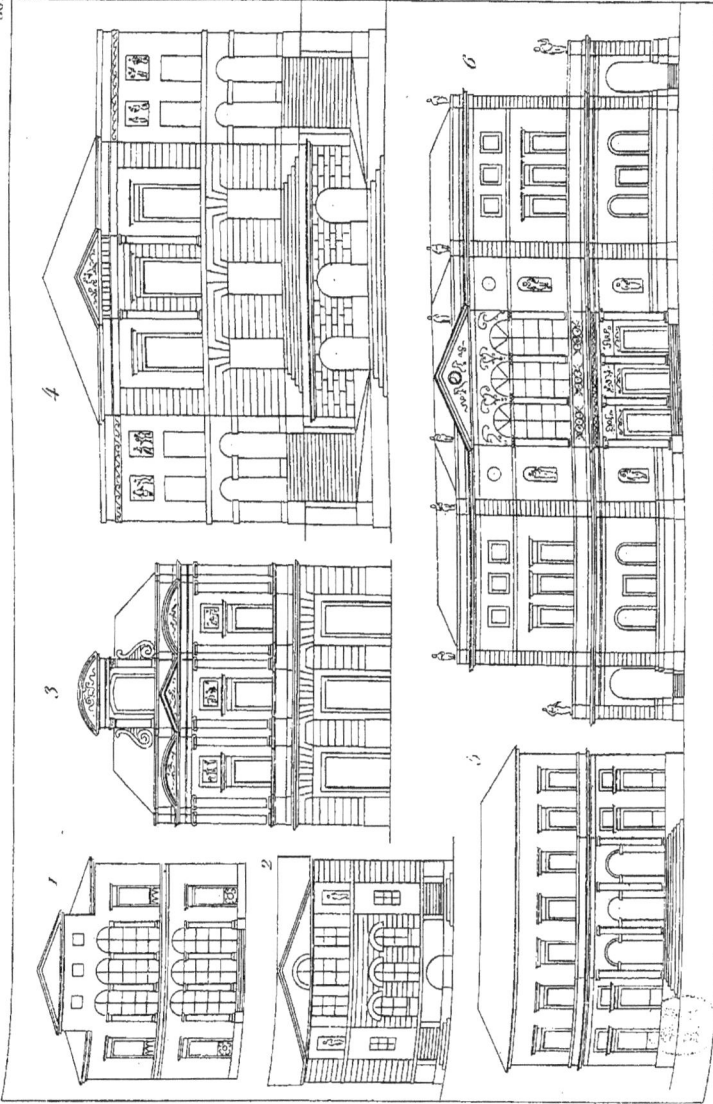

Châteaux et maisons.

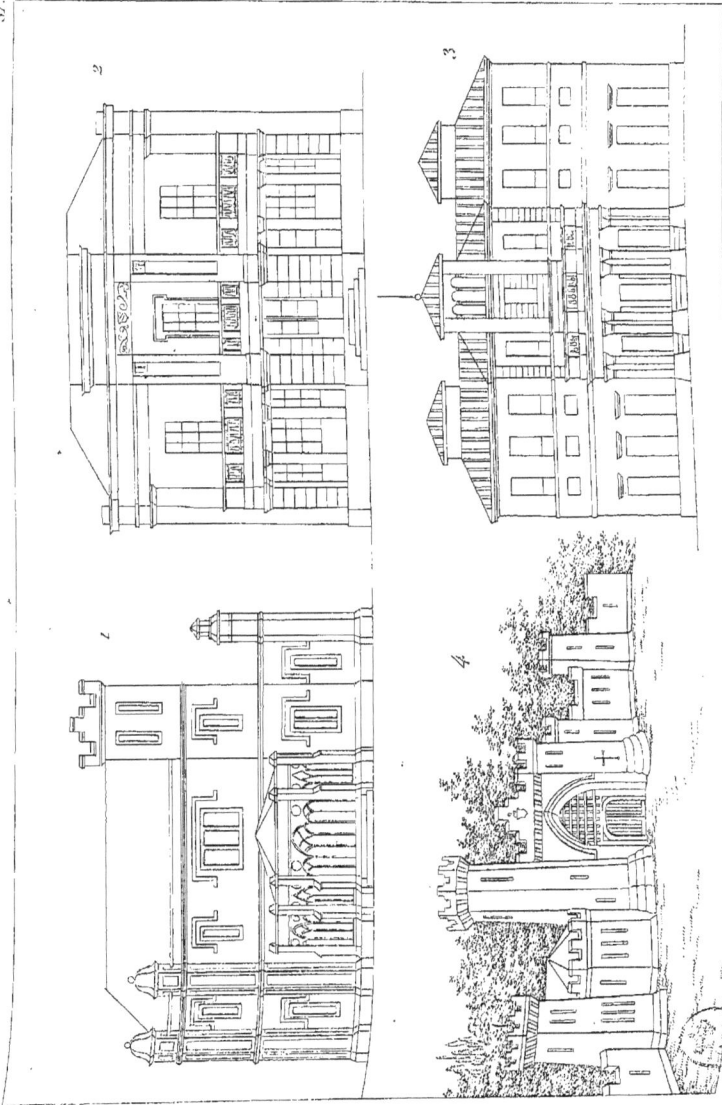

Châteaux.

1. Château de Voltaire, à Ferney.
2. Maison de J. J. Rousseau, à Montmorency.
3. Château de M. de Châteaubriand, à la vallée du Loup.
4. Maison de Bernardin de Saint Pierre, à Essonne.

58.

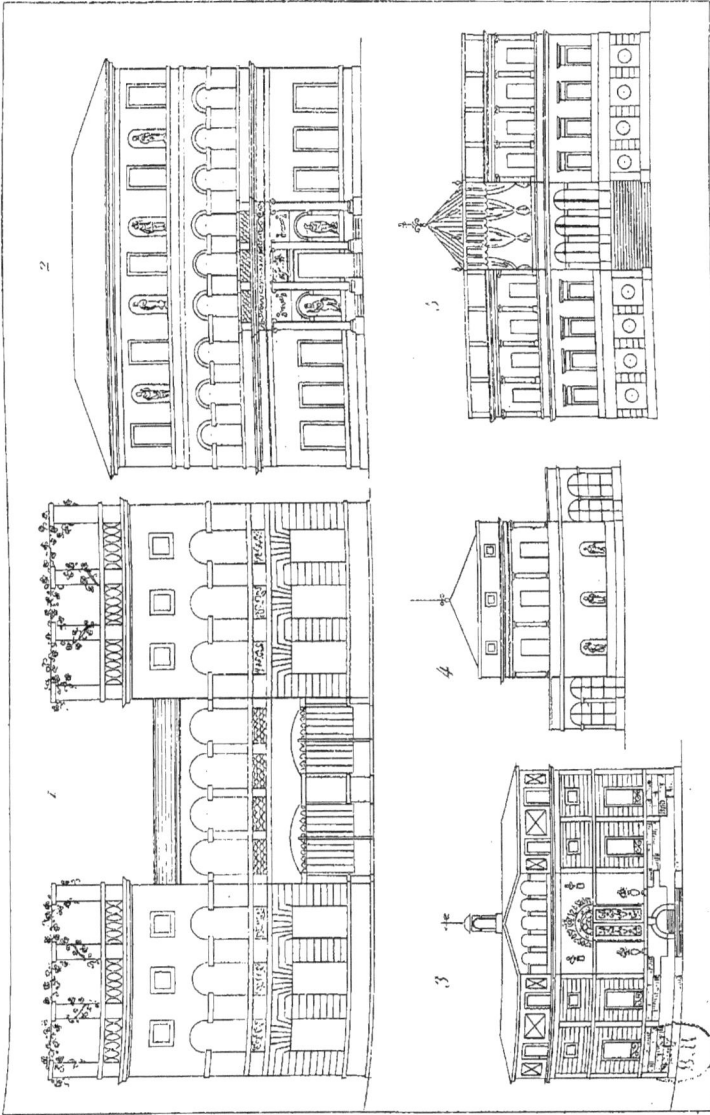

Maisons bourgeoises anglaises.

1

2

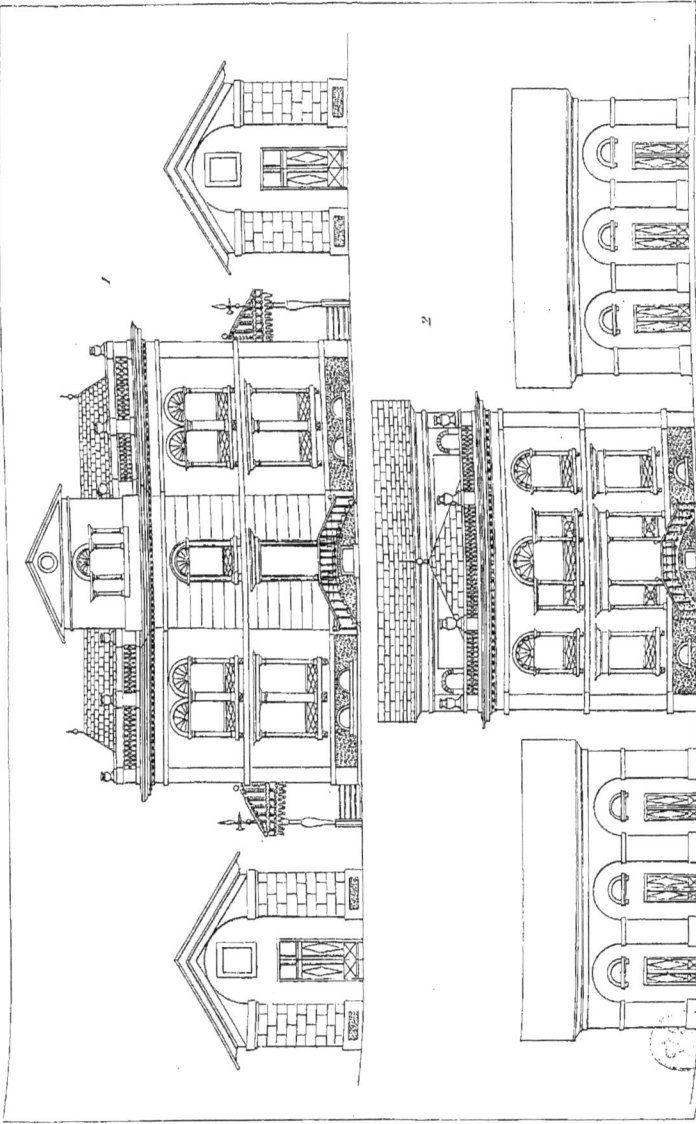

Maison bourgeoise.

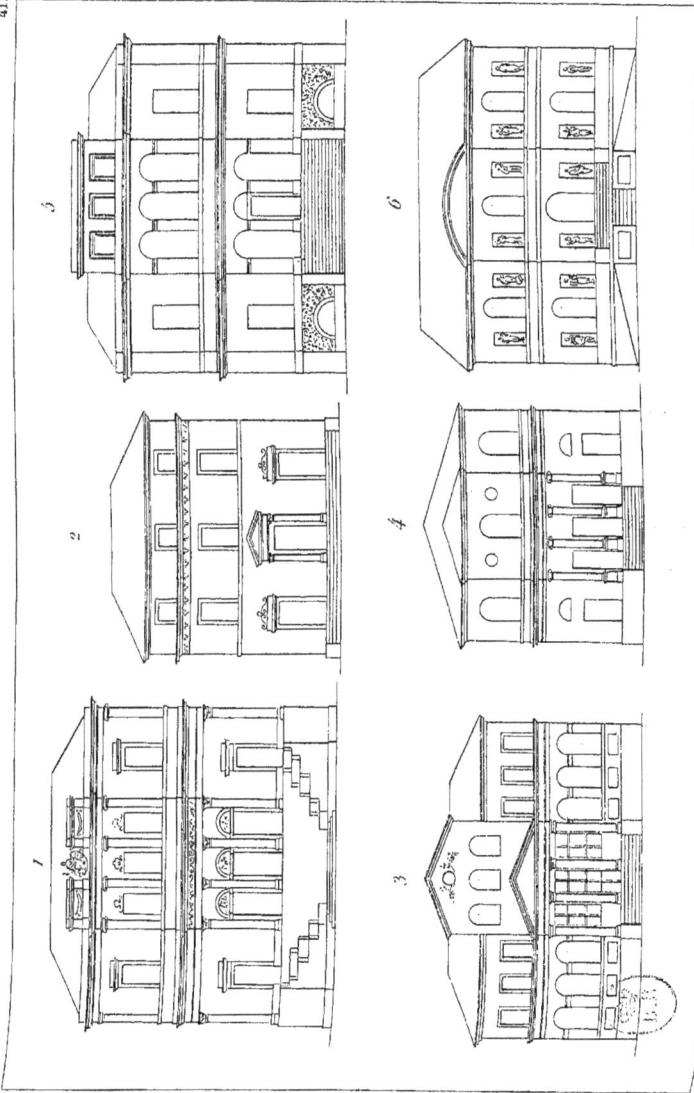

Maisons bourgeoises belges et hollandaises.

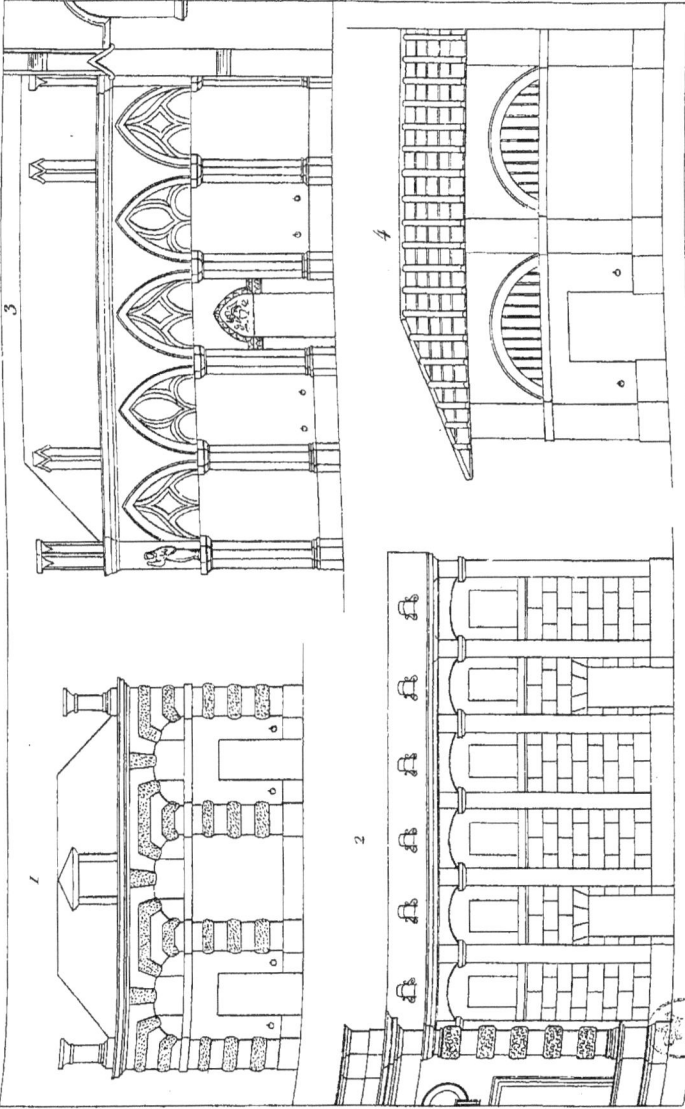

Communs.

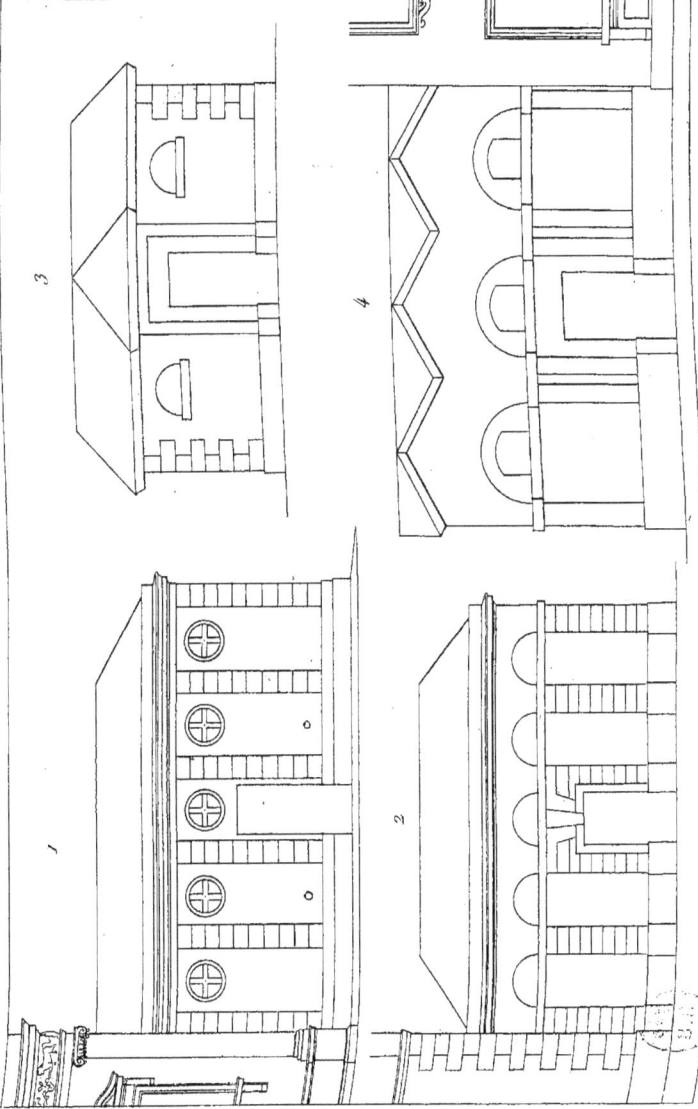

43.

Communs.

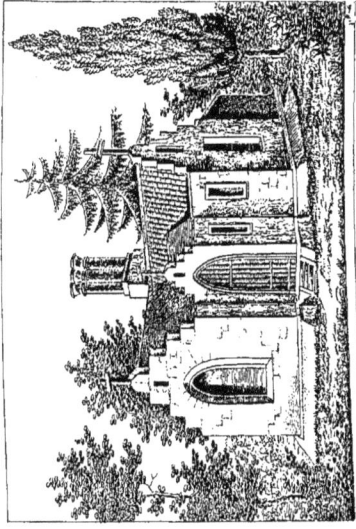

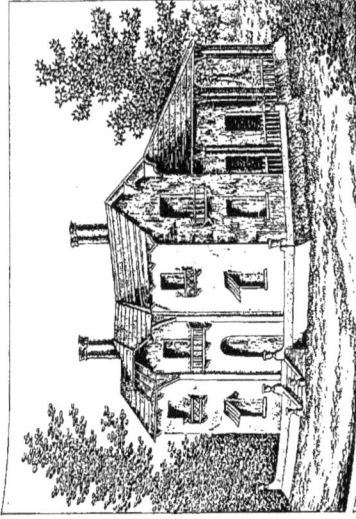

44.

3.

4.

1.

2.

Cottages

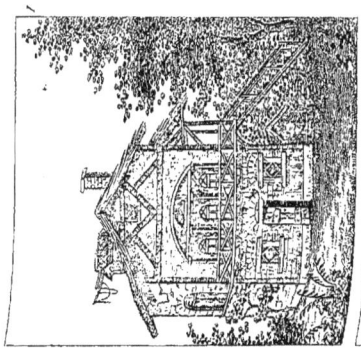

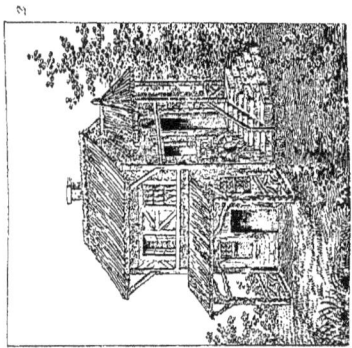

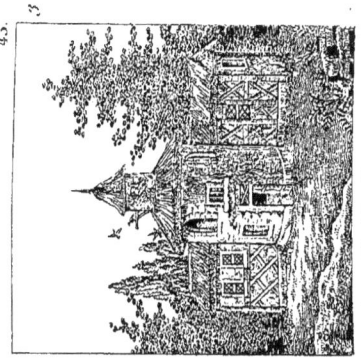

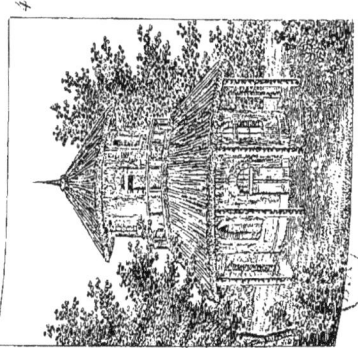

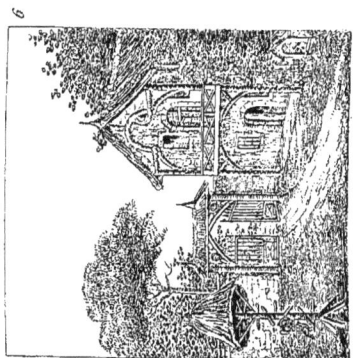

Maisons rustiques.

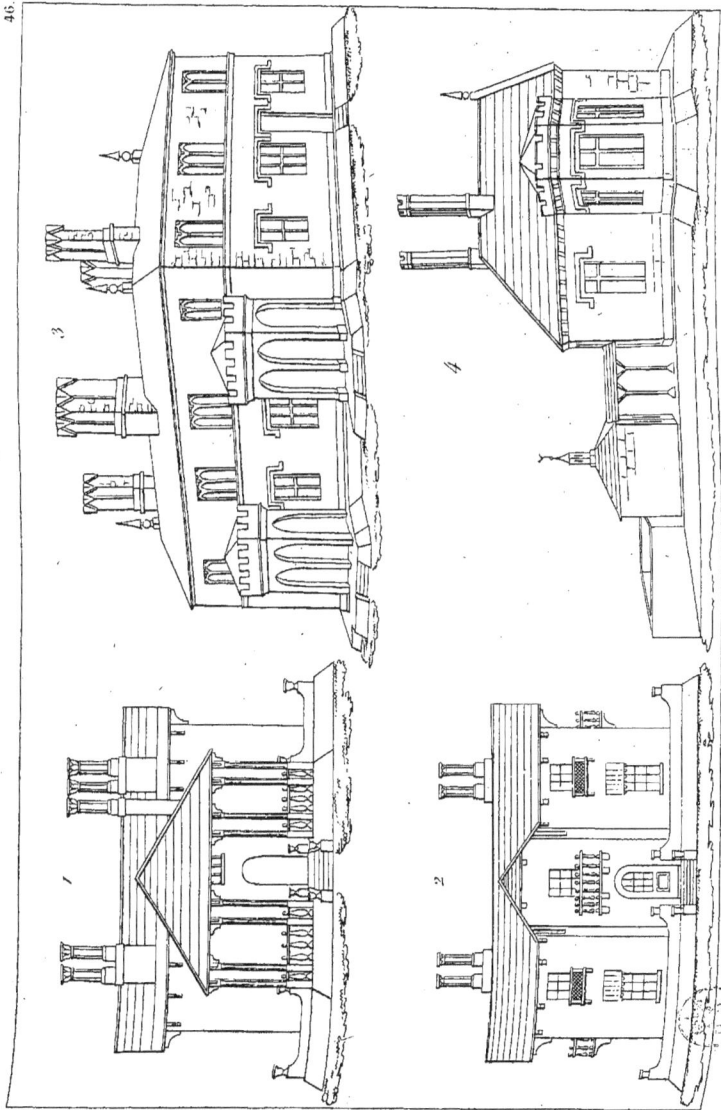

Cottages.

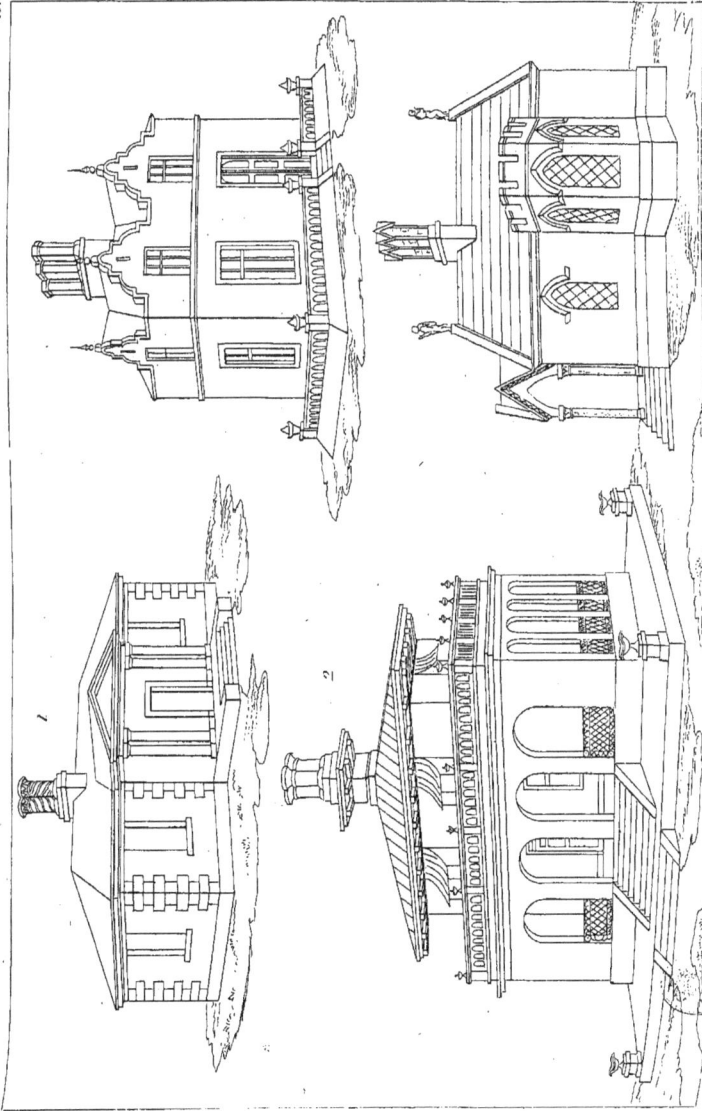

47.

Cottages.

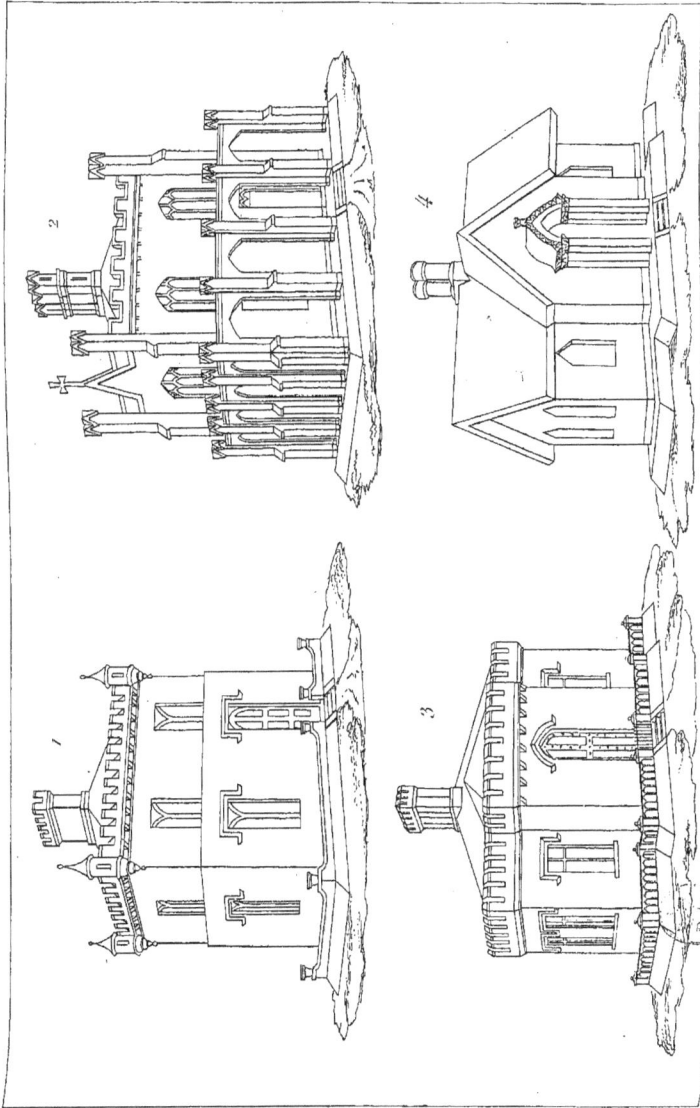

48.

2

4

3

1

Cottages.

49.

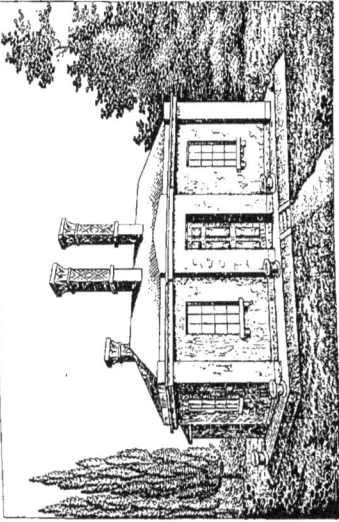

2

4

1

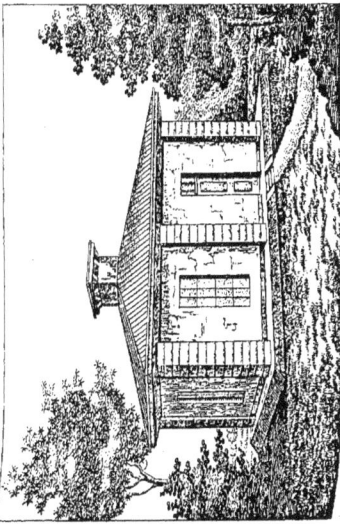

3

Maisons de concierge.

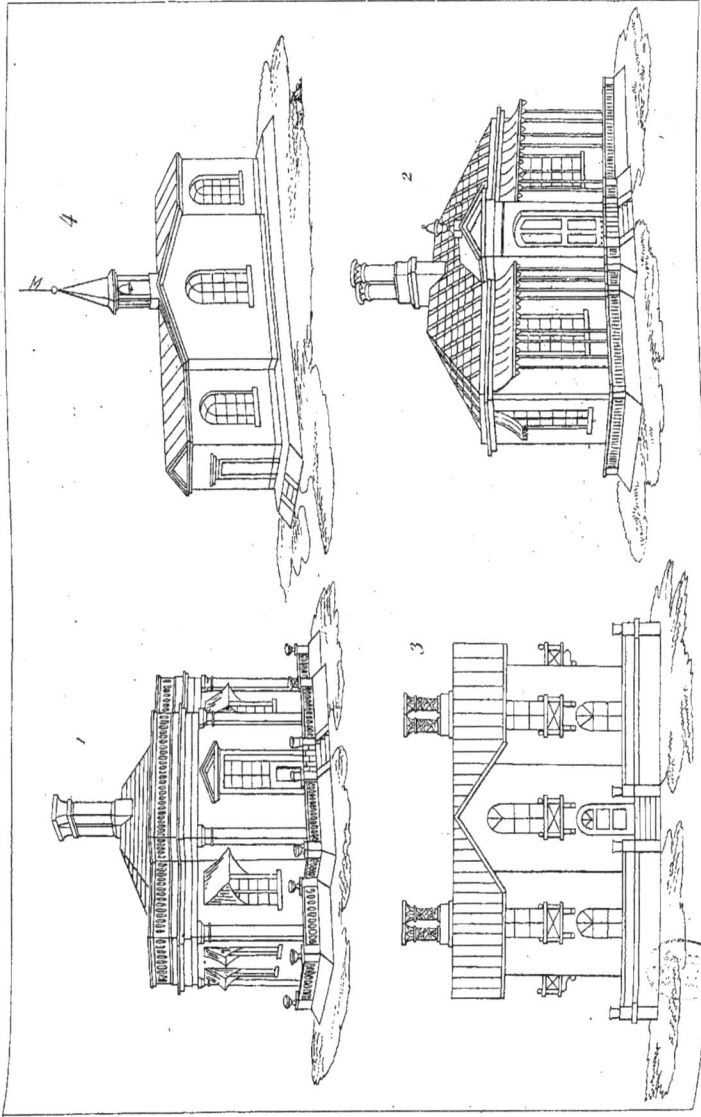

50.

Maisons de Concierge.

51.

Maisons de gardes.

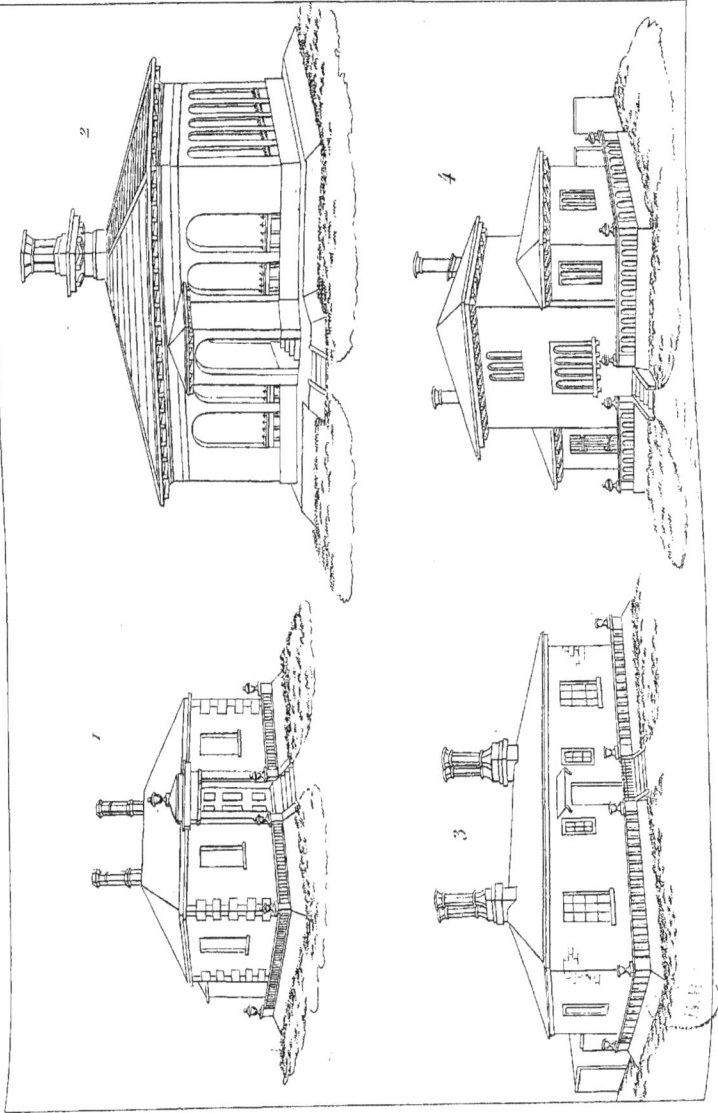

52.

Pavillons de garde.

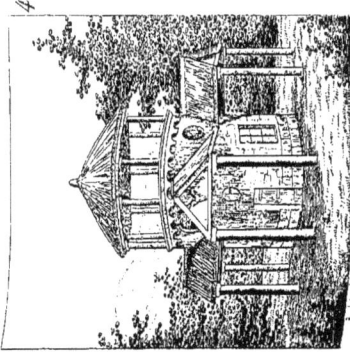

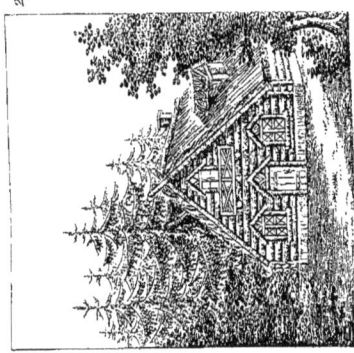

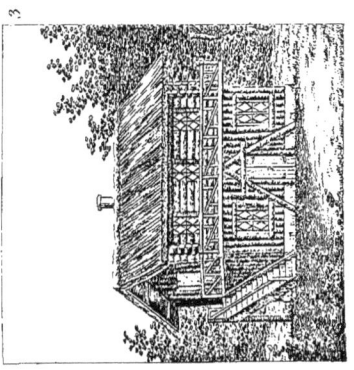

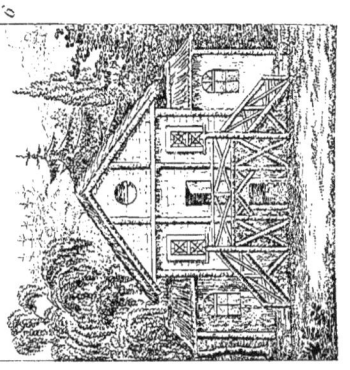

Chaumières russes.

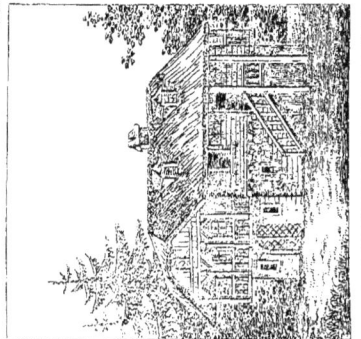

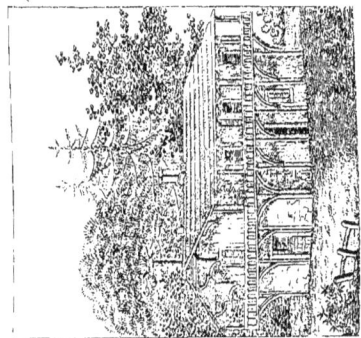

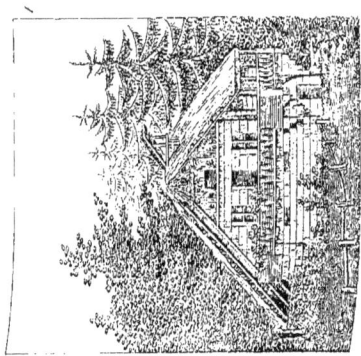

Chalets suisses.

Sculptures.

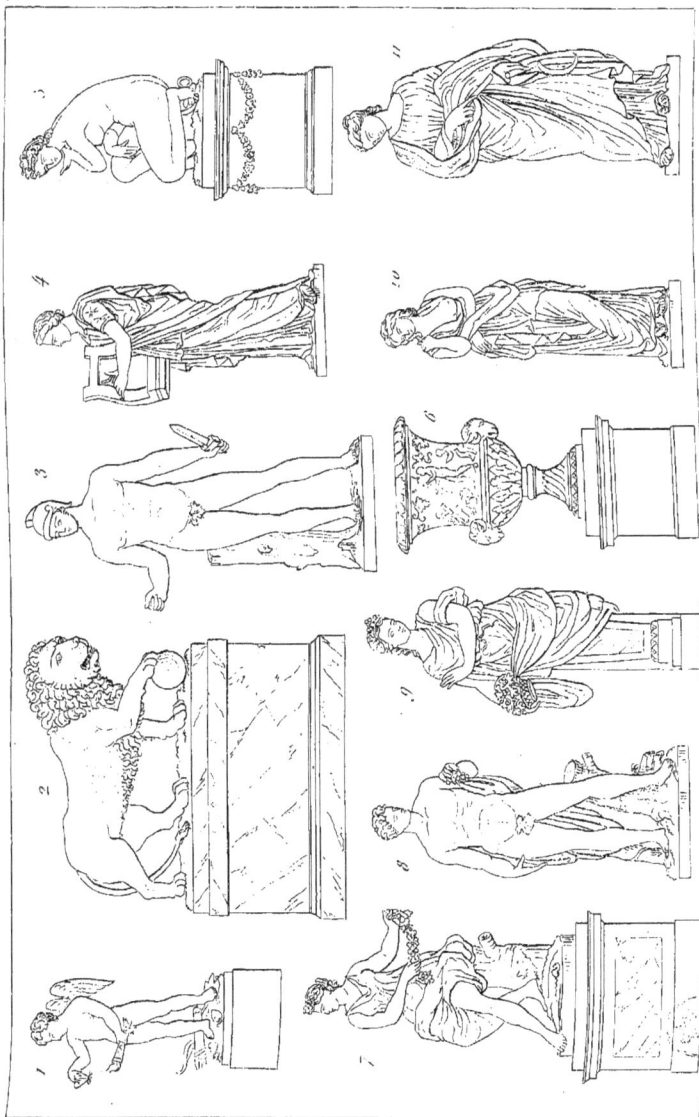

Sculptures.

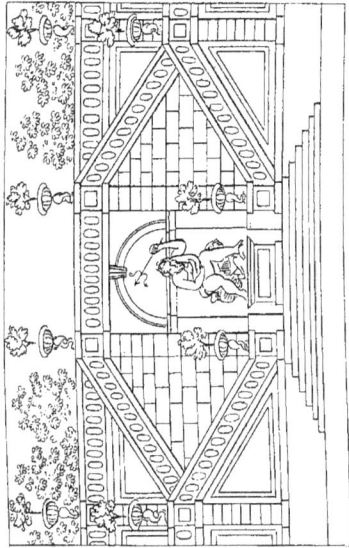

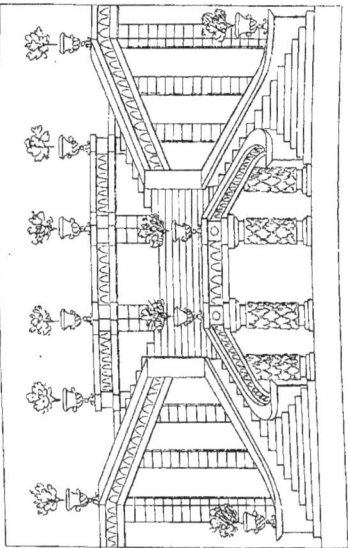

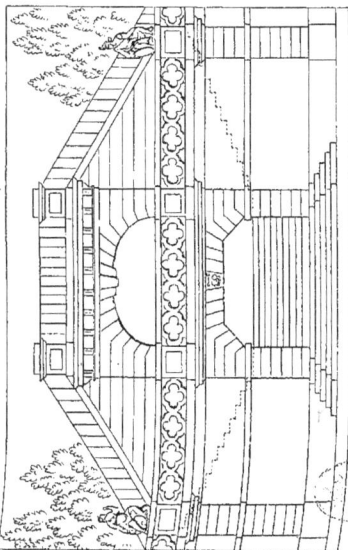

Escaliers ornés.

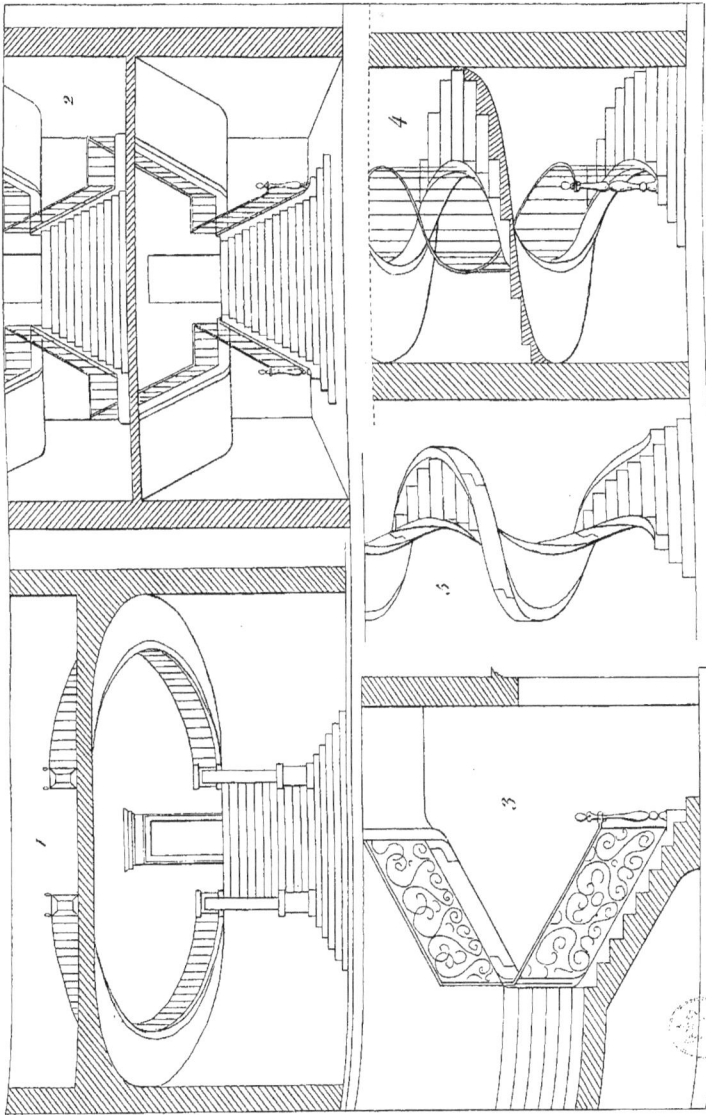

Escaliers intérieurs.

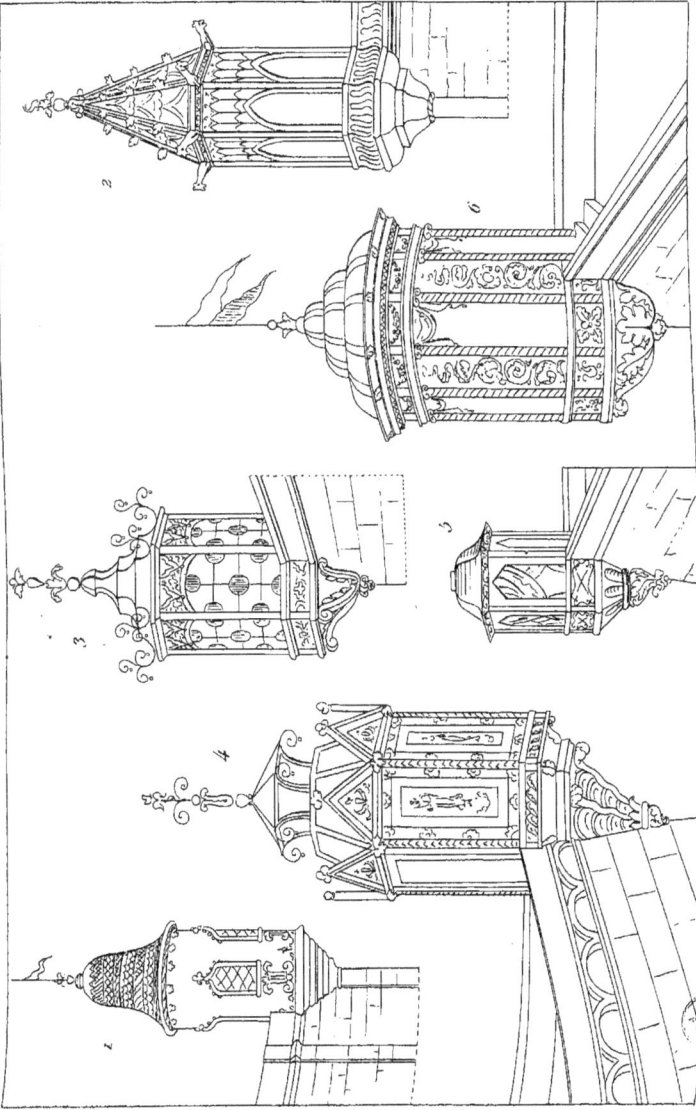

Lanternes.

Fenêtres.

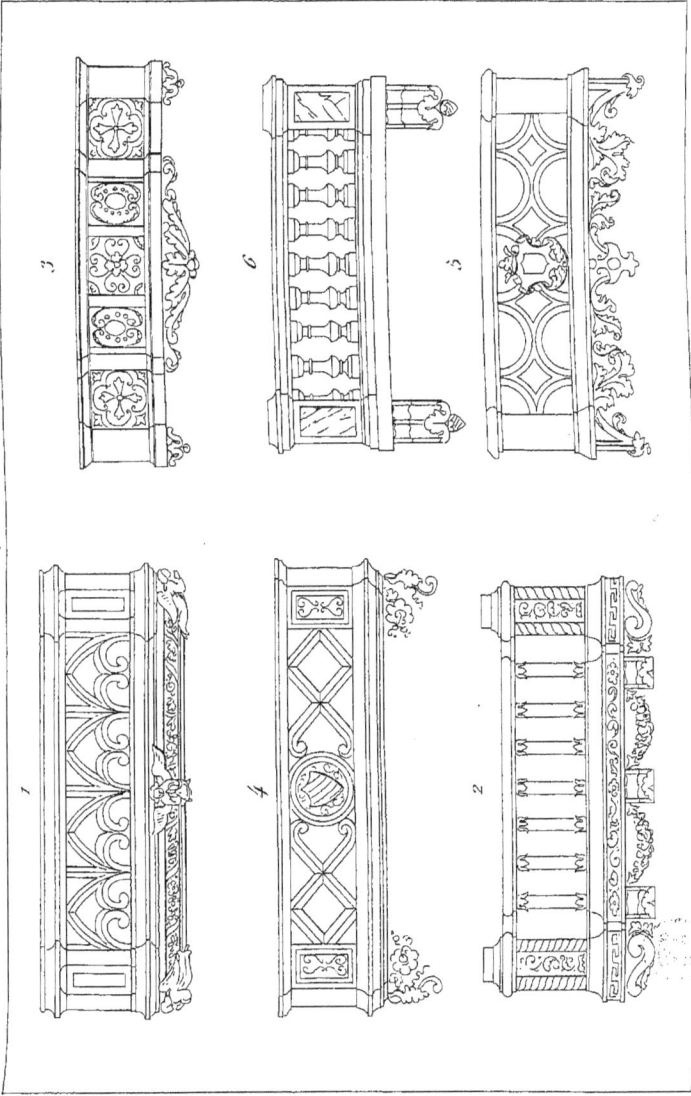

3

6

5

1

4

2

Balcons.

Portes.

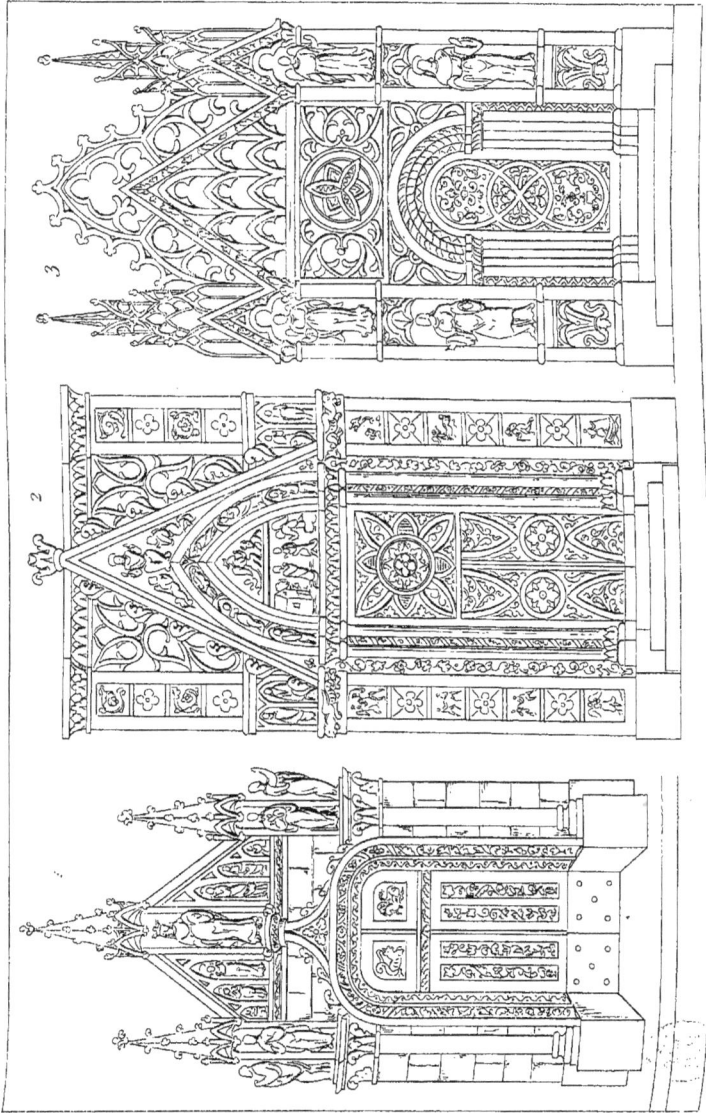

Portes gothiques.

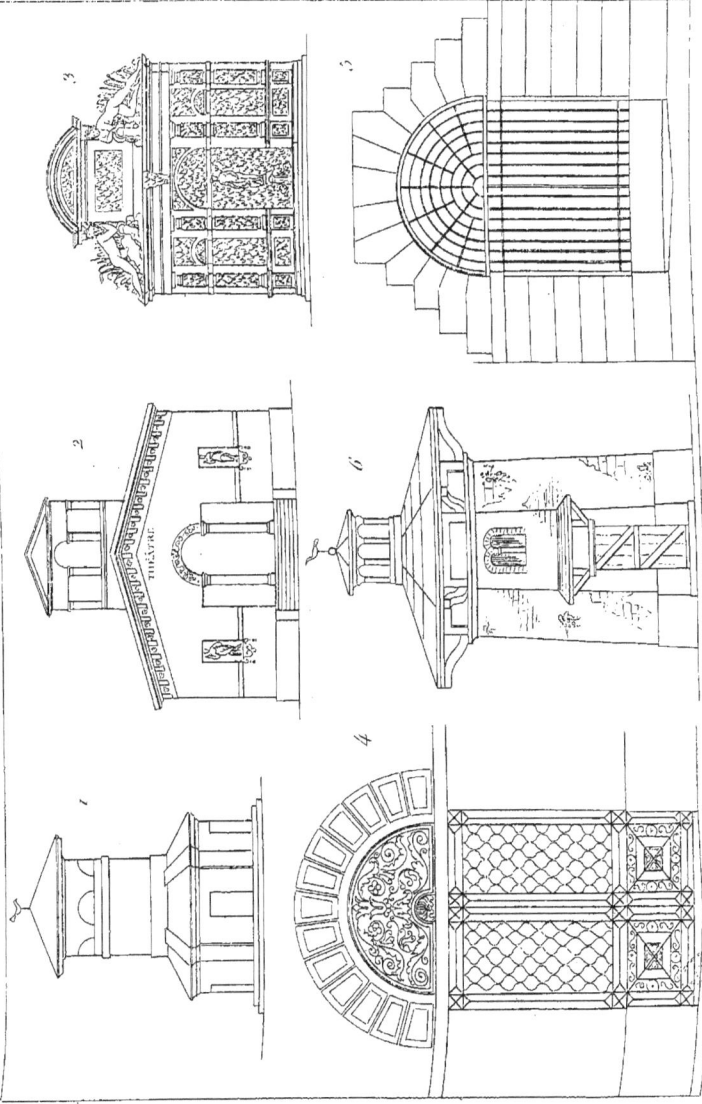

Fabriques diverses.

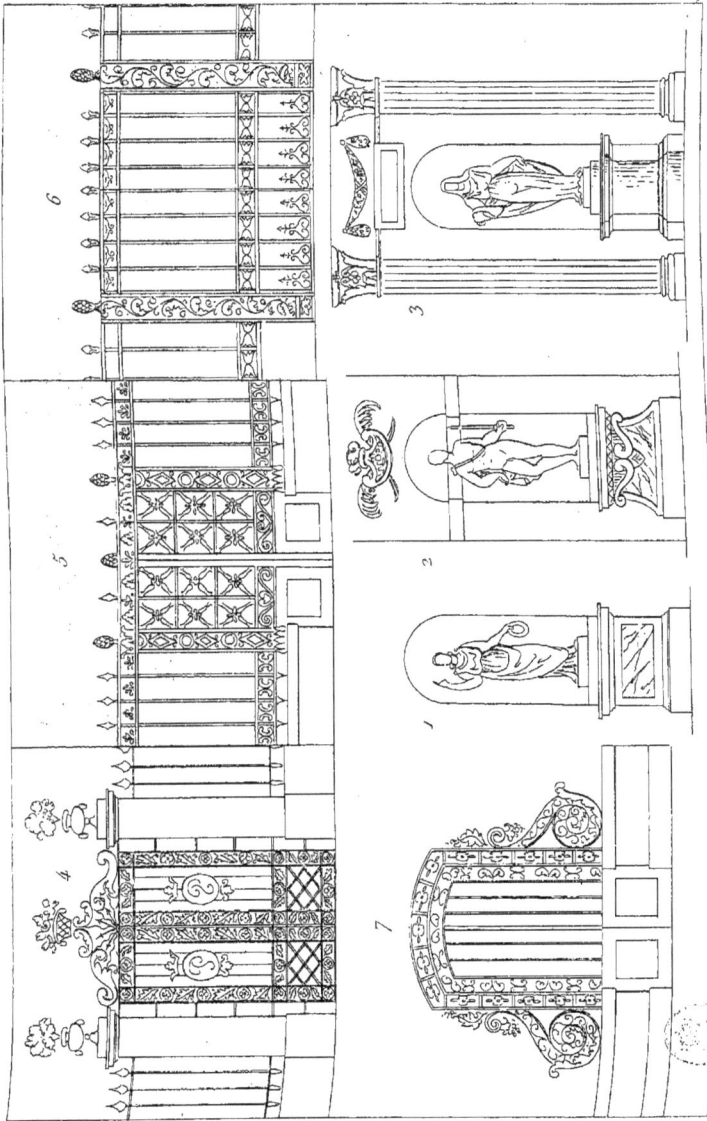

65.

Péripière, Niches et Grilles.

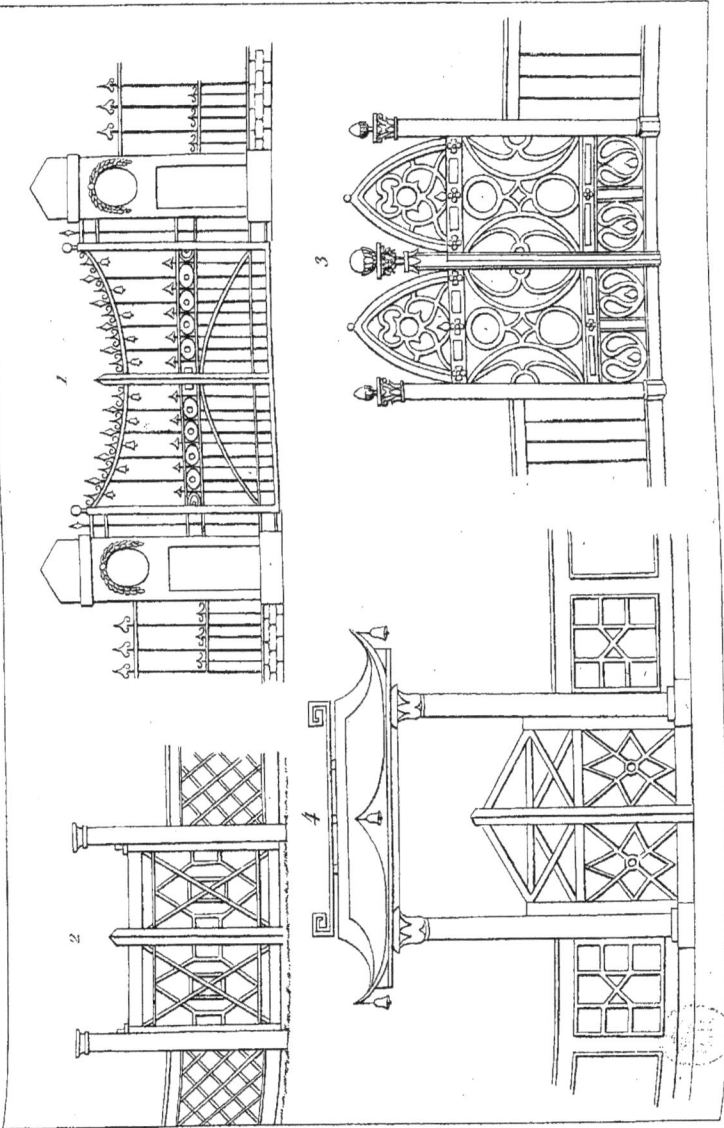

Barrières.

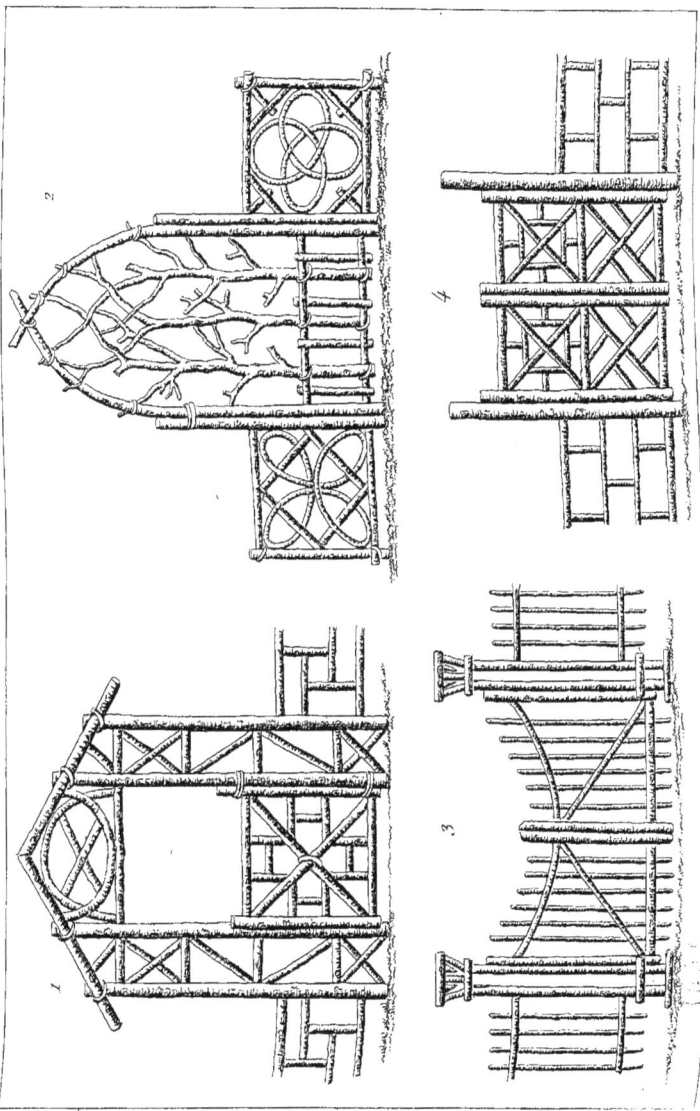

Barrières rustiques.

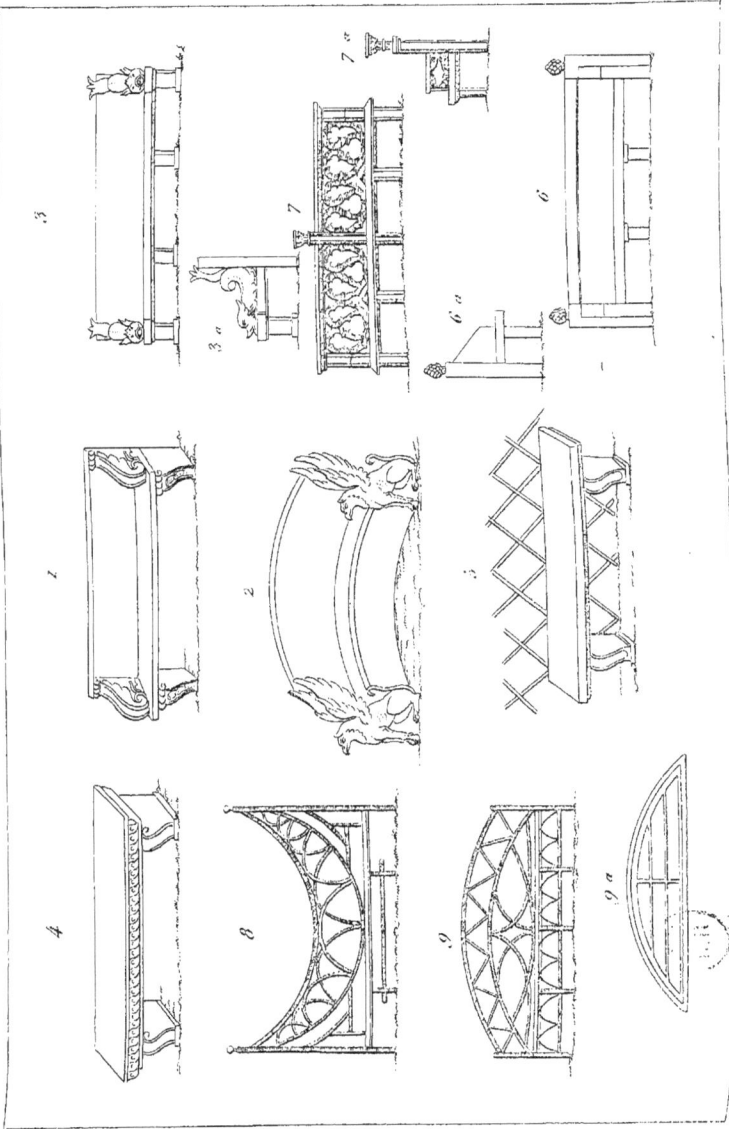

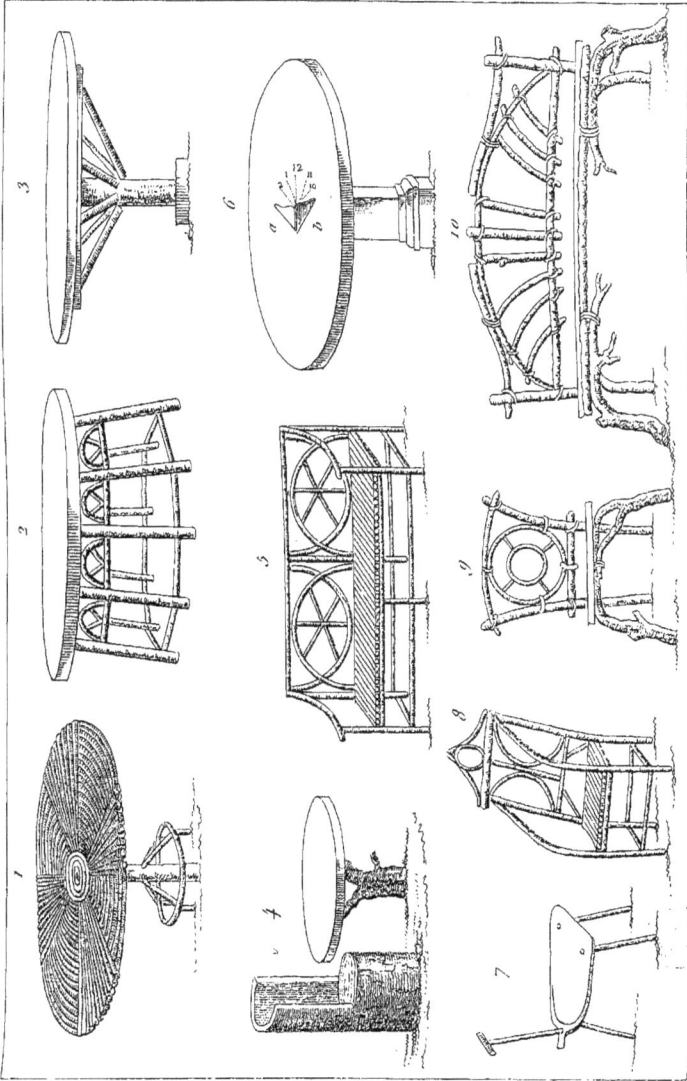

Meubles rustiques.

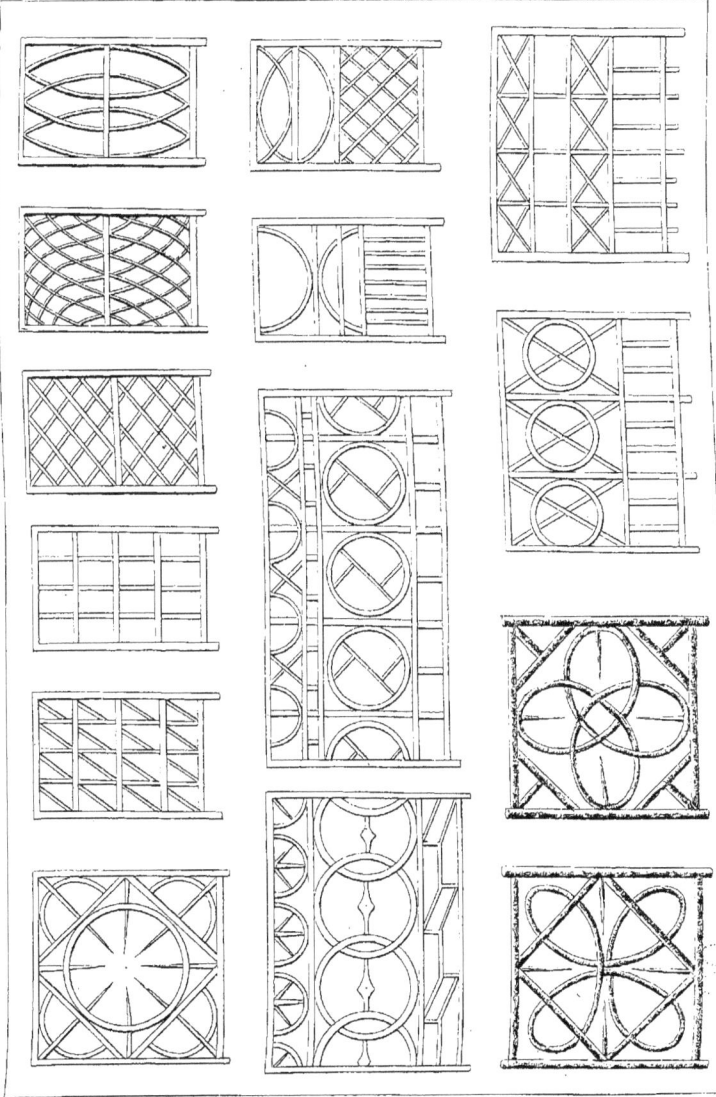

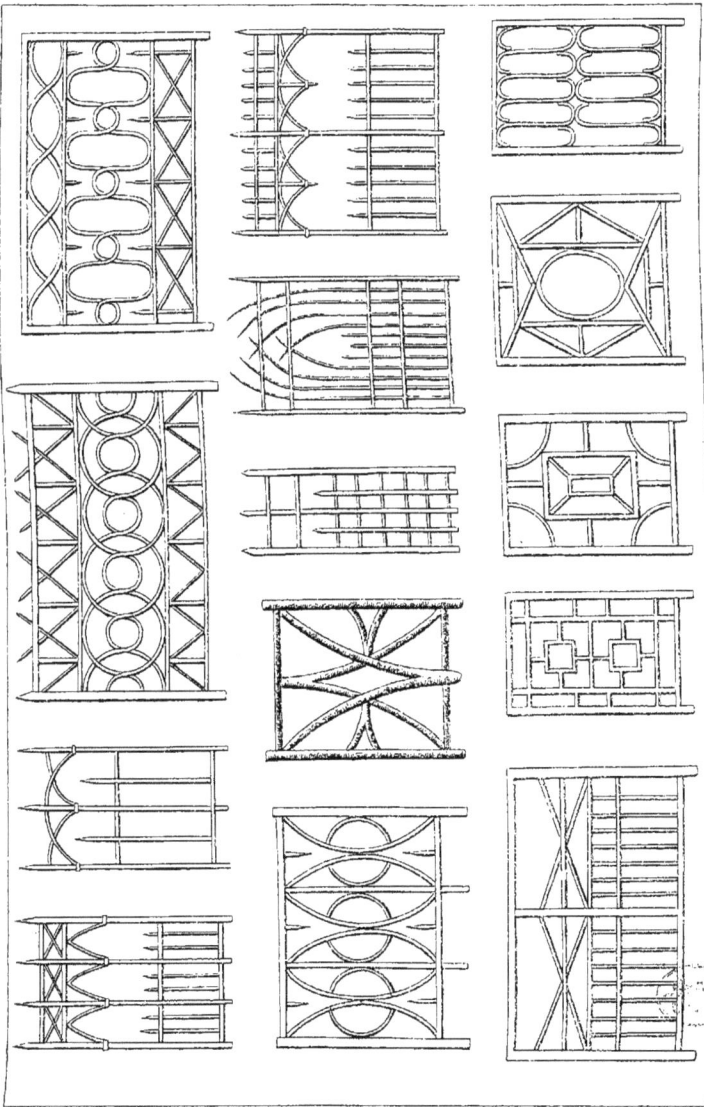

71.

Treillages.

Treillages.

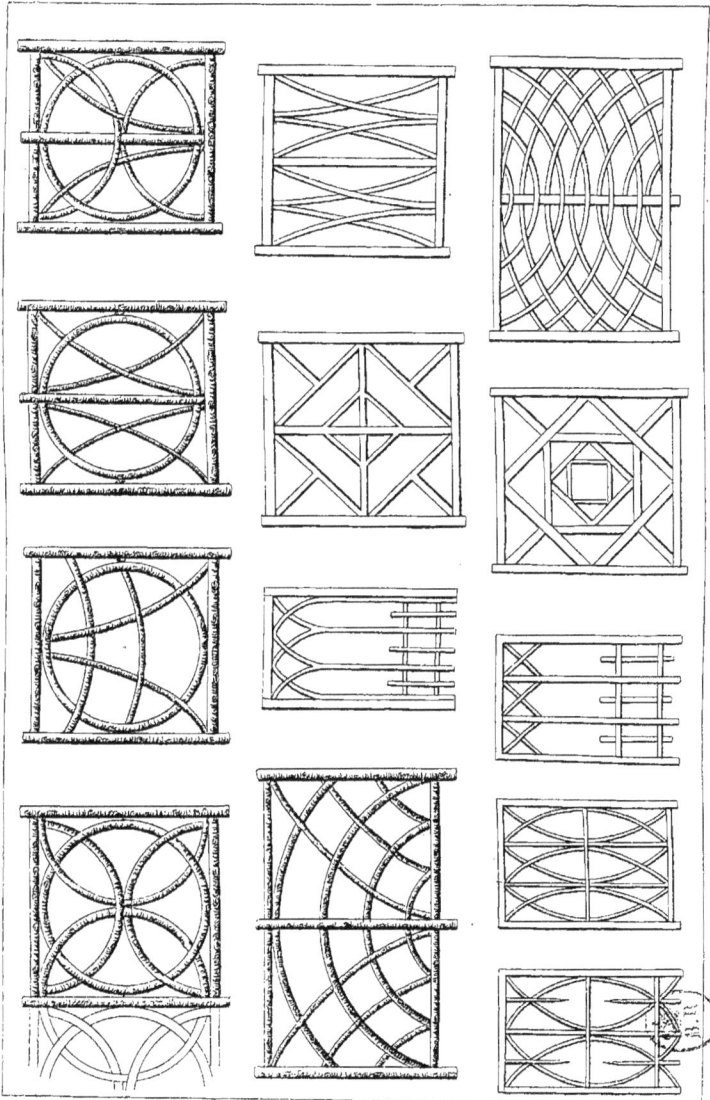

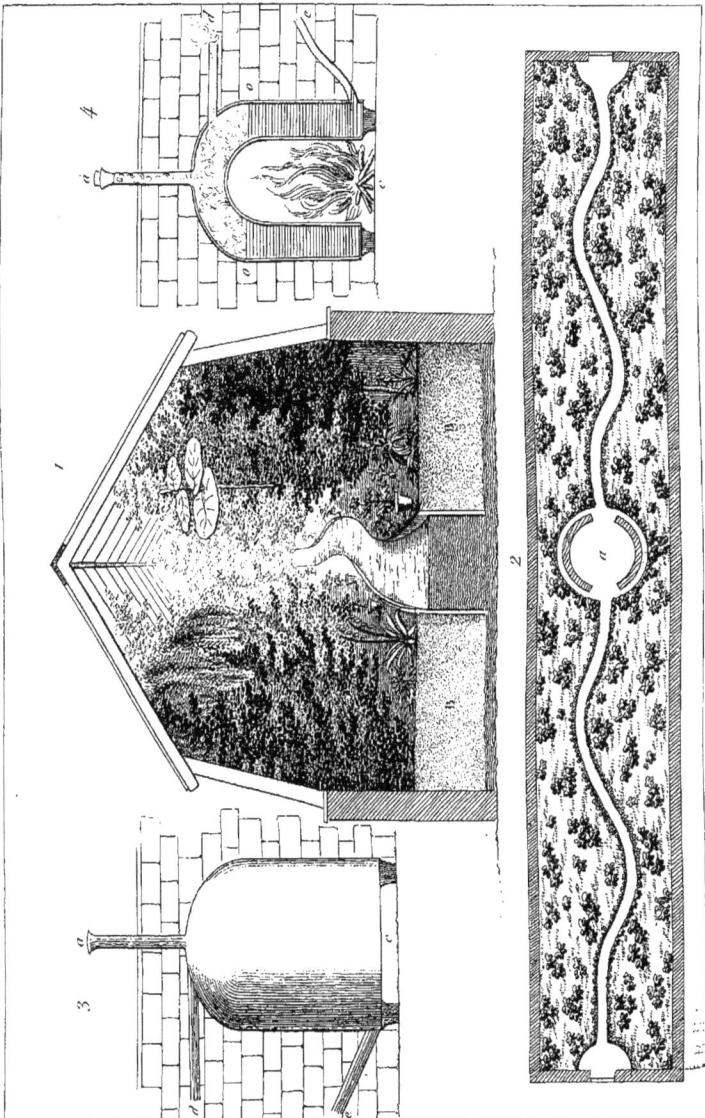

74.

Jardin d'hiver.

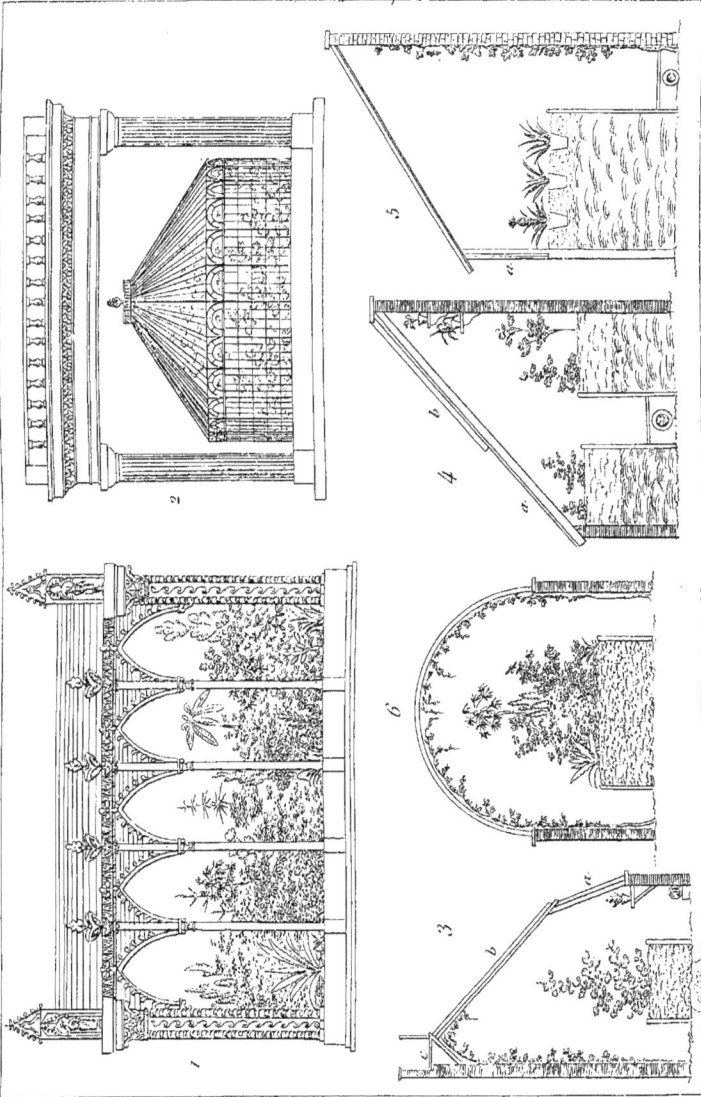

Serres chaudes et tempérées.

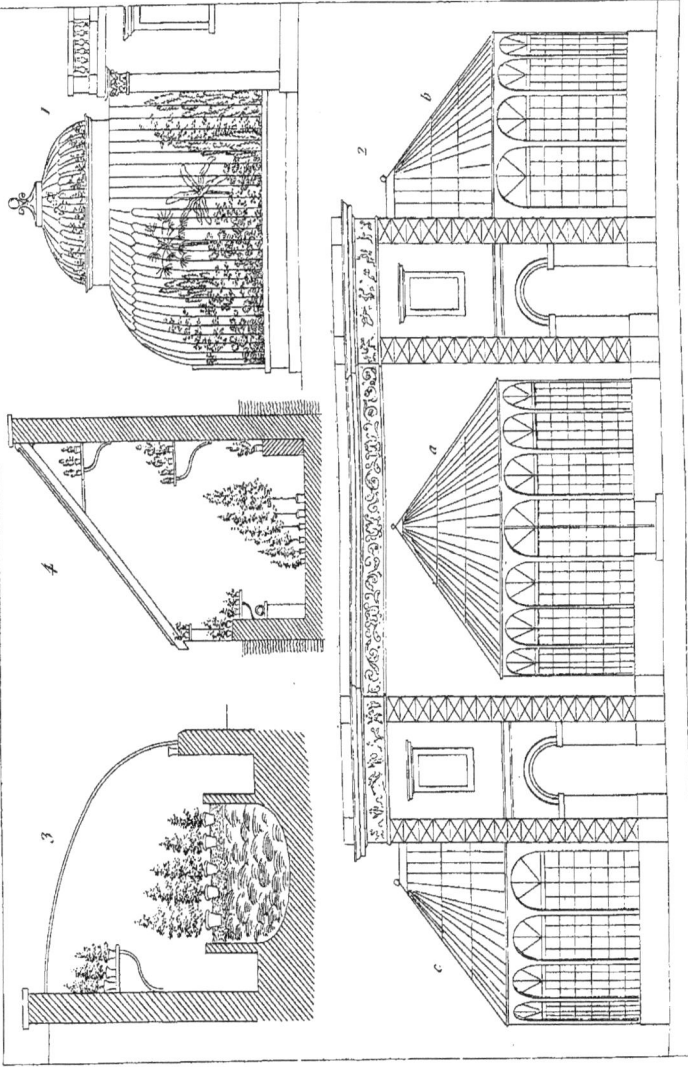

Serres chaudes.

77.

4

1

2

3

6

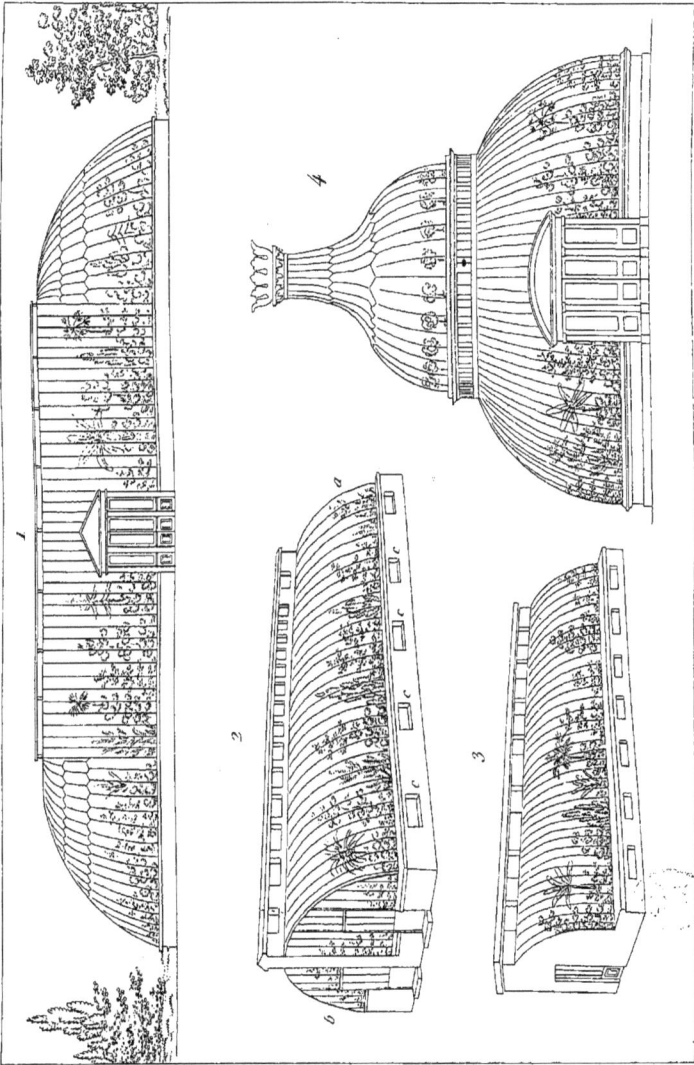

Serres chaudes.

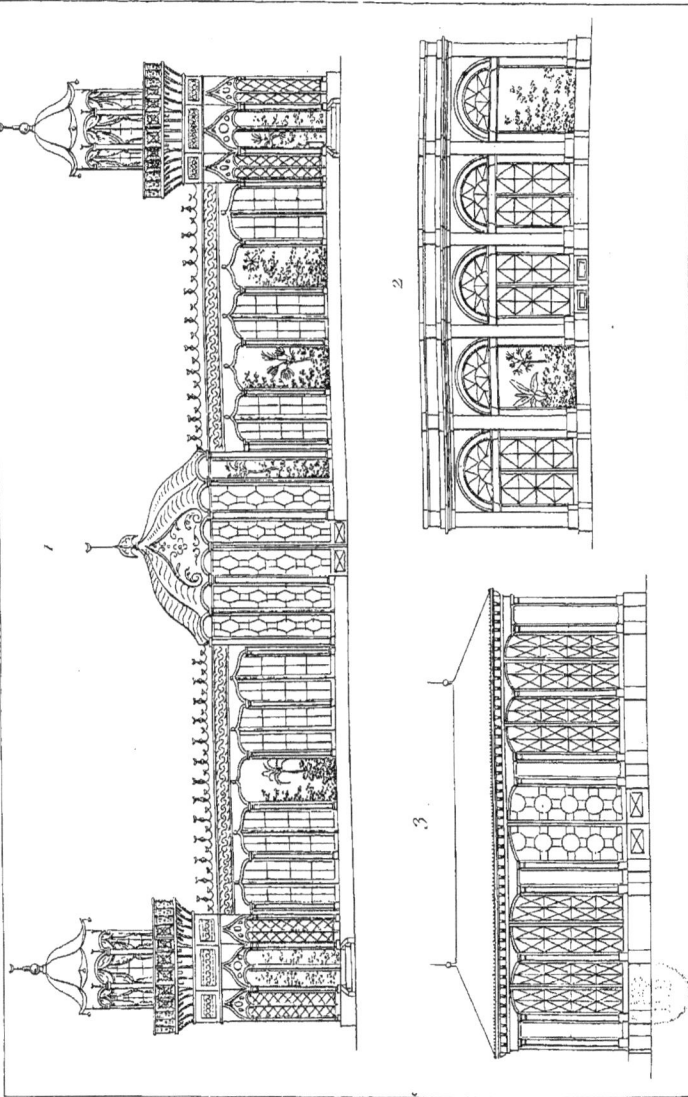

78.

1

2

3

Orangeries.

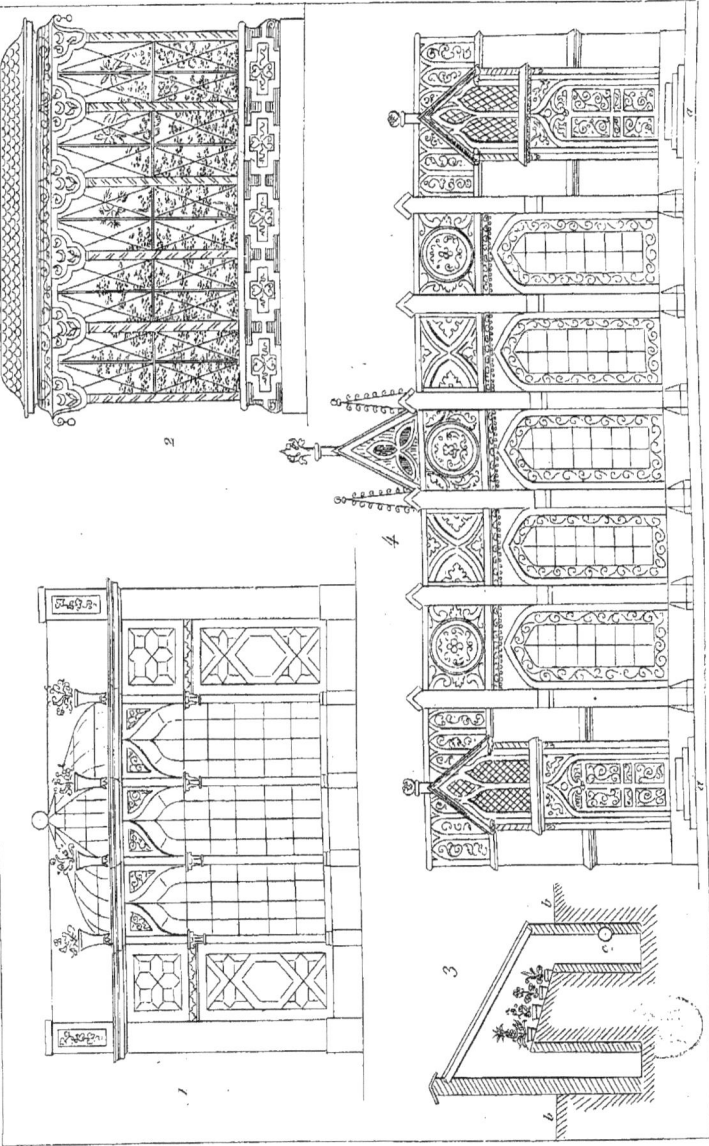

Serres tempérées et Orangerie.

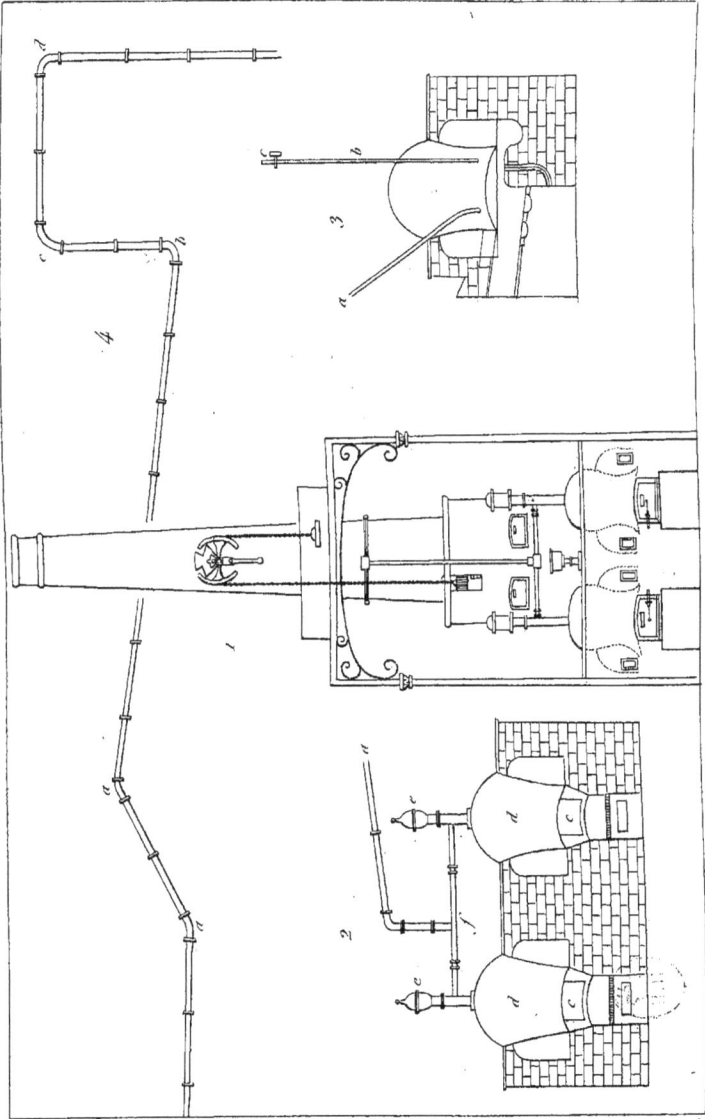

Machine à vapeur pour chauffer les Serres.

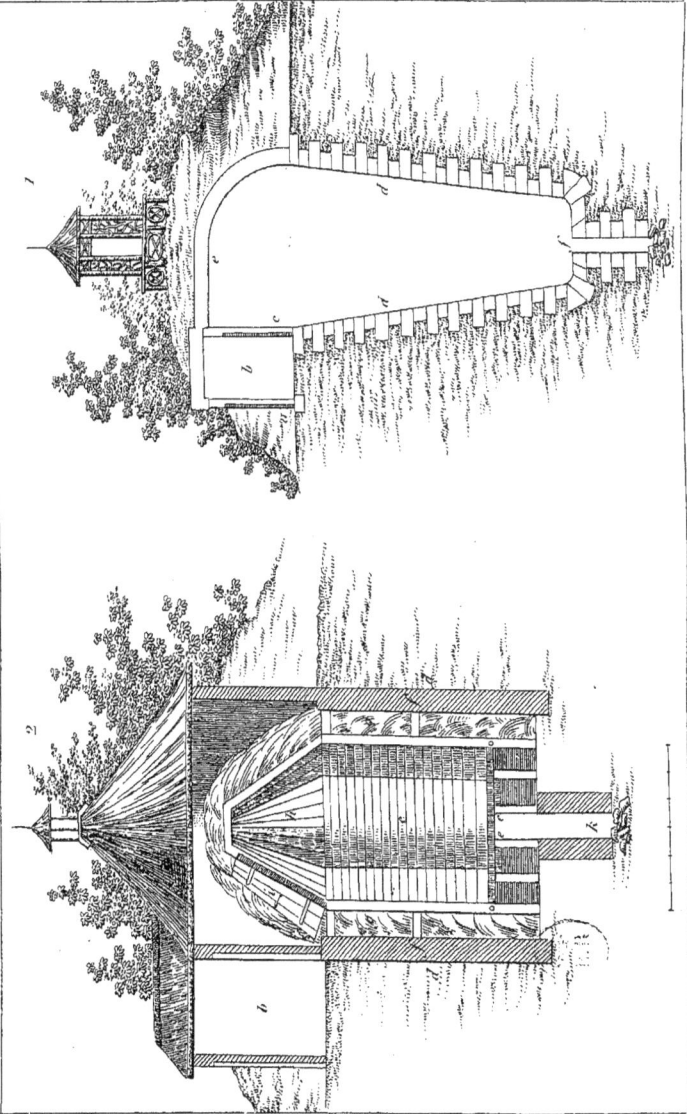

Glacières.

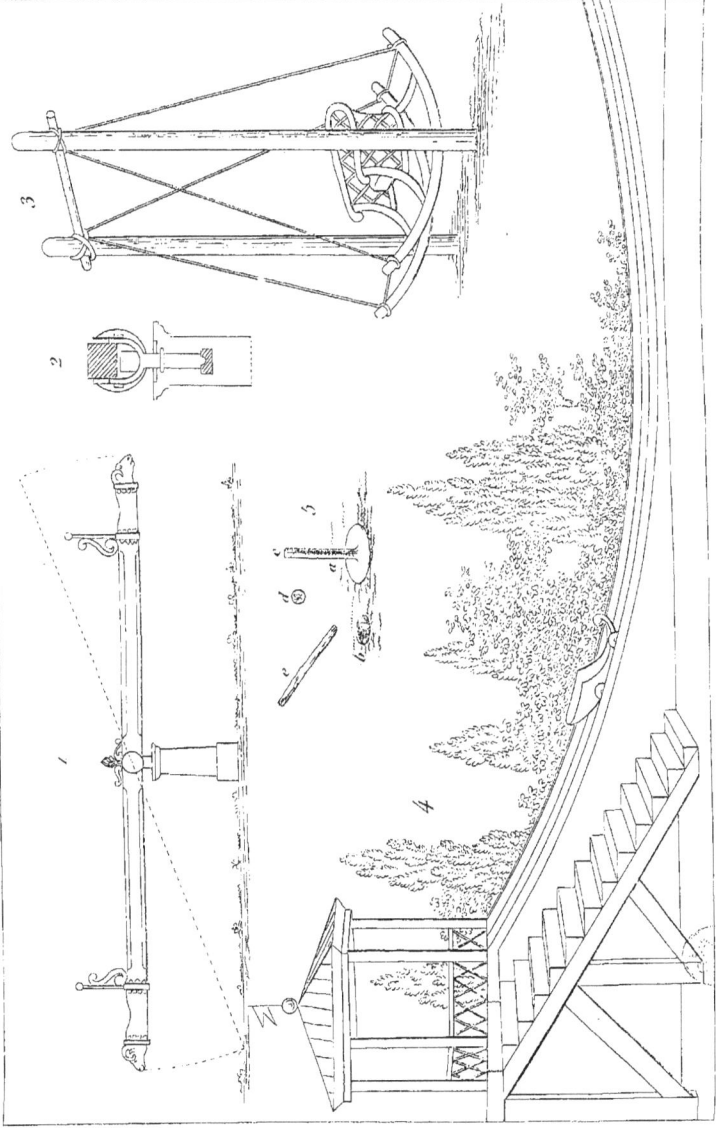

Gymnastique.

82

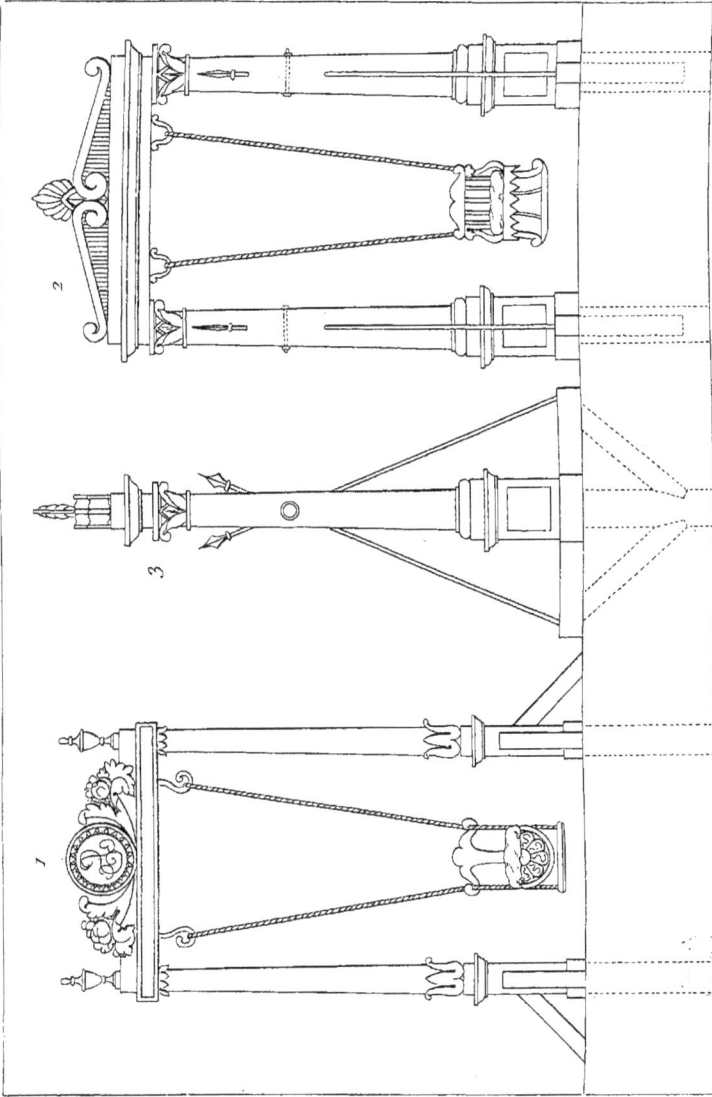

Gymnastique.

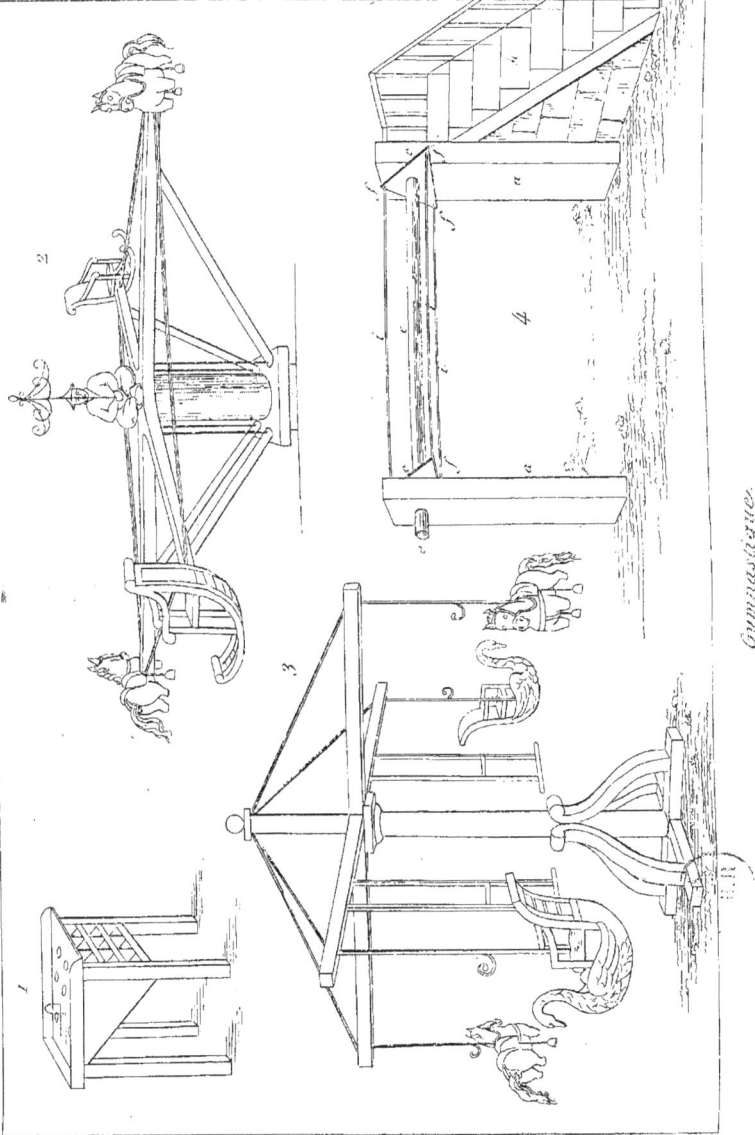

Gymnastique.

85.

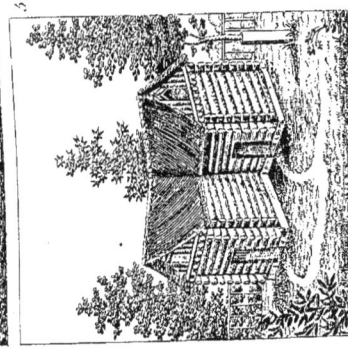

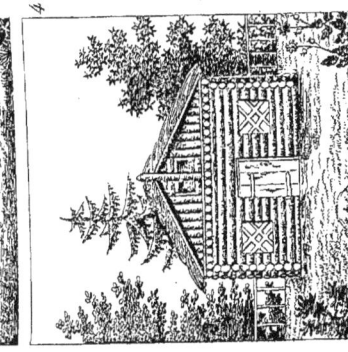

Cabanes du Jardin des plantes.

Cabanes du Jardin des plantes.

Cabanes du Jardin des plantes.

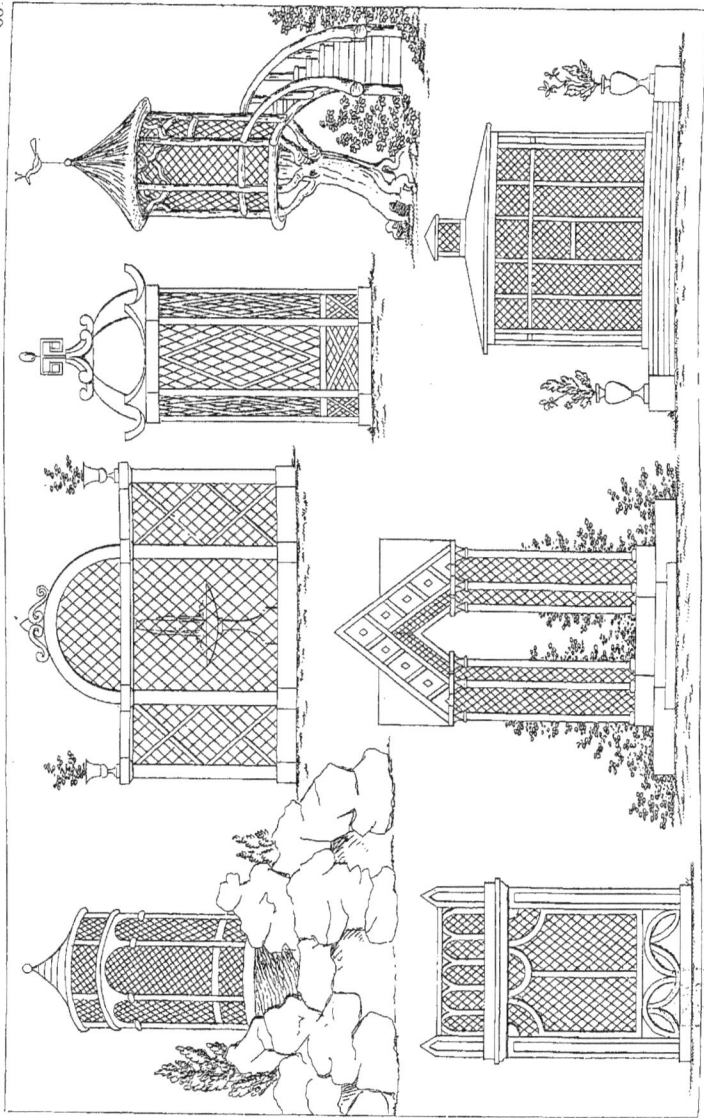

Volières.

Fabriques diverses.

96

4

3

1

2

6

5

Fabriques diverses.

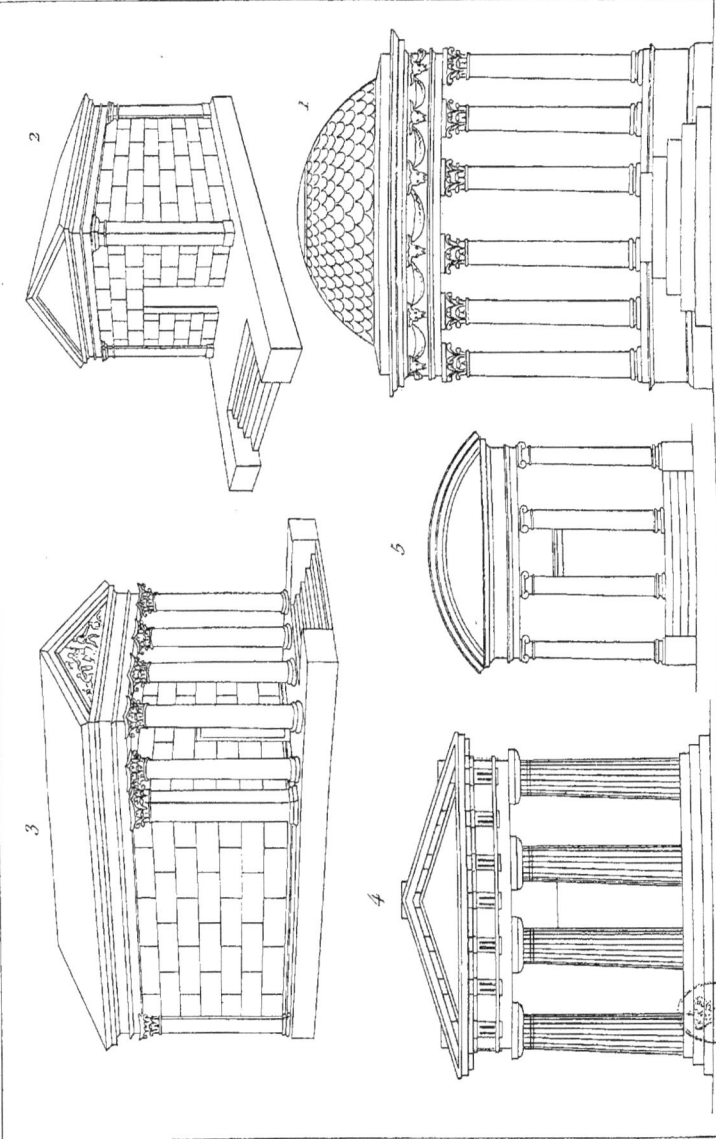

Temples.

3

2

4

1

5

Temples.

93.

Temples indiens.

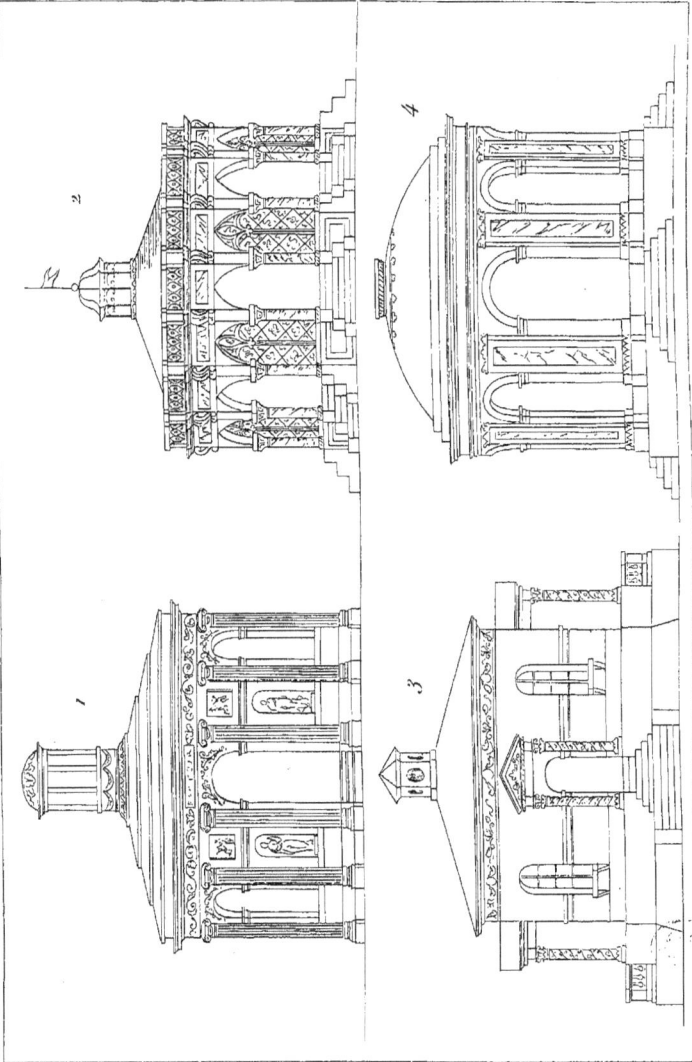

Temples - rotondes.

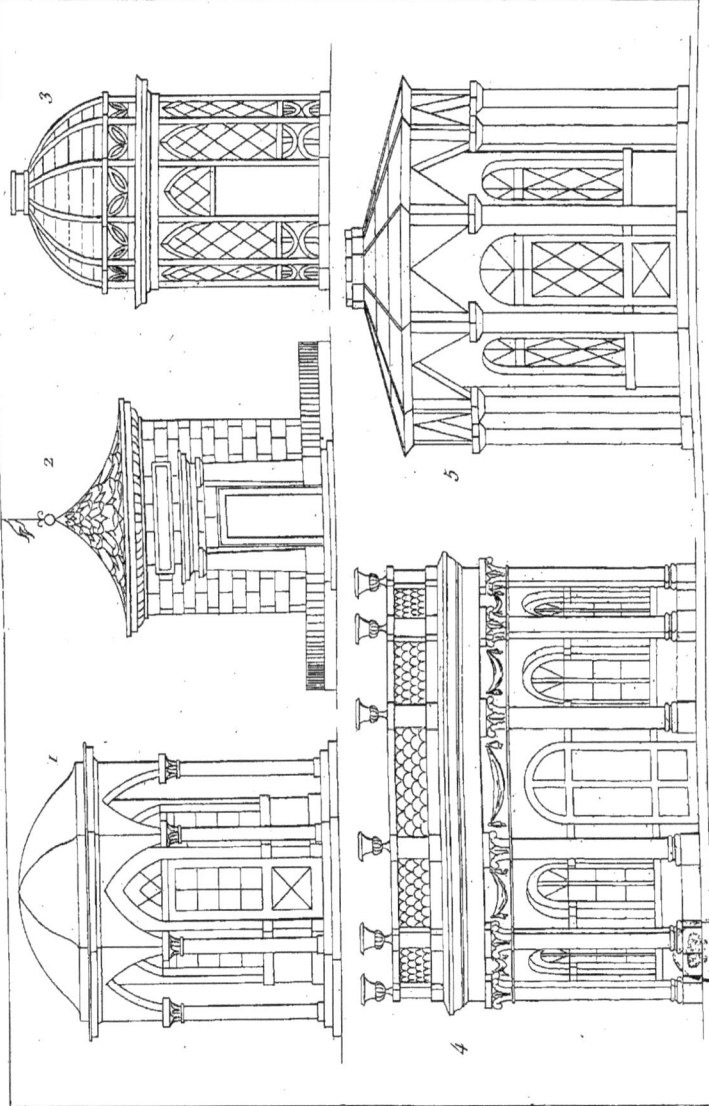

95.

Rotondes.

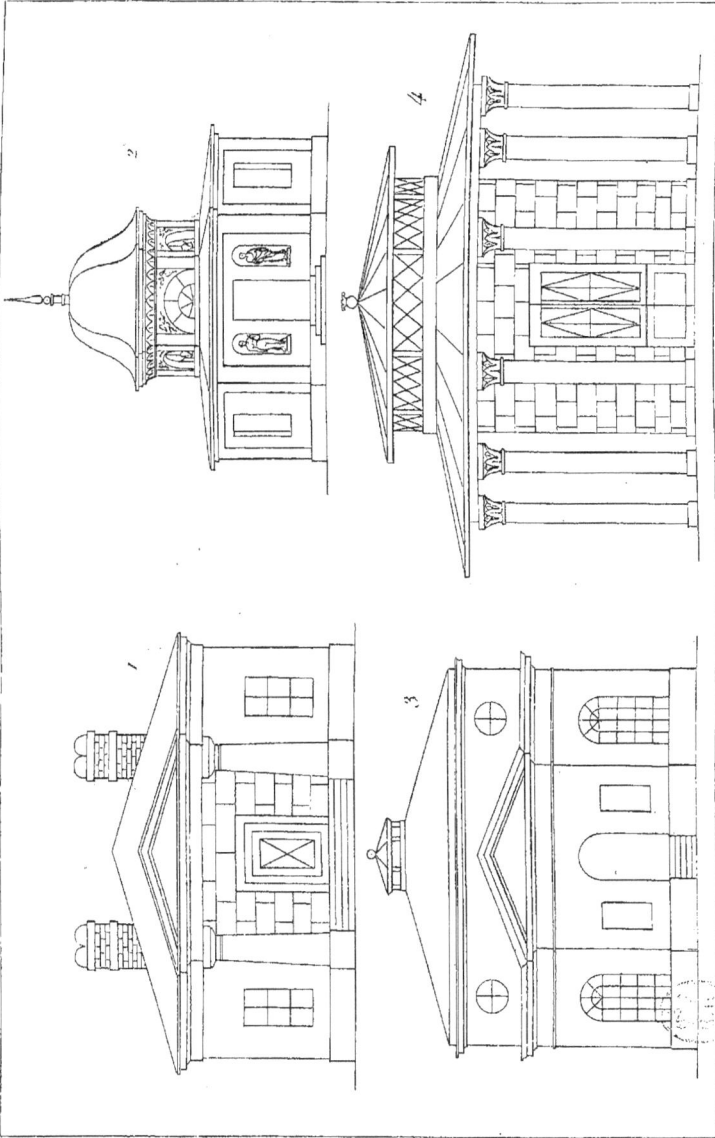

Pavillons

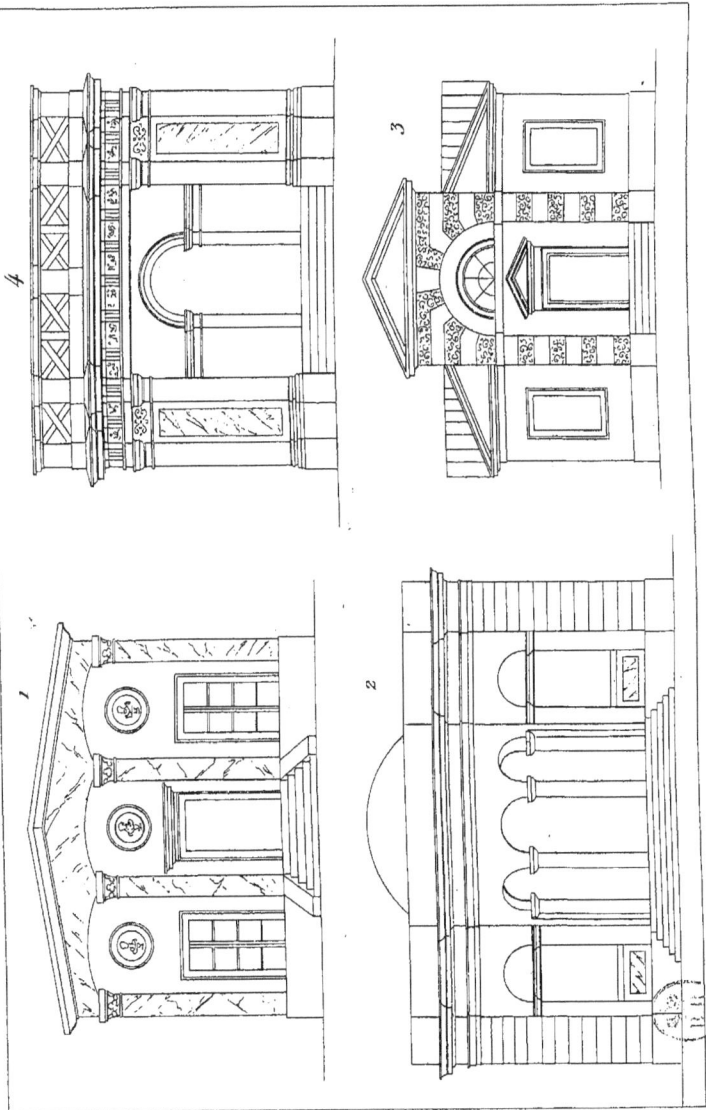

97.

4

3

1

2

Pavillons.

2

4

1

3

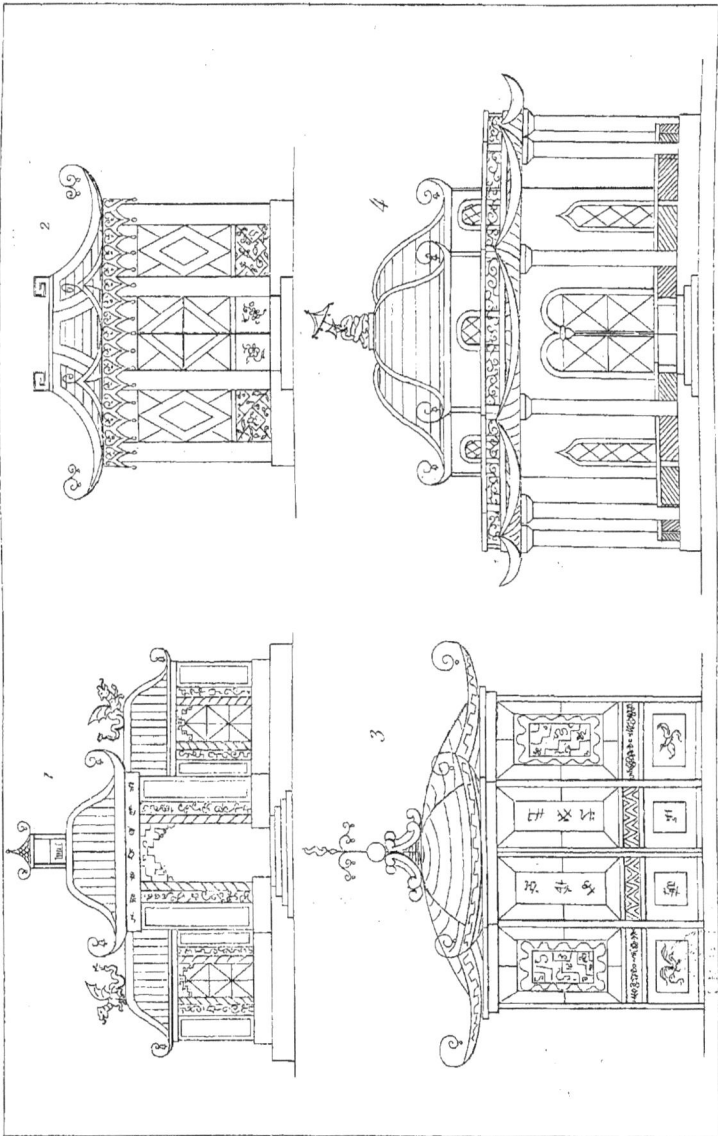

Pavillons chinois.

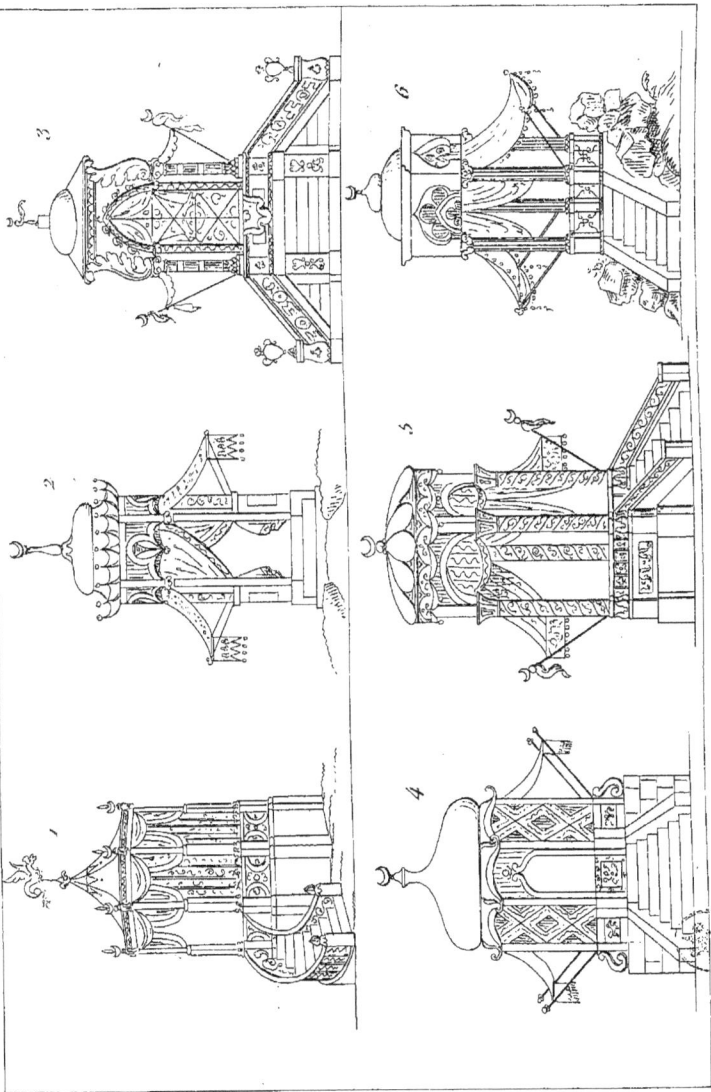

Kiosques.

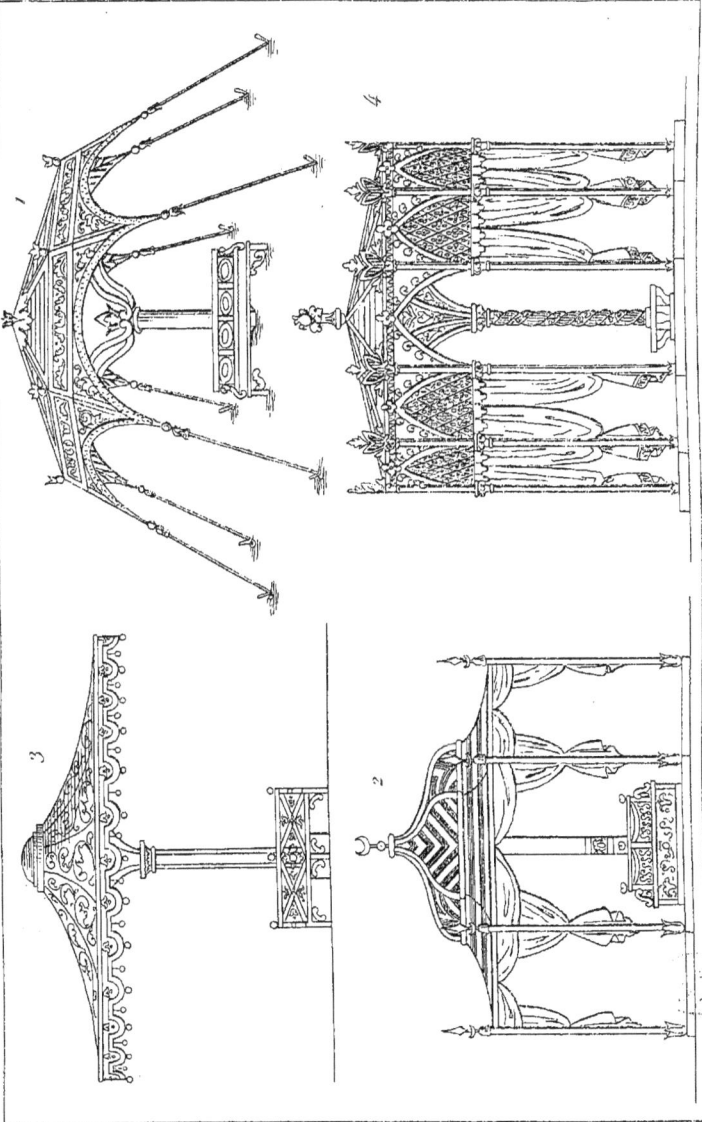

Tentes.

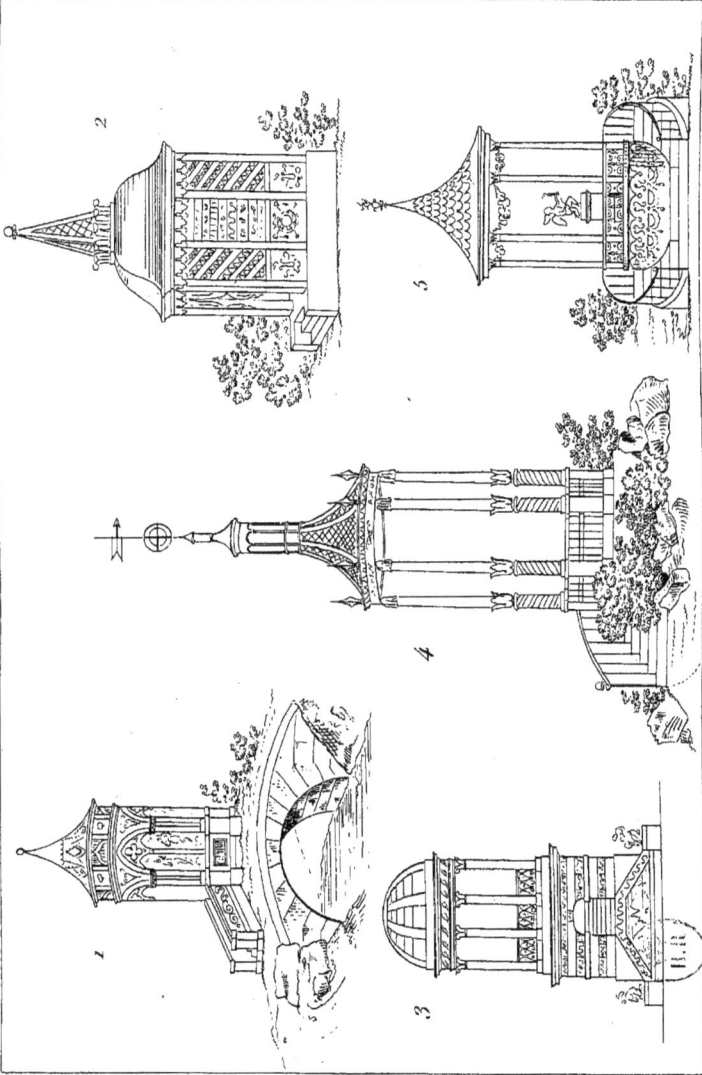

101.

Belvédères.

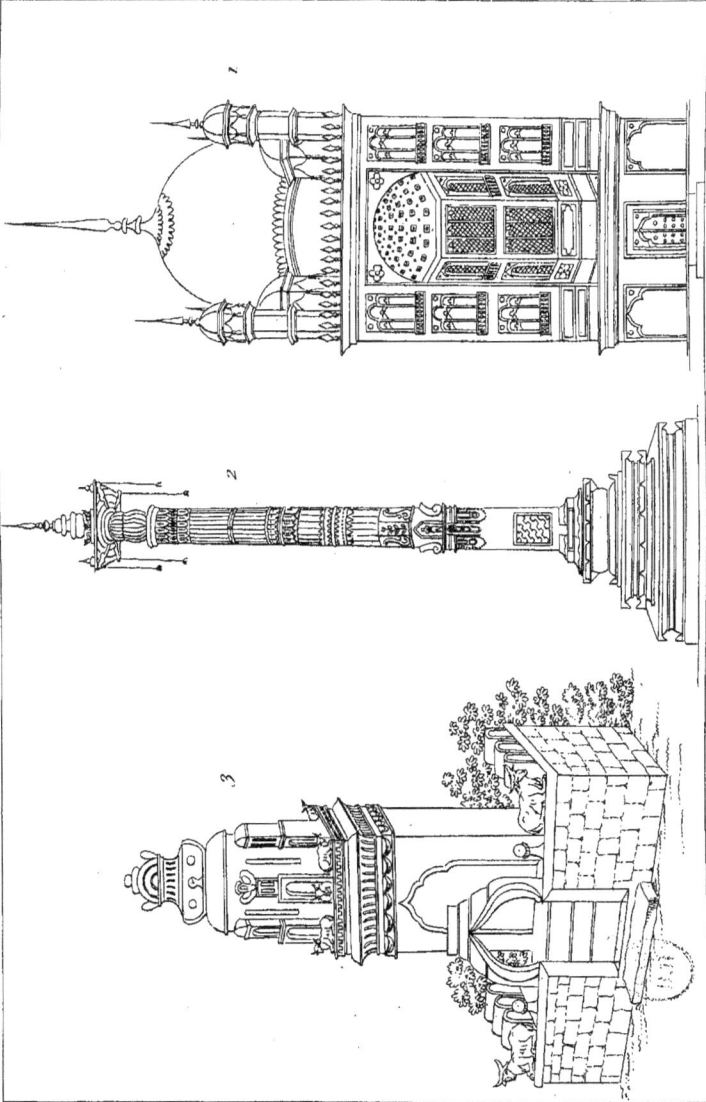

Pagodes.

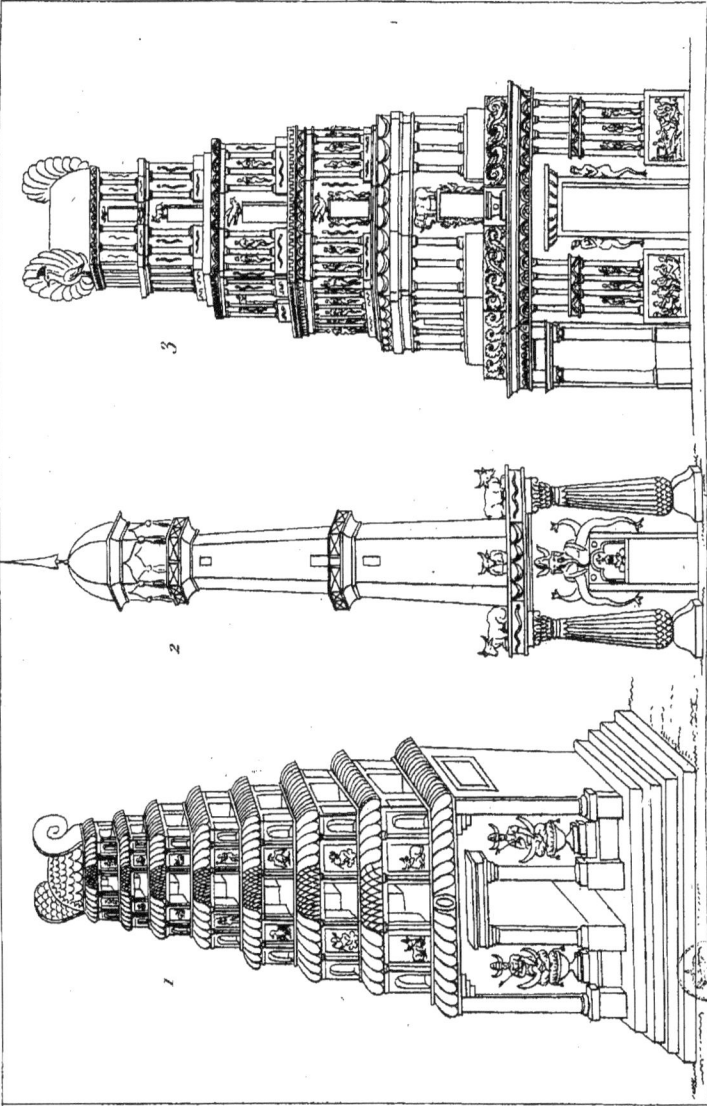

3

2

1

Pagodes.

2   4   3   1

Minarets.

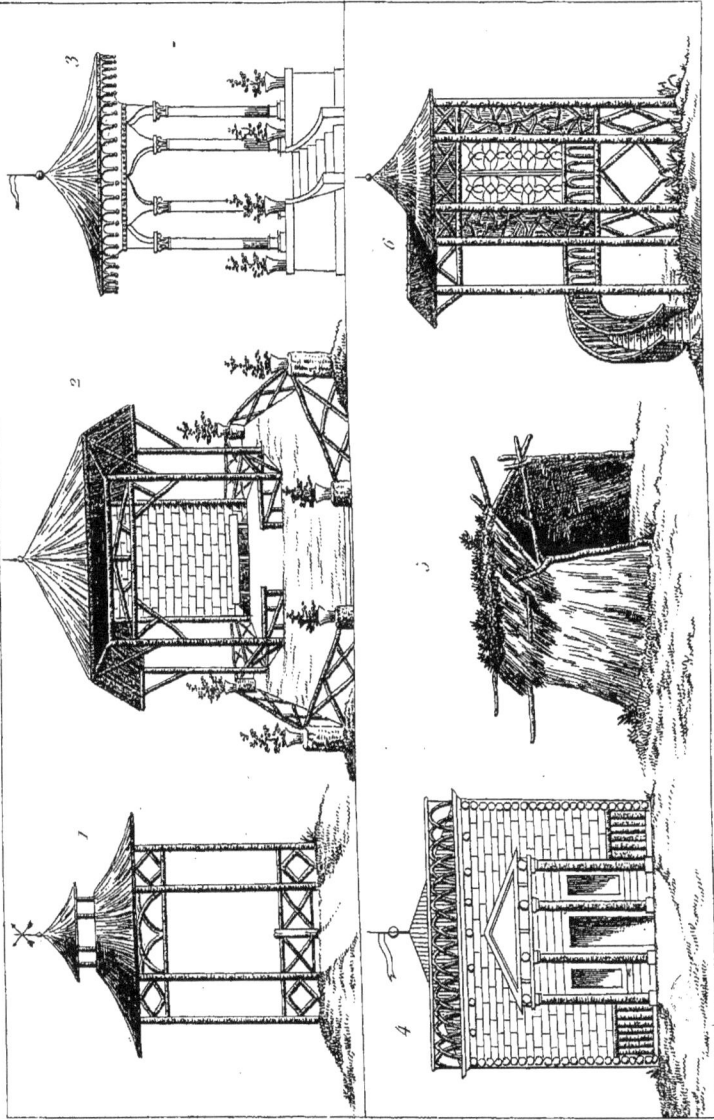

103.

Vide – bouteilles.

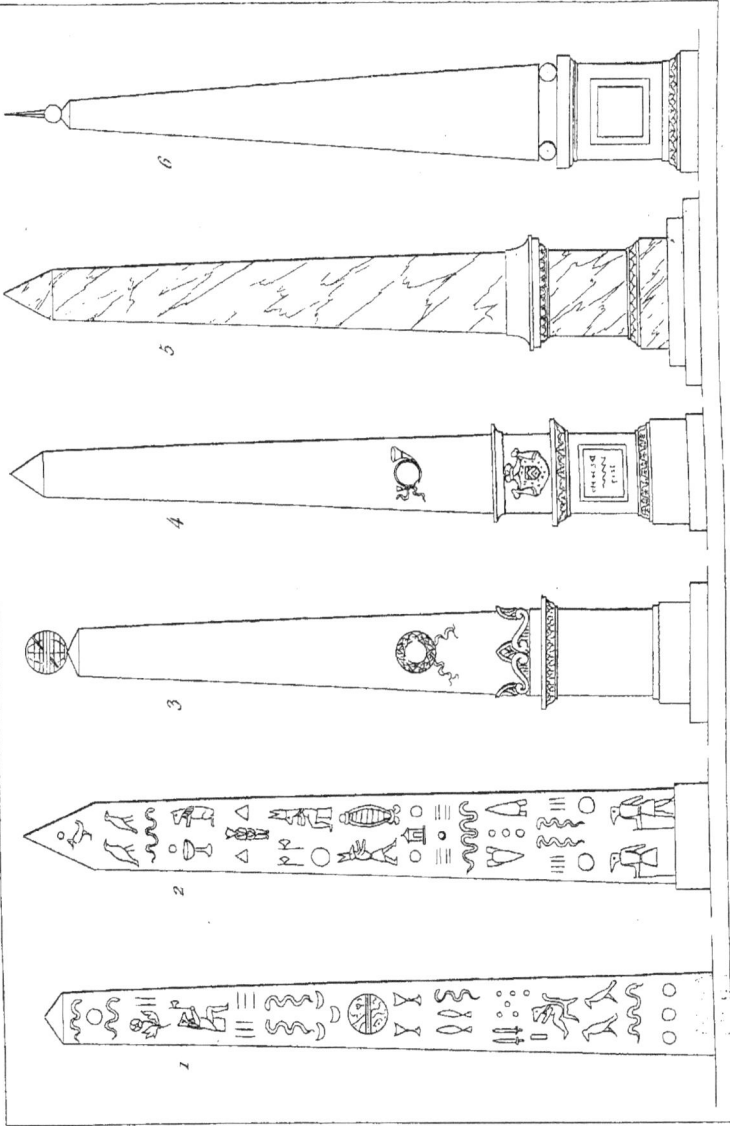

Obélisques.

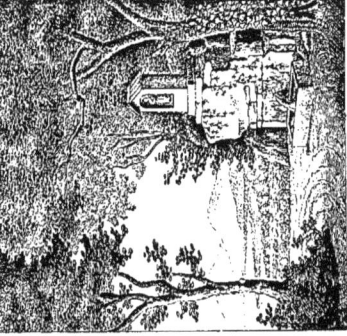

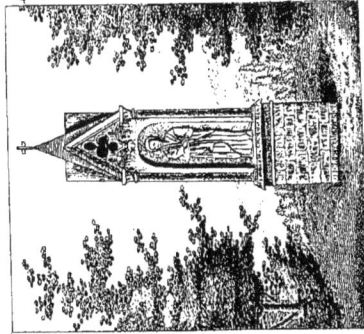

Ex - voto.

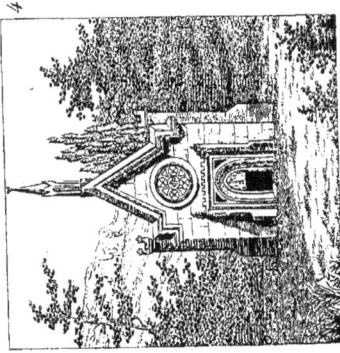

108.

Ermitage.

109.

Ruines.

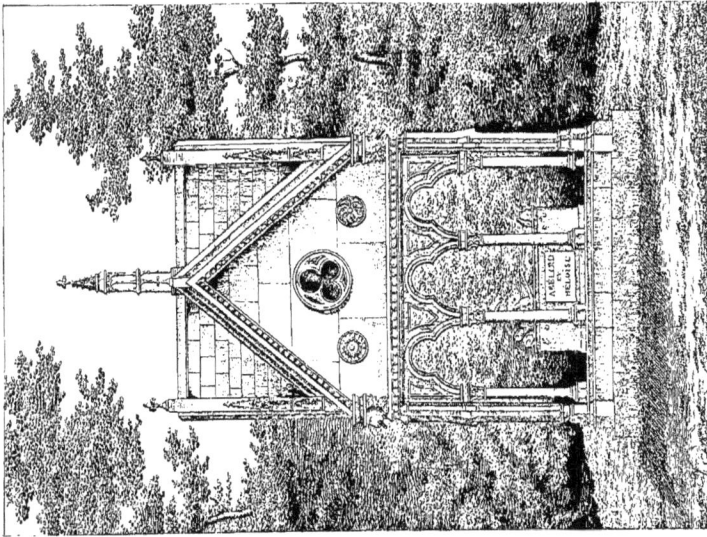

Tombeaux.

Tombeaux.

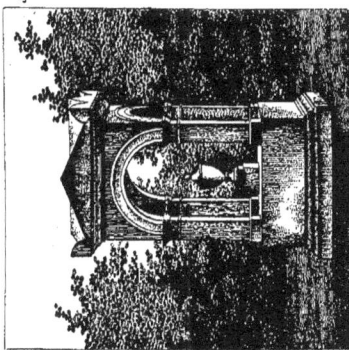

Pl2.

Tombeaux.

113.

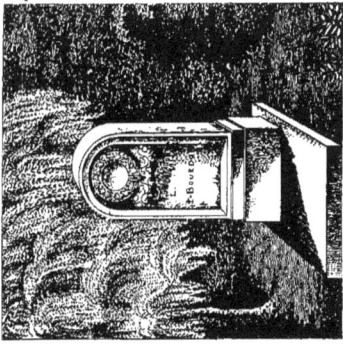

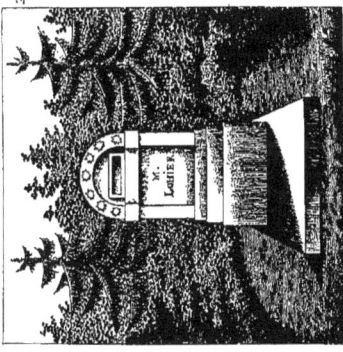

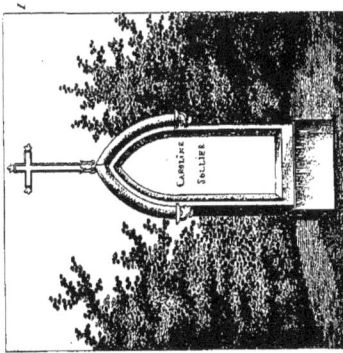

Pierres tumulaires.

314.

Fig. 2.

Fig. 1.

A

B

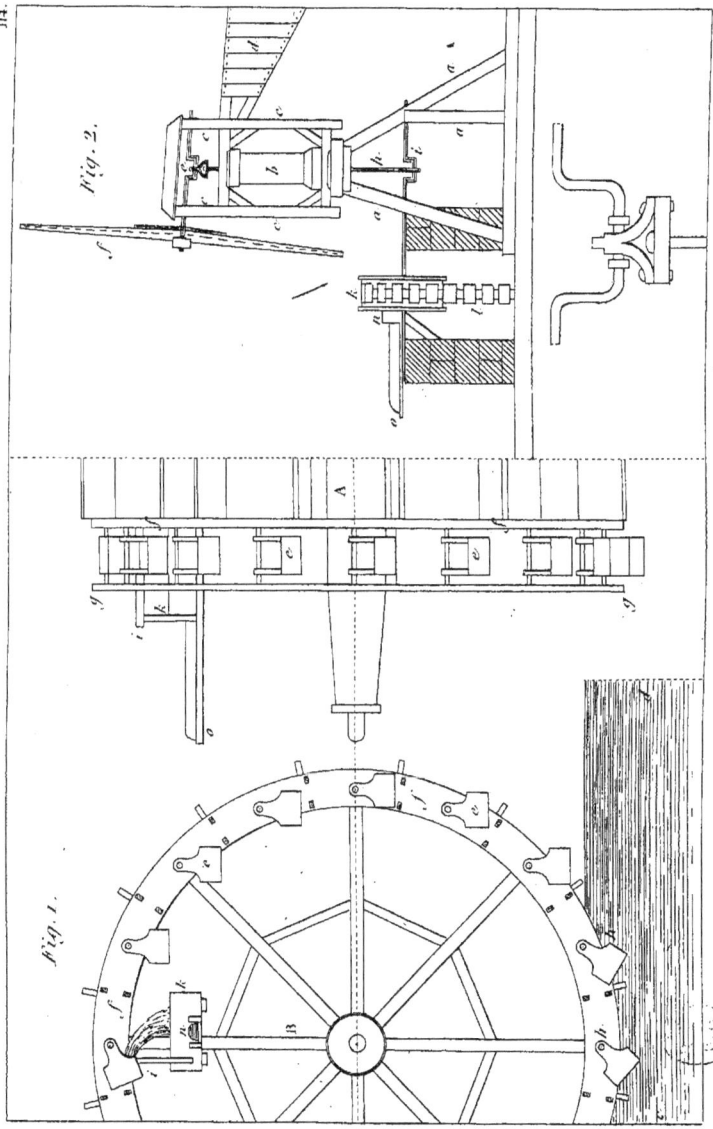

Machines hydrauliques.

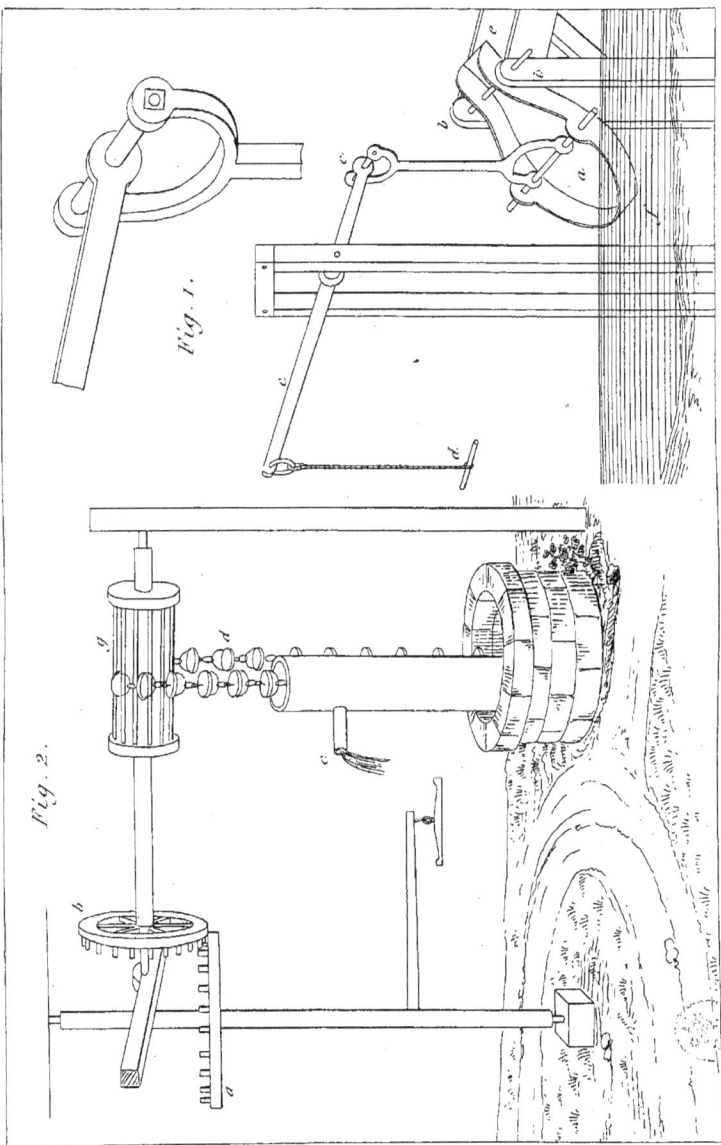

Fig. 1.

Fig. 2.

Machines hydrauliques.

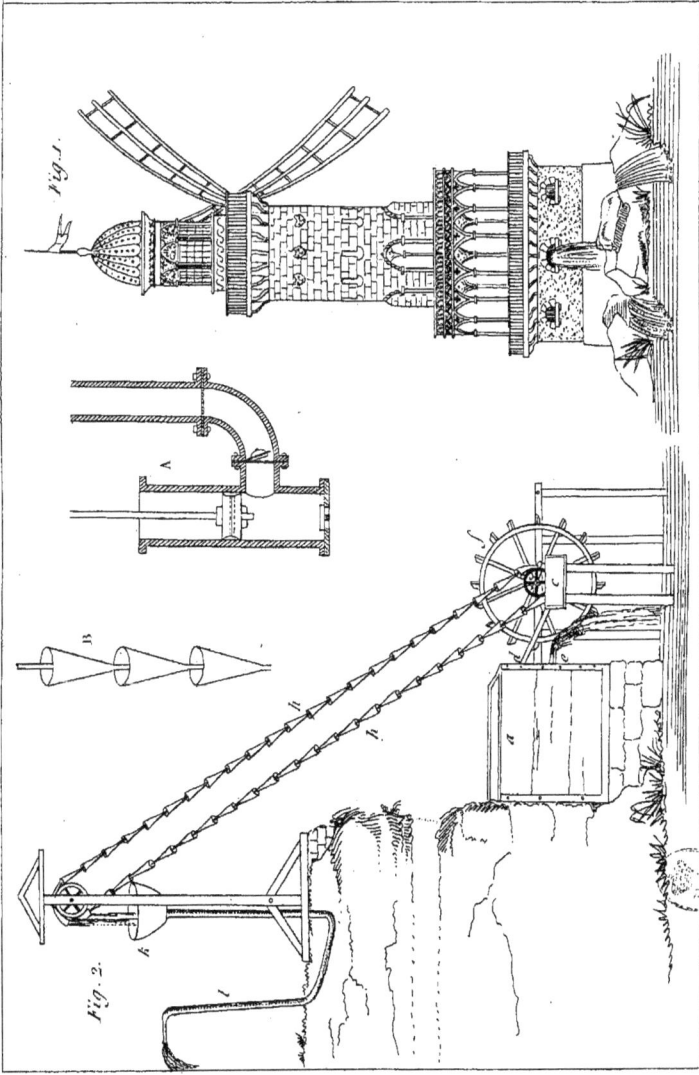

Fig. 1.

Fig. 2.

Machines hydrauliques.

Fig. 1.

Fig. 2.

Fig. 3.

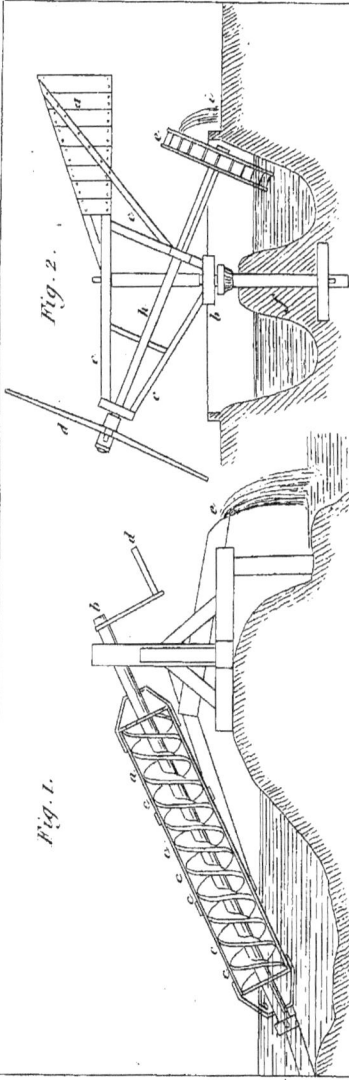

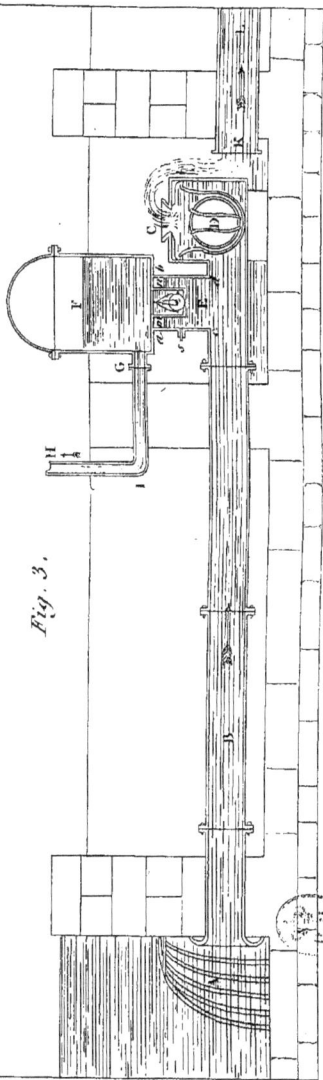

Machines hydrauliques.

Fig. 3.

Fig. 2.

Fig. 1.

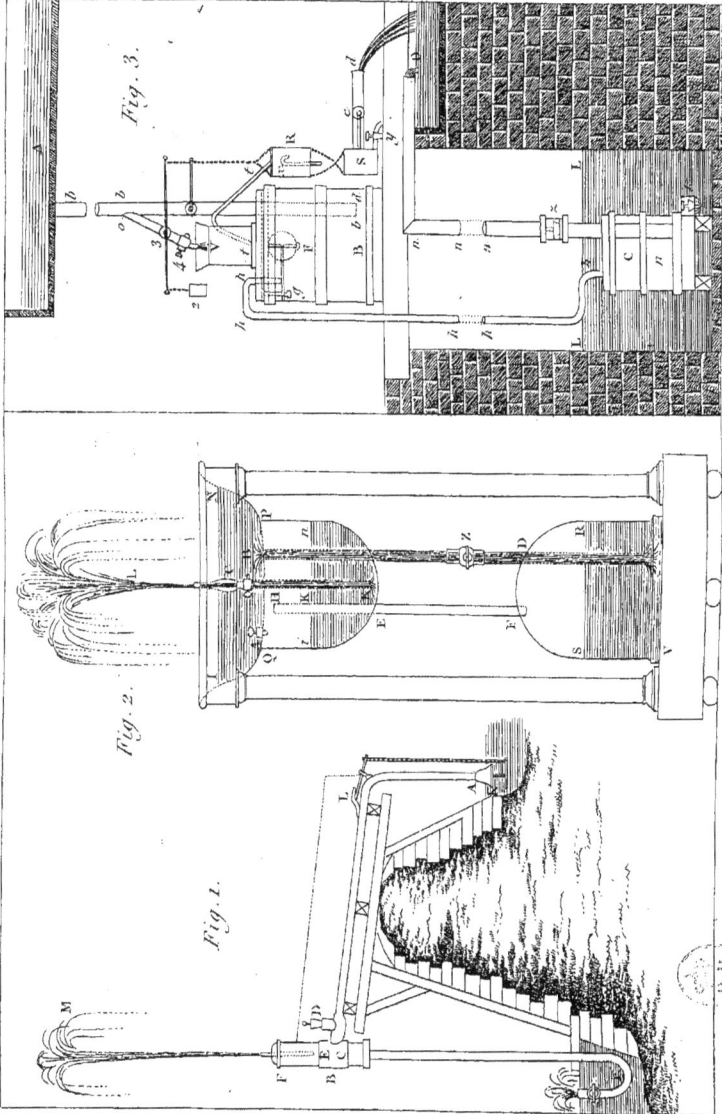

Machines hydrauliques.

Fig. 2.

Fig. 1.

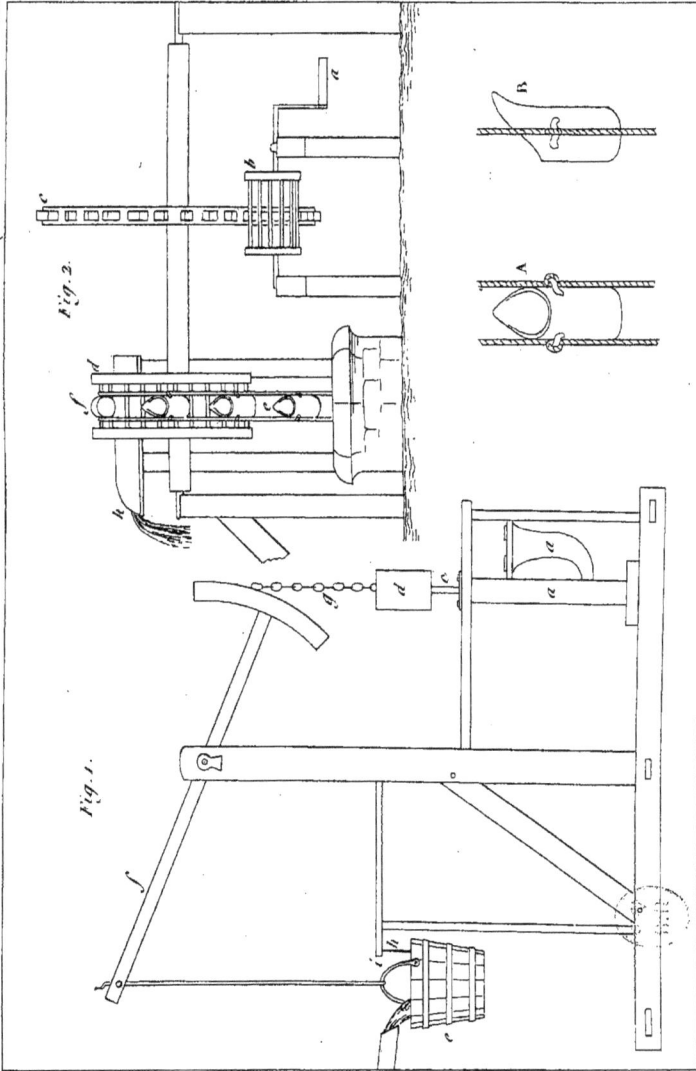

Machines hydrauliques.

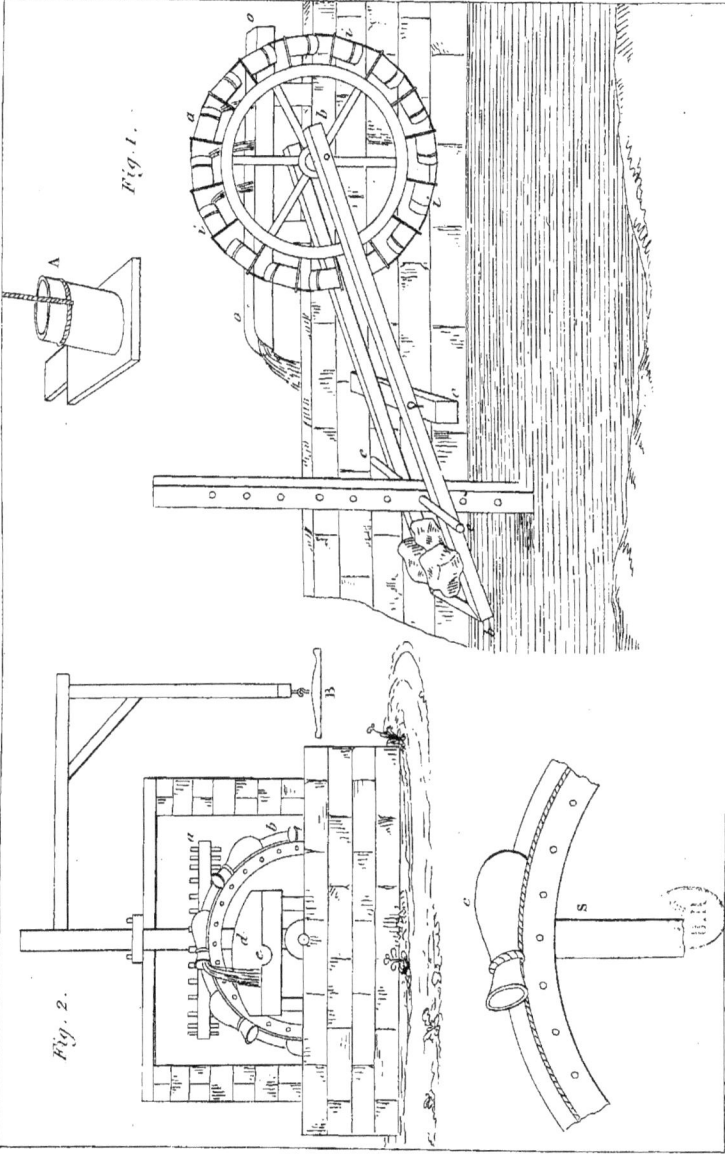

Fig. 1.

Fig. 2.

Machines hydrauliques.

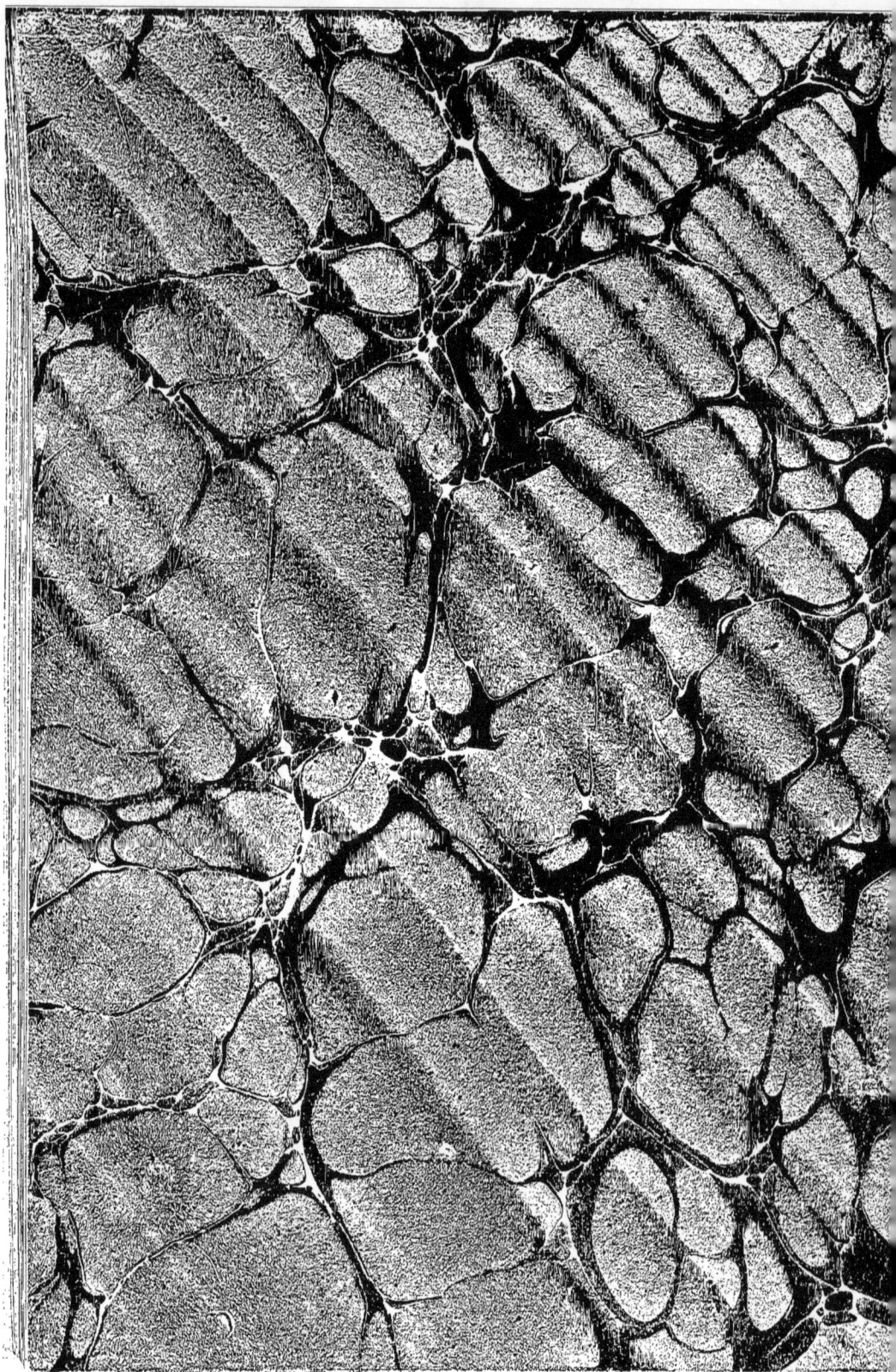

www.ingramcontent.com/pod-product-compliance
Lightning Source LLC
Chambersburg PA
CBHW060528220326
41599CB00022B/3460